普通高等教育规划教材（编号：2014-1-016）

空调系统及设计实例

第 二 版

戴路玲　等编著

U0267592

化学工业出版社

·北京·

本书以空调工程应用为主线，结合了大量的工程实践，将空调技术的最新知识及成果与工程典型工作内容紧密联系为一体，并融入必要的建筑通风空调工程图的识读相关知识，力求充分体现现代空调技术的知识内涵。全书共分9章，图文并茂，部分章后配有"设计实例"及"思考与练习题"，便于自学和实践。

　　本书可作为高等院校、职业院校、专科院校、成人高校、民办高校及本科院校举办的二级职业技术学院、五年制高职的制冷与空调、供热、通风与空调、建筑环境与设备、建筑环境与能源应用等专业的教学用书，也可作为建筑、食品、医药、机械化工等领域从事制冷与空调、建筑环境与设备相关的科研、设计、生产等工作的技术人员及广大社会从业人员的业务参考书及培训用书。

图书在版编目（CIP）数据

空调系统及设计实例/戴路玲等编著. —2版. —北京：
化学工业出版社，2016.6（2023.2重印）
普通高等教育规划教材
ISBN 978-7-122-26881-5

Ⅰ.①空…　Ⅱ.①戴…　Ⅲ.①空气调节系统-高等学
校-教材　Ⅳ.①TU831.3

中国版本图书馆 CIP 数据核字（2016）第 085785 号

责任编辑：高　钰　　　　　　　　　　　装帧设计：刘丽华
责任校对：王素芹

出版发行：化学工业出版社（北京市东城区青年湖南街 13 号　邮政编码 100011）
印　　装：北京建宏印刷有限公司
787mm×1092mm　1/16　印张 20¼　字数 505 千字　2023 年 2 月北京第 2 版第 3 次印刷

购书咨询：010-64518888　　　　　　售后服务：010-64518899
网　　址：http://www.cip.com.cn
凡购买本书，如有缺损质量问题，本社销售中心负责调换。

定　　价：58.00 元

前　言

　　本书立足行业和专业发展最前沿，将空调技术与建筑工程基础知识有机结合，保留了第一版的体系和特色，增加了部分最新研究成果，信息量大，适用面宽。选用设计实例贴近工程实际，深入浅出，易学易懂，使读者掌握必要专业知识的同时，在专业面、职业能力培养和工程实践锻炼等方面也得到拓宽和提高。

　　本书内容体系新颖，充分结合我国空调行业的发展现状，符合高等教育强调学以致用、能力培养的目标和要求。具体体现在以下几个方面。

　　① 突出实用性和新成果。本书图文并茂，易于读者认知；与现行最新国家设计规范和施工安装规范保持一致，强调工程实践能力的培养，较好地体现了实用、实际、实践的"三实"原则。

　　② 内容体系更趋合理。本书将空调技术基础知识重新进行编排与整合，增加了代表当前新技术应用的多联机户式中央空调系统设计、中央热水机组、热泵等内容，并融入必要的建筑暖通空调识图的相关知识，以空调工程设计及应用为主线，融合了与中央空调工程设计相关的职业岗位技能及应知理论知识。注重理论与实践相结合，选用工程实例强调节能意识的培养，做到了理论知识的广度与深度能满足读者职业岗位的实际应用和未来发展的需求，突出了读者职业能力和技术应用能力的培养，注重读者综合运用能力、分析与解决工程实际问题能力和创新能力的培养。

　　③ 充分应用现代信息技术，突出先进性。本书叙述力求通俗易懂、简明扼要，图表精美、图文并茂，尤其是大量插入的设备实物图片，直观生动，易于读者认知；部分章之后附有工程设计实例及多类型习题，便于读者学习应用、举一反三，缩短专业知识和工程实践的空间距离。

　　本书可作为高等院校、职业院校、专科院校、成人高校、民办高校及本科院校举办的二级职业技术学院、五年制高职的建筑环境与设备、建筑环境与能源应用、制冷与空调、供热通风与空调、建筑工程等专业的教学用书，也可作为建筑、食品、医药、机械化工等领域从事制冷与空调、建筑环境与设备相关的科研、设计、生产等工作的技术人员及广大社会从业人员的业务参考书及培训用书。

　　本书由戴路玲等编著。戴路玲编著第1、第8、第9章，杜芳莉编著第5、第6章，马骞编著第2、第3章，王俊琪编著第4章，董苏编著第7章。全书由戴路玲统稿。

　　本书在编著过程中，得到了魏龙教授、刘冬梅副教授等的大力帮助，同时也对张国东、蒋李斌、张鹏高、张蕾、冯飞在编著过程中提供的支持，表示衷心的感谢。

　　限于编著者的经验和水平，书中难免有不足之处，恳请读者批评指正并及时反馈，以使本书在教学实践中日臻完善。

编著者

2016 年 2 月

目　录

第9章　建筑通风空调工程图的识读　237

附录　285

参考文献　315

第1章

空调系统及其设计程序

1.1 通风与空气调节的概念及分类

通风是为改善生产和生活条件，通过换气形成安全、卫生等适宜空气环境的技术；空调就是对空气进行适当处理，以制造满足人们生活和生产需要的人工室内气候环境。工程上通常将集中式和半集中式空调系统统称为中央空调系统。本章主要介绍通风与空气调节的概念、组成及其常见分类，暖通空调工程的常用设计与施工规范、标准和设计方法，并对空调工程设计文件的编写整理作了简要说明。

1.1.1 通风与空气调节的概念

通风（Ventilation）是为改善生产和生活条件，采用自然或机械的方法，对某一空间进行换气，以形成安全、卫生等适宜空气环境的技术。换言之，通风是利用室外空气（称为新鲜空气或新风）来置换建筑物内的空气（简称室内空气）以改善室内空气品质。通风的功能主要有：①提供人呼吸所需要的氧气；②稀释室内污染物或气味；③排除室内生产过程产生的污染物；④除去室内多余的热量（称为余热）或湿量（称为余湿）；⑤提供室内燃烧设备燃烧所需的空气。建筑中的通风系统，可能只完成其中的一项或几项任务，其中利用通风除去室内余热和余湿的功能是有限的，它受室外空气状态的限制。

空调技术是为满足生产过程、日常工作和生活以及科学实验等对室内空气状态条件的要求而产生和发展起来的。为了满足人们生活和生产科研活动对室内空气条件的要求，需要对室内空气进行适当的处理，使空气的温度、相对湿度、压力、洁净度和气流速度等参数保持在一定的范围内。这种制造人工室内气候环境的技术，称为空气调节技术，简称空调。

根据服务的对象不同，通常把空调分为舒适性空调和工艺性空调两大类。舒适性空调以室内人员为对象，着眼于制造满足人体卫生要求，使人感到舒适的室内气候环境。民用建筑和公共建筑的空调多属于舒适性空调。工艺性空调则主要以工艺过程为对象，着眼于制造满足工艺过程（包括物品储存和设备运转）所要求的室内气候环境，同时尽量兼顾人体的卫生要求。工厂车间、仓库、计算机房等的空调属于工艺性空调。

空气调节的任务，就是在任何自然环境下，采用人工的方法，将室内空气进行调节，并维持一定的温度、湿度、洁净度和气流速度（简称"四度"），使室内空气各项参数达到满足人体舒适或生产工艺过程的要求，这也是所有空气调节系统一般的要求。具体要求则视各种工业建筑和民用建筑的类别和性质而有所不同。

一个既定空间内的空气环境，一般受到两方面的干扰：一方面是来自空间内部生产过程和人所产生的热、湿及其他有害物的干扰；另一方面则是来自空间外部太阳辐射和气候变化所产生的热作用及大气有害物的干扰。排除干扰的方法主要是：向空间内输送并分配一定的按需要处理的空气，与内部环境的空气之间进行热、湿交换，最后将完成调节作用的空气排出。因此，空气调节不仅要研究空气的物理性质，研究并解决对空气的各种处理方法（如加热、加湿、干燥、冷却、净化等），而且要研究和解决空间内、外干扰量（即空调负荷）的计算、空气的输送和分配、为处理空气所需的冷热源以及在干扰变化情况下的运行调节问题。

工程上，将只实现内部环境空气温度的调节技术称为供暖或降温，将只实现空气的清洁度处理和控制并保持有害物浓度在一定的卫生要求范围的技术称为工业通风。实质上，供暖、降温及工业通风都是调节内部空气环境的技术手段，只是在调节的要求上以及在调节空气环境参数的全面性方面与空气调节有别而已。应该说，空气调节技术是供暖技术、降温技术和通风技术的综合发展技术。

1. 1. 2 通风与空调技术发展现状及应用

通风与空气调节有着悠久的历史。在古代，人们懂得利用门窗、孔洞形成的"穿堂风"和摇扇扇风的办法，或者运用天然冰的冷却作用实现居室内的防暑降温；采用炉灶烧水以蒸汽加湿缓解室内空气的干燥状况；通过放置石灰之类的吸湿物质以达到防止室内物品受潮霉变。

15 世纪末欧洲文艺复兴时期，意大利的利奥纳多·达·芬奇（Leonardo Da Vinci）设计制造出了世界上第一台通风机。其后，蒸汽机的发明又有力地促进了欧美地区锅炉、换热设备和制冷机制造业的发展。1834 年，美国的 J. 波尔金斯（Jacob Perkins）设计制造出最早的使用乙醚为工质的蒸汽压缩式制冷机。1844 年，美国的 J. 高里（Jehn Gorrie）用封闭循环的空气制冷机建立起首座用于医疗的"空调站"。通风机和冷热源设备的相继问世促使建筑环境技术产生巨大变革，为暖通空调技术的应用与发展提供了重要的设备保障。

空调的发明被列为 20 世纪全球十大发明之一。19 世纪后半叶，欧美发达国家纺织工业迅速发展，生产过程对室内空气温湿度和洁净度等提出了较严格的要求，暖通空调技术首先在这类工业领域得以应用。美国工程师克勒谋（Stuart W. Cramer）负责设计和安装了美国南部三分之一纺织厂的空气调节系统。系统中，采用了集中处理空气的喷水室，装设了洁净空气的过滤设备，包括 60 项专利，都达到能够调节空气的温度、湿度和使空气具有一定的流动速度及洁净度的要求。为了描述他所做的工作，克勒谋于 1906 年 5 月在一次美国棉业协会 ACMA（American Cotton Manufacturers Association）的会议上正式提出了"空气调节"（Air Conditioning）术语，从而为空调命名。

而美国的威利斯·开利（Willis H. Carrier）博士对推动空调事业的进步和发展所做的贡献，是超过当代其他任何人的。1901 年，开利博士在美国建立了第一所暖通空调实验研究室。1902 年，他通过实验结果，设计和安装了彩色印刷厂的全年性空气调节系统，这是世界公认的第一套科学空调系统，它首次向世界证明了人类对环境温度、湿度、通风和空气品质的控制能力。1906 年，开利博士获得了"空气处理装置"的专利权。这是世界上第一台喷水室，它可以加湿或干燥空气。这一装置改善了温、湿度控制的效果，使全年性空调系统能够满意地应用于 200 种以上不同类型的工厂。1911 年 12 月，他得出了空气干球、湿球和露点温度间的关系，绘制了湿空气焓湿图，这是空调史上的一个重要里程碑。1922 年，开利博士还发明了世界上第一台离心式冷水机组，如今该机组陈列于华盛顿国立博物馆。1937 年，开利博士又发明了空气-水系统的诱导器装置，这是目前常见的风机盘管的前身。个人拥有超过 80 项发明专利的开利博士，以其一生在空调科技方面的卓越成就，被誉为"空调之父"，备受世人景仰。

美国舒适空调的发展远迟于工艺空调。第一座空调电影院建于芝加哥（1911 年），纽约空调电影院则是第一座真正可以调节空气各种性能的电影院。自 1925 年到 1931 年，估计美国约有 400 家电影院和剧场配备了舒适空调。旅馆、餐厅甚至教堂也是空调首批常用客户，大型商店的舒适空调开始于 1919 年，第一家是布鲁克林商店。1927 年，得克萨斯州的圣安东尼奥有一幢办公大楼全部实现了舒适空调。1930 年，费城一幢 34 层摩天大楼全部配备舒适空调。1938 年，华盛顿市府大厦配备了当时最大的空调装置（功率为 20930kW）。1929 年在巴尔的摩—俄亥俄运行线上，一辆火车餐车配备了舒适空调。1931 年，在纽约—华盛顿线路上，有一列火车全部实现舒适空调。1946 年，美国空调列车的数量已增至 1.3 万辆。从 1937 年起，美国的公共汽车和大客车也开始采用空调。1946 年，空调大客车共计有 3500 辆左右。而在 1945 年以后，已经大规模地实现了私人小汽车的空调化。

除美国之外的其他国家，空调技术也得到了迅速发展。在南非，1920 年就有一座深矿井采用一套 700 马力（514.5kW）的装置进行降温；在英国，第一座空调旅馆是伦敦的 Cumberland 旅馆；在德国，1927 年至 1928 年间，各类工厂尤其是卷烟厂和纺织厂、一些电影制片厂及电影院已采用了空调；1938 年，慕尼黑美术馆实现了空调控制；在法国，1927 年巴黎附近的一座医院、1932 年一家电话交换局采用了空调。除北美和欧洲之外，日本在当时是关注空调较多的国家，1917 年一家私人住宅采用了空调，1920 年一家糖果厂采用了空调，1927 年一家剧场也采用了空调。

在空调系统方面，首先是全空气系统，随后又发展了空气-水系统。由于空气-水系统是由水管来代替大部分的大截面风道，即节约了金属材料，又节省了风道所占建筑物的空间，经济效益很高。在空气-水系统方面，先是采用诱导器系统，它在以后的 20 多年中，曾风行于各旅馆、医院、办公楼等公共建筑。20 世纪 60 年代，由于风机盘管的出现，消除了诱导器噪声大及不易调节等主要缺点，使空气-水系统更加具有生命力，直到今天，在世界各国仍然盛行。全空气系统的进一步发展则是变风量系统的应用，它可以按负荷变化来改变送风量，起到了节能的作用。所以随后的 20 年间，各国采用变风量的全空气系统日渐增多。

除了集中式的空调系统外，在 20 世纪 20 年代末出现了整体式空调机组。它是将制冷机、通风机、空气处理设备等组合在一起的成套空调设备。近 60 多年来，空调机组发展迅速，除现在通用的分体式和柜式等几类机组外，还发展了利用制冷剂的逆向循环在冬季供热的热泵机组。

在我国，空气调节的发展并不太迟。工艺性空调和舒适性空调几乎同时起步。1931 年，首先在上海纺织厂安装了带喷水室的空气调节系统，其冷源为深井水。随后，也在一些电影院和银行实现了空气调节。几座高层建筑的大旅馆也先后设置了全空气式的空调系统。当时高层建筑装有空调，上海是居亚洲之冠。但到 1937 年，我国空气调节技术的发展被迫中断。

新中国成立后，随着国民经济的发展，空调事业逐步发展壮大。我国第一台风机盘管机组于 1966 年研制成功，组合式空调机组在 20 世纪 50 年代应用于纺织工业。经过多年的不断发展，目前我国在空调技术方面，高精度恒温技术可保证连续保持静态偏差小于±

0.01℃；高精度恒湿，小于±2％RH；超高性能洁净室洁净度达到国标1级标准；已经掌握各种等级的生物洁净整套技术，从而为高新技术发展提供了环境技术保障。为了节省高大厂房空调用能，研究并实施了高大厂房分层空调技术，并将其成功地应用于长江葛洲坝电站厂房空调工程，取得了设计冷负荷比传统全空气空调减少46％的显著效果。我国研究的谐波反应法和冷负荷系数法两种新的空调冷负荷计算方法，大大方便了工程设计计算。自行开发的计算机空调控制技术已产品化生产，为配合调试而研制成功的以计算机技术为核心作用的空调系统仿真装置在功能以及技术性能上达到了国际先进水平。热环境特别是地下热环境模拟分析技术已成功地用于北京、上海、广州等城市的地铁设计模拟分析，为工程提供了有力的技术分析手段，完成了全国270个气象台站的建筑热环境分析专用气象数据集的编制工作，整理出暖通空调设计用室外气象参数，开发出具有我们自主知识产权的建筑环境模拟软件DeST，为建筑节能工作的开展做出了应有的贡献。

近年来，为了解决用一台室外机带动若干房间（一拖多）的技术难题，开发了变制冷剂的空调系统即多联机系统。为了使一拖一及一拖多的空调系统更好地满足室温要求，并随负荷的变化改变压缩机马达转动频率，达到节约电能的目的，开发了变频空调系统，且配有谷轮数码涡旋压缩机新技术，很好地解决了压缩机回油不畅等问题。由于不再有电磁干扰的问题，负荷可达到在10％～100％之间无级调节，室内外机的系统连接可达到100m的超长距离与50m的高度落差，真正做到了一拖多系统理想的空调效果与节能的目的。

展望21世纪空调技术的发展，"节约能源、保护环境和获取趋于自然条件的舒适健康环境"必将是空调技术发展的总目标。节约能源是空调发展的核心，而充分利用信息技术和自动控制技术，促进空调系统与设备的变革以及品质的提高，则是深入发展的方向。

改革开放近40年来，我国经济取得了飞速发展。经济建设和社会发展带动了空调的应用和发展，空调的工程项目显著增多。目前我国各类空调设备的提供厂商众多，用户在进行空调设备的选择时，有着极大的挑选空间。

国内空调设备厂家包括自主品牌厂家和国际品牌厂家两大类。自主品牌厂家主要有：海尔、美的、格力、海信、志高、奥克斯、科龙、双良、远大、清华同方、天加等。进入我国的国际品牌包括：约克、特灵、麦克维尔、霍尼维尔、艾默森、三菱、大金、松下、日立、三洋等。

在空调设备方面，我国已成为仅次于美、日两国，位居世界第三的制冷空调设备生产国。目前，我国房间空调器产量居世界第一位，海尔等品牌的房间空调器已走向世界，成为国际品牌。我国同时也是世界上最大的冷水机组市场，其中吸收式冷（热）水机组总产量居世界第二位（若按352kW以上机组的产量计算，中国为第一位）。在我国，风机盘管和空气处理机组的产量仅低于房间空调器，而位于其他空调设备产量之上。由于这两种产品与国际同类产品性能和质量相差不远，因此国内绝大多数工程中使用的这两种产品都是国产的。在户式中央空调方面，我国推出的热泵冷热水系统（水管机），与日本的制冷剂系统（VRV系统）及美国的空气系统（风管机）已形成三足鼎立之势。此外，我国相关企业和工程技术人员已经掌握了包括转轮式、静止板式、热管式、闭路盘管式在内的各种空气-空气热回收设备的生产和设计使用技术。

随着我国社会经济的高速发展，科学技术的不断进步，生活水平的不断提高，对空调设备的要求日益提高，空调技术应用的普及率也日益提高，这些都使得空调技术的发展前景越来越广阔。

1.1.3 通风与空调系统的组成

通风作为建筑环境保障技术的重要组成部分，根据服务对象的不同可分为民用建筑通风和工业建筑通风。民用建筑通风是对民用建筑中人员活动所产生的污染物借助通风换气以保持室内空气环境的清洁、卫生，并在一定程度上改善其温湿度和气流速度等环境参数。工业建筑通风是对生产过程中的余热、余湿、粉尘和有害气体等进行控制和治理，达到改善劳动条件、保护工人健康，同时防止大气污染的目的。

通风系统一般由进排风装置、风道以及空气净化设备几个主要部分组成。图 1-1 为通风系统示意图。送风系统主要由空气处理装置、送风机、风管和送风口等组成，其中空气处理装置是把室外空气处理到设计参数要求；排风系统主要由排气口或排气罩、净化处理装置、排风机、风管和风帽等组成，其中净化处理装置是用于除掉空气中的工业有害物，使其符合排放标准。

通风系统一般可按其作用范围分为局部通风和全面通风，按工作动力分为自然通风和机械通风，按介质传输方向分为送（或进）风和排风，还可按其功能分为一般（换气）通风、工业通风、事故通风、消防通风和人防通风等。

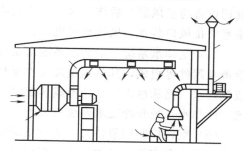

图 1-1 通风系统示意图

一个典型的空调系统应由空调冷热源、空气处理设备、空调风系统、空调水系统及空调控制调节装置五大部分组成。图 1-2 为典型的集中式空调系统示意图。

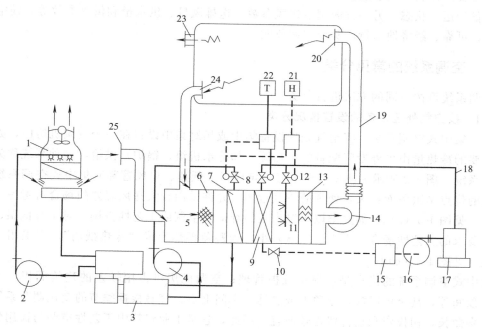

图 1-2 集中式空调系统示意图

1—冷却塔；2—冷却水泵；3—制冷机组；4—冷水循环泵；5—空气混合室；6—空气过滤器；7—空气冷却器；
8—冷水调节阀；9—空气加热器；10—疏水器；11—空气加湿器；12—蒸气调节阀；13—挡水板；14—风机；
15—回水过滤器；16—锅炉给水泵；17—锅炉；18—蒸气管；19—送风管；20—送风口；
21，22—温、湿度感应控制元件；23—排风口；24—回风口；25—新风进口

（1）空调冷源和热源　空调的冷热源是空调系统中的重要组成部分。冷源为空气处理设备提供冷量以冷却送风空气。常用的空调冷源是各类冷水机组，它们提供低温水（如7℃）给空气冷却设备，也有用制冷系统的蒸发器来直接冷却空气的。热源提供加热空气所需的热量，常用的空调热源有热泵型冷热水机组、各类锅炉、电加热器等。

（2）空气处理设备　空气处理设备是空调系统对空气进行加热、冷却、加湿、除湿和净化处理的关键设备，其作用是将送风空气处理到规定的状态。空气处理设备可以集中于一处，为整幢建筑物服务，也可以分散设置在建筑物各层面。常用的空气处理设备有空气过滤器、空气冷却器、空气加热器、空气加湿器和喷水室、各类空调机组等。

（3）空调风系统　空调风系统包括送风系统和排风系统。送风系统的作用是将处理过的空气送到空调区，其基本组成部分是风机、风管和室内送风口装置；排风系统的作用是将空气从室内排出，并将排风输送到规定地点，可将排风排放到室外，也可将部分排风送至空气处理设备与新风混合后作为送风，重复使用的这一部分排风称为回风。排风系统的基本组成是室内排风口装置、风管和风机。在小型空调系统中，有时送排风系统合用一个风机。

（4）空调水系统　空调水系统由循环水泵、过滤与加药装置、定压与补水装置、冷热媒管道及附件等组成，其基本组成是水泵和水管。空调水系统的作用是将冷媒水（简称冷水）或热媒水（简称热水）从冷源或热源输送至空气处理设备。空调水系统可分为冷（热）水系统、冷却水系统和冷凝水系统三大类。

（5）空调控制调节装置　空调系统是根据室内和室外设计参数进行设计的，但在实际运行中，室内和室外的条件是不断变化的，空调系统经常在部分负荷下运行。所以，空调系统应装备必要的控制和调节装置，通过检测与控制系统，一方面要了解空调系统实际运行的参数和设备的运行状态，另一方面调节送风参数、送排风量、供水量和供水参数等，使空调系统安全、可靠、经济地运行，实现空调节能。

1.1.4　空调系统的常见分类

空调系统可按不同的方法进行分类。

1.1.4.1　按空气处理设备的设置情况分类

（1）集中式空调系统　将空气处理设备集中或相对集中设置在一个空调机房内，处理空气所需要的冷热量由另外专门配备的冷热源（如冷水机组、锅炉）供给，这种系统称为集中式空调系统。图1-2所示为典型的全空气、定风量、低速、单风管普通集中式空调系统。这种系统的优点是服务面积大，处理的空气量多。允许采用较大送风温差的场合可考虑一次回风系统［见图1-3（a）］，如夏季以降温为主的舒适性空调或工艺性空调。对于有恒温、恒湿或洁净要求的工艺性场合，由于送风温差小，为避免再热形成"冷热抵消"，应采用二次回风系统［见图1-3（b）］。

集中式空调系统的优点是：便于维护管理；空调机房可占用较差的建筑面积，如地下室、屋顶间等，甚至可以放在屋顶上或悬挂于车间上空；容易根据季节的变化调节系统的新风量；寿命长，初投资和运行费也较便宜。因此，它是工业建筑中工艺性空调与民用建筑中舒适性空调所采用的最基本的空调方式。

集中式空调系统的缺点是：风管占用建筑空间过大，要求建筑层高较高；一般一个空调系统（使用一台空调设备）只能处理一种送风状态的空气，不能同时满足有较大温湿度控制差别的房间或区域的需要；系统作用范围内，不同房间或区域负荷有变化或不需要空调时，

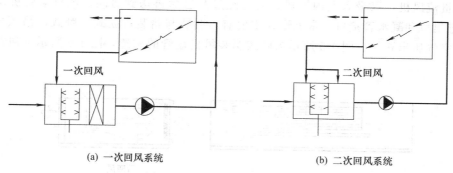

(a) 一次回风系统　　　　　　(b) 二次回风系统

图 1-3　集中式空调系统示意图

不便于自动调节或不送风，难以满足不同房间或区域的控制要求，并造成能量的浪费，各房间之间有风管道连通，不利于防火。

（2）半集中式空调系统　除集中空调机房外，还在各空调房间（被调房间）布置末端设备，其中多半设有冷/热交换装置。它们可以对室内空气进行就地处理，或对来自集中处理设备的空气进行补充处理，如诱导器系统、风机盘管系统等。处理空气所需要的冷热量也是由专门配备的冷热源供给。目前广泛应用于办公楼、写字楼、宾馆的风机盘管加独立新风系统就是典型的半集中式空调系统。

图 1-4 所示为风机盘管加新风系统示意图，它是典型的空气-水系统，由风机盘管子系统和新风子系统组合而成。图中风机盘管采用两管制水系统，可夏季供冷，冬季供热。经冷源（如冷水机组）降温或热源（如锅炉）加热的冷热水，通过水管管网分别进入风机盘管和新风机，对室内外空气进行热湿处理：风机盘管主要就地处理空调房间或区域内的循环空气；新风机处理室外空气，并通过风管送至各空调房间或区域。在风机盘管和新风机内完成了热湿交换任务的冷热水又通过水管管网回到冷热源，重新被降温或加热。

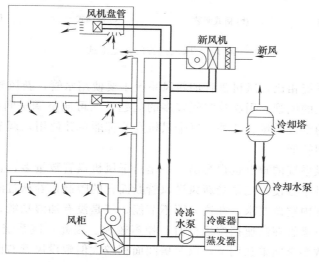

图 1-4　风机盘管加新风系统示意图

风机盘管机组主要由盘管和风机组成。盘管是换热设备，一般采用二排或三排管，内有冷水（或热水）流动，使流过盘管外表面的室内回风被冷却（或加热）。风机一般为离心多叶风机和贯流风机，以吸入室内回风，使之经过盘管后再送到房间。风机盘管机组上有冷（热）水进出口和凝水管接口。常见形式主要有：明装与暗装；立式、卧式、吊顶式；空气吸入式、空气压出式等。图 1-5 所示为卧式明装风机盘管的构造，图 1-6 所示为风机盘管常见形式。

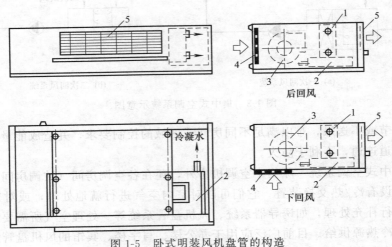

图 1-5　卧式明装风机盘管的构造

1—盘管；2—凝结水盘；3—风机；4—空气过滤器；5—出风口格栅

(a) 卧式暗装　　　(b) 卧式明装　　　(c) 吸顶式　　　(d) 立式明装

图 1-6　风机盘管的常见形式

　　与集中式空调系统相比，风机盘管加新风系统主要使用水管，新风管断面积很小，因此既解决了全空气系统的风管占用建筑空间较多的问题，又可向空调房间提供一定量的新风，从而保证空调房间的空气质量。此外，每个风机盘管都能单独使用，调节简便，不用时还可关机，因而运行费用较低。

　　风机盘管加新风系统的缺点也很突出：一是由于风机盘管数量多，且一般多为暗装，维护保养工作量大，且不方便；二是受新风送风管断面积的限制，春秋过渡季节不能采用全新风送风方式来满足室内空调要求，在这方面不节能；三是没有加湿功能，难以满足有湿度要求的场合；四是风机盘管在高速挡位运行时，噪声较大。因此，该系统主要适用于房间多，且各房间的空调参数要求能单独调节，以及房间面积较大但敷设风管有困难的场所，如办公楼、酒店等。

　　当机组主要用于冬季供暖时，应采用立式机组，并布置在窗台下，以便获得较均匀的室温分布。

　　（3）分散式空调系统　分散式空调系统又称局部机组系统。这种机组把冷热源、空气处理设备和输送设备（风机）集中设置在一个箱体内，形成一个紧凑的空调系统。因此不需要集中的机房，可以按照需要，灵活而分散地设置在空调房间内，使用灵活方便，是家用空调以及车辆空调的主要形式。工程上，把空调机组安装在空调房间的邻室，使用少量风道与空调房间相连的系统也称为分散式系统。

1.1.4.2 按负担室内负荷所用的介质分类

（1）全空气系统　全空气系统即空调房间的热、湿负荷全部是由经过处理的空气来承担的空调系统［见图1-7（a）］。空气经集中设备处理后，通过风管送入空调房间吸热吸湿或放热放湿后排出房间，也可通过回风管道，部分返回空调设备再处理使用。全空气系统由于空气的比热容较小，需要较多的空气才能达到消除余热余湿的目的。因此，这种系统要求有较大断面的风道，占用建筑空间较多。全空气系统又可分为定风量系统（单风道式、双风道式）和变风量系统。

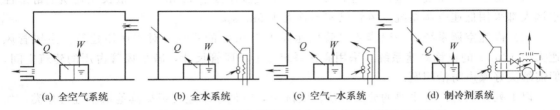

| (a) 全空气系统 | (b) 全水系统 | (c) 空气-水系统 | (d) 制冷剂系统 |

图1-7　按负担室内热湿负荷所用的介质分类的空调系统示意图

（2）全水系统　这种系统中，空调房间的热湿负荷全部由水来承担［见图1-7（b）］。由于水的比热容比空气大得多，在相同负荷情况下只需要较少的水量，因而输送管道占用的空间较少。但由于这种系统是靠水来消除空调房间的余热、余湿，解决不了空调房间的通风换气问题，室内空气品质较差，因此用得较少。风机盘管及辐射板系统就属于这类系统。

（3）空气-水系统　它由空气和水共同承担空调房间的热、湿负荷［见图1-7（c）］。风机盘管加独立新风系统、置换通风加冷辐射板系统和再热器加诱导器系统均属于这类系统。

空气-水系统的优点是：既可减小全空气系统的风道占用建筑空间较多的矛盾，又可向空调房间提供一定的新风换气，从而改善空调房间的卫生要求。

（4）制冷剂系统　这种系统是把制冷系统的蒸发器直接放在室内，由制冷剂来承担空调房间的余热、余湿，常用于分散安装的局部空调机组［见图1-7（d）］。目前，广泛使用的多联机系统就属于制冷剂系统。典型的有 Dakin 的 VRV 系统与 Sansung 的数码涡旋系统。

1.1.4.3 按空调系统处理的空气来源分类

（1）封闭式系统　空调设备处理的空气全部来自空调房间本身，无室外新风补充，全部为再循环空气，如图1-8（a）所示。这种系统冷、热消耗量最省但不卫生，只适用于无人或很少进人但又需保持一定温湿度的库房等场所。

（2）直流式系统　空调设备处理的空气全部来自室外，室外空气经处理后送入室内，再全部排出，如图1-8（b）所示。这种系统耗能最多，但室内空气得到全部交换，卫生效果好，但不经济。适用于不允许采用回风的场合，如放射性实验室、无菌手术室及散发大量有害物的车间等。

（3）混合式系统　采用一部分室外空气（新风）和室内空气（回风）的全空气系统，新风与回风混合并经处理后，送入室内消除室内的热、湿负荷，如图1-8（c）所示。根据使用回风次数的多少又分为一次回风系统和二次回风系统。它具有既经济又符合卫生要求的特

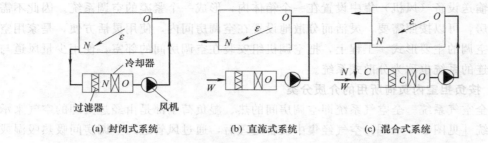

过滤器　　　风机

(a) 封闭式系统　　　　　(b) 直流式系统　　　　　(c) 混合式系统

图 1-8　按空调系统处理的空气来源分类的空调系统示意图

点，因此使用比较广泛。

1.1.4.4　按风管中空气流动速度分类

（1）低速空调系统　这种系统主风管内的空气流速低于 15m/s。一般民用建筑的舒适性空调大都采用低速空调系统，风管风速不宜大于 8m/s。

（2）高速空调系统　一般指主风管风速高于 15m/s 的系统。对于民用建筑，主风管风速大于 12m/s 的也称高速系统。采用高速系统可缩小风管尺寸，减少风管占用的建筑空间，但需解决好噪声防治问题。

以上列举的为四种主要的分类方法。实际上，空调系统还可根据其他依据进行分类。如按空调系统的风量固定与否，可分为定风量和变风量空调系统；按空调系统的控制精度不同，可分为一般空调系统和高精度空调系统；按空调系统的用途不同，可分为工艺性和舒适性空调系统；按空调系统的运行时间不同，可分为全年性空调系统和季节性空调系统等。

1.2　空调工程设计程序

空调工程能否成功运行，涉及设计、施工、管理等很多环节。正确的设计与计算是最重要、最关键的一环。因此，空调设计是一项严肃认真的工作。对于设计者而言，除要求具有一定的理论基础和实践经验外，还须对空调工程设计前的准备、空调工程设计的内容及步骤和有关设计文件有较详尽的了解。

1.2.1　暖通空调工程现行设计与施工规范和标准

国家、部委颁布的有关暖通空调设计与施工的规范和标准是暖通空调设计的依据，不符合设计规范原则的工程设计是不合格的。因此，设计人员必须了解和掌握有关设计规范和标准，常用的规范和标准如下。

1.2.1.1　建筑与暖通空调工程制图标准

（1）房屋建筑制图统一标准（GB/T 50001—2010）

（2）暖通空调制图标准（GB/T 50114—2010）

1.2.1.2　通用设计规范（部分）

（1）民用建筑供暖通风与空气调节设计规范（GB 50736—2012）

（2）建筑设计防火规范（GB 50016—2014）

（3）民用建筑设计通则（GB 50352—2005）

1.2.1.3　专用设计规范（部分）

（1）人民防空工程设计防火规范（GB 50098—2009）

（2）汽车库、修车库、停车场设计防火规范（GB 50067—2014）

（3）办公建筑设计规范（附条文说明）（JGJ 67—2006）

（4）电影院建筑设计规范（JGJ 58—2008）

（5）旅馆建筑设计规范（JGJ 62—2014）

（6）商店建筑设计规范（JGJ 48—2014）

（7）洁净厂房设计规范（GB 50073—2013）

1.2.1.4　暖通空调工程施工及验收规范

（1）通风与空调工程施工规范（GB 50738—2011）

（2）通风与空调工程施工质量验收规范（GB 50243—2002）

（3）制冷设备、空气分离设备安装工程施工及验收规范（GB 50274—2010）

（4）工业金属管道工程施工规范（GB 50235—2010）

（5）工业金属管道工程施工质量验收规范（GB 50184—2011）

（6）建筑给水排水及采暖工程施工质量验收规范（GB 50242—2002）

具体工程设计中，若遇到特殊情况不能按规定条例执行时，设计人员应在把握规范有关条文的精神实质的基础上，与有关主管部门协商解决。

1.2.2　空调工程设计前的准备

（1）明确该空调建筑物的性质、规模和功能划分，这是恰当选择空调系统和分区的依据，也是选择空调设备类型的依据之一。

（2）了解建筑物所在地的区域特性以及自然条件，弄清该建筑物在总图中的位置、四邻建筑物及其周围管线敷设情况，以作为计算负荷时考虑风力、日照等因素及决定冷冻机房、锅炉房、空调场所、冷却塔位置、管道外网设置方式的参考。

（3）了解建筑物内的人员数量、使用时间、室内照明和各类发热设备的容量、发热特性等，弄清各类功能房间、走廊、厅堂的空调面积和各室的外墙、外窗及屋面的结构材质的热工性能和面积等，作为划分系统的依据，并为计算负荷做准备。

（4）明确建筑物层数、高度及建筑物的总高度，确定其建筑类别（高层建筑和普通建筑之间在防火设计方面有重要区别），以便根据相应的消防规范进行消防设计。

（5）了解建筑各层层高、梁高、梁的布置及吊顶形式、高度和剪力墙的位置，为规划设备和管道布置做准备。

（6）了解建筑防火分区及防烟分区的划分，防火墙、防火窗的位置及火灾疏散路线，便于设计防烟排烟系统及决定防火阀的位置。

（7）明确其他工种，如电气、给水、排水、消防、通信、装修等的要求及初步设计方案，便于协调，减少今后施工中的矛盾。

（8）了解当地的电力、热力、燃油供应能力和方式等，以便考虑能源的利用问题。

（9）了解甲方对空调的具体要求，考虑其合理性，并提出修改性参考意见。

1.2.3　空调工程设计内容与步骤

由前述空调系统组成可以看出，一个较完整的空调系统设计内容包括五个部分（见图1-9）：空调方案的确定；空调负荷的计算；空调设备选择与布置；风道的布置与水力计算；风口的布置与室内气流组织及室内温度的控制。

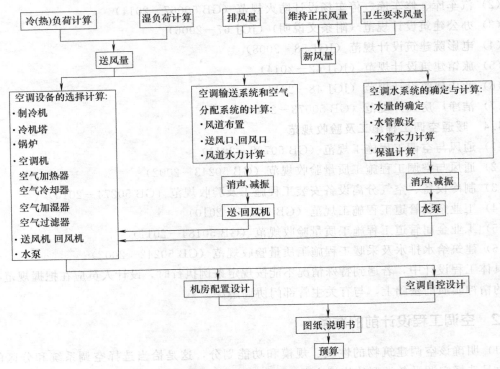

图 1-9 空调工程设计内容

空调工程设计的步骤大致如下。

(1) 选择空调系统并合理分区 这是空调工程设计整体规划关键的一步。空调系统的方式很多，首先要为各建筑物的整体空调选择适当的空调系统方式，并进行合理分区。

① 空调系统的选择和分区，应根据建筑物的性质、规模、结构特点、内部功能划分、空调负荷特性、设计参数要求、同期使用情况、设备管道选择布置安装和调节控制的难易等因素综合考虑，通过技术经济比较确定。在满足使用要求的前提下，尽量做到一次投资省、系统运行经济且能耗少。

② 特别应注意避免把负荷特性（指热湿负荷大小及变化情况等）不同的空调房间划分为同一系统，否则会导致能耗的增加和系统调节的困难，甚至不能满足要求。

③ 负荷特性一致的空调房间，规模过大时，宜划分为若干个子系统，分区设置空调系统，这样将会减少设备选择和管道布置安装及调节控制等方面的困难。

(2) 明确建筑物所在地室外空气计算参数和室内空气设计参数 空调系统的冷负荷计算总是以空调室内外空气参数为依据，正确确定建筑物所在地室外空气计算参数和建筑物中各类不同使用功能的空调房间的室内空气设计参数，是空调负荷计算、管路系统设计计算、设备选择的依据，它对空调设备的投资和经济运行均具有重要意义。

(3) 计算空调负荷 空调负荷是设备选择计算的主要依据。空调负荷包括空调房间负荷、新风负荷、空调系统及制冷系统负荷等。空调负荷的计算方法很多，具体内容详见第3章。

(4) 确定空气处理方案和选择空气处理设备 要使空调房间达到和保持设计要求的温度和湿度，必须将新风、回风或由新、回风按一定比例混合得到的混合空气，经过某几种空气处理过程，达到一定的送风状态才能得以实现。

　　某几种空气处理过程的组合（包括处理设备及连接顺序）就是空气处理方案，它可在湿空气的 h-d 图上表示出来。这种图可用于查取设计计算和选择设备所需的各种空气状态参数。

　　空气处理方案的确定与处理设备的选择计算详见第 4 章。

　　(5) 空调风道系统与气流组织设计　经过处理的空气要通过空气管道输送到空调房间，并通过一定形式的送风口将空气合理分配。空调风道系统设计包括集中式系统的送风、回风和排风设计，风机盘管加新风系统的新风送风管道和房间送风、回风及排风设计，各种风机和各类风口的选择，风管的消声、安装及冷风管的保温要求等。空调风道系统应便于调节控制和适应建筑物的防火排烟要求。气流组织设计应使空调房间的气流组织合理，温度、湿度等分布稳定均匀，并达到设计要求。详见第 5 章。

　　(6) 空调水系统设计　中央空调水系统一般包括冷（热）水系统、冷却水系统和冷凝水系统。

　　水系统设计包括管路系统型式选择、分区布置方案、管材管件选择、管径确定、阻力计算与平衡、水量调节控制、管道保温及安装要求、水泵和冷却塔等设备的选择及安装要求等，详见第 6 章。

　　(7) 选择冷水机组和进行中央机房设计　在空调工程中，所采用的制冷装置目前趋向于机组化，即将制冷系统中的全部或部分设备在生产厂组装成一个整体。目前我国有多种形式和型号的制冷机组供用户选择，生产厂家也可根据用户的需要来组装。有冬季采暖要求的系统还要选择空调系统热源。

　　在空调系统中，确定冷、热源装置及其形式是一个相当重要的工作，它直接涉及整个空调系统的能耗、投资等经济性指标，同时对系统的运行将产生长期影响。具体内容详见第 7 章。

　　(8) 确定空调系统的电气控制要求　空调系统的正常运行、自动调节、安全保护和不同功能转换等，都必须依靠电气控制来实现。设置有效的中央空调控制系统，对于整个空调系统的安全运行和管理，将室内温度、湿度稳定在设计允许的范围内，使整个系统处于最佳工况运行，以及对于节省能源、提高设备使用寿命，都具有十分重要的意义。

1.2.4　空调工程设计文件的编写整理

　　空调工程设计文件是设计者思想及计算结果的图文表现形式，施工者将依照此文件来组织实施施工安装，同时它也是工程概、预算以及工程完工验收的依据。它还是其他工种（如给排水、消防、建筑电气、装修等）设计施工时进行协调配合的依据。成套文件完成后，需留档备查。

　　一项工程的设计，按照其设计深度的不同，可分为方案设计、初步设计和施工图设计三个阶段。每一阶段的设计文件内容均有不同，但都必须符合国家统一规定。

　　以施工图设计阶段的设计文件为例，施工图设计文件由首页、空调通风设备及主要附件表和设计图样组成。

　　(1) 首页　包括设计图样目录、使用标准图纸目录、图例、设计和施工总说明。有的首页还包括工程名称、甲方单位名称、设计单位名称及该建筑物位置等内容。

　　关于首页的几点说明：

　　① 图纸目录的编排没有硬性规定，一般按楼层顺序自下至上排列，总体是先平面图、

再系统图、最后是剖面图、大样图和原理图。

② 图例参见《暖通空调制图标准》(GB/T 50114—2010)。标准中没有的可参照习惯做法自行拟定，但必须作出说明。

③ 设计、施工总说明包括两个部分，即设计说明与施工说明。空调设计与施工说明书要求用工程字体书写或用电脑打印。为了文字的简洁和表达的清晰，应尽量将某些数据归纳成表格形式。设计、施工总说明的具体内容视工程实际情况而定。

（2）空调通风设备及主要附件表　一个空调工程设计完毕后，将该工程所选用的全部设备和主要附件以清单形式列出，此清单被称为设备附件表。它是空调工程设计文件中不可缺少的内容，是进行工程概、预算的最主要的计算依据。设备附件表的规格、内容没有统一的要求，设计者可根据需要自定。

（3）设计图样　设计图样包括平面图、剖画图、系统图、原理图及局部大样详图。详见第 9 章。

思考与练习题

1-1　填空题

（1）空气调节的任务是采用＿＿方法，将室内空气进行调节并维持一定的＿＿、＿＿、＿＿和＿＿，使室内空气各项参数达到满足人体舒适或生产工艺过程的要求。

（2）根据服务的对象不同，通常把空调分为＿＿空调和＿＿空调两大类。

（3）一个典型的空调系统应由＿＿、＿＿、＿＿、＿＿及＿＿五大部分组成。

（4）按空气处理设备的设置情况，将空调系统可分类为＿＿、＿＿及＿＿三大类，其中风机盘管系统属于＿＿。

（5）风机盘管主要由＿＿和＿＿组成。

（6）按空调系统处理的空气来源可将空调系统分为＿＿式系统、＿＿式系统及＿＿式系统三类。

（7）一项工程的设计，按照其设计深度的不同，可分为＿＿设计、＿＿设计和＿＿设计三个阶段。

1-2　选择题

（1）空气调节系统调节的空气参数不包括（　　）。

A. 温度　　　　　　B. 黏度　　　　　　C. 湿度　　　　　　D. 洁净度

（2）以下不是空调水系统的是（　　）。

A. 冷（热）水系统　　　　　　　　　　B. 冷却水系统

C. 化学水系统　　　　　　　　　　　　D. 冷凝水系统

（3）以下不属于空调系统类型的是（　　）。

A. 吸收剂系统　　B. 全空气系统　　C. 全水系统　　D. 制冷剂系统

（4）以下属于分散式空调系统的是（　　）。

A. VRV 系统　　　B. CADS 系统　　　C. 轿车空调　　　D. VAV 系统

（5）以下不属于空调工程施工图设计文件的是（　　）。

A. 首页　　　　　B. 主要附件表　　　C. 设计图样　　　D. 多面正投影图

1-3　问答题

（1）空气调节的任务是什么？

（2）简述空调系统的分类及其分类原则，并说明系统的特征或适用范围。

（3）阐述全空气系统与空气-水系统的不同点。

（4）简述集中式空调系统的组成及工作过程。

（5）简述风机盘管加独立新风系统的组成及工作过程。

（6）简述集中式空调系统与半集中式空调系统的优、缺点。

（7）空调工程设计前应做哪些准备工作？

（8）空调工程设计的内容与步骤各有哪些？请叙述之。

（9）试举出身边一些应用空调系统的例子，并说明它们属于哪一类的空调系统。

（5）向电气设备散热（发热电气设备，如电阻加热器的散热）。

（6）其他各种对水分要求不同的热湿处理。

（4）防止某些贵重仪表设备受工作场所潮湿空气侵蚀。

（5）满足人的生理和舒适要求及保证工作环境。

（6）由于水分蒸发与工艺本身要求等。

（7）创造适宜的生产环境和工作环境。

第2章

空调的调节对象——湿空气

空气调节的研究对象是空气，因此，必须首先了解空气的性质，然后才能解决空气调节中遇到的各种问题。本章主要介绍空气的热力性质、空气的状态参数，以及反映空气热力性质的焓湿图，以便能熟练运用焓湿图分析空气状态的变化。

2.1　湿空气的热力性质

2.1.1　湿空气的组成

2.1.1.1　湿空气

地球大气层自海平面向上依次分为对流层、平流层、中间层和热层。其中最靠近地面的对流层是大气中最稠密的一层，是人类赖以生存的空气环境，其中充满了空气调节所要研究的对象——空气。在空调技术范畴内，为了便于研究和计算，通常将空气视为干空气和水蒸气组成的混合气体，称其为"湿空气"。其中干空气是由多种气体组成的混合气体，平均起来，其成分按照体积比约为氮气（N_2）占78%，氧气（O_2）占21%，其他气体（二氧化碳、一氧化碳、惰性气体等）占1%。通常情况下，干空气的组成是比较稳定的，因而可以将其作为一个整体考虑。水蒸气在空气中按体积比，几乎可以忽略不计；若按质量比，常温下占空气总质量的0.01%～0.4%。虽然水蒸气在空气中所占比例微乎其微，但在地球大气中，它是无处不在的。可以说，地球上自然界中存在的空气都是含有水蒸气的，所以称其为"湿空气"。

2.1.1.2　水蒸气及其影响

水蒸气亦称水汽，是气态的水。空气中水蒸气的主要来源一是江河湖海中水的自然蒸发；二是生物生理过程产生的水蒸发或水蒸气直接散发；三是生产工艺过程中使用和产生的水蒸发或水蒸气直接蒸发。

需要注意的是，空气中水蒸气的含量不是定值，而是在一定范围内变化的，主要受自然环境、气象条件、湿源三个因素的影响。空气中水蒸气含量的变化对空气的干燥及潮湿程度会产生重要影响，从而对人的舒适感及健康、产品产量和质量、生产工艺过程、设备状况、处理空气的能耗等都有极大影响。

（1）影响人的舒适感甚至健康　空气湿度的大小影响人体皮肤表面汗液的蒸发速度，从而影响人的舒适感。另外，关节炎病人对过于潮湿的气候非常敏感，甚至可以"预报"阴雨天气；而咽喉炎病人在干燥环境里病情会加重。即使是正常人，也不喜欢过于潮湿或干燥的空气环境。

　　（2）影响某些产品的质量和成品率　对于食品工业，潮湿的环境会使食品加速腐败；对于精密机械和电子行业，尤其是集成电路制造和精密电子器械产品生产，空气的潮湿程度会直接影响产品质量和成品率；而仓储行业对空气的湿度更加关注。

　　（3）影响生产工艺过程　如彩色印刷，特别是纺织生产的各个工艺过程，对空气中水蒸气的含量情况最为敏感。

　　（4）影响设备状况　主要是金属设备的锈蚀问题。

　　（5）影响处理空气的能耗　空气中水蒸气的多少，直接影响加热或冷却同样体积的空气所需能量的多少。在空调工程中，经常要求对空气进行加热或冷却处理。例如，同样将35℃的空气降温到25℃，空气中水蒸气含量不同，所需要的冷量是不同的。

　　基于以上原因，平时可以忽略的空气中的水蒸气，在空调范畴里不仅不能忽略，而且要把它放在非常重要的位置来对待。

2.1.2　湿空气的状态参数

　　为了便于对空气进行处理和调控，需要有对空气进行定量分析和描述的物理量，称为空气的状态参数。这个状态参数通常是指识别某一个或某一类客观事物的数值特征或数量特征的度量，因此可以说，每一个客观的物体都有其特定的"状态参数"。

　　从空气调节的目的出发，对空气主要是从压力、温度、湿度、能量特征四个方面来描述它的状态的，所涉及的参数即为空气的状态参数。

2.1.2.1　压力类参数

　　（1）大气压力与绝对压力　环绕地球的大气层对单位地球表面积形成的压力称为大气压力（或湿空气总压力）。大气压力通常用 p 或 B 表示，单位为 Pa。

　　大气压力不是一个定值，它随各地海拔不同而存在差异。通常以北纬 45°处海平面的全年平均气压作为一个标准大气压力或物理大气压，其数值为 101325Pa。海拔越高的地区，大气压力越低。例如，我国北部沿海城市天津海拔 3.3m，夏季大气压力为 100480Pa，冬季为 102660Pa；西藏高原上的拉萨市海拔为 3658m，夏季的大气压力为 65230Pa，冬季为65000Pa。可见，拉萨市比沿海城市的气压低得多。大气压力不仅与海拔有关，还随季节、气候的变化而稍有高低。由于大气压力不同，空气的物理性质也会不同，反映空气物理性质的状态参数也要发生变化。所以，在空气调节的设计和运行中，如果不考虑当地气压的大小，就会造成一定的误差。

　　在空调系统中，空气压力是用仪表测定的，仪表上指示的压力称为工作压力（表压力、真空度），工作压力不是空气的绝对压力，而是与当地大气压的差值，即

$$绝对压力＝当地大气压＋工作压力$$

　　值得注意的是，只有绝对压力才是空气的状态参数，凡涉及空气压力而未注明是工作压力（表压力或真空度）时，均应理解为是绝对压力。

　　（2）水蒸气分压力　水蒸气分压力是指空气中的水蒸气单独占有空气的体积，并具有与空气相同的温度时所具有的压力，通常用 p_q 表示，单位为 Pa。同理，可引出干空气分压力，用 p_g 表示，单位也为 Pa。

　　前文已述，在空调技术范畴内可将空气视为干空气与水蒸气的混合气体，根据道尔顿分

压定律：理想混合气体的总压力等于组成该混合气体的各种气体的分压力之和。由此可得空气的总压力即大气压力为

$$B = p_g + p_q \tag{2-1}$$

根据气体动力学理论，压力是由于气体分子撞击容器壁而产生的宏观效果。因此，水蒸气分压力大小直接反映了水蒸气含量的多少。

在一定温度下，空气中的水蒸气含量越多，空气就越潮湿，水蒸气分压力也越大。如果空气中水蒸气的数目超过某一限量，多余的水蒸气就会凝结成水从空气中析出。这说明，在一定温度条件下，空气中水蒸气含量达到最大限度时，就称空气处于饱和状态，也称其为饱和空气。此时相应的水蒸气分压力称为饱和水蒸气分压力，用 $p_{q,b}$ 表示。$p_{q,b}$ 值仅取决于温度，且温度越高，$p_{q,b}$ 值越大。各种温度下的饱和水蒸气分压力值，可以从（湿）空气性质表中查出，见附录1。

2.1.2.2 温度类参数

空气温度表示空气的冷热程度，温度高低用"温标"来衡量。目前国际上常用热力学温标（又称开氏温标），符号为 T，单位为 K；或用摄氏温标，符号为 t，单位为℃。摄氏温标1℃与热力学温标1K的分度是相等的，两者的关系为

$$T = t + 273.15 \approx t + 273$$

（1）干球温度 干球温度就是通常所说的温度，在空调技术中，为了区别于湿球温度，才特别称之为干球温度。干球温度用 t 或 t_g 表示，单位是 K 或℃。

（2）湿球温度 图 2-1 中有两支普通水银玻璃棒温度计，右边一支温度计的感温球上包裹一小块纱布，纱布的下端浸在盛有常温蒸馏水的容器中，由于毛细现象使纱布处于湿润状态，这支温度计就成了"湿球温度计"，其指示的温度值就是湿球温度。湿球温度用 t_s 表示，单位是 K 或℃。

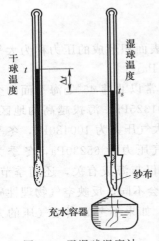

图 2-1 干湿球温度计

通常空气都是处于未饱和状态，还可以容纳水蒸气，因此湿球温度计感温包包裹的湿纱布上的水就会有一部分要蒸发到空气中。若水温高于空气的温度，蒸发所需的汽化热必然首先取自水分本身，因此纱布上的水温便会下降。湿球温度计上的读数开始时高于干球温度计上的读数，随后读数下降。无论原来水温多高，经过一段时间后，水温终将降至空气干球温度以下。这时，也就出现了空气向水面的传热，此热量随着空气与水之间温差的加大而增加。当水温降到某一数值时，空气向水面的温差传热恰好补偿水分蒸发所吸收的汽化热，此时水温不再下降，反映在湿球温度计上的这一稳定的温度就是空气的湿球温度。如果湿球纱布上的最初水温低于湿球温度，则空气向水面的温差传热一方面供给水蒸发所需的汽化热，另一方面供水温的升高。随着水温的升高，传热量减少，最终仍将达到温差传热与蒸发需热相等，水温稳定并等于空气湿球温度。

当空气潮湿程度较低时，湿球纱布上的水分蒸发快，蒸发需要的热量多，水温下降得也越多，因而干、湿球温差大。反之，如果空气潮湿程度高，则干、湿球温差小。当空气达到饱和状态时，湿纱布上的水分不再蒸发，干、湿球温度也就相等了。由此可见，干湿球温差的大小可以反映空气的潮湿程度，这为定量分析、测量空气的潮湿程度提供了极大的方便。

应该指出的是，由于水与空气之间的热、湿交换过程都与湿球周围的空气流速有关。因此，在相同的空气条件下，空气流经湿球表面的流速不同时，所测得的湿球温度也会产生差异。当流速很小时，热湿交换不充分，所测得湿球温度误差较大；当空气流速较大时，热湿交换充分，所测得湿球温度较准确。因此，使用湿球温度计测量空气湿球温度时，要注意以下两点。

① 使湿球温度计感温包附近的空气流速达到 2.5m/s 以上，必要时使用通风干湿球温度计。

② 达到热湿交换的平衡需要一定时间，所以读数时要使湿球温度计放置在测量地点至少 1～2min，等到读数稳定后，再读取其数值。

（3）露点温度　任一状态的未饱和空气，在保持所含水蒸气量不变的条件下，使其温度逐渐降低，当温度低于某一临界温度时，空气中的水蒸气便开始凝结出来，这个临界温度就成为该状态空气的露点温度。露点温度通常用 t_1 表示，单位是℃。

空气中水蒸气在低于某个临界温度后凝结出来的事例非常常见：如雾的形成；室内外温差较大时，室内窗玻璃上附着一层"水膜"；室内自来水管上有时附着水珠等。

露点温度的应用在空调技术中非常重要，例如，当需要对空气进行除湿处理时，通常就是用空调设备将空气的温度降低到其露点温度之下，从而达到除去空气中多余水蒸气的目的。

2.1.2.3　湿度类参数

空调工程中，测量和调节空气的湿度是仅次于温度控制的重要任务，尤其是需要知道空气中水蒸气含量和某一状态空气吸收水蒸气的能力时，可分别用含湿量和相对湿度这两个状态参数来度量。

（1）含湿量　空气的含湿量定义为在空气中与 1kg 干空气同时并存的水蒸气量，即

$$d = \frac{m_q}{m_g} \tag{2-2}$$

式中　d——含湿量，g/kg干 或 kg/kg干；

m_q——空气中所含水蒸气的质量，g 或 kg；

m_g——空气中所含干空气的质量，kg。

在含湿量的定义式中，分母之所以使用干空气的质量而不是空气的质量，完全是为了准确、直观、方便地表示空气中水蒸气的含量大小。因为在对空气进行热湿处理的过程中，经常会有水蒸气的加入或凝结，因此空气质量会随之发生变化，而在这个过程中，干空气的质量则基本维持不变。

每千克干空气所能容纳的水蒸气量是有限度的，超过这个限度，多余的水蒸气就会从空气中凝结出来。而每千克干空气所能容纳的最大水蒸气量与其干球温度唯一相关。温度越高，每千克干空气所能容纳的水蒸气就越多，反之就越少。某一温度下，每千克干空气所能容纳的最大水蒸气量，即为该温度下空气的最大含湿量，称为饱和空气含湿量，简称饱和含湿量，用 d_b 表示，单位为 g/kg干。显然，达到最大含湿量的空气就是饱和空气。含湿量可以准确地反映出每千克干空气中含水蒸气量的绝对值，但不能直观地反映空气是否饱和，即空气中是否还能容纳水蒸气。

根据干空气、水蒸气的理想气体状态方程式，可以导出湿空气含湿量 d 和水蒸气分压力 p_q 之间的关系式：

$$d = 0.622\frac{p_q}{B - p_q} \quad (\text{kg/kg干}) \tag{2-3}$$

或

$$d = 622\frac{p_q}{B - p_q} \quad (\text{g/kg干}) \tag{2-4}$$

由式（2-3）可以看出，当大气压力 B 一定时，水蒸气分压力 p_q 只取决于含湿量 d。水蒸气分压力 p_q 越大，含湿量 d 也就越大。如果含湿量 d 不变，水蒸气分压力将随大气压力的增加而上升，随大气压力的减少而下降。

前已述及，干空气在温度和湿度变化时其质量不变，含湿量仅随水蒸气量多少而改变。因此空调工程中，采用以 1kg干 空气作为计算基础的含湿量可以确切而方便地表示空气中的水蒸气含量。今后，对空气进行加湿、减湿处理时，都是用含湿量来计算空气中水蒸气量变化的。

（2）相对湿度 含湿量可以准确地反映出每千克空气中含水蒸气量的绝对数值，但不能直观地反映空气是否饱和，或空气接近饱和的程度。例如，同样是含湿量为 10.6g/kg干 的空气，在 15℃是饱和空气，而在 30℃时却只能算是未饱和空气，因为 30℃的空气最大含湿量为 27.2g/kg干。为此，定义空气的另一状态参数——相对湿度。

相对湿度定义为空气中水蒸气分压力和同温度下饱和水蒸气分压力之比，用符号 φ 表示，即

$$\varphi = \frac{p_q}{p_{q,b}} \times 100\% \tag{2-5}$$

式中　p_q——水蒸气分压力，Pa；

　　　$p_{q,b}$——同温度下饱和水蒸气分压力，Pa。$p_{q,b}$ 是温度的单值函数，可在一些热工手册中查到，见附录 1。

相对湿度反映了空气中水蒸气含量接近饱和的程度。φ 值小，表示空气离饱和程度远，空气较为干燥，吸收水蒸气能力强；φ 值大，表示空气更接近饱和程度，空气较为潮湿，吸收水蒸气能力弱；当 $\varphi = 0$ 时，则为干空气；当 $\varphi = 100\%$ 时，则为饱和空气。所以由 φ 值的大小，可以直接看出空气的干湿程度。

空气的相对湿度与含湿量之间的关系式为

$$\varphi = \frac{d}{d_b} \times \frac{B - p_q}{B - p_{q,b}} \times 100\% \tag{2-6}$$

因为 B 值远远大于 p_q 和 $p_{q,b}$ 值，认为 $B - p_q \approx B - p_{q,b}$，只会造成 1%～3%的误差，因此相对湿度可表示为

$$\varphi \approx \frac{d}{d_b} \times 100\% \tag{2-7}$$

式中　d_b——饱和含湿量，g/kg干 或 kg/kg干。

2.1.2.4　能量参数

空调工程中，空气的状态经常发生变化，需要确定状态变化过程中的热交换量。例如，对空气进行加热和冷却时，常需要确定空气吸收或放出多少热量。从工程热力学可知，焓是工质的一个状态参数，在定压过程中，焓差等于热交换量。而在空调工程中，空气的状态变化就属于定压过程，因而可用空气前后状态的焓差来计算空气吸收或放出的热量。

湿空气的焓也是以 1kg 干空气作为计算基础的。湿空气的焓是 1kg 干空气的焓和 d kg 水蒸气焓的总和，称为 $(1+d)$ kg 湿空气的焓。取 0℃的干空气和 0℃的水的焓值为零，则

湿空气的焓值为

$$h = h_g + dh_q \quad (\text{kJ/kg}干)$$ (2-8)

式中　h_g——1kg 干空气的焓，kJ/kg干；

　　　h_q——1kg 水蒸气的焓，kJ/kg干。

已知干空气的定压比热 $c_{p,g} = 1.005\text{kJ/(kg·℃)}$，近似取 1 或 1.01；水蒸气的定压比热 $c_{p,q} = 1.84\text{kJ/(kg·℃)}$；0℃水的汽化潜热为 2500kJ/kg；则

$$h = 1.01t + d(1.84t + 2500) \quad (\text{kJ/kg}干)$$ (2-9)

或

$$h = (1.01 + 1.84d)t + 2500d \quad (\text{kJ/kg}干)$$ (2-10)

由式（2-10）可看出，$[(1.01 + 1.84d)t]$ 是与温度有关的热量，称之为"显热"；而 $(2500d)$ 是 0℃ 时 $d$kg 水的汽化热，与温度无关，它仅随含湿量变化而变化，故称"潜热"。当空气的温度和含湿量升高时，焓值也加大。但是，由于 2500 比 1.84 和 1.01 大得多，所以在空气温度升高、同时含湿量减少的情况下，空气的焓值不一定增加，完全可能出现焓值不变，或焓值减少的现象。

以上介绍了湿空气的状态参数，有 B、t、d、φ、h 和 $p_{q,b}$、d_b、p_q、t_1、t_s 等。在大气压力 B 一定时，湿空气的温度 t 与饱和分压力 $p_{q,b}$ 及饱和含湿量 d_b 是相互关联的参数，只要知道其中一个，另两个也就确定了。同样，含湿量 d 和水蒸气分压力 p_q、露点温度 t_1 也是彼此不独立的。温度 t 与含湿量 d 之间没有直接关系，它们是两个独立参数。相对湿度 φ 和焓 h 虽然与 t 和 d 有一定联系，可是只知道 t 或 d 是无法确定 φ 和 h 的。所以湿空气的 t、d、φ、h 四个物理量都是独立的状态参数。在大气压力 B 一定的条件下，只要知道任意两个独立的状态参数就可以根据有关公式确定其余的状态参数，或者说确定湿空气的状态。

【例 2-1】　已知大气压为 101325Pa，空气温度 $t = 20℃$，相对湿度 $\varphi = 90\%$，求（1）该状态空气的密度；（2）该状态空气的含湿量 d 和焓 h。

【解】　（1）湿空气密度应为干空气密度与水蒸气密度之和，即

$$\rho = \rho_g + \rho_q = \frac{p_g}{R_g T} + \frac{p_q}{R_q T}$$

已知 $R_q = 461\text{J/(kg·K)}$，$R_g = 287\text{J/(kg·K)}$，$p_g = B - p_q$，$p_q = \varphi p_{q,b}$，代入上式，经整理可得

$$\rho = 0.00348\frac{B}{T} - 0.00134\frac{\varphi p_{q,b}}{T} \quad (\text{kg/m}^3)$$

由附录 1 可以查得，20℃时饱和水蒸气分压力 $p_{q,b} = 2331\text{Pa}$，$T = 293\text{K}$，$\varphi = 90\%$，$B = 101325\text{Pa}$，代入上式，最后算出湿空气密度 $\rho = 1.195\text{kg/m}^3$。今后在实际计算中，可近似取 $\rho = 1.2\text{kg/m}^3$。

（2）利用式（2-4）计算含湿量

$$d = 622\frac{p_q}{B - p_q} = 622\frac{\varphi p_{q,b}}{B - \varphi p_{q,b}} = 622 \times \frac{0.9 \times 2331}{101325 - 0.9 \times 2331}$$
$$= 13.2 \quad (\text{g/kg}干)$$

利用式（2-9）计算焓值

$$h = 1.01t + d(1.84t + 2500)$$
$$= 1.01 \times 20 + 0.0132 \times (1.84 \times 20 + 2500)$$
$$= 53.7 \quad (\text{kJ/kg}干)$$

2.2 湿空气的焓湿图

实际工作中，很少直接用 2.1 节的公式来计算空气的状态参数，而是利用这些公式所代表的空气各参数的内在关系，以二维线算图的形式来辅助计算。线算图有多种形式，我国目前采用的是焓湿图，又称 h-d 图。焓湿图最基本的应用是查找空气的状态参数，还可以用于判断空气的状态、表示空气的状态变化和处理过程等。

2.2.1 焓湿图的组成

目前我国使用的湿空气焓湿图（h-d 图）以焓 h 为纵坐标，以含湿量 d 为横坐标。为使图面展开，使用方便，两坐标轴之间的角度大于或等于 135°，如图 2-2 所示。由图 2-2 可见，h-d 图是由 t、d、φ、h 四组定值线组成的。

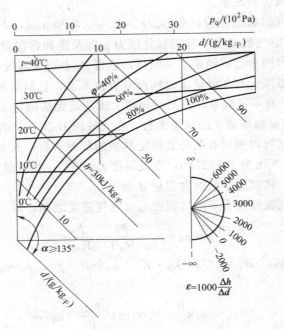

图 2-2 湿空气的焓-湿图（h-d 图）

2.2.1.1 等焓线

平行于斜线（或称横轴）的线为等焓线，即 h＝常数。温度 t＝0 线与含湿量 d＝0 线相交于 O 点，通过 O 点的等焓线其值为零。由此向上焓值为正，由此向下焓值为负，而整个趋势是由下向上逐渐增加。

2.2.1.2 等含湿量线

平行纵轴的垂直线为等含湿量线，即 d＝常数。通过横坐标 O 点处与纵坐标重合的等 d 线其值为零，由此向右逐渐增加。

2.2.1.3 等温线

图 2-2 上一系列近似的水平线是等温线，每条线代表一个温度。等温线，即 t＝常数，

是一组互不平行的直线*，但由于温度 t 对倾斜的影响不显著，所以，各等温线之间又近似平行。只有 $t=0℃$ 的线才是真正水平的。

2.2.1.4 等相对湿度线

$\varphi=0\%$ 的等相对湿度线是纵坐标轴，$\varphi=100\%$ 的等相对湿度线是湿空气的饱和状态线，该线左上方为湿空气区，右下方为水蒸气的过饱和状态区。由于过饱和状态是不稳定的，常有凝结现象，所以，该区内湿空气中存在悬浮水滴，形成雾状，故称为"有雾区"。在湿空气区中，水蒸气处于过热状态，其状态是相对稳定的。

2.2.1.5 水蒸气分压力线

公式 $d=0.622\dfrac{p_q}{B-p_q}$ 可变换为 $p_q=\dfrac{Bd}{0.622+d}$。当大气压 B 为定值时，上式为 $p_q=f(d)$ 的单值函数形式，即水蒸气分压力 p_q 仅取决于含湿量 d。因此可在 d 轴的上方设一水平线，标注上 d 所对应的 p_q 值即可。

还应注意，湿空气的状态取决于 t、d、B 三个基本参数，因而应有三个独立的坐标。然而在空调设计中，空气的状态变化过程可以认为是在一定大气压力下进行的，故 $h\text{-}d$ 图是在 B 已知的条件下绘制的。当某地的海拔与海平面有较大的差别时，应使用符合本地区大气压力的 $h\text{-}d$ 图。附录 2 为 $B=101325\text{Pa}$ 的焓湿图。

2.2.2 焓湿图的热湿比线

为了说明空气由一个状态 A 变为另一个状态 B 的方向和特征，常用空气状态变化前后的焓差和含湿量差的比值来表示，此值称为热湿比，用符号 ε 表示（单位为 kJ/kg），即

$$\varepsilon=\frac{\Delta h}{\Delta d}=\frac{h_B-h_A}{d_B-d_A} \tag{2-11}$$

在空调过程中，被处理的空气由一个状态变为另一个状态。这个过程中，如果认为空气的热、湿变化是同时、均匀发生的，那么，在 $h\text{-}d$ 图上由状态 A 到状态 B 的直线连线就代表空气状态变化过程线，直线 AB 就是热湿比线。

将式（2-11）分子、分母同乘总空气质量 G，得到

$$\varepsilon=\frac{G\Delta h}{G\Delta d}=\frac{Q}{W} \tag{2-12}$$

可见，总空气量 G 在处理过程中所得到（或失去）的热量 Q 和湿量 W 的比值，与相应 1kg 空气的焓差和含湿量差的比值是完全一致的。

式（2-11）、式（2-12）中，Δd 和 W 以 kg 为单位，若改用 g 为单位，则上式变为如下形式：

$$\varepsilon=1000\frac{\Delta h}{\Delta d}=1000\frac{Q}{W} \tag{2-13}$$

由平面坐标系的建立可知，纵坐标与横坐标之比表示直线的斜率。因此，在 $h\text{-}d$ 图上，ε 就是直线 AB 的斜率，因为它代表了过程线 AB 的倾斜角度，故又称为"角系数"。所以，对于起始状态不同的空气，只要 ε 值相同，其变化过程线必定相互平行，又因斜率与起始位置无关，根据这一特征，就可以在 $h\text{-}d$ 图上以任意点为中心作出一系列不同值的 ε 标尺线。

---

* 等温线是根据公式（2-9）绘制而成，$1.01t$ 为截距，$2500+1.84t$ 为斜率，当 t 取不同值时，每一等温线的斜率是不同的。

实际应用时，只需将等值的 ε 标尺线平移到起始状态点，就可以绘出该空气状态的变化过程线，该方法称为"平行线法"。

【例 2-2】 已知大气压力 $B = 101325\text{Pa}$，空气初始状态点 A 的参数为：$t_A = 20\text{℃}$，$\varphi_A = 60\%$。该空气吸收 10000kJ/h 的热量和 2kg/h 的湿量后，温度变为 $t_B = 28\text{℃}$，求空气终状态点 B。

【解】 由大气压力 $B = 101325\text{Pa}$，$t_A = 20\text{℃}$，$\varphi_A = 60\%$，在焓湿图上确定初状态点为 A，已知空气所吸收的热量与湿量，则热湿比为

$$\varepsilon = \frac{Q}{W} = \frac{10000}{2} = 5000(\text{kJ/kg})$$

据此比值，在焓湿图热湿比标尺上找到相应 5000 的刻度线，然后过空气的初状态点 A 作该线的平行线，即为空气状态变化过程，如图 2-3 所示。此线与 $t_B = 28\text{℃}$ 等温线的交点 B 就是空气终状态点。查图可得，$\varphi_B = 51\%$。

热湿比线的另一种作法是"辅助点法"。如图 2-4 所示，在焓湿图上首先找到空气初状态点 A，任取一个 Δd 值，则可计算出 $\Delta h = \varepsilon \Delta d$，然后在焓湿图上找到比 A 点焓值大 Δh 的等焓线，和比 A 点的含湿量大 Δd 的等含湿量线，以及这两条线的交点 B，连接 A、B 两点，这条连线就是所要求的热湿比线。

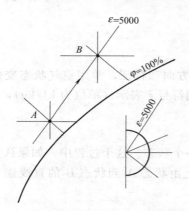

图 2-3 平行线法绘制热湿比线

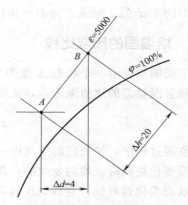

图 2-4 辅助点法绘制热湿比线

2.3 湿空气焓湿图的常见应用

焓湿图对于空调专业人员来说，是一个重要的工具，无论是工程设计、系统调试，还是运行管理，都需要用到焓湿图。焓湿图的应用包括：确定空气状态及相应状态参数、表示空气处理中的状态变化过程、确定不同状态空气混合后的状态点等。

2.3.1 确定空气状态及相应状态参数

到目前为止，介绍的独立参数共有 t、d、φ、h 和 t_s 五个。当大气压力 B 一定时，可以根据其中任意两个决定空气状态，再从 h-d 图上查得 $p_{q,b}$，d_b、p_q、t_l 等其余参数。

【例 2-3】 大气压力为 101325Pa，空气温度 $t = 20\text{℃}$，相对湿度 $\varphi = 60\%$，利用 h-d 图确定其他参数。

【解】 在 h-d 图上找到 $t = 20\text{℃}$ 等温线与 $\varphi = 60\%$ 等相对湿度线的交点 A，如图 2-5 所

示，即可读出 $h=42.54\text{kJ/kg}_\text{干}$，$d=8.8\text{g/kg}_\text{干}$，$p_\text{q}=1400\text{Pa}$。

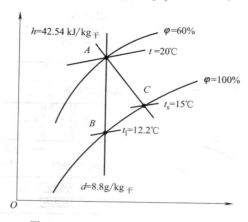

图 2-5 用 h-d 图确定空气状态参数

在 h-d 图上由 A 沿等 d 线向下与 $\varphi=100\%$ 线交点 B 的温度，即为露点温度 $t_1=12.2℃$。

湿球温度 t_s 的确定按如下方法：在 h-d 图上由 A 沿 $h=$ 常数（$\varepsilon=0$）线找到与 100% 线交点 C，C 点温度即为 A 状态空气的湿球温度。此处 $t_\text{s}=15℃$。但应注意，这种方法只是近似的，如需准确作图求 t_s 时，则 A 应沿等湿球温度线 $\varepsilon=4.19t_\text{s}$ 与 $\varphi=100\%$ 线交点的温度，才是准确的湿球温度。因两者误差较小，工程计算中为方便起见，用近似方法即可。

【例 2-4】 为了知道某房间内空气的状态，采用干湿球温度计进行测量，测得干球温度为 $45℃$，湿球温度为 $30℃$。试利用 h-d 图确定该处空气的各状态参数。

【解】 如图 2-6 所示，在 h-d 图上，由 $t_\text{s}=30℃$ 的等温线与 $\varphi=100\%$ 的饱和线相交得 B 点。然后过点 B 作等焓线与 $t=45℃$ 的等温线交于点 A，A 即为所求的空气状态点。在 h-d 图上可查得：$\varphi_\text{A}=34.8\%$，$h_\text{A}=100\text{kJ/kg}_\text{干}$，$d_\text{A}=21.1\text{g/kg}_\text{干}$。

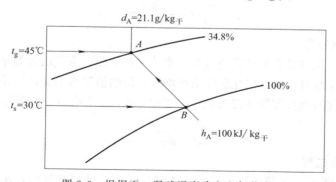

图 2-6 根据干、湿球温度确定空气状态

2.3.2 表示空气处理中的状态变化过程

利用 h-d 图不仅能确定空气状态和状态参数，而且还能表示空气状态的变化过程。各种变化过程的方向和特征可用热湿比 ε 表示。图 2-7 绘制了空气状态变化的几种典型过程。

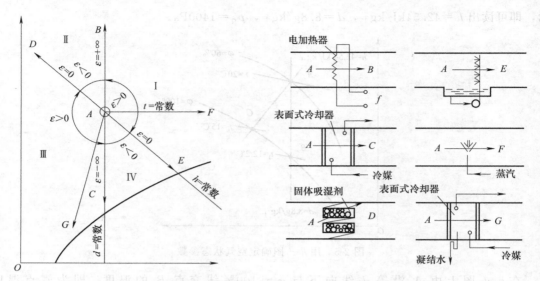

图 2-7 几种典型的湿空气状态变化过程

2.3.2.1 等湿加热过程 (干式加热过程)

空调工程中常用表面式空气加热器（或电加热器）来处理空气。空气通过加热器获得了热量，提高了温度，但含湿量并没变化。因此，空气状态变化是等湿增焓升温过程，过程线为 $A \to B$。该状态变化过程中 $d_A = d_B$，$h_B > h_A$，其热湿比为

$$\varepsilon = \frac{\Delta h}{\Delta d} = \frac{h_B - h_A}{0} = +\infty$$

2.3.2.2 等湿冷却过程 (干式冷却过程)

用表面式冷却器处理空气，若其表面温度比空气露点温度高，则空气将在含湿量不变的情况下被冷却，其焓值相应减少。此时，空气状态为等湿、减焓、降温过程，如图 2-7 中 $A \to C$ 所示。由于 $d_A = d_C$，$h_A > h_C$，故热湿比为

$$\varepsilon = \frac{\Delta h}{\Delta d} = \frac{h_C - h_A}{0} = -\infty$$

2.3.2.3 等焓减湿过程

用固体吸湿剂（比如硅胶）处理空气时，水蒸气被吸附，空气的含湿量降低，空气失去潜热，而得到水蒸气凝结时放出的汽化热使温度增高，但焓值基本不变，只是稍许减少了凝结水带走的液体热，空气近似按等焓减湿升温过程变化，如图 2-7 中 $A \to D$ 所示，其热湿比为：

$$\varepsilon = \frac{\Delta h}{\Delta d} = \frac{0}{d_D - d_A} = 0$$

2.3.2.4 等焓加湿过程

用喷水室喷淋循环水（即水温等于空气的湿球温度）处理空气时，水吸收空气的热量而蒸发为水蒸气，空气失去显热量而温度降低，水蒸气加入空气中使含湿量增加，潜热量也增加。由于空气失掉显热，得到潜热，因此空气焓值基本不变，所以这个过程称为等焓加湿过程。又因为此过程与外界没有热量交换，故又称为绝热加湿过程。此时，循环水的温度将稳定在空气的湿球温度上，如图 2-7 中 $A \to E$ 所示。因为状态变化前后空气焓值相等，所以

$$\varepsilon = \frac{\Delta h}{\Delta d} = \frac{0}{d_E - d_A} = 0$$

该过程与湿球温度计表面空气的状态变化过程相似。严格地说，空气的焓值也是略有增加的，其增加值为蒸发到空气中的水的液体热。但因为这部分热量很少，所以近似认为绝热加湿过程是一等焓过程。

2.3.2.5 等温加湿过程

图 2-7 中的 $A \rightarrow F$ 过程，是通过向湿空气喷蒸汽而实现的等温加湿过程。空气中增加水蒸气后，其焓和含湿量都将增加，焓的增加值为加入水蒸气的全热量，即

$$\Delta h = h_q \Delta d \quad (\text{kJ/kg}_{\mp}) \tag{2-14}$$

式中 h_q——水蒸气的焓，根据水蒸气温度 t_q，由式 $h_q = 2500 + 1.84 t_q$ 计算；

Δd——每 kg 干空气增加的含湿量，$\text{kg/kg}_{\mp}$。

这个过程的热湿比为

$$\varepsilon = \frac{\Delta h}{\Delta d} = \frac{h_q \cdot \Delta d}{\Delta d} = h_q = 2500 + 1.84 t_q$$

如果喷入 100℃ 左右的水蒸气，则 $\varepsilon \approx 2690$，恰好与等温线近似平行，所以称其为等温加湿过程。

2.3.2.6 减湿冷却过程（干燥冷却过程）

用表面式冷却器处理空气，当冷却器的表面温度低于空气的露点温度时，空气中的水蒸气将凝结为水，使空气含湿量减少，空气的变化过程为减湿冷却过程或冷却干燥过程，此过程线如图 $A \rightarrow G$，因为空气焓值及含湿量均减少，故热湿比为

$$\varepsilon = \frac{\Delta h}{\Delta d} = \frac{h_G - h_A}{d_G - d_A} > 0$$

用水温低于空气露点温度的水处理空气，也能实现此过程。

以上介绍了空气调节中常用的 6 种典型空气状态变化过程。从图 2-7 可看出，代表 4 种过程的 $\varepsilon = \pm \infty$ 和 $\varepsilon = 0$ 的两条线将 h-d 图平面分成了四个象限，每个象限内的空气状态变化过程都有各自的特征，见表 2-1。

表 2-1 空气状态变化的 4 个象限及特征

象限	热湿比	状态变化特征
I	$\varepsilon > 0$	增焓加湿升温
II	$\varepsilon < 0$	增焓减湿升温
III	$\varepsilon > 0$	减焓减湿降温（或等温、升温）
IV	$\varepsilon < 0$	减焓加湿降温

2.3.3 确定不同状态空气混合后的状态点

空气处理过程中，经常会将两种不同状态的空气进行混合，并要确定混合后空气的状态和参数。因此，必须掌握求解以及在焓湿图上查找混合后空气状态参数的方法。

如图 2-8 所示，将 A、B 两种状态的空气进行混合，混合后的状态为 C。根据能量守恒定律和质量守恒定律，混合前后的空气能量不变，水蒸气的含量也不变，于是有

$$G_A h_A + G_B h_B = (G_A + G_B) h_C \tag{2-15}$$

$$G_A d_A + G_B d_B = (G_A + G_B) d_C \tag{2-16}$$

解出由式（2-15）、式（2-16）组成的方程组，得出混合后的状态参数为

$$h_C = \frac{G_A h_A + G_B h_B}{G_A + G_B} \tag{2-17}$$

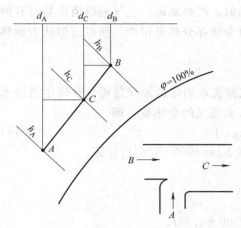

图 2-8 两种状态空气的混合

$$d_C = \frac{G_A d_A + G_B d_B}{G_A + G_B} \quad (2\text{-}18)$$

还可以由式（2-17）、式（2-18）经整理得出

$$\frac{G_A}{G_B} = \frac{h_C - h_B}{h_A - h_C} = \frac{d_C - d_B}{d_A - d_C} \quad (2\text{-}19)$$

由式（2-19）可知：

（1）由于 $\frac{h_C - h_B}{h_A - h_C} = \frac{d_C - d_B}{d_A - d_C}$，所以在 $h\text{-}d$ 图上，AC 线与 CB 线具有相同的斜率，这说明混合点 C 必在 A、B 两点的连线上。

（2）混合点 C 将 A、B 两点的连线分成两段（$\overline{AB}$、$\overline{CB}$），两段长度和参与混合的两种空气的质量流量成反比，即

$$\frac{\overline{CB}}{\overline{AC}} = \frac{G_A}{G_B} \quad (2\text{-}20)$$

说明混合点靠近质量大的空气状态的一端。据此，在 $h\text{-}d$ 图上可十分方便地求得混合点 C。

【例 2-5】 夏季时空调采用 $G_1 = 40\text{kg/h}$，$t_1 = 37℃$，$\varphi_1 = 50\%$ 的新风与 $G_2 = 160\text{kg/h}$，$t_2 = 20℃$，$\varphi_2 = 60\%$ 的回风混合，求其混合后的空气状态。

【解1】 用计算法求混合点 3 的焓 h_3 和含湿量 d_3。

首先根据已知 t_1、φ_1 及 t_2、φ_2 在 $h\text{-}d$ 图上找到 1、2 点，查出 1、2 点的焓值 h_1、h_2 和含湿量值 d_1、d_2，代入下式计算。

$$h_3 = \frac{G_1 h_1 + G_2 h_2}{G_1 + G_2} = 51 \text{ (kJ/kg干)}$$

$$d_3 = \frac{G_1 d_1 + G_2 d_2}{G_1 + G_2} = 0.011 \text{ (kg/kg干)}$$

【解2】 图算法。

首先根据已知 t_1、φ_1 及 t_2、φ_2 在 $h\text{-}d$ 图上找到 1、2 点，连成线段 1-2，如图 2-9 所示。因为 $G_1/G_2 = 40/160 = 1/4$，所以将线段 1-2 平分为 5 段，距离 2 点取一段，即得空气状态点 3。查出此点空气状态为 $t_3 = 23.4℃$，$\varphi_3 = 62\%$，$h_3 = 51\text{kJ/kg干}$，$d_3 = 0.011\text{kg/kg干}$。

有时两种不同状态空气混合后，混合点处于过饱和区，如图 2-9 所示的 $3'$ 点，此时空气状态是饱和空气加水雾，是一种不稳定状态。当空调风口送冷风时，有时在风口附近出现"雾气"，就是这种情况的实际表现。此时，混合后的终状态点不在过饱和区，而近似在过 $3'$ 点的等焓线与饱和线的交点 $4'$ 上。事实上，在这一过程中，凝结水带走了水的显热（即液体热），因而空气焓值会略有降低。但因为带走的显热很少，所以空气状态的变化过程 $3' \rightarrow 4'$ 可近似看作等焓过程，析湿量为 $\Delta d = d'_3 - d'_4$。

━━━━ 设计实例 ━━━━

某地大气压力 $B = 101325\text{Pa}$，室外空气 $t_w = 9℃$、$\varphi_w = 50\%$，由于室内有多余的热量和

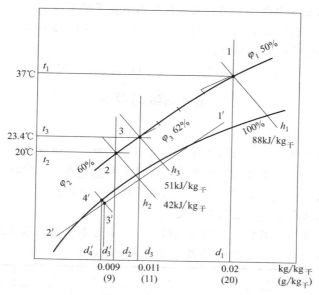

图 2-9 例 2-5 示意图

湿量需要消除，为维持室内的状态参数 $t_N=24℃$、$\varphi_N=60\%$，若将室外空气送至室内，每千克空气需要吸收多少水蒸气和热量才能达到室内空气的控制状态？

【解】 首先根据室内、外空气参数在焓湿图上确定空气状态点 W、N，并在焓湿图上查出两个状态点的焓值和含湿量值，如图 2-10 所示。

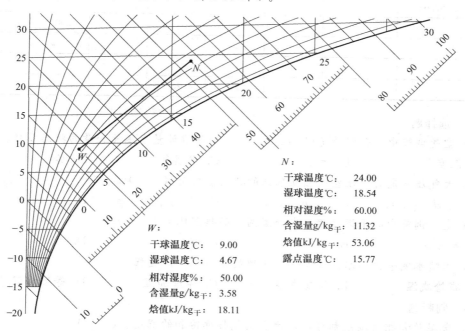

N:

干球温度℃:	24.00
湿球温度℃:	18.54
相对湿度%:	60.00
含湿量g/kg干:	11.32
焓值kJ/kg干:	53.06
露点温度℃:	15.77

W:

干球温度℃:	9.00
湿球温度℃:	4.67
相对湿度%:	50.00
含湿量g/kg干:	3.58
焓值kJ/kg干:	18.11

图 2-10 在焓湿图上确定室内、室外状态点

室外状态 W：$h_W=18.11\text{kJ/kg}_干$，$d_W=3.58\text{g/kg}_干$

室内状态 N：$h_N=53.06\text{kJ/kg}_干$，$d_N=11.32\text{g/kg}_干$

根据题意，将室外空气 W 送至室内，并最终要达到室内空气的控制状态 N，即空气变

化过程为 $W{\rightarrow}N$。此过程中每千克空气需要吸收的水蒸气量应为：

$$\Delta d = d_N - d_W = 11.32 - 3.58 = 7.74 \ (\mathrm{g/kg}干)$$

每千克空气需要吸收的热量应为：

$$\Delta h = h_N - h_W = 53.06 - 18.11 = 34.95 \ (\mathrm{kJ/kg}干)$$

思考与练习题

2-1 填空题

（1）在空气调节范畴内，一般认为湿空气是由＿＿＿和＿＿＿组成的。

（2）含湿量是指＿＿＿。当大气压一定时，含湿量和＿＿＿为一一对应关系。

（3）相对湿度是指＿＿＿，它可以表示空气接近饱和的程度。

（4）热湿比的定义是＿＿＿，它的单位是＿＿＿。

（5）湿空气的露点温度只取决于湿空气的＿＿＿，当它不变时，露点温度亦为定值。

（6）已知大气压力为101325Pa，查焓湿图完成下表。

序号	$h/[\mathrm{kJ/kg}干]$	$d/[\mathrm{g/kg}干]$	$\varphi/\%$	$t/℃$	$t_s/℃$	$t_1/℃$	p_q/Pa	$p_{q,b}/\mathrm{Pa}$
1			50	32				
2	62.9	12						
3				30		17		
4		16	45					
5	58.7					14		
6	67.0		35					
7				25			2000	
8				20			$p_q = p_{q,b}$	
9			70		25			
10				23	20			

2-2 选择题

（1）空气调节中，含湿量是以 1kg（   ）为基准计量水蒸气含量的状态参数。

A. 湿空气   B. 干空气   C. 水蒸气   D. 水

（2）大气压一定时，湿空气相互独立的状态参数是（   ）。

A. t、d、φ、t_1 B. t、$p_{q,b}$、h、φ C. d、p_q、t、φ D. t、d、φ、h

（3）空气调节中的干燥过程，在焓湿图上的热湿比 ε（   ）。

A. $= +\infty$ B. >0 C. <0 D. $=0$

（4）用喷水室喷循环水处理空气，实现的是（   ）过程。

A. 减焓减湿   B. 等焓减湿   C. 等焓加湿   D. 等温加湿

2-3 判断题

（1）含湿量和相对湿度都可以表示湿空气接近饱和的程度。（   ）

（2）湿空气的焓等于干空气焓和水蒸气焓之和。（   ）

（3）湿空气达到饱和状态时，其干球温度、湿球温度、露点温度相等。（   ）

（4）空气的减湿过程是指空气相对湿度降低的过程。（   ）

（5）热湿比是湿空气的状态参数之一。（   ）

2-4　问答题

（1）空气中的水蒸气从何而来？含量情况如何？会有什么影响？

（2）大气压力是不是定值？与什么有关？原因是什么？

（3）什么是湿球温度？干湿球温度计为什么可以测量空气的相对湿度？

（4）何谓"露点温度"？它与"结露"现象有何关系？

（5）含湿量与相对湿度有何联系和区别？

（6）两种温度不同，而相对湿度一样的空气环境，从吸湿能力上看，是否同样干燥？能吸收的水蒸气量是否一样多？为什么？

（7）空气状态变化时，根据什么来判断其热量是否有变化？为什么？

（8）空气的温度或含湿量变化时，其焓值是否有变化？试举例说明。

（9）六种典型空气状态变化过程的特点是什么？在焓湿图上如何表示？

（10）两种不同状态空气混合的规律说明了混合状态点在什么位置？

2-5　计算题

（1）大气压力为 100kPa，空气温度为 22℃，相对湿度为 60%，试求其水蒸气分压力、干空气分压力、含湿量、焓值。

（2）大气压为 101325Pa，已知空气干球温度 20℃，湿球温度 15℃，查焓湿图确定其水蒸气分压力、含湿量、相对湿度、露点温度。

（3）用加热器将状态为 $t=10℃$、$\varphi=40\%$、$B=101325Pa$ 的室外空气加热至 20℃，求加热后空气的相对湿度。若被加热空气流量为 1000kg/h，那么每小时需提供多少加热量？画出空气状态变化过程的焓湿图。

（4）状态为 $t=25℃$、$d=12g/kg_干$ 的空气，经表面温度为 10℃ 的空气冷却器冷却后，温度降低至 13℃，求冷却后的空气含湿量。若被冷却的空气流量为 5000kg/h，从空气中除去的湿量和热量各为多少？画出空气状态变化过程的焓湿图。

（5）将流量为 1000kg/h 的空气处理后，其温度由 35℃ 降低至 24℃，相对湿度由 50% 提升至 90%。此过程是加湿还是减湿过程？加湿或减湿的量是多少？

（6）欲将 8000kg/h 状态为 $t_1=28℃$、$\varphi_1=60\%$ 的空气和 2000kg/h 状态为 $t_2=35℃$、$\varphi_2=85\%$ 的空气混合后进行处理，求混合后空气的参数，并画出空气混合过程的焓湿图。

（7）已知空调系统新风量 $G_w=200kg/h$，$t_w=31℃$、$\varphi_w=80\%$，回风量 $G_N=1400kg/h$，$t_N=22℃$、$\varphi_N=60\%$，求新风、回风混合后的空气状态参数 t_C、h_C 和 d_C。

（8）先将 9000kg/h 状态为 $t_1=26℃$、$\varphi_1=70\%$ 的空气和 1000kg/h 状态为 $t_2=34℃$、$\varphi_2=80\%$ 的空气混合，混合后的空气（状态为 3）再处理到 $t_4=20℃$、$\varphi_4=65\%$，问处理过程中这些空气将放出多少热量？凝结出多少水量？画出空气混合过程的焓湿图。

（9）已知 $t_1=10℃$、$\varphi_1=60\%$ 的空气 700kg/h，$t_2=24℃$、$\varphi_2=65\%$ 的另一空气 7800kg/h，试问需要将状态 1 的空气加热到多少℃ 与状态 2 的空气混合，才能保证混合空气的湿球温度为 17.8℃？画出空气混合过程的焓湿图。

第3章

空调负荷的计算及新风量的确定

空调负荷是空调工程设计中最基本、最重要的数据之一，它的数值直接影响到空调方案的选择、空调设备和冷热源设备容量的大小，进而影响到工程投资、设备能耗、系统运行费用以及空调的使用效果。本章主要介绍空调负荷的形成机理、空调负荷的计算方法，并介绍如何确定空调房间的送风状态点及送风量。

3.1 空调室内、外设计参数的确定

3.1.1 室内空气设计参数的确定

3.1.1.1 室内温、湿度设计标准

空调房间室内温度和湿度的要求，通常用几组指标来反映，即空调温度、相对湿度基数和空调精度。

空调房间的温度、相对湿度基数是指空调区域内按设计规定所需保持的空气基准温度与基准相对湿度（或干球温度一定时的湿球温度）；空调精度是指在空调区域内温度和相对湿度允许的波动范围。例如 $t_N=(22\pm0.5)℃$，$\varphi_N=(60\pm5)\%$，表示室内空调温、湿度基数为 $t_N=22℃$，$\varphi_N=60\%$，而空调精度为 $\Delta t_N=\pm0.5℃$，$\Delta\varphi_N=\pm5\%$。

空调区域一般指离外墙 0.5m，离地面 0.3m 至高于精密设备 0.3～0.5m 范围内的空间。

根据空调所服务对象的不同，可分为舒适型空调和工艺性空调。前者主要从人体舒适感出发确定室内温、湿度设计标准，无空调精度要求；后者主要满足工艺过程对温湿度基数和空调精度的特殊要求，同时兼顾人体的卫生要求。

3.1.1.2 人体热平衡和舒适感

人体依靠食物的化学能来补偿因机体活动（做功）所消耗的能量，并将多余的能量以热量的形式排至体外，从而保持热平衡（产热量等于散热量），使体温恒定在 36.5℃ 左右。人体热平衡的基本方程式为

$$S=M-W-E-(\pm R)-(\pm C) \tag{3-1}$$

式中　S——人体蓄热率，人体得热为"＋"，失热为"－"；

M——人体能量代谢率，即新陈代谢产生的热量；

W——人体所做的机械功；

E——汗液蒸发和呼出的水蒸气所带走的热量;

R——人体外表面向周围环境通过辐射形式交换散发的热量;

C——人体外表面向周围环境通过对流形式散发的热量。

在稳定环境条件下,式(3-1)左侧人体蓄热率 S 为零时,人体保持能量平衡。当周围环境温度(空气温度及围护结构、周围物体表面温度)提高时,人体对流和辐射散热将减少;为了保持热平衡,人体会首先血管扩张,而后运用自身的自动调节机能来加强汗腺分泌,以排汗增加蒸发的热量,补偿人体对流辐射散热的减少。当人体散热量小于其产热量,体内蓄热量难以全部散出时,蓄热率为正值,体温升高,即使比正常温度高 1℃,也会危及身体健康。当体温升到 40℃ 时,出汗停止,如不采取措施,体温将迅速上升;体温升到 43.5℃ 时,人就会死亡。反之,如果人体蓄热率 S 为负值,人体产热小于人体散热,体温下降,人感觉到寒冷,在自然冷却的情况下,先血管收缩,后发生冷颤以增加新陈代谢,当体温在 34～35℃ 时,不再打颤(肌体适应了),此后体温迅速下降;当体温为 25～28℃ 时,呼吸停止,人就死亡。因此,人体热平衡方程式(3-1)中人体蓄热率 $S=0$ 是达到人体热舒适的必要条件,即

$$M-W-E-(\pm R)-(\pm C)=0 \tag{3-2}$$

式(3-2)中各项可以在较大的范围内变动,多种不同的组合都可能满足上述热平衡方程,但人体的热感觉却可能有较大的差异。换言之,从人体热舒适角度考虑,单纯达到热平衡是不够的,还应当使人体与环境的各种换热限制在人体能接受的范围内。根据研究,当人体达到热平衡时,对流换热占总散热量的 25%～30%,辐射散热量占 45%～50%,呼吸和无感觉蒸发散热占 25%～30%,人体才能达到热舒适状态,能使人体保持这种适宜比例散热的环境便是人体感到热舒适的充分条件。

式(3-2)中,人体蒸发散热量 E 主要与人体代谢率 M、环境温度 t_a、水蒸气分压力 p_q(相对湿度 φ)有关;人体外表面与外界的辐射换热量 R 主要与服装热阻 H_{cl}、人体着装后外表面温度 t_{cl}、周围环境的平均辐射温度 θ_{mrt} 有关;人体外表面与外界的对流换热量 C 主要与 t_{cl}、t_a、对流换热系数 α_{cl} 有关;而 t_{cl}、α_{cl} 又可归结为风速 v_a、θ_{mrt}、M、H_{cl} 的函数。最终得出以下 6 个影响人体热舒适性的参数。

① 室内空气温度 t_a 及其在空间的分布和随时间的变化。

② 室内空气的水蒸气分压力 p_q 或相对湿度 φ。

③ 人体附近的气流速度 v_a。

④ 综合环境内不同表面温度辐射能的代表温度——平均辐射温度 θ_{mrt}。

⑤ 由衣服的保温性能及透气性所决定的着装热阻 H_{cl}。

⑥ 人体在新陈代谢过程中产生的热量 M。

人体热舒适感除与上述几种客观因素有关外,还和生活习惯、年龄、性别等有关。显然,不可能用一个单一的物理量来表示空气条件以及衡量该条件对人体来说是否舒适,而应采用有关影响的所有效应的一个综合指标来表示和衡量空气条件。早年科学家们曾提出的一个有效温度 ET(Effective Temperature)的概念,它是干球温度、湿球温度、风速三个重要参数在一定条件下的综合指标。

图 3-1 是美国供暖、制冷、空调工程师学会(ASHRAE)1977 年版手册(ASHRAE Handbook)基础篇里给出的新有效温度图(ET* 图)。

图 3-1 中斜画的一组虚线为新有效温度线,它的数值是在 $\varphi=50\%$ 的相对湿度线上所标注

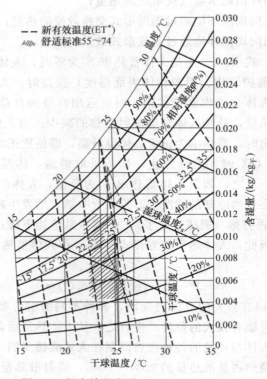

图 3-1　新有效温度图（ASHRAE，1977）

的对应的温度值。例如，通过 $t=25℃$，$\varphi=50\%$ 两线交点的斜虚线即为 25℃ 新有效温度线。虽然该线上各点所表示空气状态的实际干球温度、相对湿度均不相等，但该线上各点空气状态给人体的冷热感都是相同的，都相当于 $t=25℃$，$\varphi=50\%$。新有效温度是在室内空气流速为 0.15m/s 时，对静坐着、服装热阻为 0.6clo 的被试人员实测所得（1clo=0.155m^2·K/W）。

利用图 3-1 可确定任意状态下的新有效温度 ET*。如干球温度为 25℃，相对湿度为 68%，在图 3-1 中得到状态点 A，过该点在两条 ET 线之间插值画出一条虚线，该虚线与相对湿度 50% 线的交点所对应的干球温度为新有效温度 ET* $=25.5℃$。

图 3-1 中还画出了两块人体舒适区，一块是美国堪萨斯州立大学实验所得的菱形面积，适用条件是身着服装热阻为 0.6~0.8clo 静坐的人，另一块是 ASHRAE 推荐的舒适标准 55-74，即图中平行四边形面积，适用条件是身着服装热阻为 0.8~1clo，也是坐着的人，但活动量较前稍大些。25℃ 的新有效温度线正好穿过两块舒适区重叠的中心。

对热环境的舒适条件，丹麦工业大学的 P. O. Fanger 教授从 20 世纪 60 年代开始进行了大量的研究工作，提出了 PMV-PPD 评价方法。国际标准化组织（ISO）在 Fanger 教授研究成果的基础上，于 1984 年提出了室内热环境评价和测量的新标准化方法（ISO7730）。在 ISO7730 标准中采用了 PMV-PPD 指标描述和评价热环境。

PMV（Predicted Mean Vote）指标综合考虑了上文总结的 t_a、p_q、v_a、θ_{mrt}、M、H_{cl} 这 6 个因素，以心理、生理学主观热感觉为出发点，采用 7 个等级，将人体蓄热率客观物理量与人体热感觉有机地建立了量化关系。表 3-1 给出了 PMV 不同等级及其相应的客观生理反应。

表 3-1　PMV 等级及相应的客观生理反应

热感觉	热	暖	微热	舒适	微凉	凉	冷
PMV	+3	+2	+1	0	−1	−2	−3
客观生理反应	见汗滴	手、颈、额等局部见汗	感觉热、皮肤发黏、湿润	感觉舒适、皮肤干燥	局部关节感到凉,但可忍受	局部感到不适 需加衣服	很冷,可见鸡皮疙瘩和寒颤

PMV（预期平均评价）指标代表了同一环境下绝大多数人的感觉，但是人与人之间存在生理差别，因此 PMV 指标并不一定能够代表所有人的感觉。为此 Fanger 教授提出了预测不满意百分比 PPD（Predicted Percent Dissatisfied）指标来表示人群对热环境的不满意率，并用概率分析方法，给出 PMV 与 PPD 之间的定量关系，如图 3-2 所示。

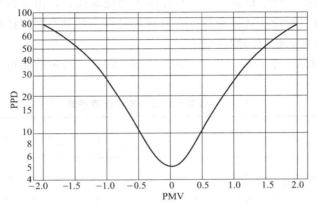

图 3-2　PMV-PPD 关系曲线

由图 3-2 可见，当 PMV＝0 时，PPD 为 5％，即意味着在室内热环境处于最佳的热舒适状态时，由于人群中个体的生理差别，允许有 5％的人感到不满意。在 ISO 7730 标准中提出了 PMV-PPD 指标的推荐值为：PMV 在 −0.5～+0.5 之间，相当于人群中允许有 10％的人感到不满意。

在实际应用中，丹麦有关公司已研制出模拟人体散热机理直接测得室内环境 PMV 和 PPD 指标的仪器，可以很方便地对房间热舒适性进行检测和评价。

除了 ET*、PMV-PPD 指标外，从不同角度采用多种因素综合的热湿环境指标还有如空气分布特性指标 ADPI（Air Diffusion Performance Index）、合成温度、主观温度等。此外，在 ASHRAE 新版标准中，提出了采用作用温度（Operative Temperature）评判室内环境的热舒适性的方法。

以上所介绍的各种描述人体热感觉的指标均是在稳定环境的条件下（即人体处于热平衡条件下）得出的。而实际上人们常处于不稳定情况下的多变环境，如由室外进入空调房间或走出空调房间到室外；又例如，非稳态风速的室外自然风或机械风吹到人的身体上。此时人的热感觉与稳态环境下的感觉是不同的。动态热湿环境的评价方法、评价指标请读者参阅相关文献。

3.1.1.3　室内空气设计参数的确定

（1）舒适性空调室内温、湿度标准　民用建筑舒适性空调室内空气设计参数的确定主要考虑下面两个因素：第一，空调房间使用功能对舒适性的要求。在前文中已经介绍，所谓舒适就是人体能维持正常的散热量和散湿量。影响人舒适感的主要因素有：室内空气的温度、湿度和空气流动速度；其次是衣着情况、空气的新鲜程度、室内各表面的温度等。第二，要综合考虑地区、经济条件和节能要求等因素。

根据我国国家标准《民用建筑供暖通风与空气调节设计规范》（GB 50736—2012）的规定，对于舒适性空调，室内设计参数如下。

夏季： 温度 应采用 22～28℃

相对湿度 应采用 40%～70%

风速 不应大于 0.3m/s

冬季： 温度 应采用 16～24℃

相对湿度 应采用 30%～60%

风速 不应大于 0.2m/s

规范中给出的数据是概括性的。对于具体的民用建筑而言，由于各空调房间的使用功能各不相同，而其室内空调设计计算参数也会有较大差异。部分不同用途房间的室内空调设计计算参数，可参照下列表格中的数据确定。

① 国标《公共建筑节能设计标准》（GB 50189—2015）规定的旅馆空调设计室内计算参数见表 3-2。

表 3-2　旅馆空调设计室内计算参数

房间类型		夏季			冬季		
		t/℃	φ/%	v/(m/s)	t/℃	φ/%	v/(m/s)
客房	一级	24	≤55		24	≥50	
	二级	25	≤60	≤0.25	23	≥40	≤0.15
	三级	26	≤65		22	≥30	
	四级	27	—		21	—	
餐厅 宴会厅	一级	23			23		
	二级	24	≤65	≤0.25	22	≥40	≤0.15
	三级	25			21		
	四级	26	—		20	—	
美容美发室		24	≤60	≤0.15	23	≥50	≤0.15
康乐中心		24	≤60	≤0.25	20	≥40	≤0.25
门厅 四季厅	一级	24			23	≥30	
	二级	25	≤65	≤0.3	21	≥30	≤0.3
	三级	26			20		
	四级	—	—	—	—	—	—
办公室	一级	24			23		
	二级	25	≤65	≤0.25	22	≥40	≤0.15
	三级	26			21		
	四级	27	—		20	—	
KTV厅		26	≤65	≤0.25	20	≥40	≤0.15
歌厅		26	≤65	≤0.25	20	≥40	≤0.15
舞厅		25	≤60	≤0.35	20	≥40	≤0.25

② 表 3-3 列出《办公建筑设计规范》（附条文说明）（JGJ 67—2006）规定的办公用房室内温度、湿度的设计参数。

表 3-3　办公用房室内温度、湿度的设计参数

房间类型	夏季			冬季		
	$t/℃$	$\varphi/\%$	$v/(m/s)$	$t/℃$	$\varphi/\%$	$v/(m/s)$
一般办公室	$26\sim28$	$\leqslant65$		$18\sim20$	—	
高级办公室	$24\sim27$	$\leqslant60$		$20\sim22$	$\geqslant35$	
会议室、接待室	$25\sim27$	$\leqslant65$	$\leqslant0.3$	$16\sim18$	—	$\leqslant0.2$
电话总机房	$25\sim27$	$\leqslant65$		$16\sim18$	—	
计算机房	$24\sim28$	$\leqslant60$		$18\sim20$	—	
复印机房	$24\sim28$	$\leqslant55$		$18\sim20$	—	

注：大型电话总机房、计算机房应按设备要求设计。

③ 一般商场（营业厅）室内温、湿度参数见表 3-4；旅游建筑内的商场或外宾友谊商店等建筑的空调参数，应按原国家计委和旅游局规定的参数指标确定，见表 3-5。

表 3-4　一般商场（营业厅）室内温、湿度参数

夏季				冬季			
较高标准		一般标准		较高标准		一般标准	
$t/℃$	$\varphi/\%$	$t/℃$	$\varphi/\%$	$t/℃$	$\varphi/\%$	$t/℃$	$\varphi/\%$
$26\sim28$	$55\sim65$	$27\sim29$	$55\sim65$	$18\sim20$	$40\sim50$	$15\sim18$	$30\sim40$

表 3-5　旅游建筑中商场、服务机构、展览会会场空调参数

旅馆等级	夏季			冬季		
	$t/℃$	$\varphi/\%$	$v/(m/s)$	$t/℃$	$\varphi/\%$	$v/(m/s)$
一级	24			23		
二级	25	$\leqslant65$	$\leqslant0.25$	21	$\geqslant40$	$\leqslant0.15$
三级	26			20		
四级	27			20		

④ 体育建筑空调设计室内参数见表 3-6。

表 3-6　体育建筑空调室内设计参数

房间类型	夏季			冬季		
	$t/℃$	$\varphi/\%$	$v/(m/s)$	$t/℃$	$\varphi/\%$	$v/(m/s)$
观众席	$26\sim28$	$\leqslant65$	$0.15\sim0.3$	$16\sim18$	$30\sim50$	$\leqslant0.2$
比赛大厅	$26\sim28$	$\leqslant65$	$0.2\sim0.5$ $0.15\sim0.2$(羽毛球、乒乓球、冰球) 0.5(其他球类)	$16\sim18$	—	$\leqslant0.2$
练习厅	$26\sim28$	$\leqslant65$	同上	$16\sim18$	—	$\leqslant0.2$
游泳池大厅	$26\sim29$	$\geqslant75$	$0.15\sim0.3$	$26\sim28$	$\leqslant75$	$\leqslant0.2$
休息厅	$28\sim30$	$\leqslant65$	$\leqslant0.5$	$16\sim18$	—	$\leqslant0.2$

⑤ 电视、广播中心空调室内设计参数，建议按表 3-7 选取。

表 3-7 电视、广播中心空调室内设计参数

房间类型	夏季			冬季		
	$t/℃$	$\varphi/\%$	$v/(m/s)$	$t/℃$	$\varphi/\%$	$v/(m/s)$
播音室、演播室	25~27	40~60	≤0.3	18~20	40~50	≤0.2
控制室	24~26	40~60	≤0.3	20~22	40~55	≤0.2
机房	25~27	40~60	≤0.3	16~18	40~55	≤0.2
节目制作室、录音室	25~27	40~60	≤0.3	18~20	40~50	≤0.2

⑥ 学校建筑空调室内设计参数可参照表 3-8 选取。

表 3-8 学校建筑空调室内设计参数

房间类型	夏季			冬季		
	$t/℃$	$\varphi/\%$	$v/(m/s)$	$t/℃$	$\varphi/\%$	$v/(m/s)$
教室	26~28	≤65	≤0.3	16~18	—	≤0.2
礼堂	26~28	≤65	≤0.3	16~18	—	≤0.2
实验室	25~27	≤65	≤0.3	16~20	—	≤0.2

⑦ 医院空调的室内设计参数见表 3-9。

表 3-9 医院空调的室内设计参数

房间类型	夏季		冬季	
	$t/℃$	$\varphi/\%$	$t/℃$	$\varphi/\%$
病房	26~27	45~50	22~23	40~45
诊室	26~27	45~50	21~22	40~45
候诊室	26~27	45~50	20~21	40~45
急救手术室	23~26	55~60	24~26	55~60
手术室	23~26	55~60	24~26	55~60
HCU 特别监护室	23~26	55~60	24~26	50~55
恢复室	24~26	55~60	23~24	50~55
分娩室	24~26	55~60	23~24	50~55
婴儿室	25~27	55~60	25~27	55~60
供应中心	26~27	—	21~22	—
各种实验室	26~27	45~50	21~22	45~50
红外线分光器室	25	35	25	35
X 射线、放射线室	26~27	45~50	23~24	40~45
动物室	26~27	45~50	25~27	30~40
药房	26~27	45~50	21~22	40~45
药品储存	16	≤60	16	≤60
管理室	26~27	45~50	21~22	40~45

选择空调房间的室内设计参数时，应充分注意：室内空调设计参数是影响空调能耗的主要因素之一。《实用供热空调设计手册》（第二版）（陆耀庆主编，中国建筑工业出版社，2008 年出版）明确指出，在供热工况下，室内温度每降低 1℃，能耗可减少 10%～15%；在供冷工况下，室内温度每提高 1℃，能耗可减少 8%～10%。

（2）工艺性空调室内温、湿度标准　工艺性空调可分为一般降温性空调、恒温恒湿空调和净化空调等。降温性空调对温、湿度的要求是夏季工人操作时手不出汗，不使产品受潮，因此只规定温度或湿度的上限，对空调精度没有要求。如电子工业的某些车间，规定夏季室温不大于 28℃，相对湿度不大于 60%。恒温恒湿空调室内空气的温、湿度基数和精度都有严格要求，如某些计量室，室温要求全年保持（20±0.1）℃，相对湿度保持（50±5）%。也有的工艺过程仅对温度或相对湿度有严格要求，如纺织工业某些工艺对相对湿度要求严格，而空气温度则以劳动保护为主。净化空调不仅对空气温、湿度提出一定要求，而且对空气中所含尘粒的大小和数量有严格要求。

必须指出，确定工艺性空调室内设计参数时，一定要了解实际工艺生产过程对温、湿度的要求。对于夏季室温和相对湿度低于舒适性空调的场所，在工艺条件允许的前提下，夏季尽量提高室温和相对湿度，这样可以节省设备投资和能源消耗，而且有利于工人健康。

3.1.2　室外空气计算参数的确定

空调工程设计与运行中所用的一些室外气象参数，习惯上称为室外空气计算参数。室外气象参数就地区而言，随季节、昼夜和时刻不断变化。例如，气温就有明显的日变化和年变化。一年内，我国各地大多在 7～8 月气温最高，而 1 月气温最低；一天之中，白天 14～15 时气温最高，而清晨 3～4 时气温最低。同样，由于空气的相对湿度取决于干球温度和含湿量，若视一昼夜含湿量不变的话，相对湿度的变化规律与干球温度变化规律相反。图 3-3 是温度和相对湿度在一天 24 小时内的变化曲线。一天内气温的最高值与最低值之差称为气温的日较差，通常用它来表示气温的日变化。工程计算上，把气温的日变化近似看作按正弦或余弦规律变化。

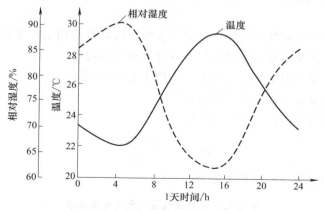

图 3-3　气温与相对湿度日变化曲线

图 3-4 是北京、西安、上海三地区的 10 年（1961～1970 年）各月平均气温变化曲线。与日较差的定义类似，一年内最热月与最冷月的平均气温差叫作气温的年较差。

空调的室外空气计算参数在《民用建筑供暖通风与空气调节设计规范》（GB 50736—

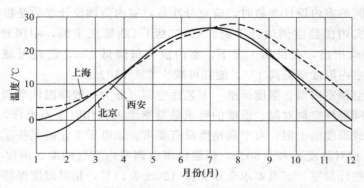

图 3-4　北京、西安、上海各月平均气温变化曲线

2012）中已明确规定。现摘录一些主要城市的室外空气计算参数列入附录 3 中。众所周知，室外空气计算参数的取值大小将直接影响室内空气状态和空调费用。因此，在空调设计中，要严格按照规范选用室外空气计算参数作为建筑物围护结构的温差传热量和新风负荷的计算依据。在选用室外空气计算参数进行计算时，应明确以下三点要求。

（1）设计规范中规定的室外计算参数是按全年少数时间不保证室内温、湿度要求而制订的，但其保证率却相当高。

① 采用历年平均不保证 50h 的干球温度（"不保证"系针对室外空气而言，下同）作为夏季空调室外计算干球温度。

② 采用历年平均不保证 50h 的湿球温度作为夏季空调室外计算湿球温度。

③ 采用历年平均不保证 1 天的日平均温度作为冬季空调室外计算温度。

④ 采用累年最冷月平均相对湿度作为冬季空调室外计算相对湿度。

因此，若在特殊情况下保证全年达到既定的室内温、湿度时，应另行规定。

（2）夏季计算经建筑围护结构传入室内的热量时，应按不稳定传热过程计算，因此，必须已知夏季空调设计的日平均温度和逐时温度。

夏季空调室外空气设计的日逐时温度 t_τ 按式（3-3）确定：

$$t_\tau = t_{w,p} + \beta \Delta t_r \tag{3-3}$$

式中　$t_{w,p}$——夏季空调室外空气计算日平均温度，按规范采用历年平均不保证 5 天的日平均温度作为夏季空调室外空气计算日平均温度，℃；

　　　　β——室外空气温度逐时变化系数，按表 3-10 选用；

　　　　Δt_r——夏季室外空气计算平均日较差。

Δt_r 按附录 3 确定或按式（3-4）计算：

$$\Delta t_r = \frac{t_{w,g} - t_{w,p}}{0.52} \tag{3-4}$$

式中　$t_{w,g}$——夏季空调室外计算干球温度，℃。

表 3-10　室外空气温度逐时变化系数

时刻	1	2	3	4	5	6	7	8	9	10	11	12
β	−0.35	−0.38	−0.42	−0.45	−0.47	−0.41	−0.28	−0.12	0.03	0.16	0.29	0.40
时刻	13	14	15	16	17	18	19	20	21	22	23	24
β	0.48	0.52	0.51	0.43	0.39	0.28	0.14	0.00	−0.10	−0.17	−0.23	−0.26

（3）空调系统冬季的加热、加湿所耗费用远小于夏季的冷却去湿所耗费用。为了便于计算，冬季可按稳定传热方法计算传热量，而不考虑室外气温的波动。若冬季不使用空调设备送热风，仅采用供暖设备补偿房间热损失时，计算围护结构的传热采用采暖室外计算温度。由于冬季室外空气含湿量低于夏季，且变化量很小，不必给出湿球温度，只给出冬季室外相对湿度值。

《民用建筑供暖通风与空气调节设计规范》（GB 50736—2012）规定：采用历年平均不保证 1 天的日平均温度作为冬季空调室外空气计算温度；采用累年最冷月平均相对湿度作为冬季空调室外空气计算相对湿度；采暖室外计算温度取冬季历年平均不保证 5 天的日平均温度。

3.2　空调负荷的计算

3.2.1　建筑物空调冷负荷的形成过程

前已述及，空调的目的是创造和维持一定的室内热湿环境，而室内热湿环境又受到室外气候条件以及室内发热发湿源的直接影响。图 3-5 表明了室内热湿环境的形成过程。室外对室内热湿环境影响主要来自太阳辐射和室外气温的共同作用，它们通过建筑物围护结构把大量热量传进室内，同时还通过门窗透过太阳辐射热，通过缝隙和渗透热湿空气影响室内热湿环境，这一类影响室内热湿环境的因素称为外扰。影响室内热湿环境的另一个主要因素又称内扰，就是室内照明、电器等工艺设备、人体散发的热量或水蒸气，它们以不同的散热散湿的形式直接或通过建筑内表面间接地影响着室内热湿环境。

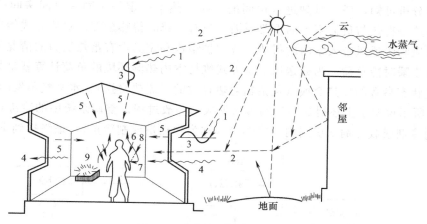

图 3-5　室内热湿环境的形成

1—气温；2—太阳辐射；3—室外空气综合温度；4—热空气交换；5—建筑内表面辐射；
6—人体辐射换热；7—人体对流换热；8—人体蒸发散热；9—室内热源

无论是外扰还是内扰，它们主要是以辐射、传导或传湿、对流热交换或对流质交换三种形式影响室内热湿环境。其中建筑传热中部分辐射来自围护结构或室内家具等的蓄热放热过程，这是区别于其他传热过程的一个重要特点。建筑物围护结构的热工特性直接影响着室内得热及其负荷的大小。因此，室内热湿环境是在内扰、外扰、建筑热工特性等物理因素的共同作用下形成的。不同扰量作用、不同建筑热工特性，带给室内的热湿负荷是不同的，从而形成的室内热湿环境也是不同的。

3.2.1.1 得热量、冷负荷与制冷量

建筑物空调冷负荷是空调系统设计的重要计算参数之一，它与房间热工特性、室内得热的性质与大小密切相关。随着人们对负荷的认识加深，房间得热到房间冷负荷的形成及其计算方法正不断地得到完善。

（1）得热与负荷的定义与构成　所谓得热，是指进入建筑物的总热量，它们以导热、对流、辐射、空气间热交换等形式进入建筑。如室外温湿度、太阳辐射等通过围护结构进入室内的外扰作用的热量，室内人员、照明、设备等的内扰作用的热量。所谓冷（热）负荷，是指为了维持室内一定热湿环境所需要的在单位时间内从室内除去（补充）的热量。

现以送风空调方式维持室内热湿环境为例，说明得热与负荷的关系。所谓送风空调，是指以空气为媒介除去室内的热量和湿量，以达到调节室内热湿环境目的的空调方式。此时冷（热）负荷的概念是指从（向）室内空气中除去（补充）的热量。

进入空调房间的瞬时总得热可分为潜热和显热两部分，如果不考虑围护结构和家具的吸湿和蓄湿作用，潜热立即进入空气影响室内空气热湿环境成为瞬时冷负荷；显热中的一部分以对流换热方式进入室内，改变室内热湿环境参数立即成为瞬时冷负荷，另一部分则以辐射形式首先投射到具有蓄热性能的围护结构或家具等室内物体表面上，并为之吸收。只有当这些围护结构和家具等室内物体表面因吸热而温度升高到高于室内空气温度后，所蓄存的一部分热量再借助对流方式逐步释放，加热室内空气成为房间滞后冷负荷，另一部分被围护结构储存。空调冷负荷应是以上两部分冷负荷之和。

负荷这种储存释放特性，其量和时间相对于其得热有所衰减和延迟。当室内热湿环境处于非稳定时，房间得热中还应包括室内空气参数波动所需的空气放热或蓄热。

由上述分析可知，任一时刻进入房间的瞬时得热不一定等于同一时间房间的瞬时冷负荷，辐射得热是得热与负荷不等的重要原因。只有当瞬时得热全部以对流方式传递给室内空气时（如新风和渗透风带入室内的得热）或围护结构和家具没有蓄热能力的情况下，得热量的数值才等于瞬时冷负荷。为此送风空调方式维持室内热湿环境的负荷计算就是如何准确确定影响空气状态参数的显热交换（包括辐射热释放的对流热交换）、水蒸气蒸发的潜热交换。

图 3-6 所示说明了上述得热与房间负荷形成的一般过程。空调系统中的冷冻设备通过制冷循环，制冷剂或载冷剂从房间内吸取热量（称为除热量或制冷量），最终排到室外大气。

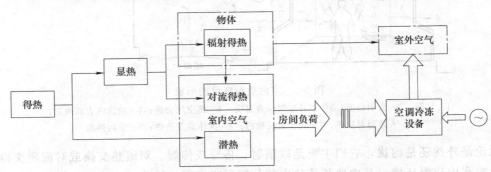

图 3-6　一般送风空调方式房间得热与负荷之间的关系

目前使用渐多的辐射式空调方式，是通过辐射板以辐射和对流方式除去（补充）室内热量，使室内空气达到所需的热湿环境和平均辐射温度。它与送风空调方式排除（补充）热量

不同的是，空调系统不仅需要在空气中除去（补充）热量，还需通过辐射方式除去各热表面上的热量，或向各冷表面补充热量。因此，室内冷（热）负荷除了需要从空气中除去（补充）的热量外，还应包括室内热（冷）表面需要去除（补充）的热量。

（2）冷负荷形成过程 得热转化为冷负荷的影响因素很多，其中围护结构、房间的蓄热特性是关键因素。分析冷负荷形成过程，可将得热到负荷的蓄放热过程划分为围护结构、房间两个蓄放热过程。

不同性质的得热，所经历的蓄放热过程有所不同。如围护结构外表面作用的室外综合温度，由于其周期性特性以及围护结构的衰减和延迟特性，首先经过围护结构本体第一蓄放热过程后才到达围护结构的内表面，由于室内各表面温度的差异和热容的不同，各表面之间存在长波辐射换热，进入内表面的得热又经过房间第二蓄放热过程，其中一部分储存在房间各表面或家具中，另一部分则通过表面以对流换热的形式进入空气，这一进入空气的热量才是负荷。对于室内负荷，如照明、人员、设备等室内扰量的得热，一般仅经历房间第二蓄放热（即得热至负荷）的转化过程。得热转变到负荷的比例与辐射在整个得热中所占比例的大小有关，常见瞬时得热中辐射热、对流热和潜热的比例见表 3-11。

表 3-11 各种瞬时得热量中各类热量的比例   ％

得热	辐射热	对流热	潜热
太阳辐射热（无内遮阳）	100	0	0
太阳辐射热（有内遮阳）	58	42	0
荧光灯	50	50	0
白炽灯	80	20	0
人体	40	20	40
传导热	60	40	0
机械和设备	20～80	80～20	0
渗透和通风	0	100	0

（3）建筑蓄热特性对冷负荷的影响 工程上经常涉及的室外气象参数、室内人员、照明、设备的室内扰量一般可归结为谐波形式和阶跃形式两种。这两种形式的扰量其得热引起的负荷变化规律如图 3-7 和图 3-8 所示。

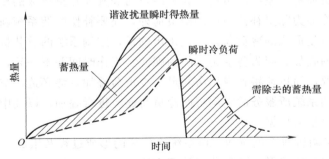

图 3-7 经围护结构进入的太阳辐射热（谐波扰量）与房间实际冷负荷之间的关系

图 3-7 所示为一个朝西房间，当其室内温度保持一定、空调装置连续运行时，进入室内的瞬时太阳辐射热（属于谐波扰量）与冷负荷、除热量之间的关系。由能量守恒定律知道，瞬时得热曲线包围面积应等于瞬时冷负荷曲线所包围的面积，得热初期表面蓄热量应等于空调后期释放到空气中的表面放热量，这部分放热量也就是空调的除热量。

由图 3-7 可看出，由于围护结构和家具等室内物体的蓄热，实际冷负荷的峰值比瞬时太阳辐射热的峰值低，而且出现的时间也迟于太阳辐射的峰值。而且它们的蓄热能力越强，实际冷负荷峰值越低，延迟时间也越长。房间的蓄热能力与其热容有关，材料的热容等于质量与比热容的乘积，一般建筑材料比热容大致相等，因此材料的热容可表示为单一地与其质量成正比的关系。

图 3-8 为灯光散热量与冷负荷的关系。灯光照明散热比较稳定，属于阶跃扰量，灯具开启后，大部分热量被蓄存起来，随着照明时间的延续，蓄存的热量逐渐减少。

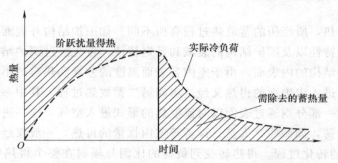

图 3-8 一般结构中照明灯（阶跃扰量）形成的冷负荷

3.2.1.2 用冷负荷系数法计算空调冷负荷

空调冷负荷的计算方法很多，如谐波反应法、反应系数法、Z 传递函系数法和冷负荷系数法等。目前，我国常采用冷负荷系数法和谐波反应法的简化计算方法计算空调冷负荷。本节所述的计算方法是冷负荷系数法的计算方法。

空调房间的冷负荷应包括如下内容：①由于室内外温差和太阳辐射作用，通过建筑物围护结构传入室内热量形成的冷负荷。②人体散热、散湿形成的冷负荷。③灯光照明散热形成的冷负荷。④其他设备散热形成的冷负荷。

在计算空调负荷时，必须考虑围护结构的吸热、蓄热和放热过程，不同性质的得热量所形成的室内逐时冷负荷是不同步的。因此，在确定房间逐时冷负荷时，必须按不同性质的得热分别计算，然后取逐时冷负荷分量之和。

空调系统的冷负荷等于室内冷负荷、新风冷负荷和其他热量形成的冷负荷之和。也就是说，空调系统的供冷能力除要补偿室内的冷负荷外，还要补偿空调系统新风量负荷和抵消冷量的再加热等其他热量形成的冷负荷。应该指出的是，空调系统的总装机冷量并不是所有空调房间最大冷负荷的叠加。因为各空调房间的朝向、工作时间并不一致，它们出现最大冷负荷的时刻也不会一致，简单地将各空调房间最大冷负荷叠加，势必造成空调系统装机冷量过大。因此，应对空调系统所服务的空调房间冷负荷逐时进行叠加，以其中出现的最大冷负荷作为确定空调设备容量的依据。

图 3-9 给出了空调房间冷负荷和空调系统冷负荷的形成过程及组成。

（1）围护结构瞬变传热形成冷负荷的计算方法

① 外墙和屋面瞬变传热引起的冷负荷。在日射和室外气温综合作用下，外墙和屋面瞬变传热引起的逐时冷负荷 $Q_{c(\tau)}$ 可按式（3-5）计算：

$$Q_{c(\tau)} = AK(t_{c(\tau)} - t_N) \tag{3-5}$$

式中　A——外墙和屋面的计算面积，m^2；

　　　　K——外墙和屋面的传热系数，$W/(m^2 \cdot K)$，根据外墙和屋面的不同构造及厚度，分别由附录 4 和附录 5 查取（仅列出部分）；

　　　　t_N——室内设计温度，℃；

$t_{c(\tau)}$——外墙和屋面的冷负荷计算温度的逐时值，℃，可根据外墙和屋面的不同类型分
别在附录 6 和附录 7 中查取（仅列出部分）。

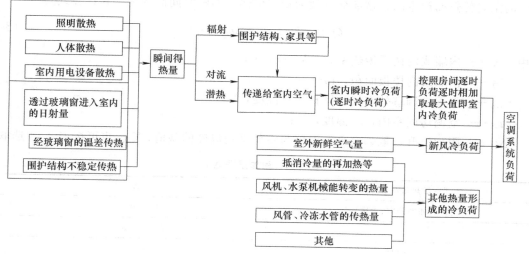

图 3-9　空调房间冷负荷、空调系统冷负荷组成框图

必须指出：第一，附录 6 和附录 7 中给出的各围护结构的冷负荷温度值都是以北京地区
气象参数数据为依据计算出来的。因此，对于不同设计地点，应对 $t_{c(\tau)}$ 值进行修正，其地点
修正值 t_d 可由附录 8 查得。第二，当外表面放热系数不同于 $18.6\text{W}/(\text{m}^2 \cdot \text{K})$ 时，应将
$t_{c(\tau)}+t_d$ 值乘以表 3-12 中的修正值 k_α。第三，当内表面放热系数不同时，可不加修正。第
四，考虑到城市大气污染和中、浅颜色的耐久性差，建议吸收系数一律采用 $\rho=0.90$，也即
对 $t_{c(\tau)}$ 不加修正。但如确有把握常久保持建筑围护结构表面的中、浅色时，则可将计算数值
乘以表 3-13 所列的吸收系数修正值 k_ρ。综上所述，外墙和屋面的冷负荷计算温度为

$$t'_{c(\tau)}=(t_{c(\tau)}+t_d)k_\alpha k_\rho \tag{3-6}$$

表 3-12　外表面放热系数修正值 k_α

$\alpha_w/[\text{W}/(\text{m}^2 \cdot \text{K})]$	14.0	16.3	18.6	20.9	23.3	25.6	27.9	30.2
k_α	1.06	1.03	1	0.98	0.97	0.95	0.94	0.93

表 3-13　吸收系数修正值 k_ρ

颜色	外墙	屋面
浅色	0.94	0.88
中色	0.97	0.94

相应的冷负荷计算值为

$$Q_{c(\tau)}=AK(t'_{c(\tau)}-t_N) \tag{3-7}$$

为减少计算工作量，对于非轻型外墙，室外计算温度可采用夏季空调室外计算日平均综
合温度 t_{zp} 代替冷负荷计算温度，即

$$t_{zp}=t_{w,p}+\rho J_p/\alpha_w \tag{3-8}$$

式中　J_p——围护结构所在朝向太阳辐射照度的平均值，W/m^2；

　　　ρ——围护结构外表面太阳辐射热的吸收系数；

α_w——围护结构外表面换热系数，$W/(m^2 \cdot K)$。

② 内围护结构冷负荷。内围护结构一般是指内隔墙及内楼板，它们的冷负荷是通过与邻室的温差传热而产生的，这部分可视为稳定传热，不随时间而变化，其计算式为

$$Q_c = AK(t_{w,p} + \Delta t_f - t_N) \tag{3-9}$$

式中 K——内墙或内楼板传热系数，$W/(m^2 \cdot K)$；

A——内墙或内楼板面积，m^2；

$t_{w,p}$——夏季空调室外空气计算日平均温度，℃；

t_N——空调房间室内计算温度，℃；

Δt_f——附加温升，取邻室平均温度与室外平均温度的差值，℃。也可按表 3-14 选取。

表 3-14 附加温升 Δt_f

邻室散热量/(W/m²)	Δt_f/℃
很少(如办公室、走廊)	0~2
<23	3
23~116	5
>116	7

③ 外玻璃窗瞬变传热引起的冷负荷。在室内外温差作用下，玻璃窗瞬变传热引起的冷负荷应按式（3-10）计算：

$$Q_{c(\tau),w} = AK(t_{c(\tau)} - t_N) \tag{3-10}$$

式中 A——窗口面积，m^2；

K——玻璃窗的传热系数，$W/(m^2 \cdot K)$，可根据室内、外表面换热系数由附录 9 和附录 10 查取；

t_N——室内设计温度，℃；

$t_{c(\tau)}$——玻璃窗的冷负荷计算温度的逐时值，℃，可根据表 3-15 查得。

表 3-15 玻璃窗冷负荷计算温度逐时值 $t_{c(\tau)}$

时间/h	0	1	2	3	4	5	6	7	8	9	10	11
$t_{c(\tau)}$/℃	27.2	26.7	26.2	25.8	25.5	25.3	25.4	26.0	26.9	27.9	29.0	29.9
时间/h	12	13	14	15	16	17	18	19	20	21	22	23
$t_{c(\tau)}$/℃	30.8	31.5	31.9	32.2	32.2	32.0	31.6	30.8	29.9	29.1	28.4	27.8

用式（3-10）计算时，必须注意：第一，对附录 9、附录 10 中的传热系数值，要根据窗框、遮阳情况等不同，按表 3-16 加以修正，即乘以修正系数 C_w；第二，对表 3-15 中的 $t_{c(\tau)}$ 值，要按附录 11 进行地点修正，因此式（3-10）应变为

$$Q_{c(\tau),w} = C_w AK(t_{c(\tau)} + t_d - t_N) \tag{3-11}$$

表 3-16 玻璃窗传热系数的修正值 C_w

窗框类型	单层窗	双层窗	窗框类型	单层窗	双层窗
全部玻璃	1.00	1.00	木窗框，60%玻璃	0.80	0.85
木窗框，80%玻璃	0.90	0.95	金属窗框，80%玻璃	1.00	1.20

④ 地面传热形成的冷负荷。对于舒适性空调区，夏季通过地面传热形成的冷负荷所占比例很小，可忽略不计。《民用建筑供暖通风与空气调节设计规范》（GB 50736—2012）中明确规定，夏季可不计算地面传热形成的冷负荷。

（2）透过玻璃窗的日射得热引起的冷负荷 太阳不断地向地球辐射热量，在大气层上部太阳辐射的平均强度为 1353W/m²。太阳辐射透过大气层时，其强度会减弱，减弱的程度与通过大气层的厚度、空气的湿度、云层厚度及空气的污染程度等因素有关。在地球表面，太阳辐射有两种形式：直射辐射和散射辐射。太阳光透过大气层直接射向地面的太阳辐射，称为太阳直射辐射，直射辐射的方向取决于太阳的位置。只有照射到太阳光的地方才有直射辐射。大气层对太阳辐射的散射作用，使整个天空成为一个辐射源，它也向地面发射辐射热。但是它没有方向性，故称其为太阳散射辐射。当太阳光照射在南向的窗面上时，北向窗面上没有直射辐射，但有散射辐射。北面窗即使没有太阳光的照射，北向房间也会有太阳辐射得热。

透过玻璃窗进入室内的日射得热分为两部分，即透过玻璃窗直接进入室内的太阳辐射热 q_t 和窗玻璃吸收太阳辐射后因温度升高而传入室内的热量 q_a。因日射得热与窗的类型、遮阳设施、太阳入射角及太阳辐射强度等多种因素相关，其计算较为复杂，于是工程上常采用一种对比的计算方法。

采用 3mm 厚的普通平板玻璃作为"标准玻璃"，在一定条件下 $[\alpha_n = 8.7\text{W}/(\text{m}^2 \cdot \text{K}), \alpha_w = 18.6\text{W}/(\text{m}^2 \cdot \text{K})]$，得出夏季（以 7 月份为代表）通过这一"标准玻璃"的日射得热量 q_t 和 q_a 值。令

$$D_j = q_t + q_a \tag{3-12}$$

式中 D_j——日射得热因数。

经过大量统计计算工作，得出我国 40 个城市夏季 9 个不同朝向的逐时日射得热因数值 D_j 及其最大值 $D_{j,max}$。经过相似性分析，给出了适用各地区的 $D_{j,max}$，见附录 12。

考虑到在非标准玻璃情况下，以及不同窗类型和遮阳设施对日射得热的影响，可对日射得热因数加以修正，通常乘以窗玻璃的综合遮阳系数 C_z：

$$C_z = C_s C_n \tag{3-13}$$

式中 C_s——窗玻璃的遮阳系数，由表 3-17 查取；

C_n——室内遮阳设施的遮阳系数，由表 3-18 查取。

表 3-17 窗玻璃的遮阳系数 C_s 值

玻璃类型	C_s	玻璃类型	C_s
标准玻璃	1.00	6mm 厚吸热玻璃	0.83
5mm 厚普通玻璃	0.93	双层 3mm 厚普通玻璃	0.86
6mm 厚普通玻璃	0.89	双层 5mm 厚普通玻璃	0.78
3mm 厚吸热玻璃	0.96	双层 6mm 厚普通玻璃	0.74
5mm 厚吸热玻璃	0.88		

注：1. "标准玻璃"系指 3mm 厚的单层普通玻璃。

2. 吸热玻璃系指上海耀华玻璃厂生产的浅蓝色吸热玻璃。

3. 表中 C_s 对应的内、外表面放热系数为 $\alpha_n = 8.7\text{W}/(\text{m}^2 \cdot \text{K})$，$\alpha_w = 18.6\text{W}/(\text{m}^2 \cdot \text{K})$。

4. 这里的双层玻璃内、外层玻璃是相同的。

表 3-18 室内遮阳设施的遮阳系数 C_n 值

内遮阳类型	颜色	C_n	内遮阳类型	颜色	C_n
白布帘	浅色	0.50	深黄布帘、紫红布帘、深绿布帘	深色	0.65
浅蓝布帘	中间色	0.60	活动百叶帘	中间色	0.60

透过玻璃窗进入室内的日射得热形成的逐时冷负荷 $Q_{c(\tau)}$ 按式（3-14）计算：

$$Q_{c(\tau)} = C_a A C_z D_{j,max} C_{LQ} \tag{3-14}$$

式中 A——窗口面积，m^2；

C_a——有效面积系数，查表 3-19；

C_z——玻璃窗的综合遮阳系数，无因次；

$D_{j,max}$——日射得热因数最大值，W/m^2，查附录 12；

C_{LQ}——玻璃窗冷负荷系数，无因次，由附录 13 至附录 16 查得。注意，C_{LQ} 值按南北区的划分而不同，南北区划分标准为：建筑地点在 $27°30'$ 以南的地区为南区，以北的地区为北区。

表 3-19 窗的有效面积系数 C_a 值

系数＼窗类别	单层钢窗	单层木窗	双层钢窗	双层木窗
C_a	0.85	0.70	0.75	0.60

（3）室内热源散热引起的冷负荷 室内热源包括工艺设备散热、照明散热及人体散热等。室内热源散出的热量包括显热和潜热两部分，潜热散热作为瞬时冷负荷，显热散热中对流热成为瞬时冷负荷，而辐射部分则先被围护结构等物体表面所吸收，然后再缓缓逐渐散出，形成滞后冷负荷。因此，必须采用相应的冷负荷系数。

① 设备散热形成的冷负荷。设备和用具显热散热形成的冷负荷 $Q_{c(\tau)}$ 按式（3-15）计算：

$$Q_{c(\tau)} = Q_s C_{LQ} \tag{3-15}$$

式中 Q_s——设备和用具的实际显热散热量，W；

C_{LQ}——设备和用具显热散热冷负荷系数，无因次，由附录 17 和附录 18 查得，如果设备 24h 运行，则 $C_{LQ} = 1.0$。

设备和用具的实际显热散热量按下述方法计算。

a. 电动设备散热量。当工艺设备及其电动机都放在室内时：

$$Q_s = 1000 n_1 n_2 n_3 N / \eta \tag{3-16}$$

当只有工艺设备在室内，而电动机不在室内时：

$$Q_s = 1000 n_1 n_2 n_3 N \tag{3-17}$$

当工艺设备不在室内，而只有电动机放在室内时：

$$Q_s = 1000 n_1 n_2 n_3 N (1 - \eta) \eta \tag{3-18}$$

式中 N——电动设备安装功率，kW；

η——电动机效率，可由产品样本查得，Y 系列电动机的效率可由表 3-20 查得；

n_1——利用系数，定义为电动机最大消耗功率与安装功率之比，一般可取 0.7～0.9；

n_2——电动机负荷系数，定义为电动机每小时平均实耗功率与机器设计时最大实耗功率之比，对精密机床可取 0.15～0.4，对普通机床可取 0.5 左右；

n_3——同时使用系数，定义为室内电动机同时使用的安装功率与总安装功率之比，一般取 0.5～0.8。

表 3-20 Y 系列三相异步电动机效率

电动机功率/kW	0.7	1.1～1.5	2.2～3.0	4～5.5	7.5～15	18.5～22
电动机效率 η/%	75	77	82	85	87	89

b. 电热设备散热量。对于无保温密闭罩的电热设备，按式 (3-19) 计算：

$$Q_s = 1000 n_1 n_2 n_3 n_4 N \tag{3-19}$$

式中　n_4——考虑排风带走热量的系数，一般取 0.5。

式中其他符号同前。

c. 办公及电子设备的散热量。空调区电器设备的散热量 Q_s 可按式 (3-20) 计算：

$$Q_s = A q_f \tag{3-20}$$

式中　A——空调区面积，m^2；

　　　q_f——电器设备的功率密度，见表 3-21，W/m^2。

表 3-21 电器设备的功率密度

建筑类别	房间类别	功率密度/(W/m²)	建筑类别	房间类别	功率密度/(W/m²)
办公建筑	普通办公室	20	宾馆建筑	普通客房	20
	高档办公室	13		高档客房	13
	会议室	5		会议室、多功能厅	5
	走廊	0		走廊	0
	其他	5		其他	5
			商场建筑	一般商场	13
				高档商场	13

② 照明散热形成的冷负荷。根据照明灯具的类型和安装方式不同，其冷负荷计算式分别如下。

白炽灯：
$$Q_{c(\tau)} = 1000 N C_{LQ} \tag{3-21}$$

荧光灯：
$$Q_{c(\tau)} = 1000 n_1 n_2 N C_{LQ} \tag{3-22}$$

式中　$Q_{c(\tau)}$——灯具散热形成的冷负荷，W；

　　　N——照明灯具所需功率，kW；

　　　n_1——镇流器消耗功率系数，当明装荧光灯的镇流器装在空调房间内时，取 $n_1 = 1.2$，当暗装荧光灯镇流器装设在顶棚内时，可取 $n_1 = 1.0$；

　　　n_2——灯罩隔热系数，当荧光灯罩上部穿有小孔（下部为玻璃板），可利用自然通风散热于顶棚内，则取 $n_2 = 0.5 \sim 0.6$，而荧光灯罩无通风孔者，$n_2 = 0.6 \sim 0.8$；

　　　C_{LQ}——照明散热冷负荷系数，根据灯具类型，按照不同的空调设备运行时间，开灯时数及开灯后的小时数，由附录 19 查得。

③ 人体散热形成的冷负荷。人体散热与性别、年龄、衣着、劳动强度以及环境条件（温、湿度）等多种因素有关。在人体散发的热量中，辐射成分约占 40%，对流成分约占 20%，其余 40% 则为潜热。这一潜热量可认为是瞬时冷负荷，对流热也形成瞬时冷负荷。至于辐射热与前述各情况相同，形成滞后冷负荷。

由于性质不同的建筑物中有不同比例的成年男子、女子和儿童数量，而成年女子和儿童的散热量低于成年男子。为了实际计算方便，可以成年男子为基础，乘以考虑了各类人员组成比例的系数，称群集系数。

人体显热散热引起的冷负荷按式（3-23）计算：

$$Q_{c(\tau)} = q_s n n' C_{LQ} \tag{3-23}$$

式中　$Q_{c(\tau)}$——人体显热散热形成的冷负荷，W；

q_s——不同室温和劳动性质成年男子显热散热量，W，见附录20；

n——室内全部人数；

n'——群集系数，见表3-22；

C_{LQ}——人体显热散热冷负荷系数，由附录21中查得，取决于人员在室内停留时间及由进入室内时算起至计算时刻为止的时间。应注意：对于人员密集的场所（如电影院、剧院、会堂等），由于人体对围护结构和室内物品的辐射换热量相应减少，可取 $C_{LQ} = 1.0$。

表 3-22　某些空调建筑内的群集系数

工作场所	影剧院	百货商店（售货）	旅馆	体育馆	图书阅览室	工厂轻劳动	银行	工厂重劳动
群集系数	0.89	0.89	0.93	0.92	0.96	0.90	1.0	1.0

人体潜热散热引起的冷负荷按式（3-24）计算：

$$Q_c = q_1 n n' \tag{3-24}$$

式中　Q_c——人体潜热散热形成的冷负荷，W；

q_1——不同室温和劳动性质成年男子潜热散热量，W，见附录20。

④ 食物的显热散热形成的冷负荷。餐厅空调设计时，应考虑食物的散热量，建议食物的显热散热形成的冷负荷，可按每位就餐客人 9W 考虑。

3.2.1.3　热负荷与湿负荷的计算

（1）空调热负荷的计算　空调热负荷是指冬季在一定的室外空气温度条件下，为保持室内的设计温度，空调系统需向房间提供的热量。对于民用建筑来说，空调冬季的经济性对空调系统的影响要比夏季小。因此，空调热负荷一般是按稳定传热理论来计算的，其计算方法与采暖系统的热损失计算方法基本一样。

围护结构的基本耗热量 Q_h（W）可按式（3-25）计算：

$$Q_h = KA(t_N - t_W)a \tag{3-25}$$

式中　K——冬季围护结构传热系数，W/(m²·℃)；

A——围护结构传热面积，m²；

t_N——冬季室内设计温度，℃；

t_W——冬季室外空调计算干球温度，℃；

a——温差修正系数。

以上各参数的取值规定及表格详见《供热工程》等相关教材及手册。

空调房间围护结构的附加耗热量应按其占基本耗热量的百分率确定，各项附加（或修正）百分率如下。

① 朝向修正率。

北、东北、西北　　　　　　　　　　　　　　　0～10%

东、西　　　　　　　　　　　　　　　　　　　-5%

| 东南、西南 | $-15\%\sim-10\%$ |
| 南 | $-30\%\sim-15\%$ |

选用修正率时应考虑当地冬季日照率及辐射强度的大小。冬季日照率小于 35% 的地区，东南、西南和南向的修正率宜采用 $0\sim-10\%$，其他朝向可不修正。

② 风力附加。在《民用建筑通风与空气调节设计规范》（GB 50736—2012）中规定：建筑在不避风的高地、河边、海岸、旷野上的建筑物以及城镇中明显高出周围其他建筑物的建筑物，其垂直外围护结构热负荷附加为 5%～10%。

③ 外门附加。当建筑物的楼层数为 n 时，外门附加率为：

一道门	按 $65\%\times n$
两道门（有门斗）	按 $80\%\times n$
三道门（有两个门斗）	按 $60\%\times n$
公共建筑的主要出入口	按 500%

此外，由于室内温度梯度的影响，往往使房间上部的传热量加大。因此规定了高度附加：当房间净高超过 4m 时，每增加 1m，附加率为 2%，但最大附加率不超过 15%。应注意高度附加率应加在基本耗热量和其他附加耗热量（进行风力、朝向、外门修正之后的耗热量）的总和之上。

一般情况下，空调建筑室内通常保持正压，因此常不计算由门窗缝隙渗入室内的冷空气和由门、孔洞等侵入室内的冷空气引起的热负荷。

室内人员、灯光和设备产生的热量会抵消部分热负荷。设计时如何扣除这部分室内热量要仔细研究。扣除时要充分注意到：如果室内人数仍按计算夏季冷负荷时取最大室内人数，将会使冬季供暖的可靠性降低；室内灯光开关的时间、启动时间和室内人数都有一定的随机性。因此有的文献资料推荐：当室内发热量大（如办公建筑，室内灯光发热量 $30W/m^2$ 以上）时，可以扣除该发热量的 50% 后，作为空调的热负荷。

需要特别说明的是，有一些房间或区域（如商场或建筑物的内区等），由于人流多、照明强，使其在冬季室外气温低于室内气温的情况下，得热量还是大于失热量，此时即使在冬天也需要空调系统供冷。所以，对于冬季空调，房间不一定就是热负荷，也可能是冷负荷，必须根据房间得热量和失热量的对比来确定。

（2）空调湿负荷的计算　空调湿负荷是指空调房间内湿源向室内的散湿量，如人体散湿、敞开水池（槽）表面散湿、地面积水散湿等。

① 人体散湿量：

人体散湿量按式（3-26）计算：

$$W=0.01nn'g \tag{3-26}$$

式中　W——人体散湿量，kg/h；

　　n——室内全部人数；

　　n'——群集系数；

　　g——成年男子的小时散热量，g/h，见附录 20。

② 敞开水表面散湿量：

敞开水表面散湿量按式（3-27）计算：

$$W=\omega A \tag{3-27}$$

式中　W——敞开水表面散湿量，kg/h；

ω——单位水面蒸发量，kg/(m² · h)，见附录 22；

A——蒸发表面积，m²。

一般情况下，舒适性空调系统通常不考虑湿负荷，如果要考虑，也只计算人体的散湿量作为空调系统的湿负荷。

3.2.2 空调负荷的工程概算方法

在工程设计的方案设计或初步设计阶段，为了满足项目报审、招标等对设备容量、机房面积以及投资费用等方面的要求，往往需要大致了解空调系统的供冷量、供热量、用电量、用水量，以及空调机房、制冷机房、锅炉房等设备用房的面积。在受到各种具体计算条件不清楚、不明确或不全面的限制，还无法进行准确的负荷计算时，《民用建筑供暖通风与空气调节设计规范》（GB 50736—2012）规定可使用冷、热负荷指标来对空调负荷进行必要的估算（或称概算）。

3.2.2.1 经验公式法

空调房间内的冷负荷包括外围护结构传热、太阳辐射得热、空气渗透、人体散热、灯光散热、室内其他设备散热引起的冷负荷，再加上室外新风量引起的冷负荷等，应当根据这个系统负荷来选择空气处理设备。估算时，可以外围护结构和室内人员两部分为基础，把整个建筑看成一个大空间，按各朝向计算其冷负荷，再加上每个在室内人员按 116.5W 计算的全部人员散热量，然后将该结果乘以新风负荷系数 1.5，即为估算的建筑物的总负荷，其计算公式如下：

$$Q_c = 1.5 \times (Q_z + 116.5n) \tag{3-28}$$

式中 Q_c——建筑物空调系统总负荷，W；

Q_z——整个建筑物围护结构形成的总冷负荷，W；

n——空调场所内人员数。

3.2.2.2 概算指标法

概算指标法是根据总结出的已在使用的同类型空调建筑和房间的负荷指标，来概算要设计的建筑和房间的空调负荷。所谓空调负荷概算指标，是指折算到建筑物中每 1m² 空调面积（或建筑面积）所需冷负荷值或热负荷值。国内部分民用建筑空调冷负荷概算指标见表 3-23，供暖热负荷概算指标见表 3-24。其指标值可用于设计计算的粗略估算和用于方案阶段、扩初阶段的估算。

表 3-23　国内部分民用建筑空调冷负荷概算指标　　　　　　　　　　　　W/m²

序号	建筑类型及房间名称	冷负荷指标	序号	建筑类型及房间名称		冷负荷指标
1	旅游旅馆　客房	70～100	14	室内游泳池		160～260
2	酒吧、咖啡厅	80～120	15	交谊舞厅		180～220
3	西餐厅	100～160	16	迪斯科舞厅		220～320
4	中餐厅、宴会厅	150～250	17	卡拉 OK		100～160
5	商店、小卖部	80～110	18	棋牌、办公		70～120
6	大堂、接待间	80～100	19	公共洗手间		80～100
7	中庭	100～180	20		营业大厅	120～160
8	小会议室（少量吸烟）	140～250	21	银行	办公室	70～120
9	大会议室（不准吸烟）	100～200	22		计算机房	120～160
10	理发、美容	90～140	23		高级病房	80～120
11	健身房	100～160	24		一般病房	70～110
12	保龄球	90～150	25	医院	诊断、治疗、注射、办公室	75～140
13	弹子房	75～100	26		X射线、CT、B超、核磁共振室	90～120

续表

序号	建筑类型及房间名称		冷负荷指标	序号	建筑类型及房间名称		冷负荷指标
27	医院	一般手术室、分娩室	100～150	45		会堂、报告厅	160～240
28		洁净手术室	180～380	46		多功能厅	180～250
29		大厅、挂号	70～120	47	图书馆	阅览室	100～160
30	商场、百货大楼	营业厅(首层)	160～280	48		大厅、借阅、登记	90～110
31		营业厅(中间层)	150～200	49		书库	70～90
32		营业厅(顶层)	180～250	50		特藏(善本)	100～150
33	超市	营业厅	160～220	51	餐厅	营业大厅	200～280
34		营业厅(鱼肉副食)	90～160	52		包间	180～250
35	影剧院	观众厅	180～280	53	写字楼	高级办公室	120～160
36		休息厅(允许吸烟)	250～360	54		一般办公室	90～120
37		化妆室	80～120	55		计算机房	100～140
38		大堂、洗手间	70～100	56		会议室	150～200
39	体育馆	比赛馆	100～140	57		会客厅(允许吸烟)	180～260
40		贵宾室	120～180	58		大厅、公共洗手间	70～110
41		观众休息厅(允许吸烟)	280～360	59	住宅、公寓	多层建筑	88～150
42		观众休息厅(不准吸烟)	160～250	60		高层建筑	80～120
43		裁判、教练、运动员休息室	100～140	61		别墅	150～220
44		展览馆、陈列厅	150～200				

注：1. 面积按空调面积计算。

　　2. 摘自陆耀庆主编《实用供热空调设计手册》(第二版)。

表 3-24　国内部分民用建筑物供暖热负荷概算指标　　W/m²

建筑类型	热负荷指标	建筑类型	热负荷指标
住宅	47～70	商店	64～87
节能住宅	30～45	单层住宅	81～105
办公楼、学校	58～81	一、二层别墅	100～125
医院、幼儿园	64～81	食堂、餐厅	116～140
旅馆	58～70	影剧院	93～116
图书馆	47～76	大礼堂、体育馆	116～163

【**例 3-1**】　南京市某一联排别墅建筑总面积为 $504m^2$，包括地下一层，地上三层。预为其装设一套地埋管地源热泵中央空调系统，空调总面积为 $283m^2$，其中一层客厅 $46m^2$、餐厅 $26m^2$、保姆房 $20.2m^2$、书房 $22.5m^2$ 需装设空调，试用概算指标法确定一层各空调房间冷负荷。

【**解**】

已知一层各空调房间面积，查表 3-23 可知，对住宅别墅，其冷负荷指标在 $150～220W/m^2$ 范围内，因此可取各房间冷负荷指标均为 $200W/m^2$，由此可得一层各空调房间冷负荷分别为：

客厅：$Q_1 = 200 \times 46 = 9.2$（kW）

餐厅：$Q_2 = 200 \times 26 = 5.2$（kW）

保姆房：$Q_3 = 200 \times 20.2 = 40.4$（kW）

书房：$Q_4 = 200 \times 22.5 = 4.5$（kW）

3.2.2.3　软件辅助估算法

空调负荷计算是空调设计的一项重要工作，包括夏季冷负荷、冬季热负荷和湿负荷的计算。《公共建筑节能设计标准》（GB 50189—2015）5.1.1 条强制性条文规定，在施工图设计阶段必须进行热负荷和逐项逐时的冷负荷计算。但空调负荷计算又是一项复杂、烦琐的工作，为缩短设计周期、加速手算过程、减轻设计人员的劳动强度，现已开发出多种建筑模拟软件，如 BLAST、DOE-2、TRNSYS、HVACSHM＋、DEST 等，这些软件不仅可以模拟设计状态下空调冷、热、湿负荷，而且能够全年对空调系统的性能进行预测；还有一些软件，如鸿业暖通、天正暖通、浩辰暖通等，则是基于工程设计的制图辅助软件，也可以进行空调负荷的计算，但一般只能进行设计状态点的计算。

尽管这些负荷计算软件贴近人的思考方式，使用方便、操作简单易行，但并不意味着使用这些软件就不需要掌握暖通空调的专业知识。事实上，同一个算例用同一个软件计算，不同专业素养的人会得到不同的计算结果，甚至大相径庭。这是因为，设计是一个创作过程，其中有很多选择方案，需要设计人员与软件进行信息交换，提供给软件很多的初始信息，要求设计人员具有基本的暖通空调专业知识。初始信息提供的对错直接关系到计算结果的正确性。大部分软件为了使用更便捷，对许多参数都设置了默认值，也就是说，使用者即使没有提供这部分初始信息，也会得到计算结果，具有一定的迷惑性。这样很可能因使用者没有提供正确信息，采用了错误的默认值而导致计算结果出现偏差。因此，对于软件的计算结果，应该加以分析，用专业眼光看待软件计算结果，切不可盲从；而且软件总是有自己的适用性，选择软件计算时切不可超过软件的适用范围。使用一个专业软件之前应先仔细审阅帮助文件，不仅要学习使用功能，而且要搞清楚其计算依据、计算方法，了解其适用范围。

以下简要介绍鸿业负荷计算软件和浩辰暖通空调软件负荷计算的使用操作过程。

（1）鸿业负荷计算软件操作过程

北京鸿业同行科技有限公司推出的"鸿业负荷计算"软件采用谐波反应法或辐射时间序列法（RTS）计算空调冷负荷，能够满足任意地点、任意朝向，不同围护结构类型和不同房间类型的空调逐时冷负荷计算要求。下面以"鸿业负荷计算 7.0"为例，简要介绍该软件的使用步骤。

① 运行鸿业负荷计算 7.0，进入软件，图 3-10 为软件界面。左侧为工程区，右侧为数据区。

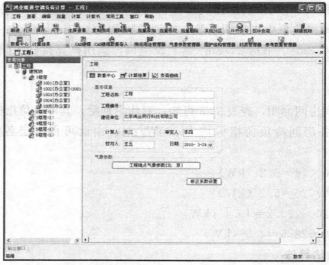

图 3-10　鸿业负荷计算 7.0 界面

② 在左侧工程区单击"工程"，在右侧数据区设定工程基本信息，单击"工程地点气象参数"按钮，即可设定工程所在地气象参数（见图 3-11）。

图 3-11　气象参数设定

③ 在工程区单击"建筑物"，在数据区设定工程楼层数、层高、窗户高度、建筑面积等建筑信息。随时单击"刷新数据"按钮保存数据（见图 3-12）。

图 3-12　建筑物信息设定

单击"围护结构设置"按钮，设定围护结构外墙、外窗、外门、内墙、内窗、内门、屋面等各项参数（见图 3-13）。可使用模板对所有用到的围护结构预先建立模板，在后续录入围护结构数据时，直接指定其模板，使数据修改方便。

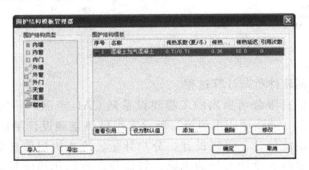

图 3-13　围护结构设置

④ 单击工程区"1001 房间"，在数据区"基本信息"页面，录入其名称、面积、设计温度、相对湿度等基本信息。或采用房间模板、房间参数模板进行录入（见图 3-14）。

⑤ 单击数据区"详细负荷"选项卡，在界面中添加围护结构（见图 3-15）。

⑥ 数据录入完成后，单击菜单栏中"计算"按钮，进行冷负荷、热负荷、湿负荷等计算。单击"计算书"按钮，可输出多种格式的计算结果（见图 3-16）。

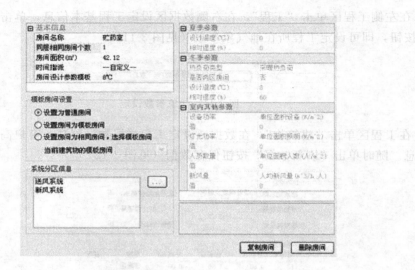

图 3-14 房间"基本信息"界面

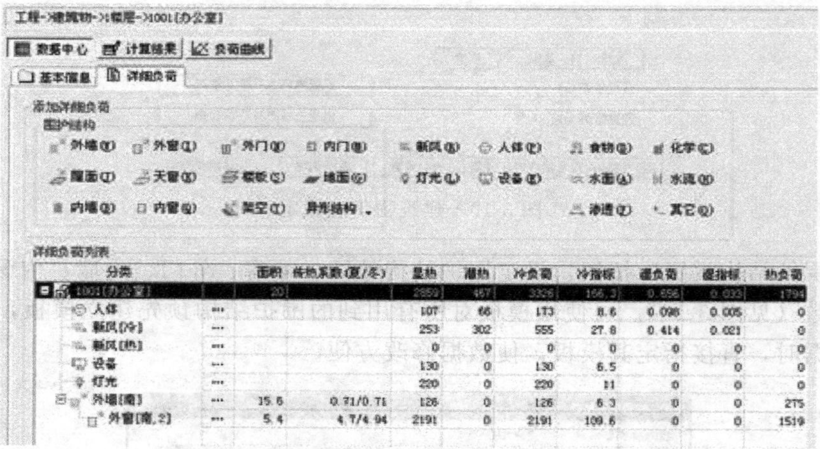

图 3-15 "详细负荷"界面

（2）浩辰暖通空调软件负荷计算过程

苏州浩辰软件股份有限公司推出的工程建设系列 CAD 产品——"浩辰暖通空调"软件具有焓湿图、负荷计算（随陆耀庆主编第二版《实用供热空调设计手册》配套发行）、空调水系统设计、空调风系统设计、采暖设计、分户计量、冷冻机房设计等模块，能够实现计算、绘图一体化，非常贴近设计人员的思路，智能化、自动化程度较高，目前最新版本是"浩辰暖通 2016"。以下为"浩辰暖通空调"软件（7.3 版）负荷计算模块的操作方法。其基本步骤为：房间编号→设置计算参数→负荷计算→查看结果→输出计算书。

① 房间编号。运行浩辰暖通 7.3，打开建筑底图。在负荷计算之前，必须对房间进行编号，因为软件只计算编号房间的冷负荷。

房间编号的方法有两种：第一种情况，建筑底图是采用"天正建筑"或"浩辰建筑"软件绘制的，编号过程比较简单。

a. 识别内外围护结构。首先需让软件识别建筑的内、外围护结构，在菜单栏单击"计

图 3-16　"计算报表"界面

算"→"负荷计算"→"识别内外"，如图 3-17 所示，然后框选整个建筑底图，选好后按回车键即可，对已识别的外围护结构在图上会出现红色虚线表示。

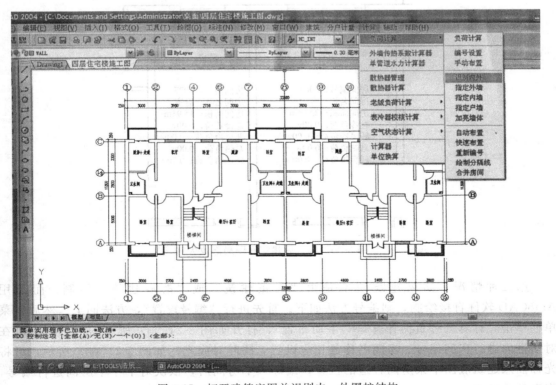

图 3-17　打开建筑底图并识别内、外围护结构

　　b. 编号设置。编号设置的功能是设置房间编号字体和显示项。在菜单栏单击"计算"→"负荷计算"→"编号设置"，打开如图 3-18 所示的对话框。需要显示哪些信息，就在方框内选择，最终打"√"的会显示在建筑底图上。

　　c. 自动编号。在菜单栏单击"计算"→"负荷计算"→"自动布置"，打开如图 3-19 所示的对话框。

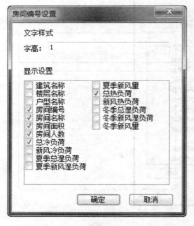

图 3-18　房间编号设置

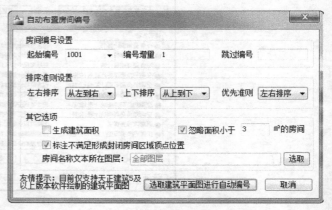

图 3-19　自动编号

　　设置好编号信息后，单击"选取建筑平面图自动编号"按钮，进入 CAD 交互界面，框选建筑底图后按回车键，完成每个房间的编号工作，编号后如图 3-20 所示。

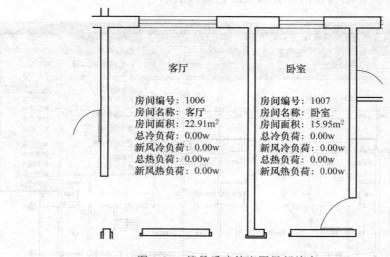

图 3-20　编号后建筑底图局部放大

　　第二种情况，如果建筑图不是由"天正建筑"或"浩辰建筑"绘制，而是用 AutoCAD 软件直接绘制，则编号方法如下。首先进行"编号设置"，方法同上。然后在菜单栏单击"计算"→"负荷计算"→"手动布置"，打开如图 3-21（a）所示的对话框，可在对话框内进行房间编号、房间名称等相应设置。同时对应光标如图 3-21（b）所示，可将光标插入建筑底图中某房间合适的位置。编好一个房间后，依次对下一个房间进行编号，直至编号结束。

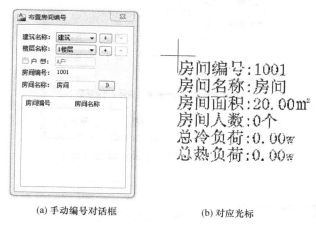

(a) 手动编号对话框　　　　　(b) 对应光标

图 3-21　手动为房间编号

② 设置计算参数。在菜单栏单击 "计算"→"负荷计算"→"负荷计算"，打开浩辰负荷计算软件的界面，如图 3-22 所示。

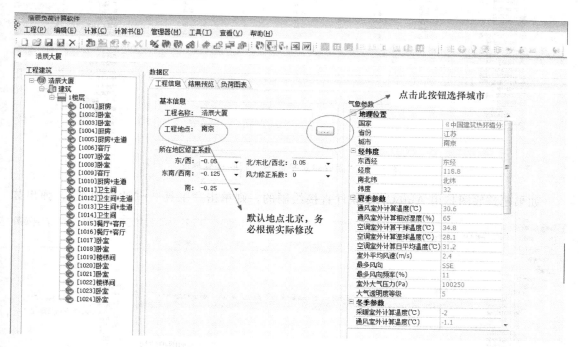

图 3-22　浩辰负荷计算软件界面

如果建筑底图是用 "天正建筑" 软件绘制的，单击 "工具"→"读取建筑平面图"，弹出如图 3-23 所示界面，在选取建筑结构类型后单击 "读取" 按钮，则软件可将建筑底图中已编号的房间一起读入，同时根据建筑围护结构类型、房间名称、围护结构数据等条件，初步计算出每个房间的冷负荷，如图 3-24 所示。当然，对于初步计算有不符合具体条件的（如工程名称、工程地点、所在地区修正系数、房间参数、围护结构参数等），可以直接进行修改。

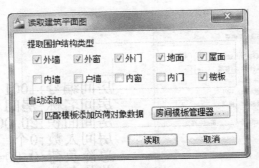

图 3-23　读取建筑平面图设置界面

图 3-24　"读取建筑平面图"后的计算界面

如果建筑底图是用 AutoCAD 软件直接绘制的，则单击"工具"→"读取图纸"，弹出如

图 3-25　"读取图纸"后的计算界面

图 3-25 所示界面。此时需依次按每个房间手动添加围护结构、室内人员、室内照明设施等多项负荷的计算。

③ 计算负荷并查看结果。设置好室内计算参数、室外计算参数、各房间的计算内容后，单击菜单栏的"计算"→"计算方式"→"冷负荷"，即可计算出各房间的逐时冷负荷值，如图 3-26 所示。

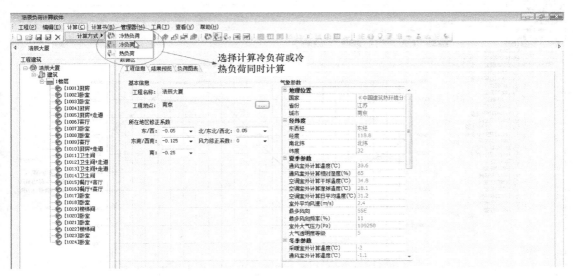

图 3-26　负荷计算界面

图 3-27　冷负荷计算结果预览

计算完毕后单击"结果预览"，可看到各房间的冷负荷计算结果及最大时刻，如图 3-27 所示；单击"负荷图表"，可看到以折线图、柱形图、饼形图、阶梯图、3D 折线图等表示的负荷计算结果，非常直观，如图 3-28 所示。

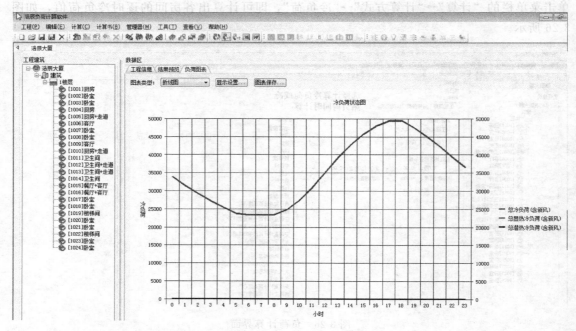

图 3-28　冷负荷计算结果图示

④ 输出计算书。如需输出计算结果，单击菜单栏的"计算书"→"Excel 计算书"（或 "Word 计算书"）可将计算结果保存为 Excel 或 Word 格式的文件。其中 Word 计算书主要

图 3-29　输出 Excel 计算书的设置界面

输出的是工程信息、气象参数、计算公式、公式来源、参考文献等信息；而 Excel 计算书主要输出计算结果，包括房间各时刻的冷负荷、房间最大时刻冷负荷、楼层最大时刻冷负荷、建筑最大时刻冷负荷等。输出 Excel 计算书前，需要设置输出信息，如图 3-29 所示，其中"高级设置"界面如图 3-30 所示。

　　需要说明的是，输出 Word 计算书或 Excel 计算书，电脑必须安装 Microsoft Office 2003（或 2007）软件，国内一些公司的办公软件（如金山公司的 WPS）是无法输出的。

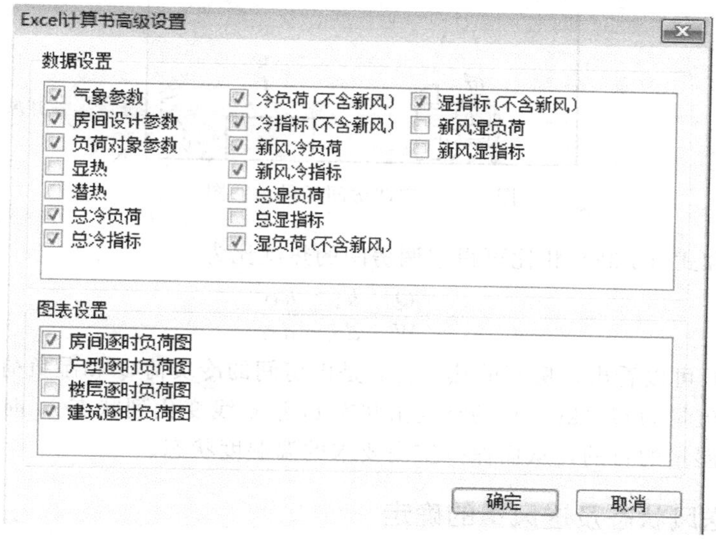

图 3-30　Excel 计算书的"高级设置"界面

　　在负荷计算时，除用到以上这些基本命令以外，还有其他一些非常实用的命令。如楼层、房间数量较多时，可以利用"复制""镜像复制"命令来计算参数相同的房间冷负荷；需要分区时，利用"系统分区"命令划分空调区域，并汇总各区冷负荷；利用"批量修改""批量删除""房间模板管理器""负荷模板管理器"来简化重复计算等。这些命令的使用可在实践时根据具体情况加以练习，此处不再赘述。

3.3　空调房间送风状态与送风量的确定

　　在确定空调房间冷（热）、湿负荷后，接下来要确定消除室内余热、余湿，保持房间要求的空气参数所需的送风状态及送风量。

　　某空调房间送风示意图如图 3-31 所示，室内余热量（即室内冷负荷）为 $Q(\mathrm{kW})$，余湿量（即室内湿负荷）为 $W(\mathrm{kg/s})$，送入 $G(\mathrm{kg/s})$ 的空气，吸收室内余热、余湿后，其状态由 $O(h_O, d_O)$ 变为室内空气状态 $N(h_N, d_N)$，然后排出室外。

　　由空调房间的热平衡、湿平衡可得

$$Gh_O + Q = Gh_N \tag{3-29}$$

$$Gd_O + W = Gd_N \tag{3-30}$$

　　注意：式中 h_O、h_N 的单位是 $\mathrm{kJ/kg_{\mp}}$，d_O、d_N 的单位是 $\mathrm{kg/kg_{\mp}}$。

　　式（3-29）、式（3-30）经整理后，可分别得出空调房间送风量的计算式：

$$G = \frac{Q}{h_N - h_O} \tag{3-31}$$

或

$$G = \frac{W}{d_N - d_O} \tag{3-32}$$

图 3-31 空调房间送风示意图

式（3-31）和式（3-32）相比可得空调房间的热湿比为

$$\varepsilon = \frac{Q}{W} = \frac{h_N - h_O}{d_N - d_O} \tag{3-33}$$

从式（3-33）可以看出，房间的热湿比 ε 是由房间的冷负荷 Q 和湿负荷 W 决定的。ε 的物理意义为：当流量为 G（kg/s）的空气由状态 O 沿 ε 线变化到状态 N 时，就能达到同时除去房间热量和湿量的目的，从而保持室内要求的温湿度状态。

3.3.1 夏季送风状态及送风量的确定

通过前文的分析可知，在焓湿图上可利用热湿比的过程线（方向线）ε 来表示送入房间

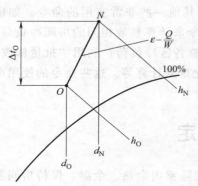

图 3-32 空调夏季送风状态变化过程

内的空气状态变化过程的方向，如图 3-32 所示。凡是位于 N 点以下在过程线上的任意一点 O，均可作为送风状态点。实际上，送风量 G 与送风状态点 O 的位置可有许多组合。通常把送风状态点与室内空气状态点的温度差 Δt_O 称送风温差。显然，Δt_O 选取值大，则送风量就小；反之，Δt_O 选取值小，送风量就大。对于空调系统来说，当然是风量越小越经济。但是，Δt_O 是有限制的。Δt_O 过大，将会出现：①风量太小，可能使室内温、湿度分布不均匀。②送风温度 t_O 将会很低，这样可能使室内人员感到"吹冷风"而不舒服。③有可能使送风温度 t_O 低于室内空气露点温度，这样，可能使送风口上出现结露现象。Δt_O 应根据空调工程中的具体使用要求和送风设备形式或室内高度及室内气流组织确定。可以说，空调送风温差的大小，直接关系到空调工程投资和运行费用大小，同时关系到室内温、湿度分布的均匀性及稳定性。

《民用建筑供暖通风与空气调节设计规范》（GB 50736—2012）规定，空调系统常用的上送风方式的夏季送风温差，应根据送风口类型、安装高度和气流射程长度以及是否贴附等因素确定。在满足舒适和工艺要求的条件下，宜加大送风温差。舒适型空调的送风温差，当送风口高度小于或等于 5m 时，不宜大于 10℃；当送风口高度大于 5m 时，不宜大于 15℃。工艺性空调的送风温差，宜按表 3-25 给出的数据采用。

表 3-25　工艺性空调的送风温差与换气次数

室温允许波动范围/℃	送风温差/℃	每小时换气次数/(次/h)
>±1.0	≤15	
±1.0	6~9	5(高大空间除外)
±0.5	3~6	8
±0.1~0.2	2~3	12(工作时间不送风的除外)

　　为了保证空调效果，需要对空调房间的最小送风量给予保证，一般是通过对房间换气次数的规定来体现的。换气次数是房间送风量 L（是体积流量，单位为 m^3/h）和房间体积 V（m^3）的比值，用 n（次/h）表示，即

$$n = \frac{L}{V} \tag{3-34}$$

　　舒适性空调的房间换气次数每小时不宜小于 5 次，但高大空间的换气次数应按其冷负荷通过计算确定。工艺性空调的房间换气次数不宜小于表 3-25 所列的数值。

　　归纳上述讨论，已知空调房间冷负荷 Q、湿负荷 W 和室内控制参数，可按照下列步骤确定夏季送风状态点和房间送风量。

　　(1) 计算热湿比值 $\varepsilon = Q/W$。

　　(2) 在焓湿图上确定出室内状态点 N 后，过 N 点作热湿比线 ε。

　　(3) 按照《民用建筑供暖通风与空气调节设计规范》（GB 50736—2012）要求选取送风温差 Δt_O，求出送风温度 $t_O = t_N - \Delta t_O$，并进行校核（为防止送风口产生结露滴水现象，一般要求夏季送风温度要高于室内空气的露点温度 2~3℃）。

　　(4) 在焓湿图上找到 t_O 等温线，该线与热湿比线 ε 的交点就是送风状态点 O，查出 h_O 和 d_O 的数值。

　　(5) 用式（3-31）或式（3-32）计算送风量，并按照规范要求用式（3-34）校核换气次数。

　　【例 3-2】　某工艺性空调房间的夏季冷负荷 $Q = 3314W$，湿负荷 $W = 0.264g/s$。要求室内全年保持空气状态为 $t_N = (22\pm1)$℃ 和 $\varphi_N = (55\pm5)\%$，当地大气压为 101325Pa。求送风状态参数和送风量。

　　【解】

　　(1) 热湿比 $\varepsilon = \dfrac{Q}{W} = \dfrac{3314}{0.264} = 12553 \approx 12600$。

　　(2) 根据 $t_N = 22$℃，$\varphi_N = 55\%$，在 $h\text{-}d$ 图上确定室内空气控制状态点 N，标出已知参数，查得 $h_N = 45kJ/kg_干$，$d_N = 9g/kg_干$。通过该点画出 $\varepsilon = 12600$ 的热湿比线。

　　(3) 依题意，查表 3-25，取送风温差 $\Delta t_O = 8$℃，则送风温度 $t_O = 22 - 8 = 14$℃。查 $h\text{-}d$ 图，得室内空气的露点温度 $t_{NL} = 12.5$℃，则 $t_O - t_{NL} = 14 - 12.5 = 1.5$℃（<2~3℃），说明送风温差取得过大，使送风温度偏低，不合适。将 Δt_O 减小为 7℃，显然就可满足防止送风口结露的要求，此时的送风温度 $t_O = 15$℃，如图 3-33 所示。

　　(4) 在 $h\text{-}d$ 图上找到 15℃ 等温线和 ε 线的交点 O，查得 $h_O = 35kJ/kg_干$，$d_O = 8.2 g/kg_干$。

　　(5) 计算送风量

$$G=\frac{Q}{h_N-h_O}=\frac{3314\times10^{-3}}{45-35}=0.33\ (kg/s)$$

或

$$G=\frac{W}{d_N-d_O}=\frac{0.264}{9-8.2}=0.33\ (kg/s)$$

（6）若给出该空调房间的体积 V，就能进行换气次数的校核。

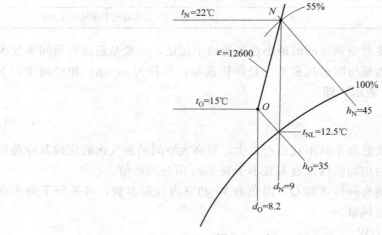

图 3-33　例 3-2 示意图

3.3.2　冬季送风状态及送风量的确定

当冬季空调房间负荷为热负荷时，说明需要向房间送热风。此时，送风状态空气的温度和焓值均大于室内控制状态的温度和焓值。如果要求送风状态空气的含湿量值小于室内控制状态的含湿量值，那么房间的热湿比 ε 为负值。

从人的一般适应能力来看，耐受吹热风的能力比耐受吹冷风的能力强，因此，空调送热风时的温差可比送冷风时的送风温差大，于是冬季送热风时的送风量就可以比夏季小。但送热风时的送风温度也不宜过高，一般应不超过 45℃。

冬季空调也可以采用与夏季相同的送风量。全年采用固定的送风量运行管理方便，当负荷变化时只需调节送风参数即可。而冬季减少送风量可以少用电，降低运行费用，尤其是较大的空调系统，减少送风量的经济效益更显著。但是，减少送风量时要注意，送风量不能少于房间最少换气次数要求的送风量。

【例 3-3】　仍按【例 3-2】的基本条件，如冬季热负荷 $Q'=-1105W$，湿负荷 W' 与夏季相同仍为 0.264g/s。试确定冬季送风状态参数和送风量。

【解】

（1）求热湿比 $\varepsilon=\dfrac{Q'}{W'}=\dfrac{-1105}{0.264}=-4186\approx-4190$。

（2）根据 $t_N=22℃$，$\varphi_N=55\%$，在 h-d 图上确定室内空气控制状态点 N，标出已知参数，查得 $h_N=45kJ/kg_干$，$d_N=9g/kg_干$。通过该点画出 $\varepsilon=-4190$ 的热湿比线，如图 3-34 所示。

（3）如采用保持全年送风量不变的方案，即冬夏季送风量相同，由于本例题冬夏季室内湿负荷相同，故从 $G=\dfrac{W}{d_N-d_O}$ 可知，冬季的送风含湿量与夏季的相同，即 $d_O'=d_O=$

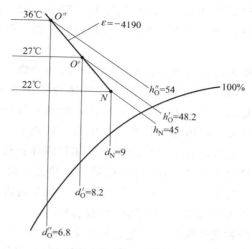

图 3-34　例 3-3 示意图

8.2 g/kg干。

在 h-d 图上找到 $d'_O = 8.2$g/kg干 的等含湿量线和 ε 线的交点 O'，查得送风参数 $h'_O = 48.2$kJ/kg干，$t'_O = 27$℃，此时送风温差为 5℃。

（4）如果希望在冬季充分利用较大温差送风的优点来减少送风量，即采用小于夏季送风量的方案，则可先确定送风温度或送风温差，再计算送风量。

例如，取送风温度 $t''_O = 36$℃（送风温差为 14℃），在 h-d 图上找到 36℃ 的等温线和 ε 线的交点 O''，并查得 $h''_O = 54$kJ/kg干，$d''_O = 6.8$g/kg干，此时送风量为

$$G = \frac{Q'}{h_N - h''_O} = \frac{-1105 \times 10^{-3}}{45 - 54} = 0.12 \quad (\text{kg/s})$$

或　　　　　　$$G = \frac{W}{d_N - d''_O} = \frac{0.264}{9 - 6.8} = 0.12 \quad (\text{kg/s})$$

3.4　空调房间新风量的确定

3.4.1　室内空气品质及其评价

舒适性空调的任务是为人类创造健康舒适的室内空气环境。随着人民生活水平的提高，人们对室内空气环境的要求越来越高，不再只停留在温度和湿度上，建筑室内的热舒适性、光线、噪声、视觉环境和空气品质等因素综合影响着人们的身体健康。这些因素中空气品质（Indoor Air Quality——IAQ）是一个极为重要的因素，室内空气品质问题已成为建筑环境领域内的一个重要的研究热点，并日益引起国内外暖通空调界的关注。

对于民用建筑来说，由于建筑节能的要求，建筑物加强了密闭性，相应减少了空调新风量。另一方面，有机合成材料在室内装饰及设备用具方面的广泛应用使挥发性有机化合物（VOC）气体大量散发，空调凝结水和漏水造成微生物污染及室外空气的恶化等，又严重恶化了室内空气品质，引起病态建筑综合征（SBS）。

3.4.1.1　室内污染物的分类与来源

根据调查统计，世界上 30% 的新建和重建的建筑物中存在有害于健康的污染。

污染物按性质可分为化学污染物、物理污染物和生物污染物。化学污染物分为无机污染物、有机污染物；物理污染物分为噪声、微波辐射和放射性污染物；生物污染物分为微生物和病毒污染。

按污染物在空气中的状态可分为气体污染物和颗粒状污染物。气体污染物如 SO_2、CO、CH_4、NO_x、HF、O_3 等，沸点都很低，常温下以气体分子形式分散于大气中。还有些物质如苯、苯酚等，虽然在常温、常压下为液体或固体，但其有挥发性，因此能以气态进入大气中。气体污染物运动速度大、扩散快，且在大气中分布较均匀。颗粒状污染物（包括总悬浮颗粒物、可吸入颗粒物）是分散在大气中的微小液体和固体颗粒，颗粒在空气中的悬浮状态与其粒径、密度有关。粒径大于 $100\mu m$ 的颗粒物可较快地沉降到地面上，称为降尘；粒径小于 $10\mu m$ 的颗粒物可长期漂浮在大气中，称为飘尘。飘尘通常以烟、雾、粉尘等形式存在于大气中，易随呼吸进入人体肺脏，对人体健康危害极大。

工业建筑中的主要污染物是伴随生产工艺过程产生的，不同的生产过程有着不同的污染物。民用建筑中的空气污染不像工业建筑那么严重，但却存在多种污染源，如室内装饰材料及家具的污染、由室外空气带入的污染物（如 SO_2、花粉等）的污染、做饭与吸烟等因燃烧产物造成的室内空气污染、人体及设备产生的污染等，都会导致空气品质下降，使人体感觉不适，严重时会威胁到人体健康，甚至危及生命。

3.4.1.2 室内空气品质及其评价

最初室内空气品质用一系列污染物含量指标来衡量。近年来，人们认识到这种纯客观的定义不能完全涵盖空气品质的内容。丹麦哥本哈根大学 Fanger 教授在 1989 年将空气品质定义为：品质反映了满足人们要求的程度，如人们对空气满意则为高品质；反之，对空气不满意，就是低品质。他认为衡量室内空气的标准是人们的主观感受。1989 年，美国 ASHRAE63-1989R 标准中提出了合格空气品质的新定义：合格的空气品质应当是空气中没有含量达到有关权威机构确定的有害浓度指标，并处于这种空气中的绝大多数人（≥80%）没有表示不满意。这个定义将客观评价与主观评价结合起来，合格的空气品质应当既符合客观评价指标，又符合主观指标。

目前，室内空气品质评价一般采用量化检测和主观调查结合的方法进行。为了保护人体健康，预防和控制室内空气污染，我国国家质量监督检验检疫总局、卫生部和国家环境保护总局于 2002 年联合发布了国家标准——《室内空气质量标准》（GB/T 18883—2002），为设计、监测和检验室内空气的品质提供了依据。

3.4.1.3 改善室内空气品质的主要措施

从调查结果看，室内空气品质的影响因素主要是暖通空调系统、污染物作用和室外空气的恶化。其中空调系统对室内空气品质的影响的主要因素就是新风量不足。因此，可从以下几方面对室内空气品质进行改善。

（1）暖通空调系统设计和严格的运行管理与维护

① 采用新的设计指标，充分保证最小新风量。

② 建筑内维持合理的压力分布，保证室内合理的通风换气效果，避免室内交叉污染。

③ 良好的气流组织，将新鲜空气送到工作区，即新鲜空气应尽量直送到人。

④ 积极研究与开发空调新技术和新产品，改变空气单一热湿处理，加入生物化学等向人们提供健康而舒适的空调技术与设备。

（2）污染源的控制 现代建筑物中室内的建筑及装饰材料、家具、用品、清洁剂、室内空气甚至空调设备与系统都已成为室内空气的污染源，污染源的控制措施主要如下。

① 要选用低污染的建筑材料、装饰材料、家具、用品等；要淘汰高污染的材料、家具和用品等。

② 要对室外新风进行清洁过滤处理，杜绝室外环境污染源。

③ 避免空调设备及系统变为污染源，避免在表冷器、风道中滋生微生物，要选用能清除污染的设备或污染物清除的设备。

④ 新风口的位置应处于室外空气较洁净的地方，以便引入无污染或低污染的新风。

3.4.2 空调房间新风量的确定

空调系统的新风量是指冬夏季设计工况下应向空调房间供给的室外新鲜空气量。空调系统中引入室外新风是保障良好的室内空气品质的关键。供给新风量的多少与室内空气质量和空调系统的能耗有很大关系。多供新风则室内空气质量好，但空调系统处理新风的能耗大，运行费用高；新风越少越经济，但室内空气卫生条件下降，甚至成为"病态建筑"。因此，空调系统要在满足室内空气品质的前提下，尽量选用较小的必要的新风量。

3.4.2.1 确定新风量所应考虑的因素

长期以来，新风量的确定一直沿用每人每小时所需最小新风量这个概念。随着越来越多的新建材、装潢材料、家具等进入建筑空间，并在室内散发着大量的污染物，室内所需新风量不能单一只考虑人造成的污染，应该是稀释人员污染和建筑物污染的两部分之和。

《公共建筑节能设计标准》（GB 50189—2015）条文说明中指出，空调系统中所需的新风主要用于以下几个方面

① 稀释室内有害物质的浓度，满足人员的卫生要求。有害物质一般指稀释室内产生的 CO_2，使其浓度不超过 0.1%（即 $1L/m^3$）。

② 补充室内局部排风量。当空调房间内有局部排风装置时，为了不使房间产生负压，在系统中必须有相应的新风量来补充排风量。

③ 保证空调房间的正压要求。以防止室外空气无组织地侵入，影响室内空调参数。一般情况下，空调房间正压可取 $5\sim10Pa$，不应大于 $50Pa$。过大的正压不但没有必要，还有坏处。但是，要注意一些特殊房间的特殊要求，如手术室的正压为 $20\sim25Pa$。

实际工程设计中，按以上三项分别计算出新风量，取其中最大者。此外，空调系统的新风量不应小于总风量的 10%，以确保卫生和安全。因此，空调系统的新风量可按图 3-35 所示的框图来确定。

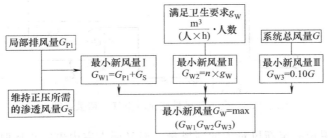

图 3-35　空调系统新风量确定框图

新风量确定后，夏季空调新风冷负荷可按式（3-35）计算：

$$Q_W = G_W(h_W - h_N)$$

$$\tag{3-35}$$

式中 Q_W——夏季空调新风冷负荷，kW；

G_W——新风量，kg/s；

h_W——室外空气焓值，kJ/kg干；

h_N——室内空气焓值，kJ/kg干。

3.4.2.2 空调房间的风量平衡

在空调设计中，应注意空调房间的风量平衡问题。对某空调房间来说，空调系统的送风量＝回风量＋空调房间的排风量＋维持正压所需的渗透风量，即

$$G=G_N+G_P+G_S \tag{3-36}$$

式中 G——空调系统的送风量，kg/s；

G_N——空调系统的回风量，kg/s；

G_P——空调系统的排风量，kg/s；

G_S——维持正压所需的渗透风量，kg/s。

在空调设计中取空气密度 $\rho=1.2\text{kg/m}^3$ 已足够精确，因此，风量平衡式也可近似用体积风量 L、L_N、L_P、L_S（单位是 m^3/s）来表示，即

$$L=L_N+L_P+L_S \tag{3-37}$$

前文已述及，空调设计时出于经济和节能考虑，通常采用的是最小新风量。在春秋过渡季节可以提高新风比例，甚至可以全新风运行，以便最大限度地利用自然冷源，进行免费供冷。因此，无论在空调设计时，还是在空调系统运行时，都应十分注意空调系统风量平衡问题。例如，风道设计时，要考虑各种情况下的风量平衡，按其风量最大时考虑风道的断面尺寸，并要设置必要的调节阀门，以便能在各种工况下实现各种风量平衡的可能性。

对于全年新风量可变的空调系统，其空气平衡关系如图 3-36 所示。设房间送风量为 G（kg/s），从回风口吸走的风量为 G_X（kg/s），门窗渗透排风量为 G_S（kg/s），进空调箱的回风量为 G_N（kg/s），新风量为 G_W（kg/s），则有以下关系：

对于房间来说

$$G=G_X+G_S \tag{3-38}$$

对于空调箱来说

$$G=G_N+G_W \tag{3-39}$$

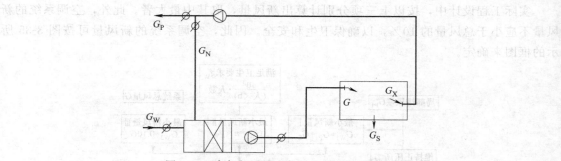

图 3-36 全年新风量变化时空气平衡关系图

当过渡季节采用较额定新风量大的新风量，而又要求室内恒定正压时，则以上两式中必然要求 $G_X>G_N$ 及 $G_W>G_S$。而 $G_X-G_N=G_P$，即系统要求的机械排风量。通常在回风管路上装回风机和排风管进行排风，根据新风量的多少来调节排风量，就可能保持室内恒定的正压（如果不设回风机，那么室内正压会随新风量多少而变化），这种系统称为双风机系统。

3.4.2.3　典型工况下新风量的选择计算标准

我国《公共建筑节能设计标准》（GB 50189—2015）在归纳我国现行规范标准规定新风量的基础上，给出了主要房间设计新风量的规定值，见表 3-26。

表 3-26　公共建筑主要房间人员所需最小新风量　　　　　　　　　　　　m³/(人·h)

建筑类别与房间用途		标准等级	新风量
旅游饭店	客房、餐厅、宴会厅、多功能厅	3～5 星级	≥30
		2 星级以下	≥20
	会议室、办公室、接待室	3～5 星级	≥50
		2 星级以下	≥30
	商业、服务机构	3～5 星级	≥20
		2 星级以下	≥10
	大堂、四季厅		≥10
	美容、理发室、康乐设施		≥30
公寓	卧室	高级/一般	≥30/20
	厨房		≥80
	厕所		≥20
	浴室		≥25
	起居室	高级/一般	≥90/75
医院	病房	大/小	≥35/50
	诊室、手术室		≥25
办公楼	办公室	高级	35～50
		一般	20～30
	会议室		30～50
文体建筑	影剧院、音乐厅	观众厅	≥20
	体育馆	观众厅	≥20
	室内游泳池		10～15
	展览馆、博物馆	展厅、观众厅	10～15
	图书馆	阅览室	≥15
	健身房、弹子房、保龄球房、舞厅、酒吧		18～30
学校	教室	小学	≥11
		初中	≥14
		高中	≥17
交通建筑	机场	候机厅	≥15
	火车站、码头、长途汽车	特等、一等	≥15
	候车室	二等	≥10
	电话机房		10～15
	计算机房		18～25
	复印机房		≥30
百货商店			10～20

■■■■ 设计实例一 ■■■■

用冷负荷系数法计算北京市某手表装配车间夏季空调设计冷负荷。

【已知条件】

(1) 南墙：红砖墙，$K = 1.55 \text{W}/(\text{m}^2 \cdot \text{K})$，结构同附录 4 中序号 1，属 Ⅱ 型，$A = 22 \text{m}^2$。

(2) 屋面：结构同附录 5 中序号 2，属 Ⅲ 型，$A = 40 \text{m}^2$，$K = 1.163 \text{ W}/(\text{m}^2 \cdot \text{K})$。

(3) 南窗：双层全部玻璃钢窗，挂浅色内窗帘，$A = 16 \text{m}^2$。

(4) 内墙：邻室包括走廊，均与车间温度相同。

(5) 室内设计温度：$t_\text{N} = 27℃$。

(6) 室内有 8 人工作（8 时至下午 18 时）。

(7) 室内压力稍高于室外大气压力。

【计算过程】

根据已知条件，只有前三项围护结构和人员分别计算冷负荷。由于室内压力高于室外大气压，所以不需要考虑由于室内外空气渗透引起的冷负荷，现分项计算如下。

(1) 屋面冷负荷　由附录 7 查得屋面冷负荷计算温度逐时值，即可按式 (3-5) 算出屋顶逐时冷负荷，计算结果列于表 3-27 中。

表 3-27　屋面冷负荷

时间	8:00	9:00	10:00	11:00	12:00	13:00	14:00	15:00	16:00	17:00	18:00
$t_{c(\tau)}/℃$	34.1	33.1	32.7	33.0	34.0	35.8	38.1	40.7	43.5	46.1	48.3
$[t_{c(\tau)} - t_\text{N}]/℃$	7.1	6.1	5.7	6.0	7.0	8.8	11.1	13.7	16.5	19.1	21.3
A/m^2						40					
$K/[\text{W}/(\text{m}^2 \cdot \text{K})]$						1.163					
$Q_{c(\tau)}/\text{W}$	330	284	265	279	326	409	516	637	768	889	991

(2) 南外墙冷负荷　由附录 6 查得 Ⅱ 型外墙冷负荷计算逐时温度值，按式 (3-5) 计算南外墙冷负荷，将其逐时值及计算结果列入表 3-28 中。

表 3-28　南外墙冷负荷

时间	8:00	9:00	10:00	11:00	12:00	13:00	14:00	15:00	16:00	17:00	18:00
$t_{c(\tau)}/℃$	34.6	34.2	33.9	33.5	33.2	32.9	32.8	32.9	33.1	33.4	33.9
$[t_{c(\tau)} - t_\text{N}]/℃$	7.6	7.2	6.9	6.5	6.2	5.9	5.8	5.9	6.1	6.4	6.9
A/m^2						22					
$K/[\text{W}/(\text{m}^2 \cdot \text{K})]$						1.55					
$Q_{c(\tau)}/\text{W}$	259	246	235	222	211	201	198	201	208	218	235

(3) 南玻璃窗传热引起的冷负荷　由附录 10 查得双层玻璃窗的传热系数 $K = 3.01 \text{W}/(\text{m}^2 \cdot \text{K})$，由表 3-16 查得玻璃窗传热系数的修正值，对全部玻璃双层窗应乘以 1.0 的修正系数，最后传热系数 $K = 3.01 \text{W}/(\text{m}^2 \cdot \text{K})$。由表 3-15 查出玻璃冷负荷计算温度 $t_{c(\tau)}$，根据式 (3-10) 计算，其结果见表 3-29。

表 3-29　南外窗瞬时传热冷负荷

时间	8:00	9:00	10:00	11:00	12:00	13:00	14:00	15:00	16:00	17:00	18:00
$t_{c(\tau)}$/℃	26.9	27.9	29.0	29.9	30.8	31.5	31.9	32.2	32.2	32.0	31.6
$[t_{c(\tau)}-t_N]$/℃	−0.1	0.9	2.0	2.9	3.8	4.5	4.9	5.2	5.2	5.0	4.6
A/m²	16										
K/[W/(m²·K)]	3.01										
$Q_{c(\tau)}$/W	−4.8	43	96	140	183	216	236	250	250	241	222

（4）透过玻璃窗日射得热引起的冷负荷　题中所用玻璃为 3mm 普通平板玻璃钢窗，由表 3-19 中查得双层钢窗有效面积系数 $C_a=0.75$。

由表 3-17 查得遮阳系数 $C_s=0.86$，由表 3-18 查得遮阳系数 $C_n=0.6$，于是综合遮阳系数 $C_z=0.86×0.6=0.516$。

再由附录 12 查出纬度为 40° 时（北京为 39°48′）南向日射得热因数最大值 $D_{j,max}=302W/m²$。因北京地处北纬 27°30′ 以北，属于北区，故由附录 14 查得北区有内遮阳的窗玻璃冷负荷系数逐时值 C_{LQ}。

以上数据已全，可用式（3-14）计算玻璃窗日射得热引起的冷负荷，并计入表 3-30 中。

表 3-30　南外窗日射得热引起的冷负荷

时间	8:00	9:00	10:00	11:00	12:00	13:00	14:00	15:00	16:00	17:00	18:00
C_{LQ}	0.26	0.40	0.58	0.72	0.84	0.80	0.62	0.45	0.32	0.24	0.16
$D_{j,max}$	302										
C_z	0.516										
$C_a A$/m²	12										
$Q_{c(\tau)}$/W	486	748	1085	1346	1571	1496	1159	841	598	449	299

（5）人员散热引起的冷负荷　手表装配属于极轻度劳动，查附录 20，当室温为 27℃ 时，每人散发的显热和潜热量为 57W 和 77W，由于在室内工作的有男有女，参见表 3-22 取群集系数 $n'=0.96$。根据室内工作人员由上午 8 时至下午 6 时共停留 10 个小时，由附录 21 查得人体显热散热冷负荷系数逐时值 C_{LQ}，按式（3-23）计算人体显热散热逐时冷负荷 $Q_{c(\tau)}$ 并列于表 3-31 中。人体潜热散热引起的冷负荷 Q_c 为一定值，计算式为式（3-24）。最后将潜热部分 Q_c 加显热部分 $Q_{c(\tau)}$ 即为人员散热引起的冷负荷 Q。

表 3-31　人员散热引起的冷负荷

时间	8:00	9:00	10:00	11:00	12:00	13:00	14:00	15:00	16:00	17:00	18:00
C_{LQ}	0.06	0.53	0.62	0.69	0.74	0.77	0.80	0.83	0.85	0.87	0.89
$Q_{c(\tau)}$	26.3	232	271	302	324	337	350	363	372	381	390
Q_c	591	591	591	591	591	591	591	591	591	591	591
Q	617	823	862	893	915	928	941	954	963	972	981

最后将前五项逐时冷负荷值相加，结果列于表 3-32 中。

由表 3-32 可以看出，最大冷负荷值出现在 13 时，其值为 3250W，此值即为该手表装配车间夏季空调设计冷负荷。

表 3-32　各项冷负荷汇总

时间	8:00	9:00	10:00	11:00	12:00	13:00	14:00	15:00	16:00	17:00	18:00
屋面负荷	330	284	265	279	326	409	516	637	768	889	991
外墙负荷	259	246	235	222	311	201	198	201	208	218	235
窗传热负荷	−4.8	43	96	140	183	216	236	250	250	241	222
窗日射负荷	486	748	1085	1346	1571	1496	1159	841	598	449	299
人员负荷	617	823	862	893	915	928	941	954	963	972	981
总计	1687	2144	2534	2880	3206	3250	3050	2883	2798	2769	2728

设计实例二

用浩辰暖通空调软件计算南京市某电厂厂前办公楼二层夏季空调设计冷负荷。

【已知条件】

(1) 屋顶：结构同附录 5 序号 2，沥青膨胀珍珠岩保温层厚度 75mm。

(2) 外窗：单层玻璃钢窗，玻璃厚度 3mm，挂浅色内窗帘。

(3) 外墙：结构同附录 4 序号 2，厚度 370mm。

(4) 内墙：结构同附录 4 序号 1 的外墙，厚度 240mm。

(5) 室内设计参数：温度 26℃，相对湿度 50%。

(6) 办公时间：9：00～17：00。

(7) 室内人数：大办公室 30 人，大会议室 40 人，总工程师室 1 人，技术部长室 1 人，项目经理室 2 人，网络室 2 人。

(8) 室内设备：大办公室 30 台电脑，大会议室 1 台电脑、1 台投影仪、1 台功放机，总工程师室 1 台电脑，技术部长室 1 台电脑，项目经理室 2 台电脑，网络室 3 台电脑（每台电脑按 200W 计算，投影仪按 300W 计算，功放机按 500W 计算）。

(9) 室内安装明装日光灯，按 20W/m² 配置。

(10) 室内压力稍高于室外大气压。

(11) 走廊无空调，楼下有空调。

(12) 房间总高度 4.0m，净高度 3.0m，窗高 2.0m。

(13) 其余未注明条件，均按冷负荷系数法中基本条件计算。

(14) 二层建筑平面图如图 3-37 所示。

【计算过程】

(1) 首先启动浩辰暖通空调软件，然后打开二层建筑平面图。接下来进行"编号设置"，设置完毕后运行"手动布置"，为房间编号，如图 3-38 所示。因为此时建筑围护结构实际数值还没有输入软件，故此时房间人数、房间面积、总冷负荷的数值为初始数据，待计算完成后可更新为最终计算值。

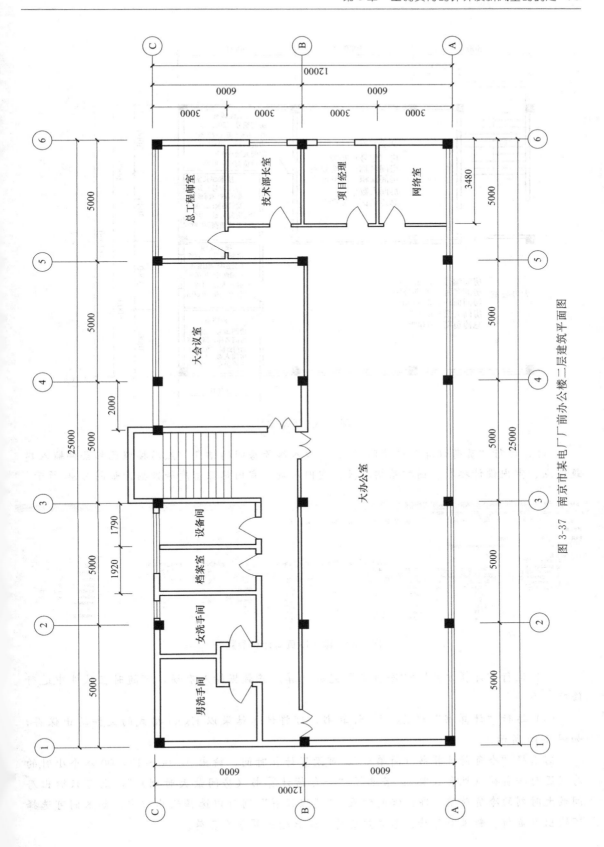

图 3-37　南京市某电厂厂前办公楼二层建筑平面图

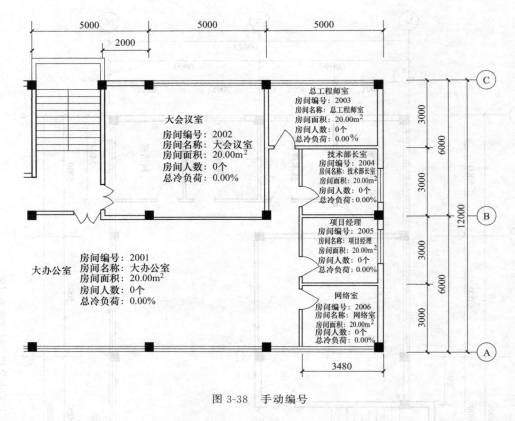

图 3-38　手动编号

（2）运行"负荷计算"→"读取图纸"，载入编号房间的信息，然后按照已知条件输入建筑地点、室内设计参数、围护结构参数、室内人数、室内热源密度等数据，如图 3-39 所示。

图 3-39　输入冷负荷计算参数

（3）运行"计算方式"→"冷负荷"完成计算。若数据输入有误，可随时在软件中进行修改。

（4）运行"计算书"→"Excel"计算书，可将计算结果以 Excel 格式的文件输出保存，如图 3-40 所示。

若选择"冷负荷计算书（简单）"，可设置计算时间，输出 9：00～17：00 八个小时的房间逐时冷负荷（见表 3-33）；若选择"冷负荷计算书（房间最大时刻）"，则可只输出房间最大时刻的冷负荷值，即最终的结果。"高级设置"则可以选择输出内容，如本例可选择不输出湿负荷、新风冷负荷、冬季热负荷，而只输出夏季冷负荷。

图 3-40　输出计算书设置窗口

表 3-33　某办公楼房间空调冷负荷计算表

大办公室		逐时冷负荷								
		9:00	10:00	11:00	12:00	13:00	14:00	15:00	16:00	17:00
2001	房间设计参数	房间高度:4.00m;房间面积:133.68m²;设计温度:26.00℃;相对湿度:50.00%								
	显热/W	11914.29	13413.99	14537.32	14506.52	14864.79	15905.08	16003.99	15920.7	15807.46
	潜热/W	3365.28	3365.28	3365.28	2833.92	2833.92	3365.28	3365.28	3365.28	3365.28
	总冷负荷/W	15279.57	16779.27	17902.6	17340.44	17698.71	19270.36	19369.27	19285.98	19172.74
	总冷指标/(W/m²)	114.3	125.52	133.92	129.72	132.4	144.15	144.89	144.27	143.42
	冷负荷(不含新风)/W	15279.57	16779.27	17902.6	17340.44	17698.71	19270.36	19369.27	19285.98	19172.74
	冷指标(不含新风)/(W/m²)	114.3	125.52	133.92	129.72	132.4	144.15	144.89	144.27	143.42

大会议室		逐时冷负荷								
		9:00	10:00	11:00	12:00	13:00	14:00	15:00	16:00	17:00
2002	房间设计参数	房间高度:4.00m;房间面积:42.00m²;设计温度:26.00℃;相对湿度:50.00%								
	显热/W	3780.39	4247.56	4512.81	4439.98	4549.85	4988.22	5173.89	5244.52	5343.06
	潜热/W	4487.04	4487.04	4487.04	3778.56	3778.56	4487.04	4487.04	4487.04	4487.04
	总冷负荷/W	8267.43	8734.6	8999.85	8218.54	8328.41	9475.26	9660.93	9731.56	9830.1
	总冷指标/(W/m²)	196.84	207.97	214.28	195.68	198.3	225.6	230.02	231.7	234.05
	冷负荷(不含新风)/W	8267.43	8734.6	8999.85	8218.54	8328.41	9475.26	9660.93	9731.56	9830.1
	冷指标(不含新风)/(W/m²)	196.84	207.97	214.28	195.68	198.3	225.6	230.02	231.7	234.05

总工程师室		逐时冷负荷								
		9:00	10:00	11:00	12:00	13:00	14:00	15:00	16:00	17:00
2003	房间设计参数	房间高度:4.00m;房间面积:15.00m²;设计温度:26.00℃;相对湿度:50.00%								
	显热/W	1215.06	1362.12	1476.01	1533.32	1601.25	1688.92	1712.25	1684.31	1701.88
	潜热/W	112.18	112.18	112.18	94.46	94.46	112.18	112.18	112.18	112.18
	总冷负荷/W	1327.24	1474.29	1588.19	1627.79	1695.72	1801.1	1824.42	1796.49	1814.05
	总冷指标/(W/m²)	88.48	98.29	105.88	108.52	113.05	120.07	121.63	119.77	120.94
	冷负荷(不含新风)/W	1327.24	1474.29	1588.19	1627.79	1695.72	1801.1	1824.42	1796.49	1814.05
	冷指标(不含新风)/(W/m²)	88.48	98.29	105.88	108.52	113.05	120.07	121.63	119.77	120.94

技术部长室		逐时冷负荷								
		9:00	10:00	11:00	12:00	13:00	14:00	15:00	16:00	17:00
2004	房间设计参数	房间高度:4.00m;房间面积:10.44m²;设计温度:26.00℃;相对湿度:50.00%								
	显热/W	1090.4	1083.71	1003.75	914.94	921.28	969.78	984.37	978.39	966.7
	潜热/W	112.18	112.18	112.18	94.46	94.46	112.18	112.18	112.18	112.18
	总冷负荷/W	1202.58	1195.89	1115.93	1009.4	1015.74	1081.96	1096.55	1090.57	1078.87
	总冷指标/(W/m²)	115.19	114.55	106.89	96.69	97.29	103.64	105.03	104.46	103.34
	冷负荷(不含新风)/W	1202.58	1195.89	1115.93	1009.4	1015.74	1081.96	1096.55	1090.57	1078.87
	冷指标(不含新风)/(W/m²)	115.19	114.55	106.89	96.69	97.29	103.64	105.03	104.46	103.34

续表

项目经理室		逐时冷负荷								
		9:00	10:00	11:00	12:00	13:00	14:00	15:00	16:00	17:00
2005	房间设计参数	房间高度:3.00m;房间面积:10.44m²;设计温度:26.00℃;相对湿度:50.00%								
	显热/W	1090.4	1083.71	1003.75	914.94	921.28	969.78	984.37	978.39	966.7
	潜热/W	112.18	112.18	112.18	94.46	94.46	112.18	112.18	112.18	112.18
	总冷负荷/W	1202.58	1195.89	1115.93	1009.4	1015.74	1081.96	1096.55	1090.57	1078.87
	总冷指标/(W/m²)	115.19	114.55	106.89	96.69	97.29	103.64	105.03	104.46	103.34
	冷负荷(不含新风)/W	1202.58	1195.89	1115.93	1009.4	1015.74	1081.96	1096.55	1090.57	1078.87
	冷指标(不含新风)/(W/m²)	115.19	114.55	106.89	96.69	97.29	103.64	105.03	104.46	103.34

网络室		逐时冷负荷								
		9:00	10:00	11:00	12:00	13:00	14:00	15:00	16:00	17:00
2006	房间设计参数	房间高度:4.00m;房间面积:10.44m²;设计温度:26.00℃;相对湿度:50.00%								
	显热/W	1438.98	1618.76	1766.44	1792.48	1836.1	1920.83	1903.58	1869.9	1836.3
	潜热/W	224.35	224.35	224.35	188.93	188.93	224.35	224.35	224.35	224.35
	总冷负荷/W	1663.34	1843.11	1990.79	1981.41	2025.02	2145.18	2127.93	2094.25	2060.65
	总冷指标/(W/m²)	159.32	176.54	190.69	189.79	193.97	205.48	203.82	200.6	197.38
	冷负荷(不含新风)/W	1663.34	1843.11	1990.79	1981.41	2025.02	2145.18	2127.93	2094.25	2060.65
	冷指标(不含新风)/(W/m²)	159.32	176.54	190.69	189.79	193.97	205.48	203.82	200.6	197.38

2楼层	显热/W	20529.53	22809.84	24300.09	24102.18	24694.55	26442.62	26762.45	26676.21	26622.09
	潜热/W	8413.2	8413.2	8413.2	7084.8	7084.8	8413.2	8413.2	8413.2	8413.2
	总冷负荷/W	28942.73	31223.04	32713.29	31186.98	31779.35	34855.82	35175.65	35089.41	35035.29
	总冷指标/(W/m²)	130.37	140.64	147.36	140.48	143.15	157.01	158.45	158.06	157.82
	冷负荷(不含新风)/W	28942.73	31223.04	32713.29	31186.98	31779.35	34855.82	35175.65	35089.41	35035.29
	冷指标(不含新风)/(W/m²)	130.37	140.64	147.36	140.48	143.15	157.01	158.45	158.06	157.82

思考与练习题

3-1　填空题

(1) 影响人体热舒适感的主要参数是____。

(2) 规范规定,采用____作为夏季空调室外计算干球温度。

(3) 为了便于计算,冬季可按____方法计算传热量,而不考虑室外气温的波动。

(4) 空调房间的冷负荷主要考虑____、____、____、____4项计算内容。

(5) 空调设计中新风量的确定应考虑____、____、____三个因素。

3-2 判断题

(1) 送风温差选取越小，则所需空调送风量就会越小。（　　　）

(2) 夏季空调房间的得热量总等于房间冷负荷。（　　　）

(3) 空调房间冬季的负荷一定是热负荷。（　　　）

(4) 全年运行的空调系统，冬季采用比夏季更小的送风量有利于节能。（　　　）

(5) 医院手术室的空调系统应保证房间处于负压状态。（　　　）

3-3 问答题

(1) 图 3-1 中的各条等效温度线起什么作用？说明什么问题？

(2) 是不是空气中含的水蒸气越多，人的感觉就越不舒适？为什么？

(3) 为什么说用 PMV-PPD 指标评价热环境的热舒适状况比用等效温度法更全面？

(4) 舒适性空调室内计算参数的确定需要综合考虑哪些因素？

(5) 工艺性空调室内空气计算参数主要由什么确定？从何处取值或由谁提供？

(6) 空调基数和空调精度的含义分别是什么？±1.0℃和±0.1℃哪个空调精度高？为什么？

(7) 与空调设计有关的室外气象参数有哪些？在哪里查取？

(8) 围护结构为什么会对由室外经其传入室内的热量有衰减和延迟作用？

(9) 空调房间的送风量可用哪几个公式计算？需要满足什么要求？

(10) 试说明在热湿比一定的条件下，送风量与送风温差是何关系？在夏季是否送风量越小越好？为什么？

(11) 规定换气次数的目的是什么？换气次数如何取值？

(12) 送风状态点在焓湿图上由哪两条线确定？送风温差如何选取？

(13) 哪些因素限制了夏季送风温差不能任意取值？

(14) 冬季减少送风量时应注意什么限制条件？

(15) 确定最小新风量需考虑哪几个因素？取其平均值、最大值还是最小值？

3-4 计算题

(1) 南方某市居民区一砖混结构独栋别墅，总建筑面积约为 $220m^2$，其中客厅（使用面积 $42m^2$）、餐厅（使用面积 $20.6m^2$）、3 间卧室（使用面积分别为 $28.2m^2$、$20.4m^2$、$14.5m^2$）、书房（使用面积 $24.6m^2$）及儿童房（使用面积 $19.8m^2$）需装设分体式空调，试用概算指标法确定其空调设计冷负荷。

(2) 某会议室大小为 $20m \times 15m \times 3.5m$，夏季冷负荷为 $41800kJ/h$，不考虑湿负荷，要求室内温度 27℃，相对湿度 60%，试确定其空调送风状态参数及送风量。

(3) 某恒温恒湿空调房间的空气参数，要求全年控制在 $t_N = (23 \pm 0.5)℃$ 和 $\varphi_N = (50 \pm 5)\%$ 范围内，当地大气压为 $101325Pa$，房间夏季冷负荷为 $2kW$，湿负荷为 $0.2g/s$，求送风状态参数和送风量。如果房间冬季热负荷为 $0.3kW$，其他条件与夏季相同，且采用与夏季相同的送风量，求冬季的送风状态参数。

(4) 某空调房间要求控制的空气参数为：干球温度 $t_N = 26℃$，含湿量 $d_N = 9.4g/kg_干$，计算出的房间冷负荷为 $Q = 4500W$，湿负荷 $W = 2.5kg/h$，当地大气压为 $101325Pa$。如采用 7℃ 的送风温差来送风，试求：

① 送风状态点的干球温度 t_O、相对湿度 φ_O 和含湿量 d_O；

② 保持室内要求的空气状态所需要的送风量。

（5）现有一两层居民别墅，其中二层客厅、主卧室、次卧室、书房和衣帽间需装空调（如图 3-41 所示）。请至少用两种方法计算各空调房间夏季空调设计冷负荷。已知条件如下：

① 楼板：楼面-36；

② 外墙：砖墙 02-240；

③ 内墙：砖墙 002002 和砖墙 003003；

④ 外窗：双层玻璃金属窗，玻璃厚 5mm，挂浅色内窗帘；

⑤ 房间高度 2.95m，窗高 1.8m；

⑥ 室内设计温度：$t_N=26℃$；$\varphi_N=60\%$；

⑦ 室内人员、灯光、设备等自定；

⑧ 室内压力稍高于室外大气压；

⑨ 其余未注明条件，均按冷负荷系数法中的基本条件计算。

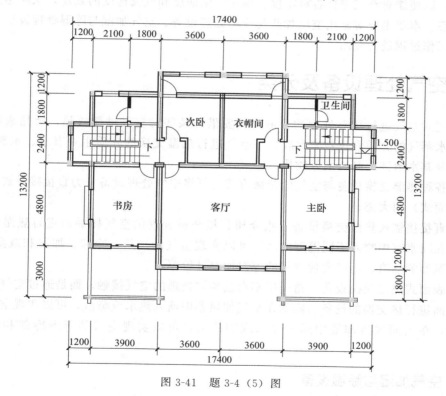

图 3-41　题 3-4（5）图

第4章

空气处理设备及空气处理方案的选择计算

为满足空调房间"四度"的要求，在空调系统中必须采用相应的处理技术，选择相应的处理设备，以便能对空气进行各种温度、湿度、洁净度和气流速度的处理，从而达到所要求的送风状态。本章主要对常用空气加热与冷却处理设备、空气加湿与除湿处理设备、空气净化设备的工作过程进行介绍。

4.1 空气处理设备及分类

要达到对空气进行热湿处理的目的，就要借助某些对空气进行放热、吸热或加入水蒸气、除去水蒸气的介质和设备来实现。与空气进行热湿交换的介质主要有水、水蒸气、冰、各种盐类及其水溶液、制冷剂等物质。

根据各种热湿交换设备与空气的接触方式，可将空气处理设备分为直接接触式及间接接触式（表面式）两大类。

（1）直接接触式热湿交换设备 指介质直接和被处理的空气接触而进行热湿交换的设备。例如在喷水室中喷入不同温度的水，可以实现空气的加热、冷却、加湿和减湿等过程。用蒸汽加湿器喷蒸汽，可以实现空气的等温加湿过程等。

（2）表面式热湿交换设备 指介质不直接和被处理的空气接触，而是通过空气处理设备的金属表面进行热交换的设备。例如在空气加热器中通入热水或蒸汽，可以实现空气的等湿加热过程，在表面式冷却器中通入冷水或制冷剂，可以实现空气的等湿冷却和减湿冷却过程。

4.1.1 空气加湿与除湿设备

4.1.1.1 喷水室

喷水室又称喷雾室，是空调系统多年来采用的一种主要的空气处理设备。喷水室处理空气，是用喷嘴将温度不同的水喷成雾滴，使空气与水进行热湿交换，从而达到特定的处理效果。喷水室的优点是：能够实现多种空气处理过程，具有一定的净化空气能力，对提高室内空气品质具有积极作用。但是，喷水室存在对水质要求高、占地面积大、水系统复杂、耗电量较大等缺点。

（1）喷水室的类型与构造 按布置方式，喷水室可分为立式和卧式两种。卧式喷水室又分为单级和双级。立式喷水室占地面积小，空气从下往上运动，水则从上往下喷淋，因此，空气与水的热湿交换效果比卧式喷水室好，一般用于要处理的空气量不大或空调机房的层高较高的场合。图 4-1 (a)、(b) 分别为应用较多的低速、单级卧式喷水室和立式喷水室结构示意图。

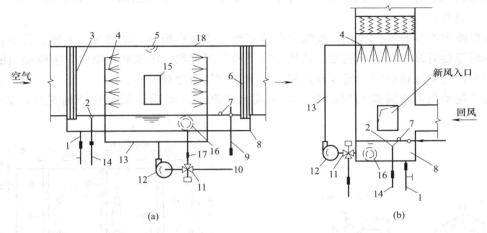

图 4-1　喷水室的构造

1—泄水管；2—溢水器；3—前挡水板；4—喷水排管；5—防水灯；6—后挡水板；
7—浮球阀；8—底池；9—补水管；10—冷水管；11—三通混合阀；12—水泵；
13—供水干管；14—溢水管；15—检查门；16—滤水器；17—循环水管；18—外壳

按喷水室中空气的流速，可以分为低速喷水室和高速喷水室。在低速喷水室中，风速为 2～3m/s，在高速喷水室中，风速可达 3.5～6.5m/s。

此外，根据空气热湿处理要求，还有带有风道的喷水室和加填料层的喷水室。前者可使一部分空气不经过喷水室处理，再与经过喷水室处理的空气混合，得到所要求的空气参数。后者可进一步提高空气的净化效果。

如图 4-1 所示，喷水室主要部件包括喷水排管、喷嘴、挡水板、外壳、底池及附属设施等。

① 喷水排管。喷水排管又称喷淋排管，根据空气处理的需要，在喷水室中可设置 2～4 排。喷嘴的喷水方向相对于空气流动方向顺喷，当采用 2 排喷水排管时均为对喷。

喷水排管与供水干管的连接方式有下分、上分、中分和环式几种，如图 4-2 所示。不论采取哪种连接方式，都要在水管的最低点设泄水丝堵，以便在冬季不用时泄水，防止冻裂水管。

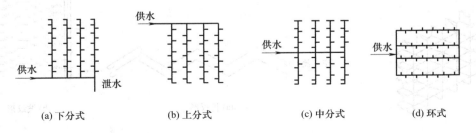

(a) 下分式　　　　(b) 上分式　　　　(c) 中分式　　　　(d) 环式

图 4-2　喷水排管与供水干管的连接方式

② 喷嘴。喷嘴安装在喷水排管上，用来将水变为小水滴，扩大空气与水直接接触进行热湿交换的面积。喷嘴喷出的水滴大小、多少、喷射角度及喷射距离与喷嘴的构造、喷口孔径及水压大小有关。同一类型的喷嘴，孔径越小，喷嘴前水压越高，喷出的水滴越细；孔径相同时，水压越高，则喷水量越大。图 4-3 为国内常用的 Y-1 型离心式喷嘴，近年来又陆续研制出 BTL-1 型、FKT 型、FL 型和 PY-1 型喷嘴。制作喷嘴的材料一般采用黄铜、尼龙、塑料和陶瓷等。

根据喷出水滴直径的大小，喷嘴可分为粗喷、中喷和细喷。细喷时，水滴直径小，与空气接触时温度升高快，容易蒸发，适用于空气的加湿过程；中喷和粗喷时，喷嘴喷出的水滴直径较大，与空气接触时的温度升高慢，适用于空气的冷却干燥。

为了使喷出的水滴能均匀地布满整个喷水室断面，喷嘴一般布置成梅花形，如图 4-4 所示。

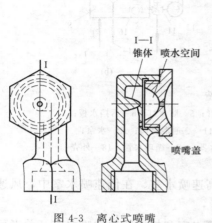

图 4-3　离心式喷嘴

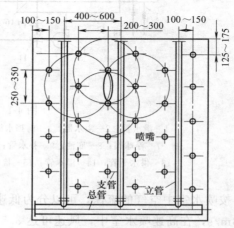

图 4-4　喷嘴的布置形式

③ 挡水板。挡水板分为前挡水板和后挡水板，一般用厚度为 0.75～1.0mm 的镀锌钢板制作。前挡水板的作用是均匀分布进入喷水室的气流，防止悬浮的水滴溢出，并防止昆虫进入喷水室。目前，前挡水板已广泛采用流线型格栅整流器（又称导流板），如图4-5所示。后挡水板的作用是：一方面分离空气中的水滴，另一方面还可以净化空气。当夹带水滴的空气流经挡水板的曲折通道时，被迫改变运动方向，水滴在惯性作用下，与挡水板表面碰撞，积聚在挡水板面上流入底池。后挡水板的形式如图 4-6 所示，主要有折板形和波纹形两种。

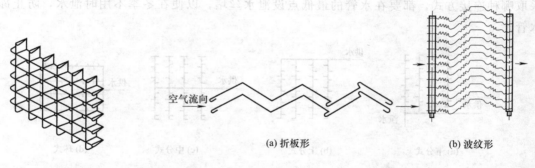

　　　　　　　　　　　　　　　　　　　(a) 折板形　　　　　　　　　(b) 波纹形

图 4-5　流线型格栅整流器　　　　　　　　　　　　　　图 4-6　后挡水板

④ 底池及附属设施。底池用来容纳喷淋用水和喷淋落水，其上接有循环水管、溢水管、补水管和泄水管四种管道及其附属装置。

循环水管将底池中的水通过滤水器后吸入水泵循环使用，如冬季空气的绝热加湿和夏季改变喷水温度。

溢水管与溢流器相连，用于排除夏季空气中冷凝下来的水和其他原因带给底池中的水，使底池中的水面维持在一定的高度。

补水管补充因耗散或泄漏等造成集水量的不足，补水由浮球阀自动控制。

泄水管在检修、清洗、防冻时把底池中的水排入下水道。

⑤ 外壳。喷水室的外壳一般采用 2～3mm 厚的钢板加工，也可用砖砌或用混凝土浇制，但要注意防水。喷水室的断面做成矩形，断面的大小根据通过的风量及流速确定。

（2）喷水室的热湿交换工作原理

① 空气与水直接接触时的热湿交换原理。喷水室工作时，空气与水直接接触，根据水温不同，可能仅发生显热交换，也可能既有显热交换又有潜热交换，即同时伴有质交换（湿交换）。

显热交换是空气与水之间存在温差时，由导热、对流和辐射作用引起的热量交换。潜热交换是空气中的水蒸气分子凝结（或蒸发）而放出（或吸收）汽化热。总热交换量是显热交换和潜热交换的代数和。

如图 4-7 所示，悬浮在未饱和空气中的水滴由于水的自然蒸发作用，会有一部分水由液态变为气态，但其温度不变，从而在水滴的表面形成一个温度等于水滴表面温度的饱和空气薄层，称为边界层。边界层水蒸气分压力（即饱和水蒸气分压力）取决于水滴表面温度。

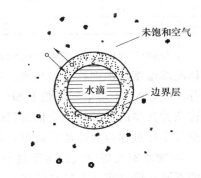

图 4-7　空气与水直接接触时的热湿交换

由于未饱和空气与水滴之间存在一个饱和空气边界层，因此，空气与水滴直接接触时的热湿交换实质上是空气与水滴表面饱和空气边界层的热湿交换。如果边界层内空气温度高于周围主体空气温度，则由边界层向周围空气传热；反之，则由主体空气向边界层传热。

如果边界层内水蒸气分压力大于周围主体空气的水蒸气分压力，则水蒸气分子将由边界层向主体空气迁移；反之，则水蒸气分子将由主体空气向边界层迁移。所谓"蒸发"与"凝结"现象就是这种水蒸气分子迁移的结果。因此，当空气与边界层之间存在水蒸气分压力差时，既有湿交换（又称质交换），又有热交换。

如上所述，温差是热交换的推动力，而水蒸气压力差是湿（质）交换的推动力。

② 喷水室处理空气的理想过程。当未饱和空气流经水滴周围时，会把边界层中的饱和空气带走一部分，而补充的未饱和空气在水的蒸发或水蒸气凝结的自然作用下很快又会达到饱和。因此，边界层的饱和空气

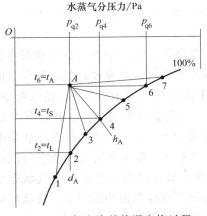

图 4-8　空气和水的热湿交换过程

将不断地与流过水滴周围的那部分未饱和空气相混合，从而使空气状态发生变化。这种现象实际上就是两种空气的混合过程。

根据两种不同状态空气混合的规律可知，混合后的状态点应当在空气的初始状态点与喷水温度下的饱和空气状态点的连线上。参与混合的饱和空气越多，空气的终状态点（即混合后的状态点）就越靠近饱和线。若满足下列假设条件：①与空气接触的水量无限大；②空气与水接触的时间无限长，则全部空气都能达到饱和状态。这时，空气的终状态点将位于饱和线上，空气的终温就是喷水温度。由此，当喷水温度（即与空气接触的水温）不同时，空气的状态变化过程也就不同。用喷水室处理空气，采用不同的喷水温度，可以实现如图 4-8 和表 4-1 所示的七种典型的空气状态变化过程。

表 4-1 空气与水直接接触时各种过程的特点

过程	水温 t_w 特点	空气温度或显热变化	空气含湿量或潜热变化	空气的焓或全热变化	进行的过程
A—1	$t_w < t_L$	减小	减小	减小	减湿冷却
A—2	$t_w = t_L$	减小	不变	减小	等湿冷却
A—3	$t_w < t_L < t_S$	减小	增加	减小	减焓加湿
A—4	$t_w = t_S$	减小	增加	不变	等焓加湿
A—5	$t_S < t_w < t_A$	减小	增加	增加	增焓加湿
A—6	$t_w = t_A$	不变	增加	增加	等温加湿
A—7	$t_w > t_A$	增加	增加	增加	增温加湿

在空调工程中，温度高于被处理空气初态湿球温度的水一般称为热水，反之为冷水，等于该湿球温度的水则称为循环水。从图 4-8 所示的七种过程可见，A—2 是空气加湿与减湿的分界线，A—4 是空气增焓和减焓的分界线，A—6 是空气升温和降温的分界线。根据处理这三种典型的空气状态变化过程的喷水温度，可判断在某一特定的喷水温度下，可以实现的空气变化过程是加湿还是减湿，是增焓还是减焓，是升温还是降温过程。

③ 喷水室处理空气的实际过程。如前所述，在满足两个假设条件的基础上，根据喷水温度不同，可以实现七种空气状态变化过程，空气的终状态点将位于饱和线上，且空气的终温就是喷水温度。但是，实际用喷水室处理空气时，喷水量总是有限的，空气与水接触的时间也不可能无限长。因此，空气的状态和水温都是在不断地发生变化，空气的终状态也很难达到饱和。

实际喷水室处理空气时，空气的终状态点往往达不到饱和，只能达到相对湿度为90%～95%的接近饱和程度，这一状态点称为"机器露点"。

当空气和水直接接触时，空气状态的变化过程是一个复杂的过程。空气的最终状态不仅与室温有关，而且与空气和水的流动形式有关。以水初温低于空气露点温度，且水和空气的流动方向相同为例 [见图 4-9 (a)]，在开始阶段，状态 A 的空气与具有初温 t_{w1} 的水接触，一小部分空气达到饱和状态且温度等于 t_{w1}。这一小部分空气与其余空气混合达到状态点 1，点 1 位于点 A 与点 t_{w1} 的连线上。在第二个阶段，水温已升高至 t'_w，此时具有点 1 状态的空气与温度为 t'_w 的水接触，又有一小部分空气达到饱和。这一小部分空气与其余空气混合达到状态点 2，点 2 位于点 1 和点 t'_{w1} 的连线上。如此类推，最终得到一条表示空气状态变化的曲线。在热湿交换充分完善的条件下，空气状态变化的终点将在饱和曲线上，且其温度等于水的终温。对于空气和水流动方向相反的情况，空气状态如图 4-9 (b) 所示。

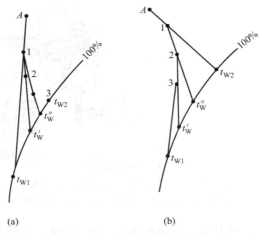

图 4-9 用喷水室处理空气的实际过程

实际上空气和水直接接触时，接触时间也是有限的，因此，空气状态的实际变化过程既不是直线，也难于达到与水终温（顺流）或初温（逆流）相等的饱和状态。然而在工程中，人们关心的只是空气处理的结果，而并不关心空气状态变化轨迹，所以，在已知空气终状态时，可用连接空气初终状态点的直线来表示空气状态的变化过程。

喷水室喷嘴的排数、喷嘴密度、排管间距、喷嘴形式、喷嘴孔径和喷水方向等，均对喷水室的热交换效果有影响。

4.1.1.2 空气加湿设备

空调系统中，常将空气加湿设备布置在空气处理室（空调箱）或送风管道内，通过送风的集中加湿来实现对所服务房间的湿度控制，也可以将加湿设备装入系统末端机组或直接布置到房间内，以实现对房间空气的局部补充加湿。

空气加湿的方法，除利用喷水室加湿外，还有喷蒸汽加湿、电加湿和直接喷水加湿等。从本质上讲，这些加湿方法可以分为两大类：一类是将水蒸气直接喷入空气中进行加湿，空气的状态变化为近似等温加湿过程；另一类是将水直接喷入空气中，空气的状态变化过程为近似等焓加湿过程。

（1）等温加湿设备 用外界热源产生的蒸汽来加湿空气，这类加湿设备又称为等温加湿设备，包括蒸汽喷管加湿管、干蒸汽加湿器、各类电加湿器、PTC 蒸汽加湿器和红外加湿器等。

① 蒸汽喷管加湿管。蒸汽喷管加湿管是一个直径略大于供气管、上面开有很多小孔的管段。低压蒸汽通过管子上的小孔，直接喷到空气中加湿空气。蒸汽喷管可以放在空气处理室里，也可以放在需要加湿的地方。蒸汽喷管虽然构造简单，容易加工，但喷出的蒸汽中带有凝结水滴，因而影响加湿效果的控制。

② 干蒸汽加湿器。如图 4-10 所示，干蒸汽加湿器由蒸汽喷管、分离室、干燥室和电动或气动调节阀组成。为了防止蒸汽喷管中产生凝结水，蒸汽由蒸汽进口 1 先进入外套 2 内，对喷管内蒸汽加热、保温，防止蒸汽凝结。由于外套的外表面直接与被处理的空气接触，所以外套内将产生少量凝结水并随蒸汽进入分离室 4。由于分离室断面大，使蒸汽减速，再加上惯性作用及分离挡板 3 的阻挡，冷凝水被拦截下来。分离出凝结水的蒸汽经由分离室顶端的调节阀孔 5 减压后，再送入干燥室 6，残留在蒸汽中的水滴在干燥室中被汽化，最后从小孔 8 喷出。

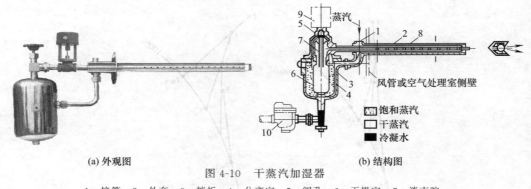

(a) 外观图   (b) 结构图

图 4-10　干蒸汽加湿器

1—接管；2—外套；3—挡板；4—分离室；5—阀孔；6—干燥室；7—消声腔；
8—喷管；9—电动或气动执行机构；10—疏水器

尽管干蒸汽加湿器具有加湿迅速，加湿精度高，加湿量大，节省电能，布置方便，运行费用低等优点，但其需要有蒸汽源和输汽管网才能发挥作用，这一缺点限制了它们的使用。

③ 电加湿器。电加湿器是直接用电加热水，产生蒸汽来加湿空气。根据工作原理的不同，目前使用的电加湿器主要有电热式和电极式两种。

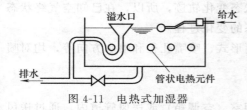

图 4-11　电热式加湿器

电热式加湿器是将管状电热元件置于水槽内制成的，如图 4-11 所示。元件通电后加热水槽中的水，使之汽化，补水靠浮球阀自动调节，以免发生缺水烧毁现象。

电极式加湿器是利用三根铜棒或不锈钢棒插入盛水的容器中作电极（见图 4-12），当电极和三相电源接通后，电流从水中流过，水的电阻转化的热量把水加热产生蒸汽。

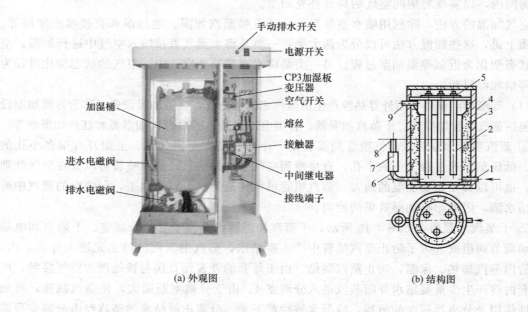

(a) 外观图   (b) 结构图

图 4-12　电极式加湿器

1—进水管；2—电极；3—保温层；4—外壳；5—接线柱；6—溢水管；
7—橡皮短管；8—溢水嘴；9—蒸汽出口

电极式加湿器产生的蒸汽量由水位高度来控制，水位越高，导电面积越大，电流通过越大，蒸发量也越大。因此，可用改变橡胶管长度的办法来调节蒸汽量的大小，同时与湿球温度敏感元件、调节器等可组成加湿自动控制系统。

电极式加湿器结构紧凑，加湿量易于控制，但耗电量较大，电极上易产生水垢和腐蚀，因此适用于小型空调系统。

④ PTC 蒸汽加湿器。PTC 蒸汽加湿器由 PTC 发热元件、不锈钢水槽、供水和排水装置、防尘罩及控制系统组成。加湿器本体设在空调内部，操作盘设在外部。它将 PTC 热电变阻器（氧化陶瓷半导体）发热元件直接放入水中，通电后将水加热产生蒸汽。PTC 氧化陶瓷半导体在一定电压下，其电阻随温度的升高而变大，加湿器运行初期，由于水温较低，启动电流为额定电流的 3 倍，但水温上升很快，5s 后即达到额定电流，产生蒸汽。

该加湿器具有运行安全、加湿迅速、不结露、高绝缘电阻、使用寿命长、维修工作量少等优点，可用于对温度控制要求严格的中小型空调系统中。

⑤ 红外加湿器。红外线加湿器主要由红外灯管、反射器、水箱、水盘及水位自动控制阀等部件组成。它使用红外线灯作热源，形成辐射热，其温度高达 2200℃ 左右，箱内水表面在这种红外辐射热作用下产生过热蒸汽并用以加湿空气。根据系统所需加湿量大小可单台安装也可多台组装。图 4-13 所示为一种常用的红外加湿器外观图。

该加湿器运行控制简单、动作灵敏、加湿迅速、产生的蒸汽中不夹带污染颗粒；加湿器所用的水可不做处理，能自动做定期清洗、排污。缺点是耗电量较大，价格较高，适用于对温湿度控制要求严格、加湿量较小的中、小型空调系统及净化系统中。

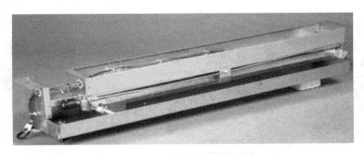

图 4-13　红外加湿器外观图

（2）等焓加湿设备　用水吸收空气中的显热蒸发来加湿空气，这类设备称为等焓加湿设备。包括高压喷雾加湿器、离心式加湿器、超声波加湿器和透湿膜加湿器等。

① 高压喷雾加湿器。如图 4-14 所示，高压喷雾加湿器是利用水泵将水加压到 0.3～0.6MPa（表压）进行喷雾，可获得平均粒径为小于 15μm 的水滴，水滴与周围空气进行热湿交换而蒸发汽化，从而达到加湿的目的。

该加湿器通常由主机和装有若干个（如 3～8 个）喷嘴的集管组成。集管设在空气处理机内部，主机安装在它的外侧。集管与主机之间用软管连接。主机包括加压泵、电动机、电磁阀、压力计、给水滤网和控制部件，全部放在机箱内。

该加湿器使用的水质应清洁，无异味，最好用软水。它的优点是加湿量大，噪声低，运行费用低；缺点是有水滴析出，使用未经软化的水会出现"白粉"现象（钙、镁等杂质析出）。

② 离心式加湿器。如图 4-15（a）所示，离心式加湿器是依靠离心力的作用将水雾化成

图 4-14　高压喷雾加湿器的应用

细微水滴，在空气中蒸发而进行加湿的。它由圆筒形外壳、旋转圆盘（带固定式破碎梳）、电动机、水泵管、注水管和供水系统组成。封闭电动机驱动旋转圆盘和水泵管高速旋转，水泵管抽吸储水器内的水，并送至旋转圆盘上面形成水膜，在离心力作用下，水膜被甩向破碎梳并形成细微水滴。待加湿空气从圆盘下部进入，吸收雾化的小水滴，由于水滴吸热蒸发而被加热，供水通过浮球阀进入储水器，并维持一定的水位。图 4-15（b）为工业中常用的一种离心式加湿器。

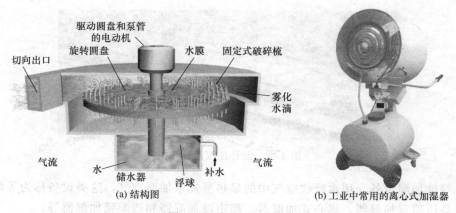

（a）结构图　　　　　　　　　　　　　　　　（b）工业中常用的离心式加湿器

图 4-15　离心式加湿器

　　该加湿器具有节省电能、安装维修方便、体积小、使用寿命长等优点，可用于较大型的空调系统。但由于水滴颗粒较大，不可能全部蒸发，因此放置加湿器的地方应有排水措施。加湿用的水最好是软化水或纯净水。

　　③ 超声波加湿器。超声波加湿器是利用超声波振子的振动把水破碎成微小水滴（平均直径为 $3\sim5\mu m$），然后扩散到空气中，水雾在空气中吸热汽化，从而加湿空气。超声波加湿装置要求使用软化水或去离子水，以防止振子上结垢，而降低加湿能力。

　　超声波加湿雾化效果好，运行稳定可靠，噪声低，反应灵敏而易于控制；雾化过程中还能产生有益人体健康的负离子，耗电不多（约为电热式加湿的 10%）。其缺点是价格贵，对水质要求高。目前国内空调机组尚无现成的超声波加湿段，但可以把超声波加湿装置直接装于空调机组中。

④ 透湿膜加湿器。透湿膜加湿是采用化学工业中膜蒸馏原理的加湿技术。水与空气被疏水性的微孔湿膜（透湿膜，如聚四氯乙烯微孔膜）隔开，在两侧不同的水蒸气分压差的作用下，水蒸气通过透湿膜传递到空气中而加湿空气；水、钙、镁和其他杂质等则不能通过。如图 4-16 所示，透湿膜加湿器通常由用透湿膜包裹的水片层及波纹纸板叠放在一起组成，空气在波纹纸板间通过。这种加湿设备结构简单，运行费用低，节能，且实现干净加湿（无"白粉"现象）。

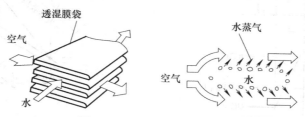

图 4-16　透湿膜加湿原理图

4.1.1.3　空气减湿处理设备

空调的湿负荷主要来自室内人员的产湿以及新风含湿量，这部分湿负荷在总的空调负荷中占 20%～40%，是整个空调负荷的重要组成部分。空气的除湿处理对于某些相对湿度要求低的生产工艺和产品储存具有非常重要的意义。例如，在我国南方比较潮湿的地区或地下建筑、仪表加工、档案室及各种仓库的场合，均需要对空气进行除湿。

目前空调系统中常用的除湿方式除后面所述利用表面式冷却器进行除湿外，还有通风法除湿、冷冻除湿、液体吸收剂除湿和固体吸湿剂除湿等。

（1）冷冻除湿　冷冻除湿法就是利用冷冻除湿机，将被处理的空气降低到它的露点温度以下，除掉空气中析出的水分，再将温度升高，以达到除湿的目的。

如图 4-17 所示，冷冻除湿机由冷冻机和风机等组成，减湿过程中空气的状态变化如图 4-18 所示。需要减湿的空气由状态 1，经过制冷系统的蒸发器，由于蒸发器的表面温度低于空气的露点温度，空气被降温、减湿到状态 2，经过降温减湿后的空气离开蒸发器后又进入冷凝器，由于冷凝器里是来自压缩机的高温高压的制冷剂，与低温空气进行热交换后，高温高压的气态制冷剂被冷凝成低温高压的制冷剂，同时空气被加热，温度升高至状态 3。这时空气的温度较高，但含湿量已很小，达到了减湿的目的。由此可见，在既需要减湿又需要加热的地方使用冷冻除湿机比较合适。相反，在室内产湿量大、产热量大的地方，最好不采用冷冻除湿机。

冷冻除湿机有立式和卧式、固定式和移动式、带风机和不带风机等形式，品种、规格都较齐。

冷冻除湿机的优点是性能稳定，运行可靠，不需要使用水源，管理方便，能连续地除湿，但初期投资较大，运行费用较高，使用条件受到一定的限制，适用于空气露点温度高于4℃的场所。

（2）固体吸湿剂除湿　空调工程中，常用的固体吸湿剂是硅胶和氯化锂。固体吸湿剂的除湿方法分为静态吸湿和动态吸湿两种。静态吸湿是让潮湿的空气呈自然状态与吸湿剂接触吸湿；动态吸湿则是让潮湿空气在风机的强制作用下，通过固体材料层，达到除湿目的。硅胶吸湿通常采用静态方法，这种吸湿方法简单，但吸湿过程慢，通常用于局部小空间，如仪器箱、密闭工作箱等。使用时可将硅胶平铺在玻璃器皿里或放在纱布口袋中部。

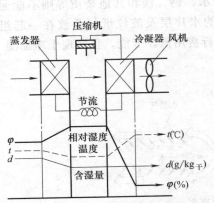

图 4-17　冷冻除湿机工作原理

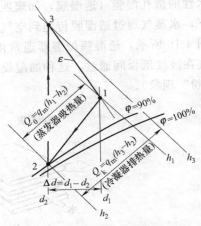

图 4-18　除湿机中空气状态的变化

氯化锂转轮除湿机是以氯化锂为吸湿剂的一种干式动态吸湿设备。它利用一种特制的吸湿纸来吸收空气中的水分。吸湿纸是以玻璃纤维滤纸为载体，将氯化锂等吸湿剂和保护加强剂等液体均匀地吸附在滤纸上烘干而成。存在于吸湿纸里的氯化锂晶体吸收水分后生成结晶体而不变成水溶液。常温时吸湿纸表面水蒸气分压力比空气中水蒸气分压力低，所以能够从空气中吸收水蒸气；而高温时吸湿纸表面水蒸气分压力比空气中水蒸气分压力高，所以又将吸收的水蒸气释放出来。如此反复，达到除湿的目的。

图 4-19 所示是氯化锂转轮除湿机的基本工作原理。它由除湿转轮、传动机构、外壳、风机、再生加热器（以电加热器或热媒为蒸汽的空气加热器）等组成。转轮是由交替放置的平吸湿纸和压成波纹的吸湿纸卷绕而成。在转轮上形成了许多蜂窝状通道，因而也形成了相当大的吸湿面积。转轮的转速非常缓慢，潮湿空气由转轮的 3/4 部分进入干燥区，再生空气从转轮的另一端 1/4 部分进入再生区。氯化锂转轮除湿机吸湿能力较强，维护管理方便，是一种较为理想的除湿机，在空调系统中应用广泛。

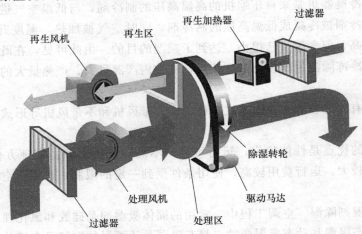

图 4-19　氯化锂转轮除湿机工作原理

4.1.2　空气加热与冷却设备

在空调工程中，广泛使用的热湿交换设备是表面式换热器，它包括空气加热器和表面式冷却器（简称表冷器）两种。此外，用于加热空气的还有电加热器。

4.1.2.1　表面式换热器

（1）构造　表面式换热器是一些金属管的组合体。管中通有与空气进行热湿交换的热媒或冷媒，通过金属的外表面与空气进行热湿交换。由于空气侧的表面传热系数大大小于管内热媒或冷媒的表面传热系数，为了增强表面式换热器的换热效果，降低金属耗量，减小换热器尺寸，通常采用肋片管来增大空气一侧的传热面积，达到强化传热的目的。图 4-20 所示为肋片管式换热器。

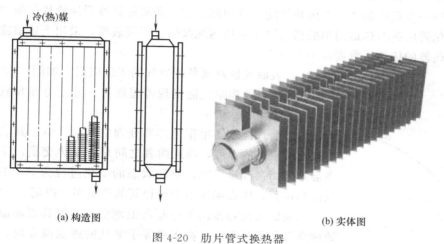

(a) 构造图　　　　　　　　　　　　　　(b) 实体图

图 4-20　肋片管式换热器

根据加工方法不同，肋片管又可分为绕片管、串片管和轧片管等，如图 4-21 所示。

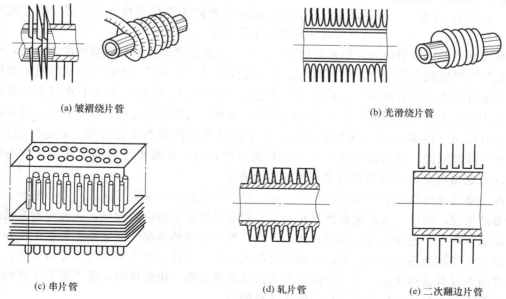

(a) 皱褶绕片管　　　　　　　　　　　　　　(b) 光滑绕片管

(c) 串片管　　　　　　(d) 轧片管　　　　　　(e) 二次翻边片管

图 4-21　各种肋片管的构造

皱褶式肋片管［图4-21（a）］是用绕片机把铜带或钢带紧紧地缠绕在管子上制成。皱褶绕片既增加了肋片与管子之间的接触面积，又可使空气流过时的扰动增加，从而提高了肋片管的传热系数。但皱褶会使空气流过肋片管的阻力增加，而且容易积灰，不易清理。为了消除肋片管与管子接触处的间隙，可将这种换热器浸镀锌、锡。浸镀锌、锡还能防止金属生锈。图4-21（b）的绕片没有皱褶，它们是用延展性好的铝带缠绕在钢管上制成，称为光滑绕片。串片管［图4-21（c）］是把事先冲好管孔的肋片与管束串在一起，通过胀管处理，使管壁与肋片紧密地结合在一起，轧片管［图4-21（d）］是用轧片机在光滑的铜管或铝管表面轧制出肋片制成，由于轧片和管子是一个整体，没有因缝隙而产生的接触热阻，因此轧片管的传热性能更好。但轧片管的肋不能太高，管壁也不能太薄。图4-21（e）所示的二次翻边片管（即在管孔处翻两次边）可进一步强化外侧的热交换系数，并可提高胀管的质量。

为了进一步提高肋片管的传热性能，可用波纹片、条缝片和波形冲缝片等新型肋片代替平片。强化管内侧换热最简单的措施则是采用内螺纹管。研究表明，采用上述措施后，可使表面式换热器的传热系数提高10%～70%。

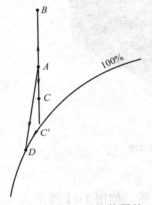

图4-22　表面式换热器处理空气的过程

（2）表面式换热器处理空气的实际应用　如图4-22所示，用表面式换热器处理空气能实现等湿加热、等湿冷却和减湿冷却三种过程。

当表面式换热器用作加热器处理空气时，由于其表面温度高于被处理空气的温度，因此两者之间只有显热交换，空气的温度将会升高而含湿量不变，空气状态的变化过程为 $A \to B$，称为等湿加热过程，B 点温度由空气得到的热量多少决定。

当表面式换热器用作冷却器处理空气，但其表面温度低于被处理空气的干球温度、高于或等于空气的露点温度时，表面式换热器与被处理空气间也只存在显热交换，空气的温度将会降低而含湿量仍不变，空气的状态变化过程为 $A \to C$，称为等湿冷却过程或干冷过程，此时表冷器的工作状况称为干工况。C 点的温度由空气失去的热量多少决定。

当表面式换热器仍作为冷却器处理空气，但其表面温度低于被处理空气的露点时，空气首先被等湿降温到饱和线上，空气的状态变化过程为 $A \to C \to C'$，然后沿饱和线进一步降温减湿到接近表冷器的表面温度，其状态变化过程为 $C' \to D$。此时，空气中将有水分凝析出来。由于实际工程中关心的是空气处理的结果，而非空气状态变化的过程，因此，在 h-d 图上，通常用 $A \to D$ 来表示空气经表冷器冷却干燥处理后的状态变化过程。在这个过程中，由于空气降温减湿，因此称为减湿冷却过程或湿冷过程，此时表冷器的工作状况称为湿工况。D 点的温度要由空气失去的水蒸气量多少决定。

在对空气进行冷却干燥处理过程中，由于有凝结水析出，并附着在表冷器的壁面上形成一层凝结水膜，所以，与水滴表面存在一个饱和空气边界层的原理相同，在表冷器凝结水膜的表面也存在一个饱和空气边界层。此时，表冷器与空气的热湿交换实质上是这个饱和空气边界层与空气间的热湿交换，它们之间不仅存在温差，而且还存在水蒸气的分压力差，所以两者之间不仅有显热交换，还有伴随着湿交换的潜热交换。由此可知，湿工况下工作的表面式换热器比干工况下工作时具有更大的热交换能力。

表面式换热器可以垂直、水平和倾斜安装。对于用蒸汽作热媒的空气加热器，水平安装时，为了排除凝结水，应当考虑有 1/100 的坡度。对于表冷器，在垂直安装时必须使肋片处于垂直位置，以免肋片积水增加空气的阻力和降低传热系数。为了接纳凝结水并及时将凝结水排走，表冷器的下部应当设置滴水盘和排水管，如图 4-23 所示。排水管应设满足压力变化要求的水封，以防吸入空气。

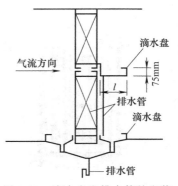

图 4-23 滴水盘和排水管的安装

表面式换热器是作为空调设备中的一个部件来发挥作用，它既可以单个使用，也可以多个组合使用。当需要处理的空气量较大时，一般采用并联；要求空气的温升或温降大时采用串联；当需要处理的空气量较大，且温升或温降也较大时，则采用并、串联组合形式。

4.1.2.2 电加热器

电加热器是利用电流通过电阻丝发热来加热空气的设备。它具有结构紧凑、加热均匀、热量稳定、控制方便等优点。但由于电加热器利用的是高品位能源，所以只适宜一部分空调机和小型空调系统中使用。在有恒温精度要求的大型空调系统中，也常用电加热器控制局部加热量或作末级加热器使用。常见的加热器有裸线式、管式和 PTC 电加热器等。

（1）裸线式电加热器 如图 4-24 所示，裸线式电加热器是由裸露在气流中的电阻丝构成的，空气与灼热的电阻丝直接接触而被加热。通常做成抽屉式以便维修。裸线式电加热器的优点在于热惯性小，加热迅速，结构简单，但电阻丝容易烧断，安全性差。使用时要有可靠的接地装置，并应与风机联锁运行，以免造成事故。

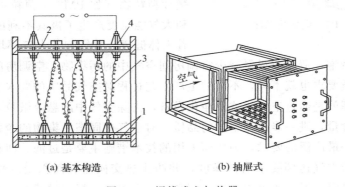

(a) 基本构造　　　　　　　　(b) 抽屉式

图 4-24 裸线式电加热器

1—钢板；2—隔热层；3—电阻丝；4—瓷绝缘子

（2）管式电加热器 图 4-25（a）所示为空调中常用的管式电加热器，它由管状电阻元件组成［见图 4-25（b）］，通常把电阻丝装在特制的金属套管内，中间填充导热性好的电绝缘材料。其金属套管可以是棒状、M 形、W 形等［见图 4-25（c）］。这种管式电加热器的优点是加热均匀，热量稳定，使用安全；缺点是热惯性大，结构复杂。

（3）PTC 电加热器 PTC 加热元件如图 4-26 所示。它采用半导体陶瓷加热元件，最高温度为 240℃，无明火，是比较安全的电加热器。PTC 加热器的优点是性能稳定，升温迅速，受电源电压波动影响小等。目前已成为金属电阻丝类发热材料的最理想替代品，目前大量应用于取暖器、干衣机、风幕机、空调等。

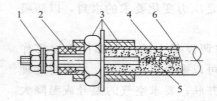

(a) 实体图　　　　　　　　(b) 构造组成　　　　　　(c) 不同型号管式电加热器的形式

图 4-25　管式电加热器

1—接线端子；2—瓷绝缘子；3—紧固装置；4—绝缘材料；5—电阻丝；6—金属套管

图 4-26　PTC 电加热元件

4.1.3　空气净化处理方法及设备

空气中含有悬浮微粒等固态污染物、有害气体人的健康不利，而且会影响生产工艺过程的正常进行，影响室内壁面、家具和设备的清洁，还会恶化某些空气处理设备的处理效果（如加热器、冷却器的传热效果）。如现今空气中大量存在的微细颗粒物（如 PM2.5 颗粒物）已对空气质量和大气能见度产生了极其不利的影响，严重危害着人体健康，并影响着大气环境质量。因此，需采取有效的技术措施，清除或尽量减少空调房间空气中的污染物。空调房间的类型和要求不同，对空气的品质要求也就不同，不同的生产工艺过程对空气品质的要求也各有侧重。

空气净化处理就是通过空气过滤及净化设备，去除空气中的悬浮微粒，对空气除臭、杀菌、增加负离子含量，进一步改善空气的品质。对空气中固态污染物的净化处理是空气净化处理最基本、也是最广泛的要求，为此而采用的技术措施主要是过滤。即利用过滤设备，使拟送入洁净空间的空气达到要求的洁净度，并防止热交换器表面积尘后影响其热湿交换性能。对于大多数以温、湿度要求为主的空调系统，设置一道粗效过滤器，将大颗粒的灰尘滤掉即可。有些场所有一定的洁净度要求，但无确定的洁净度指标，这时可以设置两道过滤器，即加设一道中效过滤器便可满足要求。另有一些场所有明确的洁净度要求，或兼有细菌控制要求，这些场所的空调称为洁净空调或净化空调。

所谓洁净室，一般指对空气的洁净度、温度、湿度、静压等项参数根据需要实行控制的密闭性较好的空间，该空间的各项参数满足"洁净空调等级"的规定。如国家标准（GB 50073—2013）《洁净厂房设计规范》对新建、扩建和改建洁净厂房的空气洁净度等级作出了明确规定。洁净室的应用非常广泛，如医院中的无菌手术室、配型中心，药厂的制药车间、生物制剂 GMP 实验室，光电元件生产车间及实验室，感光胶片涂布车间，精密仪器的生产车间和使用场所，纯净水、矿泉水、食品的包装间等。

4.1.3.1　空气中固态污染物的净化处理

（1）空气中颗粒状污染物的浓度表示方法　颗粒状悬浮微粒是空气净化的主要对象，包括粉尘、烟雾、微生物和花粉等。这类污染物浓度的表示方法有三种。

① 质量浓度。单位体积空气中含有悬浮微粒的质量（kg/m³）。

② 计数浓度。单位体积空气中含有悬浮微粒的颗粒数（粒/m³或粒/L）。

③ 粒径计数浓度。单位体积空气中含有的某一粒径范围内的灰尘颗粒数（粒/m³或粒/L）。

一般的室内空气允许含悬浮微粒浓度采用质量浓度，而洁净室的洁净标准（洁净度）采用计数浓度（每升空气中大于或等于某一粒径的悬浮微粒的总数）。

（2）室内空气的净化标准　空气的净化处理是指除去空气中的污染物质，确保空调房间空气洁净度要求的空气处理方法。根据生产和生活的要求，通常将空气净化分为三类：一般净化、中等净化和超净净化。

① 一般净化。对于以温湿度要求为主的空调系统，通常无确定净化控制指标的具体要求。大多数舒适性空调工程均属于此类，采用初效过滤器一次滤尘即可。

② 中等净化。对空气中悬浮微粒的质量浓度有一定要求，一般除用初效过滤器外，还应采用中效过滤器。适用于配备有空调系统的大型公共建筑。

③ 超净净化。对空气中悬浮粒的大小和数量均有严格要求，通常以粒径计数浓度为标准。对要求无菌的生物洁净室，还要严格控制空气中微生物的粒子数。为此，超净净化一般要采用初、中、高效三种过滤器进行三级过滤。

4.1.3.2　空气中气态污染物的净化处理

空调系统常采用的气态污染物的净化处理方式主要有如下几种。

（1）洗涤吸收　洗涤吸收是依靠水溶液对可溶解性气体的溶解作用，吸收并除去空气中的有害气体。如喷水室能对空气中的亲水性有害气体起到净化作用。

（2）活性炭吸附　活性炭主要是由某些有机物（如木材、硬果壳等）经炭化、活化等过程加工而成。加工后的活性炭内部形成许多极细小的非封闭孔隙，大大增加了与空气接触的表面面积，具有很强的吸附能力。活性炭过滤器（属于化学过滤器的一种）可用于过滤某些有毒、有臭味的气体。正常条件下，活性炭的吸附量可达本身质量的 15%～20%，当接近和达到吸附保持量时，其吸附能力下降直至失效。对失效的活性炭需要更换或进行再生，如水蒸气蒸熏、阳光曝晒等。

（3）光催化剂吸附　光催化剂是经过光敏剂严格处理的活性炭。光催化剂吸附就是利用涂覆了光敏剂的活性炭微孔来吸附有害气体，其除臭和除去有害成分的性能均大大超过单纯的活性炭，且通常能够再生而重复使用 6～7 次。

（4）化学吸收　利用化学药品与某些有害气体发生化学反应，也可以除去某些气态污染物。如利用硫酸二铁、氧化铁等能够吸收空气中的臭气，起到除臭的目的。

4.1.3.3　空气过滤器

（1）空气过滤器的过滤机理　空气过滤器是空调工程中广泛使用的、对空气进行净化处理的主要设备，也是创造室内优质空气环境质量不可缺少的重要设备，其主要作用是捕集空气中的悬浮微粒。其过滤机理比较复杂，主要机理如下。

① 惯性作用（撞击作用）。尘粒在惯性力作用下，来不及随气流绕弯而与滤料碰撞后被除掉。

② 拦截作用（接触阻留作用）。当尘粒粒径大于滤料的孔隙尺寸时被阻留下来（筛滤作用）；对于非常小的粒子（亚微米粒子），惯性可以忽略，当空气紧靠滤料表面时，尘粒与滤料表面接触而被截留下来。

③ 扩散作用。尘粒（$d_s < 1\mu m$）随气体分子做布朗运动时，会脱离流线与滤料接触并沉附其上。尘粒越小，过滤速度越低，扩散作用越明显。

④ 静电作用。含尘气流经过某些滤料时，由于气流的摩擦可能产生电荷，若滤料和尘粒所带电荷相反，尘粒就会吸附在滤料上。

⑤ 重力作用。尘粒在滤料间运动时，由于重力作用沉降到滤纸、滤布上。

（2）过滤器的种类与构造　根据国家标准，空气过滤器按其过滤效率分为初效过滤器、中效过滤器、高中效过滤器、亚高效过滤器和高效过滤器五种类型。其中高效过滤器又细分为 A、B、C、D 四类。空调工程中常见的有初效、中效和高效过滤器。

① 初效过滤器（又称粗效过滤器）。空调系统中新风过滤只采用初效过滤。初效过滤器主要用于过滤 $5\mu m$ 以上的大微粒及各种异物，在空气净化系统中作为对含尘空气的第一级过滤，同时也作为中效过滤器前的预过滤。其滤材多采用玻璃纤维、人造纤维、金属网丝及粗孔聚氨酯泡沫塑料等。初效过滤器大多做成 $500mm \times 500mm \times 50mm$ 的扁块，如图 4-27 所示。其安装方式多采用人字排列或倾斜排列，以减少所占空间（见图 4-28）。

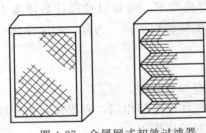

图 4-27　金属网式初效过滤器

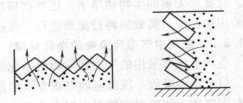

图 4-28　初效过滤器的安装方式

② 中效过滤器。中效过滤器的主要滤料是玻璃纤维（比初效过滤器的玻璃纤维直径小，约 $10\mu m$）、人造纤维（涤纶、丙纶、腈纶等）合成的无纺布及中细孔聚乙烯泡沫塑料等。这种滤料一般可做成袋式和板式，如图 4-29 所示为袋式过滤器。中效过滤器用无纺布和泡沫塑料作滤料时，可以清洗后再用，而玻璃纤维过滤器则只能更换。中效过滤器主要用于过滤 $\geq 1.0\mu m$ 的中等粒子灰尘，在空气净化系统中用于高效过滤器的前级保护，也在一些要求较高的空调系统中使用。

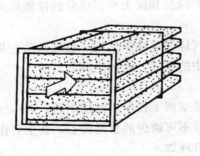

(a) 泡沫塑料

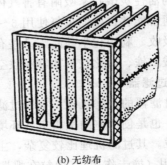

(b) 无纺布

图 4-29　袋式过滤器

③ 高效过滤器。高效过滤器的滤料一般是用超细玻璃纤维或合成纤维加工制成的滤纸。空气穿过滤纸的速度极低（通常为每秒几厘米），因而为了增大过滤面积而将滤纸做成折叠状。图 4-30（b）所示为常见的带折叠状的过滤纸。近年发展的无分隔片的高效过滤器［见图 4-30（a）］为多折式，厚度较小，靠在滤纸正反面一定间隔处贴线（或涂胶）保持滤料间隙，便于空气通过。

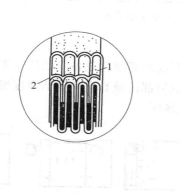
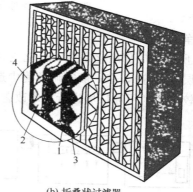

(a) 无分隔片多折式过滤器　　　　(b) 折叠状过滤器

图 4-30　高效过滤器的结构形式
1—滤线；2—密封胶；3—分隔板；4—木外框

高效过滤器可过滤 $0.5\sim1.0\mu m$ 之间的微粒子灰尘，同时还能有效地滤除细菌，用于超净和无菌净化。高效过滤器在净化系统中作为三级过滤的末级过滤器。

空调工程中，净化系统普遍采用三级过滤：新风初效、回风中效、送风高效。

除上述各种过滤器外，为了减少过滤器的工作量，并提高维护运转水平，在工程中还可以使用自动清洗的浸油过滤器及湿式过滤、静电过滤等其他类型的过滤装置。此外，在国外空气过滤技术中，还可把不同过滤机理的空气过滤器组装在一起，以获得某一过滤效率供工程选用。

（3）影响空气过滤器效率的因素

① 尘粒粒径。尘粒越大，惯性作用越明显，过滤效率越高。

② 滤料纤维的粗细和密实性。在同样密实条件下，纤维直径越小，接触面积越大，过滤效果越好，但阻力越大。因此，除特殊要求外，一般不宜采用过细的纤维滤料。

③ 过滤风速。风速越大时，惯性作用越大，但阻力也随之增大。风速过大时，甚至可使附着的尘粒吹出。所以，在高效过滤器中，为了充分利用扩散作用和减小阻力，都取较小滤速。

④ 附尘影响。附着在纤维表面上的尘粒，可以提高滤料的过滤效率，但阻力也有所上升。阻力越大，既不经济又使空调系统风量降低，还可能使滤料被积尘挤破，从而失去过滤能力，所以过滤器需要定期清洗或更换。

4.1.3.4　空气净化系统的基本形式

（1）全室净化

如图 4-31 所示，全室净化是指以集中式净化空调系统对整个房间造成具有相同的洁净度环境。适用于工艺设备高大、数量很多，且室内要求相同洁净度的场所。

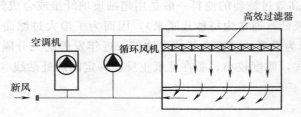

图 4-31 全室净化空调系统示意图

（2）局部净化

如图 4-32 所示，局部净化是指以净化空调器或局部净化设备（如洁净工作台、棚式垂直层流单元、层流罩等），在一般空调环境中造成局部区域具有一定洁净度级别的环境。适用于生产批量较小或利用原厂房进行技术改善的场所。

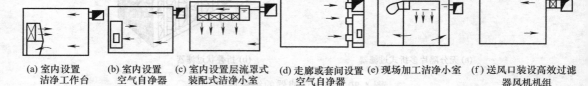

(a) 室内设置　(b) 室内设置　(c) 室内设置层流罩式　(d) 走廊或套间设置　(e) 现场加工洁净小室　(f) 送风口装设高效过滤
洁净工作台　空气自净器　装配式洁净小室　空气自净器　　　　　　　　　　　器风机机组

图 4-32 局部净化的几种方式

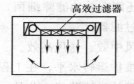

图 4-33 棚式洁净隧道示意图

（3）洁净隧道

如图 4-33 所示，洁净隧道是指以两条层流工艺区和中间的乱流操作活动区组成隧道形洁净环境。这种形式是全室净化与局部净化的典型，是目前推广采用的净化方式。

4.2 组合式空调机组及选用

4.2.1 组合式空调机组的概念

组合式空调机组是由各种空气处理功能段组装而成的不带冷、热源的一种空气处理设备，其中机组功能段是指具有对空气进行一种或几种处理功能的单元体，按需要加以选择拼装而成。功能段大致有回风机段、混合段、预热段、过滤段、表冷段、喷水段、蒸汽加湿段、再热段、送风机段、能量回收段、消声段和中间段等。选用时应根据工程的需要和用户的要求，有选择的选用其中若干功能段。显然分段越多，设计选配就越灵活方便。

图 4-34 所示为若干功能段组合成的空调机组示意图，图 4-35 所示为组合式空调机组的外观图。

4.2.2 组合式空调机组的分类

组合式空调机组分类见表 4-2。

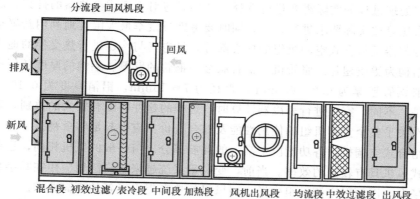

图 4-34 若干功能段组合成的空调机组示意图

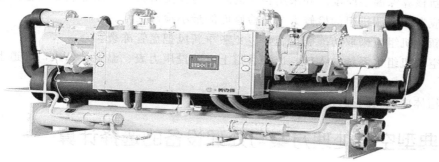

图 4-35 组合式空调机组外观图

表 4-2 组合式空调机组分类表

分类方式	分类	代号	适用范围
结构形式	立式	L	中小规模集中式空调系统,新风机组
	卧式	W	集中式空调全空气系统
	吊挂式	D	风量较小的空调系统,新风机组
	混合式	H	全空气系统(机房长度及有限高度允许时)
箱体材料	金属	J	清洁空气,空气湿度不大的环境
	玻璃钢	B	空气湿度大,有喷淋段的场合
	复合	F	
	其他	Q	
用途特征	通用机组	T	工业、民用建筑的全空气空调系统
	新风机组	X	空调系统的新风系统
	变风量机组	B	新风机组、空调系统需变风量的场合
	净化机组	J	微电子、医药、医院等空气需净化的场合
	其他	Q	整体式机电一体化空调机组等

4.2.3 组合式空调机组选用中应注意的问题

一个好的组合式空调机组应该具有占用空间少、功能多、噪声低、能耗低、造型美观、安装维修方便等特点。但由于其功能段多、结构复杂,要做到顾此而不失彼,全面兼顾,就要求设计人员和建设单位在材质、制造工艺、结构特性、选型计算时多方比较,方能取得较为满意的效果。

(1)选择组合式空调机组时主要是根据空调系统额定的风量来选择机组的系列,各功能段要根据空气处理过程的实际需要进行选择。选用时应对表面式换热器的排数、加湿器的加湿量、机外余压等按实际要求进行核算。同时要考虑过渡季最大限度地利用新鲜空气。

表面式冷却器是组合式空调机组的核心部分，是空气与冷媒进行热交换的地方。通常的表冷器盘管结构为铝质翅片经胀管机与铜管胀接。铜管的壁厚、铝箔的厚度随厂家不同而略有差别，一般铜管壁厚为 $0.2\sim0.6$mm，直径为 $7\sim16$mm，铝箔厚度为 $0.15\sim0.20$mm。值得注意的是，不同厂家在进行表冷器计算时，选择的翅片间距有较大的差别，表冷器选型计算的合理性关乎整个空调机组的使用性能及综合造价，应引起足够重视。

风机是组合式空调机组各功能段中唯一的耗能部分。与一般的风机相同，近些年从国外引进的机翼式风机具有较高的效率。当前，变风量系统越来越广泛地应用在写字楼、洁净厂房、医院等场合，因而对空调机组中送、回风机的选型提出了新的更高要求。

（2）空调机组的壳体保温层厚度一般是按照机组在室内安装确定的，当机组安装在室外时，应重新核算保温层厚度。并采用相应的防雨与保温措施，其顶部应加设整体的防雨盖。

（3）应考虑空调机组的检修方式及检修面的最小检修尺寸。

（4）新风机组应采取防冻裂措施，以免冬季新风把盘管冻裂。

（5）空调机组水系统的入口、出口管道上宜装设压力表、温度计，入口管道上宜加装过滤器。

（6）箱体应做密封处理，以防机组漏风。

4.3 典型空气处理方案与处理设备的选择计算

空调设计中，根据需要与可能，用某些常用的空气处理过程适当的组合，就可将新风、回风或新风与回风按一定的比例混合得到的混合风处理到负荷要求的送风状态。某几种空气处理过程的组合（包括处理设备及连接次序）就是空气处理方案。在湿空气的焓湿图上，将代表各分过程的过程线按先后顺序连接起来，就得到空气处理方案图，用于分析空气处理过程和对空气处理设备进行选择计算。

4.3.1 一次回风集中式系统方案与计算

室外新风与一部分回风先行混合，然后经空调机处理达到要求的送风状态，这种一次回风的集中式系统是应用最为普遍的空调系统之一。

4.3.1.1 夏季工况

图 4-36（a）所示为一次回风无再热的空调系统示意图，常用于无空调精度要求的舒适性空调夏季工况，图 4-36（b）为其空气处理方案的 h-d 图。为了获得 O 点状态，将室外新风 W 和部分室内回风 N 混合后的混合风 C 经过喷水室（或表冷器）冷却减湿到 L 点（L 为机器露点，一般位于 $90\%\sim95\%$ 的相对湿度线上），再从 L 点加热到 O 点，然后送入室内，吸收房间的余热余湿后变为室内状态点 N，一部分排到室外，另一部分回到空调箱再和新风混合。整个空气处理过程可以写成：

$$\left.\begin{array}{c} N \\ W \end{array}\right\} \xrightarrow{\text{混合}} C \xrightarrow{\text{冷却减湿}} L \xrightarrow{\text{等湿加热}} O \xrightarrow{\quad\varepsilon\quad} N$$

一次回风系统新风量用新风比 m 来表示，即新风量占空调设备处理风量的百分比

$$m = \frac{\overline{NC}}{\overline{NW}} = \frac{G_W}{G} = \frac{h_C - h_N}{h_W - h_N} \times 100\% \qquad (4\text{-}1)$$

由此可得混合点 C 的焓：　　　$h_C = h_N + m(h_W - h_N)$ $\qquad (4\text{-}2)$

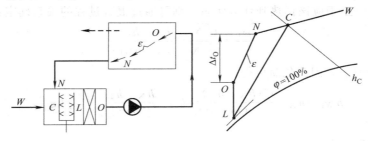

(a)　　　　　　　　　　　　　(b)
图 4-36　夏季一次回风系统示意图及空调过程 $h\text{-}d$ 图

在 $h\text{-}d$ 图上求得 h_C 线与 $\overline{NW}$ 线的交点即为混合点 C。

由上述空气处理过程可知，夏季空调设备所需耗用的冷量为

$$Q_0 = G(h_C - h_L) \qquad (4\text{-}3)$$

由两种不同状态空气混合规律可知，在空调设备处理风量相同的条件下，混合点 C 越接近室内状态点 N，说明室内回风量越大，新风量越小，h_C 值相应减小，所以需要的冷量 Q_0 也越少，运行费用也越低。

消除余热或余湿所需要的送风量为

$$G = \frac{Q}{h_N - h_O} = \frac{W}{d_N - d_O} \qquad (4\text{-}4)$$

新风量为　　　　　　　　　　　　$G_W = mG$ $\qquad (4\text{-}5)$

（一次）回风量为　　　　　　　　$G_{N1} = G - G_W$ $\qquad (4\text{-}6)$

再热量为　　　　　　　　　　　　$Q_1 = G(h_O - h_L)$ $\qquad (4\text{-}7)$

根据确定的各项参数，查空调设备手册或厂家的产品样本，即可选定负荷要求的空调机。鉴于集中式系统用风管送风，风管各段之间及风管与管件之间的连接处难免漏风，为安全起见，集中式系统在选择空调机时，其风量、冷量、再热量都应加大 10%。

4.3.1.2　冬季工况

如图 4-37 （a） 所示，如果冬季室内设计状态点仍为 N，余湿量与夏季相同。图中的 O'、N、L' 等状态点的位置确定方法与夏季时相同。此时，L' 点与夏季过程的 L 点相同。根据所在地区的冬季空调室外计算参数，在 $h\text{-}d$ 图上确定出室外空气状态点 W'。为了采用喷循环水绝热加湿法将空气处理到 L 点，在不小于最小新风比的前提下，应使新、回风混合后的状态点 C' 正好落在 h_L 线上，按此要求确定新、回风混合比和新风量。此时，空气处理过程为：

$$\left. \begin{array}{c} N \\ W' \end{array} \right\} \xrightarrow{\;\text{混合}\;} C' \xrightarrow{\;\text{绝热加湿}\;} L \xrightarrow{\;\text{再热}\;} O' \overset{\varepsilon'}{\rightsquigarrow} N$$

上述处理方案中，绝热加湿过程也可采用喷蒸汽的方法，即从 C' 等温加湿到 E 点 ［图 4-37 （a） 中虚线部分］，再加热到 O' 点，即

$$\left. \begin{array}{c} N \\ W' \end{array} \right\} \xrightarrow{\;\text{混合}\;} C' \xrightarrow{\;\text{等温加湿}\;} E \xrightarrow{\;\text{再热}\;} O' \overset{\varepsilon'}{\rightsquigarrow} N$$

当采用喷水室绝热加湿方案时，对于要求新风比较大的工程，或是按最小新风比而室外设计参数很低的场合，都有可能使一次混合点的焓值h_C低于h_L，这种情况下，应将新风预热，使预热后的新风和回风混合后混合点落在h_L线上，这样，就可以采用绝热加湿的方法[见图 4-37（b）]。至于应该预热到什么状态，则可通过混合过程的关系确定：

$$\frac{G_W}{G}=\frac{\overline{C'N}}{\overline{W_1 N}}=\frac{h_N-h_{C'}}{h_N-h_{W1}}$$

且$h_{C'}=h_L=h_{L'}$，因此化简可得：

$$h_{W1}=h_N-\frac{G(h_N-h_L)}{G_W}=h_N-\frac{h_N-h_L}{m} \quad (\mathrm{kJ/kg}_{\mp}) \tag{4-8}$$

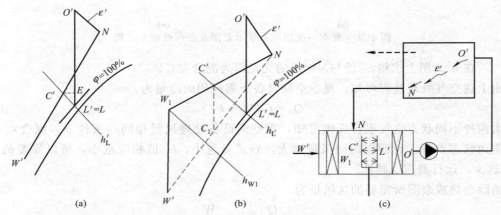

图 4-37　一次回风冬季空气处理过程的 h-d 图及系统示意图

因此，h_{W1}就是经预热后既满足最小新风比和仍能采用绝热加湿方法的焓值。根据设计所在地的冬季室外参数就可确定是否用预热器，即当$h_{W1}>h_{W'}$时需要预热，而当$h_{W1}\leqslant h_{W'}$时则不需要预热。这时，空气处理过程可表示为：

$$\left.\begin{array}{c} N \\ W'\xrightarrow{\text{预热}} W_1 \end{array}\right\} \xrightarrow{\text{混合}} C' \xrightarrow{\text{绝热加湿}} L \xrightarrow{\text{再热}} O' \leadsto \overset{\varepsilon'}{} N$$

采用预热器除能够保证系统可以使用最小新风百分比外，还能防止严寒地区新、回风直接混合时产生凝结水。在确认混合时不会有凝结水产生，但又需预热的情况下，也可以采取新、回风先混合后预热的处理方案。此时相应地要将空气预热器安装在新、回风混合室之后，空气处理过程可表示为：

$$\left.\begin{array}{c} N \\ W' \end{array}\right\} \xrightarrow{\text{混合}} C_1 \xrightarrow{\text{预热}} C' \xrightarrow{\text{绝热加湿}} L \xrightarrow{\text{再热}} O' \leadsto \overset{\varepsilon'}{} N$$

需要说明的是，新风先混合后加热与先加热后混合两种方式，在热量消耗上是相等的。

冬季空调系统需要的预热量为

$$Q_1=G_W(h_{W1}-h_{W'}) (\mathrm{kW}) \tag{4-9}$$

或

$$Q_1=G(h_{C'}-h_{C_1}) (\mathrm{kW}) \tag{4-10}$$

冬季系统需要的再热量为

$$Q_2=G(h_{O'}-h_L) \tag{4-11}$$

冬季系统需要的加湿量为

$$W=G(d_{O'}-d_{C'})/1000(\text{kg/s}) \qquad (4\text{-}12)$$

【例 4-1】 试为某车间设计一次回风空调系统，并确定空气处理设备的容量。已知室内设计参数冬夏均为 $t_N=22℃\pm0.5℃$，$\varphi_N=60\%\pm10\%$，室内余热量夏季为 $Q=11.6\text{kW}$，冬季为 $Q'=-2.3\text{kW}$，冬、夏余湿量 $W（W'）$ 均为 0.0014kg/s；最小新风比为 30%。室外设计参数夏季为 $t_w=33.2℃$，$t_{SW}=26.4℃$，$h_w=82.5\text{kJ/kg干}$；冬季为 $t_{w'}=-12℃$，$\varphi_{w'}=45\%$，$h_{w'}=-10.5\text{kJ/kg干}$，大气压力 $B=101325\text{Pa}$。

【解】 （1）夏季

① 计算热湿比 $\varepsilon=\dfrac{Q}{W}=\dfrac{11.6}{0.0014}=8290$ （kJ/kg）。

② 确定送风状态点（见图 4-38）。

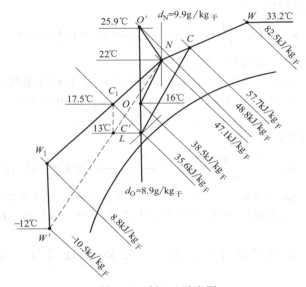

图 4-38　例 4-1 示意图

在 h-d 图上根据 $t_N=22℃$，$\varphi_N=60\%$ 确定 N 点，$h_N=47.1\text{kJ/kg干}$，$d_N=9.9\text{g/kg干}$。过 N 点作 $\varepsilon=8290$ 线，根据空调精度取 $\Delta t_O=6℃$，可得送风状态点 O，$t_O=16℃$，$h_O=38.5\text{kJ/kg干}$，$d_O=8.9\text{g/kg干}$。

③ 计算送风量：

送风量　　　　$G=\dfrac{Q}{h_N-h_O}=\dfrac{11.6}{47.1-38.5}=1.35$ （kg/s）

新风量　　　　$G_W=mG=1.35\times0.3=0.41$ （kg/s）

一次回风量　　$G_{N1}=G-G_W=1.35-0.41=0.94$ （kg/s）

④ 确定新、回风混合状态点：

由　　　　　　$m=\dfrac{h_C-h_N}{h_w-h_N}\times100\%$

可知　　　　　$0.3=\dfrac{h_C-47.1}{82.5-47.1}$

所以　　　　　$h_C=57.7$ （kJ/kg干）

在 h-d 图上 h_C 线与 $\overline{NW}$ 线交点即为 C 点。

⑤ 求系统需要的冷量。在 h-d 图上过 O 点作等 d 线与曲线 $\varphi=95\%$ 相交，交点为机器

露点 L，$t_L = 13℃$，$h_L = 35.6 kJ/kg_干$。

如果是采用喷水室处理空气，则喷水室冷量为

$$Q_0 = G(h_C - h_L) = 1.35 \times (57.7 - 35.6) = 29.8 (kW)$$

⑥ 求系统夏季需要的再热量：

$$Q_1 = G(h_0 - h_L) = 1.35 \times (38.5 - 35.6) = 3.9 (kW)$$

（2）冬季

① 计算热湿比：

$$\varepsilon' = \frac{Q'}{W'} = \frac{-2.3}{0.0014} = -1640 (kJ/kg)$$

② 确定送风状态点 O'：

取冬季送风量　　　　　$G' = G = 1.35 (kg/s)$

冬季送风参数可以计算如下：

$$h_{O'} = h_N - \frac{Q'}{G'} = 47.1 - \frac{-2.3}{1.35} = 48.8 (kJ/kg_干)$$

$d_{O'} = d_O = 8.9 g/kg_干$，冬夏机器露点相同。

由 $h_{O'} = 1.01 t_{O'} + (2500 + 1.84 t_{O'}) d_{O'}$ 也可算出 $t_{O'}$。将已知数代入，则

$$48.8 = 1.01 t_{O'} + (2500 + 1.84 t_{O'}) \times 8.9/1000$$

解之可得　　　　　　　　　$t_{O'} = 25.9℃$

③ 检查是否需要预热

$$h_{W_1} = h_N - \frac{h_N - h_L}{m} = 47.1 - \frac{47.1 - 35.6}{0.3} = 8.8 (kJ/kg_干)$$

由于 $h_{W_1} = 8.8 kJ/kg_干$，$h_{w'} = -10.5 kJ/kg_干$，$h_{W_1} > h_{w'}$ 所以需要预热。

④ 确定新风预热后状态点：由 W' 点作等 d 线与 $h_{W_1} = 8.8 kJ/kg_干$ 线交于 W_1 点，W_1 点即为所求。

⑤ 确定新风与一次回风混合状态点：N 与 W_1 点连线与 h_L 线交点即为 C_1 点，$t_{C_1} = 17.5℃$。

⑥ 求系统冬季需要的预热量：

$$Q_1 = G_W(h_{W_1} - h_{w'}) = 0.41 \times [8.8 - (-10.5)] = 7.9 (kW)$$

⑦ 求系统冬季需要的再热量：

$$Q_2 = G(h_{O'} - h_L) = 1.35 \times (48.8 - 35.6) = 17.8 (kW)$$

4.3.2 风机盘管加新风系统方案与计算

4.3.2.1 风机盘管系统新风供给的方式

风机盘管系统的空气处理方案与新风的供给方式有关。风机盘管系统的新风供给方式主要包括以下几种。

（1）借助室外空气的渗入和室内机械排风以补给新风。这种方式因靠渗透补风，新风量无法控制，且难以保证室内卫生要求。

（2）墙洞引入新风直接进入机组。这种方式当新风负荷变化时，室内参数将直接受到影响，适用于对室内空气参数要求不太严格的建筑物。

（3）由独立的新风系统供给新风。这种方式采用一个集中式空调系统处理新风，且新风可负担一部分空调负荷，因此夏季风机盘管要求的冷水温度可以高些，水管表面结露问题得到改善，目前广为使用（见图 4-39）。采用这种系统，当风机盘管机组卧式暗装时，工程上常采用如图 4-40 所示的两种方式。

图 4-39　风机盘管新风系统布置

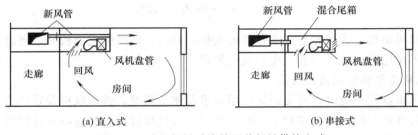

(a) 直入式　　　　　　　　　　　(b) 串接式

图 4-40　独立新风系统的两种新风供给方式

① 新风直入式［见图 4-40 (a)］。它是将风机盘管出风口与新风口并列，上罩一个整体格栅，外表美观。由于新风直接送入空调房间，风机盘管机组只承担处理和送出回风，两者混合后再进入工作区。这种情况下，视新风处理后的状态不同又有两种情况，即风机盘管湿工况运行［见图 4-41 (a)］和干工况运行［见图 4-41 (b)］。其空调过程为：室外新风由新风机组处理到 L 点，室内回风由风机盘管处理到 M 点，由状态点 L 及 M 混合后可得送风状态 O。空调过程可表示为：

$$\begin{matrix} W \longrightarrow L \\ N \longrightarrow M \end{matrix} \Big\rangle \longrightarrow O \rightsquigarrow \varepsilon \rightarrow N$$

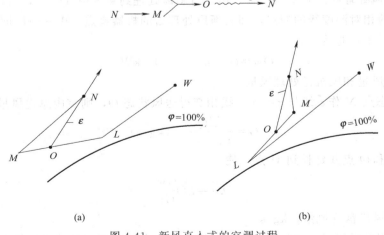

(a)　　　　　　　　　　　　　(b)

图 4-41　新风直入式的空调过程

比较图 4-41 所示的两种情况可知，风机盘管在第二种情况下可按干工况工作，这种方式可减少排凝结水带来的麻烦，但要求新风系统的机器露点更低。

② 新风与回风串接式（见图 4-42）。即将新风机组处理过的室外新风送入风机盘管尾箱，让经新风机组处理后的新风在尾箱中与回风混合，再经风机盘管处理送入房间，其空调过程可表示为：

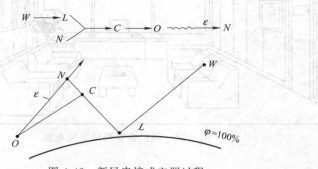

图 4-42 新风串接式空调过程

新风与回风串接方式虽然增加了盘管的负担，但新、回风的混合较好，而且在部分房间的风机盘管不使用时，也可节省处理新风的费用。

4.3.2.2 风机盘管机组的选择计算

在设计风机盘管系统时，首先根据使用要求及建筑情况，选定风机盘管的形式及系统布置方式。然后确定新风供给方式和水管系统类型。风机盘管机组的选择计算目的在于：在已知风量、进风参数和水初温、水流量的条件下，确定满足所需要的空气出口参数和冷量的机组。

在有独立新风系统时，风机盘管和新风空调箱的负荷分配方法有多种，设计中新风经新风空调箱处理后的状态，应考虑风机盘管和新风空调箱处理焓差，各自负担的冷量比例和维护保养、调节等因素。我国风机盘管排数通常为 2～3 排，新风空调箱为 6 排（少数有用 8 排），冷冻水温常用 7℃左右。为了充分发挥新风空调箱的处理能力，通常把空气处理到室内空气状态的等焓线或更低。下面以新风处理到室内空气焓值为例进行分析。

（1）新风直入式 [见图 4-41 (a)]

① 确定新风处理状态和新风冷量。由于将新风处理到室内空气焓值，所以室内空气 h_N 线与 $\varphi=90\%$ 的相对湿度线的交点，即为新风处理后的机器露点。$W \longrightarrow L$ 即为新风处理过程。新风空调箱的冷量为

$$Q_W = G_W(h_W - h_N) \quad (\text{kW}) \tag{4-13}$$

② 确定总风量和风机盘处理风量

过室内状态点 N 作 ε 线与 $\varphi=90\%$ 线相交得送风状态 O，则室内总送风量为

$$G = \frac{\sum Q}{h_N - h_O} \quad (\text{kg/s}) \tag{4-14}$$

连接 L 点和 O 点并延长到 M 点，使

$$\overline{OM} = \overline{LO} \frac{G_W}{G_F}$$

式中 G_F——风机盘管风量，kg/s。

所以，房间总送风量 $G = G_F + G_W$，M 即为风机盘管处理空气的出口状态点。风机盘管

的处理风量 $G_F = G - G_W$。

③ 计算风机盘管的全冷量和显冷量。在湿空气 $h\text{-}d$ 图上找出 h_W、t_M，则风机盘管承担的全冷量 Q_T 和显冷量 Q_X 为

$$Q_T = G_F(h_N - h_M) \tag{4-15}$$
$$Q_X = G_F \cdot c_P(t_N - t_M) \tag{4-16}$$

④ 选择风机盘管台数。根据风机盘管处理风量 G_F 和所选风机盘管的高挡风量选用台数。

⑤ 风机盘管处理过程的校核。选定机组后，应使机组的全冷量和显冷量均满足室内要求，如果产品不能同时满足两方面的要求，则应进行室内空气状态参数的校核。

（2）新风与回风串接式（见图 4-42）

① 确定新风处理状态和新风冷量同上。

② 过 N 点作室内 ε 线交 $\varphi = 90\%$ 线于 O 点，风机盘管总送风量为

$$G = \frac{\sum Q}{h_N - h_O}$$

③ 在 NL 线上按 G_W、G 找到新回风混合点 C，即

$$\frac{\overline{NC}}{\overline{NL}} = \frac{G_W}{G}$$

④ 连接 CO，风机盘管承担的全冷量 Q_T 和显冷量 Q_X 分别为

$$Q_T = G(h_C - h_O) \tag{4-17}$$
$$Q_X = G \cdot c_P(t_N - t_O) \tag{4-18}$$

⑤ 风机盘管处理过程的校核同上。

【例 4-2】　已知某办公室夏季室内冷负荷 $Q = 14.2\text{kW}$，湿负荷 $W = 0.00042\text{kg/s}$；室内设计温度 $t_N = 26℃$，相对湿度 $\varphi = 55\%$；室外设计干球温度 $t_W = 34℃$，相对湿度 $\varphi_W = 65\%$，室内新风量 $G_W = 0.15\text{kg/s}$。采用风机盘管加独立新风系统。冷冻水进水温度为 $7℃$。试选用风机盘管型号、数量以及所需新风空调箱冷量。

【解】　采用新风处理到室内空气焓值、新风直入式方案。

（1）计算室内热湿比：　$\varepsilon = \dfrac{Q}{W} = \dfrac{14.2}{0.00042} = 33810 \ (\text{kJ/kg})$

（2）确定新风处理状态点 L（见图 4-43）：

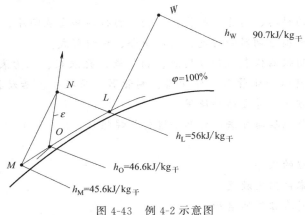

图 4-43　例 4-2 示意图

在 h-d 图上由室内等焓线 h_N 与 $\varphi=90\%$ 相对湿度线交点即为 L 点。查得 $h_N=56\text{kJ/kg}_{\text{干}}$，$h_W=90.7\text{kJ/kg}_{\text{干}}$。

（3）新风空调箱冷量 Q_W：

$$Q_W=G_W(h_W-h_N)=G_W(h_W-h_L)=0.15\times(90.7-56)=5.2\ (\text{kW})$$

（4）确定总送风量及风机盘管送风量：过 N 点作 ε 线与 $\varphi=90\%$ 线交于 O 点，查得 $h_O=46.6\text{kJ/kg}_{\text{干}}$，总送风量为

$$G=\frac{Q}{h_N-h_O}=\frac{14.2}{56-46.6}=1.51\ (\text{kg/s})$$

风机盘管风量：$G_F=G-G_W=1.51-0.15=1.36\ (\text{kg/s})$（相当于4079m³/h）

风机盘管出口空气焓 h_M：

$$h_M=\frac{Gh_O-G_Wh_L}{G_F}=\frac{1.51\times46.6-0.15\times56}{1.36}=45.6\ (\text{kJ/kg}_{\text{干}})$$

从 h-d 图可查得风机盘管出风温度 $t_M=17.4℃$。

（5）风机盘管的全冷量 Q_T 和显冷量 Q_X

$$Q_T=G_F(h_N-h_M)=1.36\times(56-45.6)=14.1\ (\text{kW})$$

$$Q_X=G_F\cdot c_P(t_N-t_M)=1.36\times1.01\times(26-17.4)=11.8\ (\text{kW})$$

（6）选择风机盘管台数并校核全冷量及显冷量。选用上海新晃风机盘管 ECR-600 四台（每台高挡风量 1100m³/h），当冷冻水温度为7℃，水流量 $G_水=0.11G_水=0.11/\text{s}$ 时，全冷量 $Q_T=3.91\text{kW}$，显冷量 $Q_X=3.49\text{kW}$。高挡风量、全冷量和显冷量分别为 7.8%、11.6%、17.2% 的余量，故认为能满足要求。

据此可选定机组型号。从产品样本中，还可进一步查出机组的各种形体、尺寸、电气数据和接线图。

实　训

空气调节装置的拆卸与安装。

本实践着重对空调设备进行拆卸与安装实训，以增强学生的感性认识。

（一）实训内容

（1）独立完成家用分体式空调器的拆卸与安装操作。

（2）以小组为单位，进行集中式空调机组的拆卸与安装操作。

（二）实训目的

（1）掌握空调器的种类、用途和结构；空调器的拆卸和安装顺序。

（2）掌握集中式大型空调器的种类、使用场合、机组形式。

（3）掌握各种专用仪器仪表（如万用表、钳形表、兆欧表、压力表和真空表、真空泵、检漏仪等）和维修工具（如胀管器、弯管器、割管器、呆扳手、活动扳手、尖嘴钳、台虎钳、管钳等）的使用方法，并会熟练使用。

（4）掌握气焊操作原理与方法，会熟练进行气焊操作。

（三）实训要求

（1）记录拆卸过程的次序。

（2）将拆卸下的零件依次放置。

（3）记录拆卸下所有零件的名称。

（4）记录机械部分连接件的名称和连接管的长度与形状。

（5）记录电气部分连接的接头线色（或线号）。

（6）写出实训报告。

（四）实训器材与设备

主要有：家用分体式空调器；组合式空调机组；各种检测仪器仪表、管工工具、维修工具；气焊设备及材料等。

思考与练习题

4-1　填空题

（1）根据各种热湿交换设备与空气的接触方式，可将空气处理设备分为＿＿＿和＿＿＿两大类。

（2）喷水室主要部件包括＿＿＿、＿＿＿、＿＿＿、＿＿＿、＿＿＿等。

（3）空气加湿设备主要有＿＿＿、＿＿＿、＿＿＿、＿＿＿、＿＿＿等。

（4）根据生产和生活的要求，通常将空气净化分为＿＿＿净化、＿＿＿净化和＿＿＿净化三类。

（5）根据国家标准，空气过滤器按其过滤效率分为＿＿＿、＿＿＿、＿＿＿、＿＿＿、＿＿＿五种类型。

（6）室外新风与一部分回风先行混合，然后经空调机处理达到要求的送风状态，这种空调系统称为＿＿＿。

（7）风机盘管系统的新风供给方式主要包括＿＿＿、＿＿＿和＿＿＿三种类型。直入式属于＿＿＿类。

（8）风机盘管系统新风直入式空调过程可表示为＿＿＿。

4-2　选择题

（1）下列不属于表面式换热器的是（　　）。

A. 电加热器　　　B. 表冷器　　　C. 空气加热器　　　D. 冷凝器与蒸发器

（2）下列不属于喷水室底池里的水管的是（　　）。

A. 喷水管　　　B. 泄水管　　　C. 溢水管　　　D. 循环水管

（3）下列不能对空气进行除湿处理的设备是（　　）。

A. 喷水室　　　　　　　　　　B. 表面式换热器

C. 转轮除湿机　　　　　　　　D. 红外线加湿器

（4）下列不属于空气减湿处理设备的是（　　）。

A. 冷冻除湿机　　　B. PTC除湿器　　C. 氯化锂转轮除湿机　　D. 硅胶吸湿器

（5）用表面式换热器处理空气不能实现的过程是（　　）。

A. 加湿冷却　　　B. 等湿冷却　　　C. 减湿冷却　　　D. 等湿加热

（6）下列不属于组合式空调机组功能段的是（　　）。

A. 预热段　　　B. 表冷段　　　C. 加氟段　　　D. 再热段

4-3　判断题

（1）喷水排管与供水干管的连接方式有下分、上分、中分和环式几种。　　　　　（　　　）

（2）喷水室前挡水板的作用是：一方面分离空气中的水滴，另一方面还可以净化空气。

（　　　）

（3）温差是热交换的推动力，而水蒸气压力差是湿（质）交换的推动力。（　　）

（4）用蒸汽加湿器对空气进行加湿处理，空气的状态变化过程为近似等温加湿过程。

（　　）

（5）组合式空调机组功能段是指具有对空气进行一种或几种处理功能的单元体，按需要加以选择拼装而成。（　　）

（6）新风机组应采取防冻裂措施，以免冬季新风把盘管冻裂。（　　）

4-4　问答题

（1）空气的热湿处理设备有哪些？

（2）表面式换热器有哪几种类型？

（3）表面式冷却器和喷水室处理空气能实现哪些过程？

（4）喷水室按布置方式可以分成哪几种类型？喷水室的主要构件有哪些？各有什么作用？

（5）空调工程中常用哪些加热、加湿方法？各有何特点？

（6）电加热器有哪些形式？各适用于哪些场合？

（7）空气净化机理是什么？常用的过滤器有哪些类型？

（8）组合式空调机组选用中应注意哪些问题？

（9）如何选择风机盘管机组？

（10）试绘出一次回风式空调系统的简图及夏季工况、冬季工况的空气处理过程的 h-d 图。

（11）风机盘管加独立新风空调系统的夏季空气处理过程是怎样的？试将其过程在 h-d 图上表示出来。

4-5　计算题

（1）上海某厂一空调系统，已知条件如下：车间内设计参数冬、夏均为 $t_N = (20 \pm 1)$℃，$\varphi_N = (50 \pm 5)$%；夏季余热量 35kW，冬季为 -12kW，冬、夏余湿量均为 20kg/h。采用一次回风系统，新风百分比为 20%，夏季送风温差采用 $\Delta t_0 = 6$℃，试进行设计工况的计算。

（2）某空调系统室内设计参数 $t_N = (20 \pm 1)$℃，$\varphi_N = (60 \pm 10)$%，室外空气干球温度 $t_W = 31$℃，湿球温度 $t_{WS} = 26.5$℃，室内余热（冷负荷）$Q = 15.2$kW，余湿量（湿负荷）$W = 4.7$kg/h（1.31×10^{-3}kg/s）。当地大气压力 $B = 101325$Pa，新风百分比 20%。现采用一次回风系统，采用送风温差 $\Delta t_0 = 6$℃。试计算系统送风量、所需冷量和加热量。

（3）某地区一房间夏季冷负荷 $Q = 23260$W，余湿量 $W = 0$，室内空气计算参数 $t_N = (20 \pm 0.5)$℃，$\varphi_N = (60 \pm 10)$%。室外空气计算参数取 $t_W = 37$℃，$t_{WS} = 27.4$℃，所在地区的大气压为 $B = 101325$Pa。试按一次回风系统设计，新风比取 10%。确定夏季工况下的空气处理方案，以及风量和所需冷量。

（4）广州地区某空调室采用风机盘管加独立新风系统，夏季室内设计参数为 $t_N = 24.1$℃，$\varphi_N = 60$%，夏季空调室内冷负荷为 $Q = 1260$W，湿负荷 $W = 192$g/h，室内设计新风量 $G_W = 60$m³/h，试进行夏季空调过程计算。

第5章

中央空调风系统及其设计

在中央空调系统中，无论采取何种冷（热）源，也不论采用何种末端装置，最终向空调房间输送冷（热）量，都是通过送风的形式来实现的。另外，空调房间的换气、排烟、防烟也是通过空气的运动来进行的。因此，空调风系统是中央空调系统中的一个重要内容。本章主要介绍中央空调风系统的组成，送、回风口形式，气流组织形式及其计算，风管系统的设计计算，以及空调系统的消声、隔振与防火、防排烟设计等。

5.1 中央空调风系统的组成

空调风系统由送回风风机、送回风风管、送回风风口、空调机组以及风量调节阀、防火阀、消声器、风机减振器等组成，如图 5-1 所示。

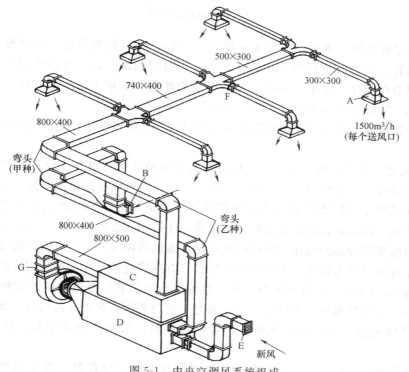

图 5-1 中央空调风系统组成

A—送风口；B—回风口；C—消声器；D—空调机组；E—新风口；F—风量调节阀；G—风机

5.1.1 风管与风机

5.1.1.1 风管的种类与材质

空调风管的种类很多，按风管的制作材料分，有金属风管、非金属风管和复合材料风管；按风管的断面几何形状分，有矩形、圆形和椭圆形风管道；按风管的连接对象分，有主（总）风管和支风管；按风管能否任意弯曲和伸展分，有柔性风管（软管）和刚性风管；按风管内的空气流速高低分，有低速风管（道）和高速风管（道）等。

（1）金属风管［见图 5-2（a）］ 空调工程中大量使用的金属材料风管是镀锌钢板风管，也是最早使用的风管之一。镀锌钢板是用普通薄钢板表面镀锌制成，俗称"白铁皮"，具有良好的加工性和结构强度，空气流动阻力小，防火性能良好，但价格较高，必须加包保温层及保温防护层，另外，在声源附近还要设置消声器。采用镀锌薄钢板制作风管，最适合无腐蚀、干燥气体的输送，且通风空调系统的噪声要求不严的场合。

 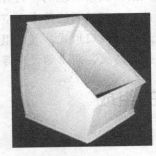 

(a) 金属风管　　　　　　　　(b) 复合玻纤板风管　　　　　　　　(c) 柔性风管

图 5-2　各种材料的风管

还有一种是在普通薄钢板表面喷上一层 0.2～0.4mm 厚的软质或半软质聚氯乙烯的塑料复合钢板风管，有单面覆层和双面覆层两种。它可以耐酸、耐油及醇类侵蚀，耐水性能好，绝缘、耐磨性能好，可在 10～60℃温度下长期使用，常用于防尘要求较高的空调系统和温度在－10～70℃下耐腐蚀通风系统的风管。

（2）非金属风管 空调工程中常用的非金属材料制作的风管主要是建筑风道和无机玻璃钢风管两种。

① 建筑风道。建筑风道（又称土建风道）是传统的非金属材料风管道，其形式主要有两种：一种是钢筋混凝土现浇或预制而成，作为送风或回风风道的建筑空间；另一种是采用砖砌体与钢筋混凝土预制板搭建而成的空调风管。建筑风道结构简单，节省钢材，经久耐用，能与土建施工同时进行制作或安装，与风管的连接方式也比较灵活，因此在许多建筑中都有使用，目前使用较多的是作为高层建筑空调系统的新风竖井。当风道截面很大或截面形状受到土建布置限制较为特殊，采用其他风管加工有困难的场所往往也采用建筑风道。

② 无机玻璃钢风管。无机玻璃钢风管（简称玻璃钢风管）是以中碱或无碱玻璃纤维布作为增强材料，无机胶凝材料为胶结材料，通过一定的成型工艺制成的风管。保温玻璃钢风管是将管壁制成夹层，夹层中填充聚苯乙烯泡沫塑料、聚氨酯泡沫塑料、蜂窝纸等绝热材料。

由于玻璃钢质轻、强度高、耐热性及耐蚀性优良、电绝缘性好及加工成型方便，在纺织、印染、化工等行业常用于排除腐蚀性气体的通风系统中。

（3）复合材料风管 在我国，以镀锌钢板为基材的风管＋绝热层＋防潮层＋保护层和风管＋绝热层（极低吸湿型材料）＋保护层的空调风管结构是常见的传统结构形式。近年来，又出现了多种应用特定技术工艺的复合材料制成的新型风管，如复合玻纤风管、复合铝箔风管和各类柔性风管。

① 复合玻纤板风管［见图 5-2（b）］。复合玻纤板风管简称玻纤风管，是由三层玻璃棉组合而成的复合玻纤板，集管壁、保温、防护层为一体，质轻、具有消声功能，因而被大范围推广应用。复合玻纤板的外层为玻璃丝布铝箔层或双层复合玻璃丝布层，中间层为一定厚度的超细或离心玻璃棉板层，内层为玻璃丝布层，各层以专用的防火、防水、抗老化、黏结性能优良的黏合剂加压黏合在一起。根据工程设计要求，可将玻纤板切割、粘接、加固制成玻纤风管和各种类型的异形管件。管段间可用阴、阳榫插接，T 形框架插接，法兰连接等方式。

② 复合铝箔聚氨酯板风管。复合铝箔聚氨酯板风管简称复合铝箔风管，为聚氨酯泡沫塑料与铝箔的复合夹心板材。复合夹心板材为成型板材，由硬质发泡阻燃聚氨酯泡沫塑料与两面覆盖的铝箔组成，也是三层复合层结构，它同时具备传统空调风管组成材料的全部功能。该风管与玻纤风管的制作方法相同，可以方便地将管段和管件进行连接。采用这种复合材料制作空调风管制作简单，质量轻（其质量仅为相同断面积和长度的镀锌钢板加铝箔玻璃棉绝热层风管的 1/4），不易损坏，外观亮丽。

类似风管还可以采用聚苯乙烯泡沫塑料或酚醛泡沫塑料作夹心材料，外表面材料除了采用铝箔的，还有采用镀锌钢板、压花铝板和布基铝箔的风管。

③ 柔性风管［见图 5-2（c）］。柔性风管又称伸缩软管，质轻而柔软，运输方便，安装时可用手方便地进行弯曲和伸直，可绕过大梁和其他管道，灵活性好，并有减振和消声的作用。因此，近年来在空调工程中用于连接主干风管与送（回）风口的支风管或风机盘管机组与送风口之间的软接管等。

按材质不同，柔性风管可分为金属风管和铝箔、化纤织物风管两大类。

5.1.1.2 风管选择

（1）风管断面形状的选择

① 圆形风管［见图 5-3（a）］。若以等用量的钢板而言，圆形风管通风量最大，阻力最小，强度大，易加工，保温方便，一般适用于排风管道。

(a) 圆形风管　　　　　　　　　　　　　　　(b) 矩形风管

图 5-3 风管外观图

② 矩形风管［见图 5-3（b）］。对于公共、民用建筑，为了利用建筑空间，降低建筑高度，使建筑空间既协调又美观，通常采用方形或矩形风管。但当矩形风管的断面积一定时，

当宽高比大于 8：1 时，风管比摩阻增大，因此矩形风管的宽高比一般不大于 4：1，最多取 6：1。

（2）风管材料的选择　可做风管的材料很多，应根据使用要求和就地取材的原则选用。金属风管（即镀锌铁皮）是风管常用材料，适用于各种空调系统；砖、混凝土风道适用于地沟风道或利用建筑、构筑物的空间组合成风道，用于通风量大的场合；塑料风管、玻璃钢风管适用于有腐蚀作用的风管或空调系统。

5.1.1.3　风机

风机是为空调风系统提供动力的设备，按工作原理不同可分为离心式、轴流式和贯流式风机。目前在通风和空调工程中大量使用的是离心式通风机和轴流式通风机，贯流式风机主要用于空气幕、壁挂式风机盘管机组和分体式房间空调器的室内机等。

（1）分类及组成

① 离心式通风机。离心式通风机构造如图 5-4 所示，它一般由集流器、叶轮、机壳、传动部件等四个基本机件组成。气流由轴向吸入，经 90°转弯，在离心力作用下，空气不断地流向叶片，叶片将外力传递给空气而做功，空气因而获得压能和动能，并由蜗壳出口甩出。根据风机提供的全压不同分为高、中、低压三类：高压 $p > 3000$Pa；中压 3000Pa$\geq p \geq 1000$Pa；低压 $p \leqslant 1000$Pa。

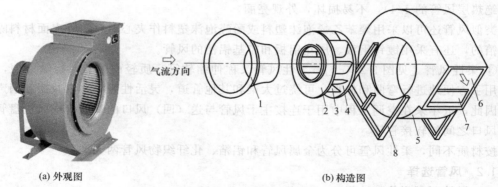

(a) 外观图　　　　　　　　　　　　(b) 构造图

图 5-4　离心式通风机

1—吸气口；2—叶轮前盘；3—叶片；4—叶轮后盘；5—机壳；6—排气口；7—截流板（风舌）；8—支架

集流器是通风机的入口，它以较小的损失将气体均匀地导入叶轮；叶轮是风机的主要部件，作用是使吸入叶片间的空气在强迫推挤下获得一定的速度和压力，它的尺寸和几何形状对通风机的性能有着很大影响。离心式风机的叶轮由前盘、后盘、叶片和轮毂组成，一般采用焊接和铆接加工；叶轮的机壳是包围在叶轮外面的外壳，一般为螺旋线形，作用在于收集从叶轮甩出的气流，并将高速气流的部分动能转化为静压能，以克服外界的阻力，其机壳出口，可向任何方向。使用时，一般由通风机叶轮旋转方向和机壳出口位置联合决定；离心式通风机的传动部件包括轴和轴承，有的还包括联轴器或带轮。它们是通风机与电动机的连接部件；机座一般用生铁铸成或用型钢焊接而成。

离心式风机可以用于低压或高压送风系统，特别适用于要求低噪声和高风压的系统。

② 轴流式通风机。图 5-5 所示为空调用轴流式风机，它由集流器、叶轮、圆筒形外壳、电动机、扩散筒和机架等组成。叶轮由轮毂和铆在上面的叶片构成，叶片与轮毂平面安装成一定的角度。当叶轮旋转时，由于叶片升力的作用，空气从集流器被吸入叶轮并获得能量，

且在出口与进口截面之间产生压力差，促使空气不断地被压出。扩散筒的作用是将气流的部分动能转变为压力能。由于空气的吸入和压出是沿风机轴线方向进行的，因此称为轴流式风机。根据风机提供的全压不同分为高、低压两类：高压 $p \geqslant 500Pa$；低压 $p < 500Pa$。轴流式风机的叶片有板形、机翼形多种，叶片根部到梢常是扭曲的，有些叶片的安装角是可以调整的，通过调整安装角度来改变风机的性能。

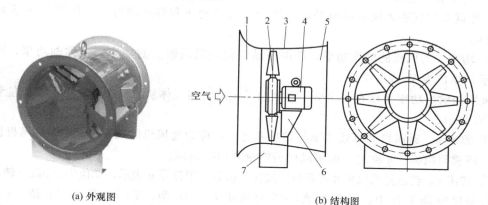

(a) 外观图　　　　　　　　　　(b) 结构图

图 5-5　空调用轴流风机

1—集流器；2—叶轮；3—圆筒形外壳；4—电动机；5—扩散筒；6—机架；7—支架

　　轴流风机占地面积小、便于维修、风压较小，噪声较高、耗电较小。多用于噪声要求不高、空气处理室阻力较小的大风量系统。

　　轴流式风机与离心式风机在性能上最主要的差别是前者产生的全压较小，后者产生的全压较大。因此，轴流式风机只适宜用于无须设置管道或管道阻力较小的系统，而离心式风机则往往用于阻力较大的系统中。排风排烟风机可选用离心风机或者排烟轴流风机。风量应考虑 $10\% \sim 30\%$ 的漏风量，风压应满足排烟系统最不利环路的要求。

　　③ 贯流式风机。贯流式风机是将机壳部分敞开，使气流直接径向进入风机，气流横穿叶片两次后排出。它的叶轮一般是多叶式前向叶型，两个端面封闭，流量随叶轮宽度增大而增加。贯流式风机的全压系数较大，效率较低，其进、出口均为矩形，易与建筑配合。目前大量应用于大门空气幕等设备产品中，结构图如图 5-6 所示。

　　(2) 主要性能参数　在通风机样本和产品铭牌上通常标出的性能参数是标准状态下的实

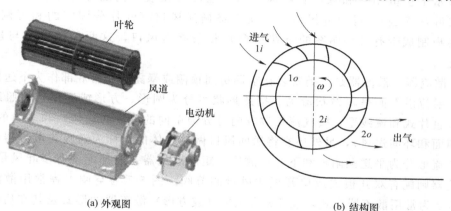

(a) 外观图　　　　　　　　　　(b) 结构图

图 5-6　贯流式风机

验测试数值，即大气压力 $B=101.3\text{kPa}$，空气温度 $t=20\text{℃}$，此时空气密度为 1.20kg/m^3。

① 风量。通风机在单位时间内所输送的气体体积流量称为风量或流量，其单位为 L 或 m^3/h 或 m^3/s，它通常指在工作状态下输送的气体量。通风机的风量一般用实验方法测量，在同一转数下，当调节风机进口或出口阀门开度的大小时，风量随之改变。

② 风压 p。通风机出口空气全压与进口全压之差（绝对值之和），称为通风机的全压或风压，也就是空气进入风机后所升高的压力，包括动压和静压两部分，用符号 p 表示，单位为 Pa。

③ 功率。指风机的输入功率，即由原动机传到风机轴上的功率，也称轴功率，用符号 N 表示，单位为 W 或 kW。

风机的输出功率又称有效功率，它表示单位时间内气体从风机中所获得的实际能量，用符号 N_e 表示。

④ 效率 η。通风机的有效功率与轴功率之比，称为通风机的效率。η 是评价风机性能好坏的一项重要指标。η 越大，说明风机的能量利用率越高。

⑤ 转速 n。转速是指风机叶轮每分钟旋转的次数，用符号 n 表示，单位为 r/min（转/分）。

在通风空调工程中，常用的离心式通风机有 4-68 型、T4-72 型、4-72 型、4-79 型、11-62型等多种。不同用途的风机，在制作材料及构造上有所不同。例如，用于一般通风换气的普通风机（输送空气的温度不高于 80℃，含尘浓度不大于 150mg/m^3），通常用钢板制作，小型的也有用铝板制作的。

5.1.2 风口的形式

风口作为通风空调系统的末端设备，在整个系统起着重要的作用，一个房间风口选取的形式及数量不同将直接影响整个房间的通风效果。

5.1.2.1 送风口

送风口也称空气分布器，种类繁多，根据空调精度、气流形式、送风口安装位置以及建筑装修等方面的要求加以选用。

(1) 侧送风口　在房间内横向送风的风口称为侧送风口，表 5-1 是常用的侧送风口形式。工程上用得最多的是百叶风口，其百叶做成活动可调的，即能调节风量，也能调节方向。百叶风口常用的有单层百叶风口（叶片横装的可调仰角或俯角，叶片竖装的可调节水平扩散角）和双层百叶风口（外层叶片横装，内层叶片竖装；外层叶片竖装，内层叶片横装）。除百叶风口外，还有格栅送风口（叶片分固定的和可调的两种，还可用薄板制成带有各种图案的空花格栅）和条缝送风口，这两种风口可与建筑装饰很好地配合。

(2) 散流器　散流器是一类安装在空调房间顶棚或暴露于风管底部作为下送风口使用的风口，射流沿表面呈辐射状流动。按照形状可分为圆形、方形或矩形；按照结构可分为盘式、直片式和流线型；按气流扩散方向可分为单向的（一面送风）和多向的（两面、三面、四面和环向送风），另外还有将送回风口做成一体的，称为送吸式散流器；按照送风气流的流形分为平送贴附形和下送扩散形。矩形散流器一般都配备有多叶风量调节阀，圆形散流器则配有双开板式或单开板式风量调节阀。图 5-7 为空调工程常用散流器外观图，表 5-2 为常用散流器形式，表 5-3 为矩形（或方形）散流器的形式及其在房间内的布置示意。

表 5-1　常用侧送风口形式

风口图式	射流特点及应用范围
平行叶片	**单层百叶送风口** 叶片活动,可根据冷、热射流调节送风的上下部倾角,用于一般空调工程
对开叶片	**双层百叶送风口** 叶片可活动,内层对开叶片用以调节风量,用于较高精度空调工程
	三层百叶送风口 叶片可活动,对开叶片用以调节风量,平行叶片和垂直叶片分别调节上下部倾角和射流扩散角,用于高精度空调工程
调节板	**带调节板活动百叶送风口** 通过调节板调整风量,用于较高精度空调工程
	格栅百叶送风口 叶片或空花图案的格栅,用于一般空调工程
	条缝形格栅百叶送风口 常配合静压箱(兼作吸音箱)使用,可作为风机盘管、诱导器的出风口,适用于一般精度的民用建筑空调工程
	带出口隔板的条缝形风口 常用于工业车间截面变化均匀的送风管道上,用于一般精度的空调工程

(a) 盘式散流器

(b) 圆形散流器

(c) 方形散流器

(d) 流线型散流器

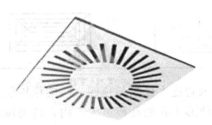
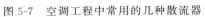

(e) 直片式散流器

(f) 送吸式散流器

图 5-7　空调工程中常用的几种散流器

表 5-2 常用散流器形式

风 口 图 式	风口名称及气流流型
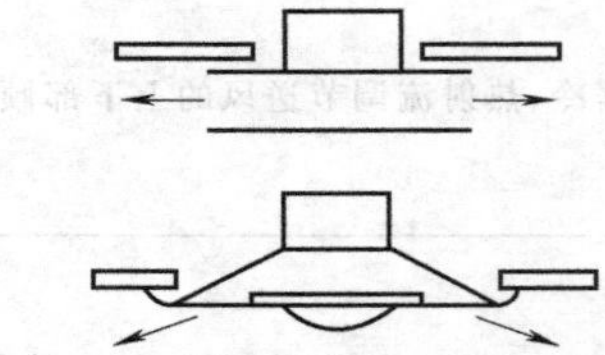	**盘式散流器** 属平送贴附流型,用于层高较低的房间挡板上,可贴吸声材料,能起到消声作用
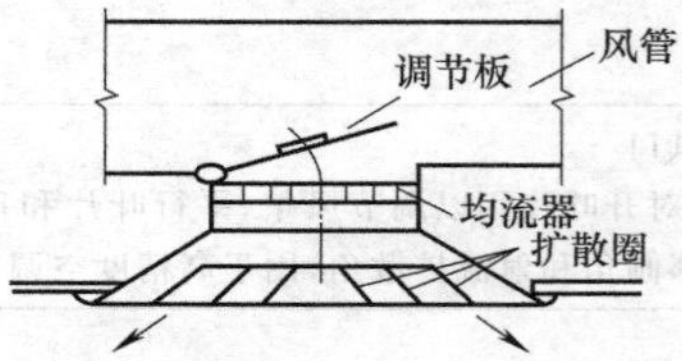 调节板 风管 均流器 扩散圈	**直片式散流器** 属平送贴附流型或下送扩散流型(降低扩散圈在散流器中的相对位置时可得到平送流型,反之则可得下送流型)
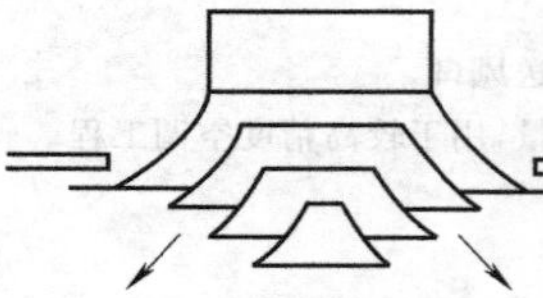	**流线型散流器** 属下送扩散流型,适用于净化空调工程
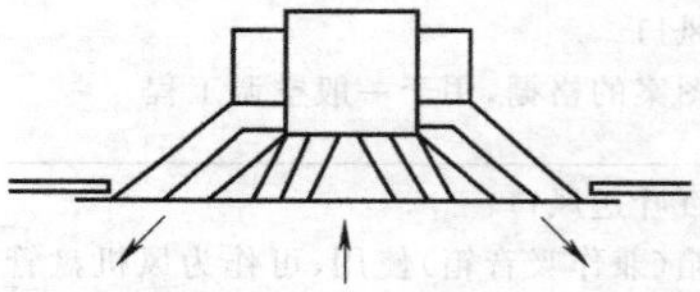	**送吸式散流器** 属平送贴附流型,可将送、回风口结合在一起

表 5-3 矩形(或方形)散流器及其在房间内的布置示意

散流器形式	在房间内位置 及气流方向	散流器形式	在房间内位置 及气流方向
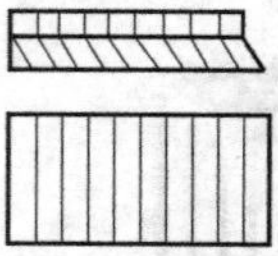	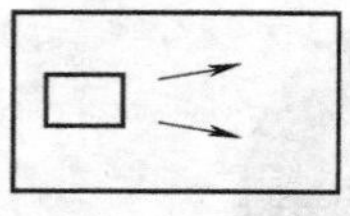	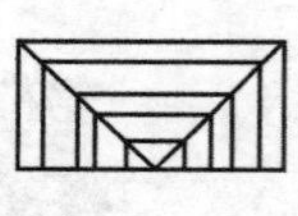	
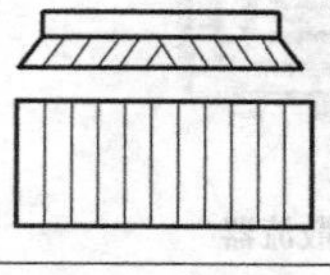	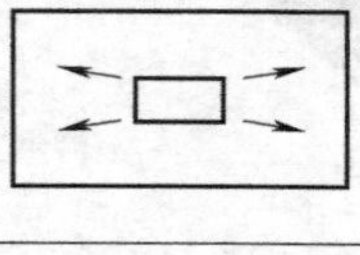	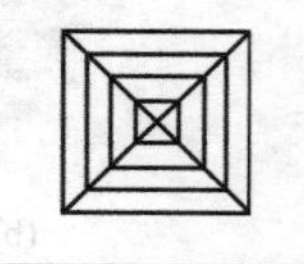	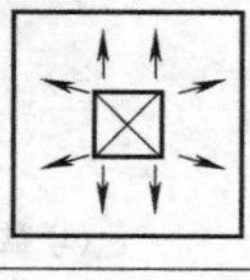
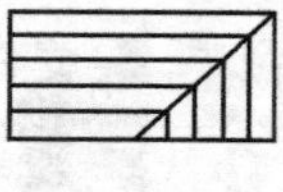	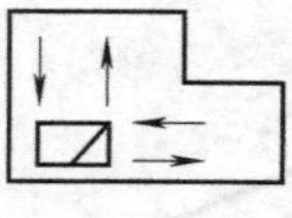	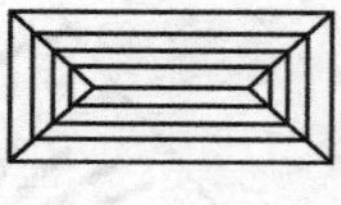	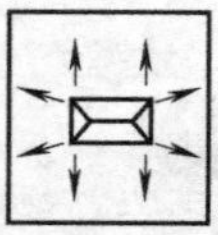

(3)孔板送风口 空气由风管进入楼板与顶棚之间的稳压层空间后,再靠稳压层的静压作用,流经开有若干圆形或条缝形小孔的孔板进入室内,这类风口称为孔板送风口,它在房间内既做送风口用,又做顶棚用,如图 5-8 所示。孔板送风口与单、双层百叶送风口相比,孔板上孔较小能起到稳压作用,具有送风均匀,速度衰减较快、噪声小的特点,消除了使人

不悦的直吹风感觉，因此最适用于要求工作区气流均匀，区域温差较小的房间，如高精度恒温室与平行流洁净室。

采用孔板送风时，应符合下列要求。

① 孔板上部稳压层的高度，应按计算确定，但净高不应小于 0.2m。

② 向稳压层内送风的速度，宜采用 3～5m/s；除送风射程较长的以外，稳压层内可不设送风分布支管，在送风口处，宜装设防止送风气流直接吹向孔板的导流片或挡板。

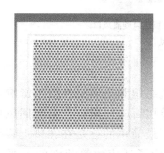 

(a) 固定式　　　　　　　　　　　　　(b) 活动式

图 5-8　孔板送风口形式

（4）喷射式送风口　喷射式送风口是用于远距离送风的风口，一般简称喷口，其主要形状有圆形和球形两种，如图 5-9 所示。喷口的喷嘴可以是固定的，也可以是上下或左右方向可调的。喷口一般具有较小的收缩角度，并且无叶片遮挡物，因此噪声低，湍流系数小，送风气流诱导的室内风量少，射程长（一般可达到 10～30m），可以送较远的距离。通常在大空间（如体育馆、候机大厅中）用作侧送风口。如风口既送冷风又送热风，应选用可调角度喷口，角度调节范围为 30°。送冷风时，风口水平或上倾；送热风时，风口下倾。为了提高喷射送风口的使用灵活性，还可做成既能调方向又能调风量的喷口形式。

(a) 圆形喷口　　　　　　　　　　　　(b) 球形喷口

图 5-9　常见的两种喷射式送风口

（5）旋流送风口　旋流送风口是指依靠起旋器或旋流叶片等部件，使轴向气流起旋形成旋转射流，由于旋转射流的中心处于负压区，它能诱导周围大量空气与之相混合，然后送至工作区。图 5-10（a）为顶送型旋流送风口，风口中有起旋器，空气通过风口后成为旋转气流，并贴附于顶棚上流动。这种风口具有诱导室内空气能力大，温度和风速衰减快的特点，适宜在大风量、大温差送风、高大空间中使用。其起旋器位置可以上下调节，当起旋器下移时，可使气流变为吹出型、散流型等不同气流形式。图 5-10（b）是用于地板送风的旋流式风口，其工作原理与顶送形式相同，特别适合于只需控制室内下部空气环境的高大空间或室内下部空调负荷大的场合。

(a) 顶送型旋流送风口　　　　　(b) 地板送风旋流风口

图 5-10　旋流送风口

5.1.2.2　回风口

由于回风口附近气流速度急剧下降，对室内气流组织和热质交换效果影响不大，因而回风口构造比较简单，类型也不多。常用的回风口有单层百叶回风口、格栅回风口、网式回风口及活动箅板式回风口，通常要与建筑装饰相配合。最简单的就是在孔口上装金属网，以防杂物被吸入，图 5-11（a）是一种矩形网式回风口。为了适应建筑装饰的需要，可以在孔口上装各种图案的格栅。为了在回风口上直接调节回风量，可以像百叶送风口那样装活动百叶，图 5-11（b）是活动箅板式回风口。双层箅板上开有长条形孔，内层箅板左右移动可以改变开口面积，以达到调节回风量的目的。

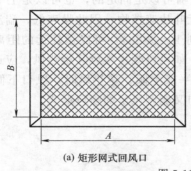
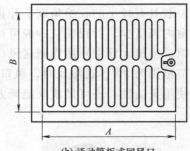

(a) 矩形网式回风口　　　　　(b) 活动箅板式回风口

图 5-11　回风口

回风口的形状和位置根据气流组织要求而定，多装在顶棚和侧墙上。若设在房间下部时，为避免灰尘和杂物吸入，风口下缘离地面至少 0.15m。

应该指出，虽然回风口对气流组织影响较小，但却对局部地区有影响，因此根据回风口的位置选择适当的风速。一般来说，回风口的布置应符合下面的要求。

① 回风口不应设在射流区内和人员长时间停留的地点，采用侧送时，宜设在送风口的同侧。

② 条件允许时，可采用集中回风或走廊回风，但走廊的断面风速不宜过大。

③ 回风口形式可以简单，但要求应有调节风量的装置。回风口的吸风速度见表 5-4。

表 5-4　回风口的吸风速度　　　　　　　　　　　m/s

回风口的位置		回风速度
房间上部		4.0~5.0
房间下部	不靠近人经常停留的地点时	3.0~4.0
	靠近人经常停留的地点时	1.5~2.0
	用于走廊回风时	1.0~1.5

5.2　气流组织形式及设计计算

空调房间的气流组织也称为空气分布，其好坏程度将直接影响房间的空调效果，因此需要根据房间用途对温湿度、风速、噪声、空气分布特性的要求，结合房间特点、内部装修、工艺设备或家具布置等情况进行认真、合理地设计。影响气流组织的因素很多，如送风口位置及形式、回风口位置、房间几何形状及室内的各种障碍物和扰动等，其中送风口的空气射流和参数是影响气流组织的重要因素。

5.2.1　送回风口的气流流动规律

5.2.1.1　送风口空气流动规律

由送风口射出的空气射流，对室内气流组织的影响最大。因此，在研究气流组织时，首先应了解送风口的空气流动规律。

空气经孔口或管嘴向周围气体的外射流动称为射流。在空调中，由于送风速度较大，同时送风温度与室内空气温度不同，所以射流多属于紊流非等温受限射流。

（1）等温自由射流　将等于室内空气温度的空气自喷嘴喷射到比射流体积大得多的房间中，射流可不受限制地扩大，这种射流称为等温自由射流。由于送风温度与室温的差异为零，所以送风射流与室内空气发生动量交换的同时没有显热交换，但由于送风射流里水蒸气的含量与室内空气的可能不同，因此还会存在着与室内空气的质量交换及由此引起的能量交换。

图 5-12 所示为具有出口速度 v_0 的圆断面射流。由于湍流的横向脉动和涡流的出现，其射流边界与周围气体不断发生横向动量交换，卷吸周围空气，因而射流流量逐渐增加，断面

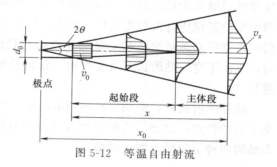

图 5-12　等温自由射流

不断扩大，整个射流呈锥体状。随着动量交换的进行，射流速度不断减少，首先从边界开始，逐渐扩至核心，而轴心速度未受影响。轴心速度保持不变的部分称为起始段，此后均为主体段。在主体段内，轴心速度逐渐减小以致完全消失。图 5-12 中 d_0 为送风口直径；v_x 是以风口为起点，到射流计算断面距离为 x 处的轴心速度；θ 为射流极角，其值为整个扩散角的一半，对圆形喷口，$\theta = 14°30'$。在整个射程中，射流静压与周围空气静压相同，沿程动量不变。

（2）非等温自由射流　在空气调节中，通常射流出口温度与周围空气温度是不相同的，这样的射流称为非等温射流或温差射流。送风温度低于室内空气温度者为冷射流，高于室内空气温度者为热射流。

非等温射流在其射程中，射流与室内空气的掺混不仅引起动量的交换（决定了流速的分布及其变化），还带来热量的交换（决定了温度的分布及其变化）和质量的交换（决定了浓度的分布及其变化）。而热量的交换较之动量快，即射流温度的扩散角大于速度扩散角，因此，温度边界层比速度边界层发展要快些、厚些，温度的衰减较速度快。

非等温射流在其射程中，由于与周围空气密度不同，所受浮力与重力不相平衡而发生弯

曲，冷射流向下弯，热射流向上弯，但仍可视作以中心线为轴的对称射流。决定射流弯曲程度的主要因数是阿基米德数 A_r，是表征浮力和惯性力的无因次比值，其计算式为

$$A_r = \frac{gd_0(T_0 - T_N)}{v_0^2 T_N} \qquad (5\text{-}1)$$

式中　T_0——射流出口温度，K；

$\quad\quad T_N$——房间空气温度，K；

$\quad\quad d_0$——送风口直径，m；

$\quad\quad v_0$——射流出口速度，m/s；

$\quad\quad g$——重力加速度，m/s^2。

阿基米德数 A_r 随着送风温差的提高而加大，随着出口流速的增加而减小。A_r 值越大，射流弯曲越大。如 $A_r = 0$ 时，是等温射流；当 $|A_r| < 0.001$ 时，可忽略射流的弯曲，仍可按等温射流计算；当 $|A_r| > 0.001$ 时，射流弯曲的轴心轨迹变化较大。

（3）受限射流　通常空调房间对于送风射流大多不是无限空间，气流扩散不仅受着顶棚的限制，而且受着四周壁面的限制，出现与自由射流完全不同的特点，这种射流称为受限射流。

如当送风口位于房间顶棚时，射流在顶棚处不能卷吸空气，造成流速大、静压小，而射流下部流速小、静压大，在上下压力差的作用下，射流被上举，使得气流贴附于顶棚流动，这样的射流称为贴附射流。由于壁面处不可能混合静止空气，也就是卷吸量减少了，所以贴附射流的射程比自由射流更长，而由于贴附射流仅一面卷吸室内空气，故其速度衰减较慢，同室内空气的热量交换和质量交换也需较长的时间才能充分进行。此外，当射流为冷射流时，气流下弯，贴附长度将受影响。贴附长度与阿基米德数 A_r 有关，A_r 越小则贴附长度越长。

除贴附射流外，空调房间四周的围护结构可能对射流扩散构成限制，出现与自由射流完全不同的特点，这种射流称为有限射流或有限空间射流。图 5-13 所示为有限空间内贴附与非贴附两种受限射流的运动情况。

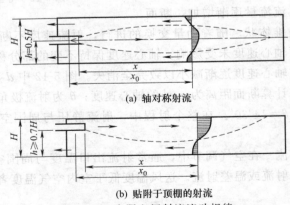

(a) 轴对称射流

(b) 贴附于顶棚的射流

图 5-13　有限空间射流流动规律

如图 5-13（a）所示，当送风口位于房间高度中部（$h = 0.5H$）时，则形成完整的对称流，射流区呈橄榄形，在其上下形成与射流流动方向相反的回流区；当送风口位于房间高度上部（$h \geqslant 0.7H$）时，则出现贴附的有限空间射流 [见图 5-13（b）]，房间上部为射流区，下部为回流区，相当于自由射流的一半。

有限空间射流的压力场是不均匀的，各断面的静压随射程而增加。一般认为当射流断面面积达到空间断面面积的 1/5 时，射流受限，成为有限空间射流。

由于有限空间射流的回流区一般是工作区，控制回流区的风速具有实际意义。回流区最大平均风速计算式为

$$\frac{v_h\sqrt{F_N}}{v_0 d_0}=0.65 \tag{5-2}$$

式中 v_h ——回流区的最大平均风速，m/s；

F_N ——每个风口所管辖的房间的横截面面积，m^2；

$\dfrac{\sqrt{F_N}}{d_0}$ ——射流自由度，表示受限的程度。

（4）平行射流 在空调送风中，常常会遇到多个送风口自同一平面沿平行轴线向同一方向送出的平行射流。当两股平行射流距离比较近时，射流相互汇合。在汇合之前，每股射流独立发展。汇合之后，射流边界相交，互相干扰并重叠，逐渐形成一股总射流。由于平行射流间的相互作用，其流动规律不同于单独送出时的流动规律。一般情况下，平行射流的轴线速度比单独自由射流同一距离处的轴线速度大，距离越大，差别越显著。

（5）旋转射流 气流通过具有旋流作用的喷嘴向外射出，气流本身一面旋转，一面又向静止介质中扩散前进，这种射流称为旋转射流。

由于射流的旋转，使得射流介质获得向四周扩散的离心力。和一般射流相比，旋转射流的扩散角要大得多，射程短得多，并且在射流内部形成了一个回流区。对于要求快速混合的通风场合，用它作为送风口是很合适的。

5.2.1.2 回风口空气流动规律

回风口与送风口的空气流动规律完全不同。送风射流是以一定的角度向外扩散，而回风气流则从四面八方流向回风口，流线向回风口集中形成点汇，等速面以此点汇为中心近似于球面，如图 5-14 所示。点汇速度场的气流速度迅速下降，使吸风所影响的区域范围变得很小。因而在空调房间中，气流流型及温度与浓度分布主要取决于送风射流。

5.2.2 气流组织的形式

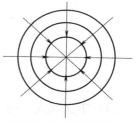

图 5-14 回风点汇图

目前空调区的气流组织形式主要可分为四种：上（顶）送下回式、上送上回式、中送风式和下送风式。

（1）上送下回式 这是最基本的气流组织形式。送风口安装在房间的侧上部或顶棚上，而回风口则设在房间的下部，如图 5-15 所示。它的主要特点是送风气流在进入工作区之前就已经与室内空气充分混合，易形成均匀的温度场和速度场。能够用较大的送风温差，从而降低送风量。适用于温湿度和洁净度要求较高的空调房间。

（2）上送上回式 当采用下回风布置管路有一定困难时，常采用上送风上回风方式，图 5-16 是上送上回的几种常见布置方式。图 5-16（a）为单侧上送上回形式，送回风管叠置在一起，明装在室内，气流从上部向下送，经过工作区后回流向上进入回风管。如果房间进深较大，可采用双侧外送式［见图 5-16（b）］。如果房间净高许可的话，还可设置吊顶，将管道暗装或者采用图 5-16（c）所示的送吸式散流器。这三种方式的主要特点是：施工方便，

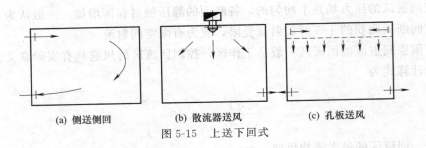

（a）侧送侧回　　　　（b）散流器送风　　　　（c）孔板送风

图 5-15　上送下回式

但影响房间的净空使用。且若设计计算不准确，会造成气流短路，影响空调质量。这种布置比较适用于有一定美观要求的民用建筑。

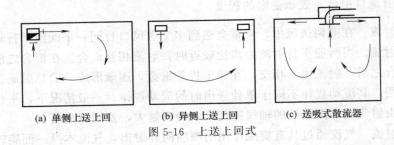

（a）单侧上送上回　　　（b）异侧上送上回　　　（c）送吸式散流器

图 5-16　上送上回式

（3）中送风式　某些高大空间的空调房间，采用前述方式需要大量送风，空调耗热量也大。因而采取在房间高度的中部位置上用侧送风口或喷口的送风方式，如图 5-17 所示。中送风是将房间下部作为空调区，上部作为非空调区。在满足工作区要求的前提下，有显著的节能效果。

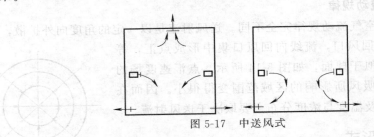

图 5-17　中送风式

（4）下送风式　图 5-18（a）为地面均匀送风、上部集中排风式。这种方式送风直接进入工作区，为满足生产工艺或舒适性的要求，送风温差必然远小于上送方式，因而加大了送风量。同时送风速度也不能大，一般不超过 0.5～0.7m/s，因此必须增大送风口的面积或数量，给风口布置带来困难。此外，地面容易积聚脏物，影响送风的清洁度。但下送风方式能使新鲜空气首先通过工作区，同时，由于是顶部排风，因而房间上部余热（照明散热、上部围护结构传热等）可以不进入工作区而直接排走，因此具有一定的节能效果，同时有利于改善工作区的空气质量，并为夏季使用温度不太低的天然冷源（如深井水、地道风等）创造了条件。因此常用于空调精度不高、人暂时停留的场所，如会堂及影剧院等，在工厂中可用于室内照度高和产生有害物的车间（此时送风一般都用空气分布器直接送到工作区）。

图 5-18（b）为送风口设于窗台下面垂直向上送风的形式，以在工作区造成均匀的气流流动，同时能阻挡通过窗户进入室内的冷热气流直接进入工作区。工程中风机盘管和诱导器系统常采用这种布置方式。

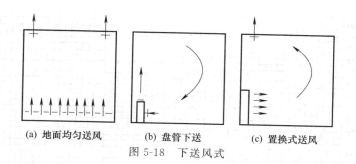

(a) 地面均匀送风　　　(b) 盘管下送　　　(c) 置换式送风

图 5-18　下送风式

图 5-18 (c) 是将经过热湿处理的新鲜空气直接送入室内人员活动区，并在地板上形成一层较薄的空气湖。空气湖由较冷的新鲜空气扩散而成，室内人员及设备等内部热源产生向上的对流气流，新鲜空气随对流气流向室内上部流动形成室内空气运动的主导气流。排风口设置在房间的顶部，将热蚀的污染空气排出。置换通风的目的是保持人员活动区的温度和浓度符合设计要求，允许活动区上方存在较高的温度和浓度，因此可在教室、会议室、剧院、超市、室内体育馆等公共建筑以及厂房和高大空间等场合中使用。

5.2.3　气流组织的设计计算

气流组织的设计计算就是根据房间工作区对空气参数的设计要求，设计合适的气流流型，确定送回风口形式、尺寸及其布置，计算送风射流参数。

5.2.3.1　侧送风的计算

除高大空间中的侧送风气流可以看做自由射流外，大部分房间的侧送风气流流型宜设计为贴附射流，在整个房间截面内形成一个大的回旋气流，也就是使射流有足够的射程能够送到对面墙（对双侧送风方式，要求能送到房间的一半），整个工作区为回流区，避免射流中途进入工作区，以利于送风温差和风速充分衰减，工作区达到较均匀的温度和速度。贴附射流在布置送风口时，风口应尽量靠近顶棚或设置向上倾斜 $15°\sim20°$ 角的导流片，顶棚表面也不应有凸出的横梁阻挡，否则应改变送风口的位置。

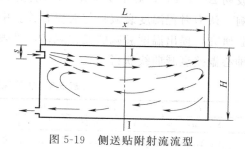

图 5-19　侧送贴附射流流型

侧送贴附射流流型如图 5-19 所示，图中断面 I—I 处，射流断面和流量都达到了最大，回流断面最小，此处的回流平均速度最大，即为工作区的最大平均速度 v_h。空调房间中，通常设计为这种贴附射流流型。其射程 (x) 主要取决于阿基米德数 A_r。为了使射流在整个射程中能贴附于顶棚，就需控制阿基米德数 A_r 小于一定数值，一般当 $A_r \leqslant 0.0097$ 时，就能贴附于顶棚。阿基米德数 A_r 与贴附长度的关系如图 5-20 所示，设计时需选取适宜的 t_0、v_0、d_0 等，使 A_r 数小于图示数值。

设计侧送方式除设计气流流型外，还要进行射流温差衰减的计算，要使射流进入工作区时，其轴心温度与室内温度之差 Δt_x 小于要求的室温允许波动范围。侧送风的计算步骤如下。

(1) 选取送风温差 $\Delta t_0 = t_N - t_0$，一般可选取 $6\sim10℃$，根据已知室内余热量，确定总送风量 G。

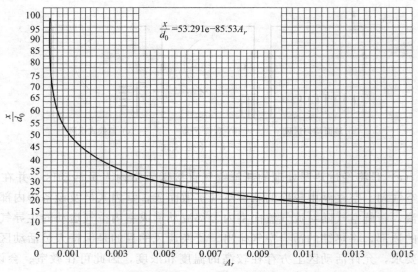

图 5-20 相对射程 $\dfrac{x}{d_0}$ 和阿基米德数 A_r 关系曲线

（系采用三层百叶送风口，在恒温试验室所得的实验结果）

（2）根据允许的射流温度衰减值，求出最小相对射程。在空调房间内，送风温度与室内温度有一定的温差，射流在流动过程中，不断掺混室内空气，其温度逐渐接近室内温度。因此，要求射流的末端温度与室内温度之差 Δt_x 小于要求的室温允许波动范围。射流温差的衰减与送风口湍流系数 α、射流自由度 $\dfrac{\sqrt{F_N}}{d_0}$、射程 x 等因素有关。一般舒适性空调室温允许波动 $\Delta t_x \geqslant 1^\circ\text{C}$，对于室温允许波动范围大于或等于 $\pm 1^\circ\text{C}$ 的舒适性空调房间，可忽略上述影响，认为射程温度衰减只与射程有关。中国建筑科学研究院通过对受限空间非等温射流的实验研究，提出温度衰减的变化规律，见表 5-5，射流温差的衰减也可通过查非等温受限射流轴心温差衰减曲线获得。

表 5-5 非等温受限射流轴心温差衰减规律

x/d_0	2	4	8	10	15	20	25	30	40
$\Delta t_x/\Delta t_0$	0.54	0.38	0.31	0.27	0.24	0.18	0.14	0.12	0.09	0.04

注：1. Δt_x 为射流处的温度 t_x 与工作区温度 t_N 之差；Δt_0 为送风温差。

2. 试验条件：$\dfrac{\sqrt{F_N}}{d_0} = 21.2 \sim 27.8$。

（3）计算风口的最大允许直径 $d_{0,\max}$。根据射流的实际所需贴附长度和最小相对射程，计算风口允许的最大直径 $d_{0,\max}$，从风口样本中预选风口的规格尺寸。对于非圆形的风口，按面积折算为风口直径，即

$$d_0 = 1.128\sqrt{F_0} \tag{5-3}$$

式中 F_0——风口的面积，m^2。

从风口样本中预选风口的规格尺寸，$d_0 \leqslant d_{0,\max}$。

（4）选取送风口速度 v_0，计算各个送风口的送风量 G_0。送风速度 v_0 如果取较大值，对射流温差衰减有利，但会造成回流平均风速（即要求的工作区风速）v_h 太大。v_h 与 v_0 及

$\dfrac{\sqrt{F_N}}{d_0}$有关，见式（5-2），而v_h可根据要求的工作区风速或按工作区要求的温湿度来确定。为了防止送风口产品噪声，一般取送风速度$v_0 \approx 2 \sim 5 \mathrm{m/s}$。当$v_h = 0.25 \mathrm{m/s}$时，其最大允许送风速度列于表 5-6。

表 5-6　最大允许送风速度

射流自由度 $\dfrac{\sqrt{F_N}}{d_0}$	5	6	7	8	9	10	11	12	13	15	20	25	30
最大允许送风速度/(m/s)	1.81	2.17	2.54	2.88	3.26	3.62	4.0	4.35	4.71	5.4	7.2	9.8	10.8
建议采用值/(m/s)	2.0				3.5				5.0				

确定送风速度后，即可得送风口的送风量为

$$G_0 = c v_0 \dfrac{\pi}{4} d_0^2 \tag{5-4}$$

式中　c——风口有效断面系数，可根据实际情况计算确定；或从风口样本上查找，一般送风口c为 0.95，对于双层百叶风口，c为 $0.70 \sim 0.82$。

（5）根据总风量G和每个送风口的送风量G_0，计算送风口个数n，取整数后，再重新计算送风口的实际速度。

$$n = \dfrac{G}{G_0} \tag{5-5}$$

（6）校核送风速度。根据房间的宽度W和风口数量，计算出射流服务区断面为

$$F_N = WH/n \tag{5-6}$$

由此可计算出射流自由度$\dfrac{\sqrt{F_N}}{d_0}$，由式（5-2）可知，当工作区允许风速为 $0.2 \sim 0.3 \mathrm{m/s}$时，允许的风口最大出风风速为

$$v_{0,\max} = (0.29 \sim 0.43) \dfrac{\sqrt{F_N}}{d_0} \tag{5-7}$$

如若实际出口风速$v_0 \leqslant v_{0,\max}$，则认为合适；若$v_0 > v_{0,\max}$，则表明回流区平均风速超过规定值，超过太多时，应重新设置风口数量和尺寸，重新计算。

（7）贴附长度校核计算。按公式（5-1）计算A_r，查图 5-20 求得射程x，使其大于或等于要求的贴附长度。如果不符合，则重新假设Δt_0、v_0进行计算，直至满足要求为止。

【例 5-1】　已知房间的尺寸为长$L = 6 \mathrm{m}$，宽$W = 21 \mathrm{m}$，净高$H = 3.5 \mathrm{m}$，房间的高符合侧送风条件，总送风量$G = 3000 \mathrm{m^3/h}$，送风温度$t_0 = 20 \mathrm{℃}$，工作区温度$t_N = 26 \mathrm{℃}$。试进行气流组织设计。

【解】　$G = 3000 \mathrm{m^3/h} = 0.83 \mathrm{m^3/s}$

（1）取$\Delta t_x = 1 \mathrm{℃}$，因此$\Delta t_x / \Delta t_0 = 1/6 = 0.167$；由非等温受限射流轴心温差衰减曲线可得射流最小相对射程$x/d_0 = 16.6$。

（2）设在墙一侧靠顶棚安装风管，风口离墙为 0.5m，则射流的实际射程为$x = (6-1)\mathrm{m} = 5 \mathrm{m}$；由最小相对射程求得送风口最大直径$d_{0,\max} = (5/16.6)\mathrm{m} = 0.3 \mathrm{m}$。选用双层百叶风口，规格为 $300 \mathrm{mm} \times 200 \mathrm{mm}$。根据式（5-3）计算风口面积当量直径

$$d_0 = 1.128 \sqrt{0.3 \times 0.2} = 0.276 \ (\mathrm{m})$$

（3）取 $v_0 = 3\text{m/s}$，$c = 0.8$，计算每个送风口的送风量 G_0。

$$G_0 = 0.8 \times 3 \times \frac{\pi}{4} \times 0.276^2 = 0.14 \ (\text{m}^3/\text{s})$$

（4）计算送风口数量。

$$n = \frac{G}{G_0} = \frac{0.83}{0.14} = 5.9 \ (\text{个，取6个})$$

从而实际的风口送风速度为

$$v_0 = \frac{0.83/6}{\dfrac{\pi}{4} \times 0.276^2} = 2.31 \ (\text{m}^3/\text{s})$$

（5）校核送风速度。

射流服务区断面积　　$F_N = WH/n = 21 \times 3.5/6 = 12.25 \ (\text{m}^2)$

射流自由度　　　　　$\sqrt{F_N}/d_0 = \sqrt{12.25}/0.276 = 12.68$

若以工作区风速不大于 0.2m/s 为标准，则

$$v_{0,\max} = 0.29 \frac{\sqrt{F_N}}{d_0} = 0.29 \times 12.68 = 3.7 \ (\text{m/s})$$

因 $v_0 < v_{0,\max}$，可以达到回流平均区风速 $\leqslant 0.2\text{m/s}$ 的要求。

（6）校核射流贴附长度。

根据式（5-1）有

$$A_r = \frac{9.81 \times 0.276 \times 6}{2.31^2 \times (273 + 26)} = 0.01$$

从图 5-20 可查得，相对贴附射程为 21m，因此，贴附射程为 $21 \times 0.276 = 5.8\text{m} > 5\text{m}$，满足要求。

以上计算步骤与实例适用于对温度波动范围的控制要求并不严格的空调房间。对于恒温恒湿空调房间的气流分布设计参阅有关文献。

5.2.3.2　散流器送风的设计计算

散流器应根据采暖通风标准图集和生产厂选取。散流器送风的气流流型分平送风和下送风两种，通常应先选取平送流型。平送流型散流器有盘式散流器、圆形直片式散流器、方形片式散流器和直片形送吸式散流器。它们的送风射流沿着顶棚径向流动形成贴附射流，使工作区容易具有稳定而均匀的温度和风速，当有吊顶可以利用或有设置吊顶的可能性时，采用平送流型散流器送风既能满足使用要求，又比较美观。

散流器平送风可根据空调房间面积的大小和室内所要求的参数设置一个或多个散流器，并布置为对称形或梅花形，如图 5-21 所示。梅花形布置时，每个散流器送出气流有互补性，气流组织更为均匀。为使室内空气分布良好，送风的水平射程与垂直射程（$h_x = H - 2$）之比宜保持在 $0.5 \sim 1.5$ 之间，圆形或方形散流器相应送风面积的长宽比不宜大于 $1:1.5$，并注意散流器中心离墙距离一般应大于 1m，以便射流充分扩散。

布置散流器时，散流器之间的间距及离墙的距离，一方面应使射流有足够射程；另一方面又应使射流扩散效果好。布置时充分考虑建筑结构的特点，散流器平送方向不得有障碍物（如柱），每个圆形或方形散流器所服务的区域最好为正方形或接近正方形。如果散流器服务区的长宽比大于 1.25 时，宜选用矩形散流器。如果采用顶棚回风，则回风口应布置在距散

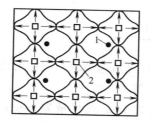 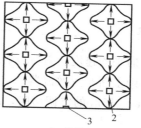

(a) 对称布置　　　　　　(b) 梅花形布置

图 5-21　散流器平面布置图

1—柱；2—方形散流器；3—三面送风散流器

流器最远处。

散流器送风气流组织的计算主要是选用合适的散流器，使房间内风速满足设计要求。圆形多层锥面和盘式散流器平送射流的轴心速度衰减可按式（5-8）计算。

$$\frac{v_x}{v_0}=\frac{KF_0^{1/2}}{x+x_0} \tag{5-8}$$

式中　x——射程，样本中的射程指散流器中心到风速为 0.5m/s 处的水平距离，m；

　　v_x——在 x 处的最大风速，m/s；

　　v_0——散流器出口风速，m/s；

　　x_0——平送射流原点与散流器中心的距离，多层锥面散流器取 0.07m；

　　F_0——散流器的有效流通面积，m^2；

　　K——送风口常数，多层锥面散流器为 1.4，盘式散流器为 1.1。

工作区平均风速 v_m 与房间大小、射流的射程有关，可按式（5-9）计算。

$$v_m=\frac{0.381x}{(l^2/4+H^2)^{1/2}} \tag{5-9}$$

式中　l——散流器服务区边，m，当两个方向长度不等时，可取平均值；

　　H——房间净高，m。

式（5-9）是等温射流的计算公式。当送冷风时，应增加 20%，送热风时减少 20%。

散流器平送气流组织的设计步骤如下。

（1）按照房间（或分区）的尺寸布置散流器，计算每个散流器的送风量。

（2）初选散流器。按表 5-7 选择适当的散流器颈部风速 v_0'，层高较低或要求噪声低时，应选低风速；层高较高或噪声控制要求不高时，可选高风速。选定风速后，进一步选定散流器规格，可参看有关样本。

表 5-7　送风颈部最大允许风速　　　　　　　　　　　　　m/s

使　用　场　合	颈部最大风速
播音室	3～3.5
医院门诊室、病房、旅馆客房、接待室、居室、计算机房、剧场、教室、音乐厅、食堂、图书馆、游艺厅、一般办公室、商店、旅馆、大剧场、饭店	4～5
	5～6
	6～7.5

选定散流器后可算出实际的颈部风速，散流器实际出口面积约为颈部面积的 90%，因此

$$v_0=\frac{v_0'}{0.9} \tag{5-10}$$

（3）计算射程：

由式（5-8）推得

$$x = \frac{Kv_0 F_0^{1/2}}{v_x} - x_0 \tag{5-11}$$

（4）校核工作区的平均速度。若 v_m 满足工作区风速要求，则认为设计合理；若 v_m 不满足工作区风速要求，则重新布置散流器，重新计算。

【例 5-2】 某 15m×15m 的空调房间，净高 3.5m，送风量为 1.62m³/s，试选择散流器的规格和数量。

【解】 （1）布置散流器。采用图 5-21（a）的布置方式，即共布置 9 个散流器，每个散流器承担 5m×5m 的送风区域。

（2）初选散流器。本例按 $v_0' = 3\text{m/s}$ 左右选取风口，选用颈部尺寸为 D257 的圆形散流器，颈部面积为 0.052m²，则颈部风速为

$$v_0 = \frac{1.62}{9 \times 0.052} = 3.46 \text{ (m/s)}$$

散流器实际出口面积约为颈部面积的 90%，即 $F_0 = 0.052 \times 0.9 = 0.0468$（m²）。

散流器出口风速 $v_0 = 3.46/0.9 = 3.85$ （m/s）

（3）按式（5-8）求射流末端速度为 0.5m/s 的射程，即

$$x = \frac{Kv_0 F_0^{1/2}}{v_x} - x_0 = \frac{1.4 \times 3.85 \times (0.0468)^{1/2}}{0.5} - 0.07 = 2.26 \text{ (m)}$$

（4）校核工作区的平均速度：

$$v_m = \frac{0.381x}{(l^2/4 + H^2)^{1/2}} = \frac{0.381 \times 2.26}{(5^2/4 + 3.5^2)^{1/2}} = 0.2 \text{ (m/s)}$$

如果送冷风，则室内平均风速为 0.24m/s；送热风时，平均风速 0.16m/s。所选散流器符合要求。

5.2.3.3 常用气流组织计算软件介绍

随着 CFD 技术在通风气流分布计算中的广泛应用，越来越多的商用 CFD 软件应运而生。这些商用软件通常配有大量的算例、详细的说明文档以及丰富的前处理和后处理功能。但是，作为专业性很强的、高层次的、知识密集度极高的产品，各种商用 CFD 软件之间也存在差异。下面对国内常见的一些商用 CFD 软件进行简单介绍。

（1）PHOENICS 这是世界上第一个投放市场的 CFD 商用软件（1981 年），堪称 CFD 商用软件的鼻祖。由于该软件投放市场较早，因而曾经在工业界得到广泛的应用，其算例库中收录了 600 多个例子。为了说明 PHOENICS 的应用范围，其开发商 CHAM 公司将其总结为 A 到 Z，包括空气动力学、燃烧器、射流等。

另外，目前 PHOENICS 也推出了专门针对通风空调工程的软件 FLAIRE，可以求解 PMV 和空气龄等通风房间专用的评价参数。

（2）FLUENT 这一软件是由美国 FLUENT Inc 于 1983 年推出的，包含结构化和非结构化网格两个版本。可计算的物理问题包括定常与非定常流动，不可压缩和可压缩流动，含有颗粒/液滴的蒸发、燃烧过程，多组分介质的化学反应过程等。

值得一提的是，目前 FLUENT Inc 又开发了专门针对暖通空调领域流动数值分析的软件包 Airpack，该软件具有风口模型、新零方程湍流模型等，并且可以求解 PMV、PD 和空气龄等通风气流组织的评价指标。

（3）CFX　该软件前身为 CFDS-FLOW3D，是由 Computational Fluid Dynamics Services/AEA Technology 于 1991 年推出的。它可以基于贴体坐标、直角坐标以及柱坐标系统，可计算的物理问题包括不可压缩和可压缩流动、耦合传热问题、多相流、颗粒轨道模型、化学反应、气体燃烧、热辐射等。

（4）STAR-CD　该软件是 Computational Dynamics Ltd 公司开发的，采用了结构化网格和非结构化网格系统，计算的问题涉及导热、对流与辐射换热的流动问题，涉及化学反应的流动与传热问题及多相流（气/液、气/固、固/液、液/液）的数值分析。

（5）STACH-3　该软件是清华大学建筑技术科学系自主开发的基于三维流体流动和传热的数值计算软件。在这个计算软件中，采用了经典的 k-ε 湍流模型和适于通风空调室内湍流模拟的 MIT 零方程湍流模型，用于求解不可压湍流流动的流动、传热、传质控制方程。同时，采用有限容积法进行离散，动量方程在交错网格上求解，对流差分格式可选上风差分、混合差分以及幂函数差分格式，算法为 SIMPLE 算法。该程序已经过大量的实验验证，具体的数学物理模型和数值计算方法见文献。

以上软件目前在我国的高校和一些研究机构都有应用，此外国际上还有将近 50 种商用 CFD 软件。

5.3　风管系统的设计计算

风管系统设计的合适与否，直接影响通风系统运行的有效性和节能性，关系到整个空调系统的造价、运行的经济性和效果。

5.3.1　风管设计计算

空调风管系统设计计算（又称为阻力计算、水力计算）的目的：一是确定风管各管段的断面尺寸和阻力；二是对各并联风管支路进行阻力设计平衡；三是计算出选择风机所需要的风压。

5.3.1.1　风管设计的主要内容

风管的水力计算通常为了解决如下两类计算问题。

第一类为设计计算。当已知空调系统通风量时，设计计算是指满足空调方面要求的同时，解决好风道所占的空间体积、制作风道的材料消耗量、风机所耗功率等问题，即如何经济合理地确定风道的断面尺寸和阻力，以便选择合适的风机和电动机功率。设计计算主要包括设计原则、设计步骤、设计方法及设计中的有关注意事项。

第二类为校核性计算。当已知系统形式和风道尺寸时，计算风道的阻力，校核风机能否满足要求则属于校核计算。

5.3.1.2　空调风管系统设计原则

（1）风管系统要简单、灵活与可靠。风管布置要尽可能短，避免复杂的局部构件，减少分支管。要便于安装、调节、控制与维修。

（2）子系统的划分要考虑到室内空气控制参数、空调使用时间等因素，以及防火分区要求。

（3）风管断面形状要和建筑结构相配合。在不影响生产工艺操作的情况下，充分利用建筑空间组合成风管，使其达到巧妙、完美与统一。

（4）风管断面尺寸要标准化。为了最大限度地利用板材，风管的断面尺寸（直径或边长）应采用国家标准《通风与空调工程施工质量验收规范》（GB 50243—2002）中规定的规格来下料。钢板制圆形风管的常用规格见表 5-8，钢板制矩形风管的常用规格见表 5-9。

表 5-8　钢板制圆形风管的常用规格　　　　　　　　　　　　　mm

D100	D120	D140	D160	D180	D200	D220	D250	D280	D320
D360	D400	D450	D500	D560	D630	D700	D800	D900	D1000
D1120	D1250	D1400	D1600	D1800	D2000				

表 5-9　钢板制矩形风管的常用规格　　　　　　　　　　　　　mm

外边长 （长、宽）	外边长 （长、宽）	外边长 （长、宽）	外边长 （长、宽）	外边长 （长、宽）	外边长 （长、宽）	外边长 （长、宽）
120、120	200、200	400、250	500、320	800、500	1250、500	1600、500
160、120	250、120	400、320	630、500	800、630	1250、630	1600、800
160、160	250、160	400、400	630、630	800、800	1250、800	
200、120	320、320	500、200	800、320	1000、320	1250、1000	
200、160	400、200	500、250	800、400	1250、400	1600、500	

（5）正确选用风速。这是设计好风管的关键。选定风速时，要综合考虑建筑空间、初投资、运行费用及噪声等因素。如果风速选得大，则风管断面小，消耗管材少，初投资省，但是阻力大，运行费用高，而且噪声也可能高；如果风速选得低，则运行费用低，但风管断面大，初投资大，占用空间也大。具体可参考表 5-10、表 5-11。

表 5-10　空调系统中的空气流速　　　　　　　　　　　　　m/s

部　位	低速风管						高速风管	
	推荐风速			最大风速			推荐风速	最大风速
	居住	公共	工业	居住	公共	工业	一般建筑	
新风入口	2.5	2.5	2.5	4.0	4.5	6	3	5
风机入口	3.5	4.0	5.0	4.5	5.0	7.0	8.5	16.5
风机出口	5~8	6.5~10	8~12	8.5	7.5~11	8.5~14	12.5	25
主风管	3.5~4.5	5~6.5	6~9	4~6	5.5~11	6.5~11	12.5	30
水平支风管	3.0	3.0~4.5	4~5	3.5~4.0	4.0~6.5	5~9	10	22.5
垂直支风管	2.5	3.0~3.5	4.0	3.25~4.0	4.0~6.0	5~8	10	22.5
送风口	1~2	1.5~3.5	3~4.0	2.0~3.0	3.0~5.0	3~5	4	—

表 5-11　低速风管内的风速　　　　　　　　　　　　　m/s

噪声级/dB(A)	主管风速	支管风速	新风入口风速
25~35	3~4	≤2	3
35~50	4~6	2~3	3.5
50~65	6~8	3~5	4~4.5
65~80	8~10	5~8	5

（6）风机的风压与风量要有适当的裕量。风机的风压值宜在风管系统总阻力的基础上再增加 10%~15%；风机的风量大小则宜在系统总风量的基础上再增加 10% 来分别确定。

5.3.1.3　风管设计方法

空调风管系统的设计计算方法较多，主要有假定流速法、压损平均法和静压复得法。

（1）假定流速法　假定流速法也称为控制流速法，其特点是先按技术经济比较推荐的风速（查表 5-10）初选管段的流速，再根据管段的风量确定其断面尺寸，并计算风道的流速与阻力（进行不平衡率的检验），最后选定合适的风机。目前空调工程常用此方法。

（2）压损平均法　压损平均法也称为当量阻力法，是以单位长度风管具有相等的阻力为前提的，这种方法的特点是在已知总风压的情况下，将总风压按干管长度平均分配给每一管段，再根据每一管段的风量和分配到的风压计算风管断面尺寸。在风管系统所用的风机风压已定时，采用该方法比较方便。

（3）静压复得法　当流体的全压一定时，流速降低则静压增加。静压复得法就是利用这种管段内静压和动压的相互转换，由风管每一分支处复得的静压来克服下游管段的阻力，并据此来确定风管的断面尺寸。

5.3.1.4　空调风管系统设计步骤

（1）根据各个房间或区域空调负荷计算出的送回风量，结合气流组织的需要确定送回风口的形式、设置位置及数量。

（2）根据工程实际确定空调机房或空调设备的位置，选定热湿处理及净化设备的形式，划分其作用范围，明确子系统的个数。

（3）布置以每个空调机房或空调设备为核心的子系统送回风管的走向和连接方式，绘制出系统轴测简图，标注各管段长度和风量。

（4）确定每个子系统的风管断面形状和制作材料。

（5）对每个子系统进行阻力计算（含选择风机）。

① 选定最不利环路，并对各管段编号。最不利环路是指阻力最大的管路，一般指最远或配件和部件最多的环路。

② 根据风管设计原则，初步选定各管段风速。

③ 根据风量和风速，计算管道断面尺寸，并使其符合表 5-8、表 5-9 中所列的通风管道统一规格，再用规格化了的断面尺寸及风量，算出管道内的实际风速。

④ 根据风量和管道断面尺寸，查附录 23（或附录 24）得到单位长度摩擦阻力 R_m。

⑤ 计算各管段的沿程阻力及局部阻力，并使各并联管路之间的不平衡率应不超过 15%。当差值超过允许值时，要重新调整断面尺寸，若仍不满足平衡要求，则应辅以阀门调节。

⑥ 计算出最不利环路的风管阻力，加之设备阻力，并考虑风量与阻力的安全系数，进而确定风机型号及电动机功率。

（6）进行绝热材料的选择与绝热层厚度的计算。

（7）绘制工程图。

5.3.2　风管的布置

5.3.2.1　风管的布置原则

（1）短线布置。所谓短线布置，就是要求主风管走向要直而短，支风管要少，尽量少占空间、简洁与隐蔽。直线布置的风管系统，在运行能耗和初投资两方面都是最低的。从节能的观点分析，空气总是"希望"走直线，这将减少能耗；从费用的观点分析，直管段的费用比各种弯头等管件要少很多。因此，当布置一个风管系统的平面走向时，应力图将拐弯的数量减至最少，并且要便于施工安装、调节、维修与管理。

（2）采用标准长度的直线管段，将各种变径管和接头的数量减至最少。直的、标准长度的风管造价相对便宜，因为它们可在自动生产线上制作。而任意段非标准长度的矩形风管，从技术上而言，都可当做配件，因为它们不可能用标准卷材做成。螺旋圆形风管可做成任意长度，椭圆形风管的标准长度则完全取决于金属加工厂的加工标准。

（3）科学合理、安全可靠地划分系统。系统的划分要考虑室内参数、生产班次、运行时间等方面，另外还要考虑防火要求。

（4）只要安装空间范围允许，推荐采用圆形风管。

圆形风管允许采用较高的风速。据美国采暖、制冷与空调工程师协会推荐，一个中型变风量空调系统，其风速可达 20m/s，而一个大型变风量空调系统，其风速则可高达 30m/s。对矩形风管的允许风速则一般都较低，风速过高，容易引起扁平风管壁的共振，从而产生噪声，特别是会产生低频噪声并传至室内。

采用圆形风管和较高的送风速度，可显著地节省投资。首先，与类似的矩形风管系统相比，圆形风管系统将可节省 15%～30% 的薄钢板。例如，同样输送 17000m³/h 的空气，根据控制噪声的要求，圆形风管的风速可取 19m/s，矩形风管则取 10m/s，它们的钢板消耗量不同。采用圆形风管，可节约 37% 的薄钢板。

其次，圆形风管的安装费用低于矩形风管。这是因为圆形风管本身结构的刚性好，预制管段可以较长，现场安装的工作量相对较少。圆形风管的制作、连接都较矩形风管严密，漏风率大约为 1%，而矩形风管的漏风率有时高达 10%，甚至更高，为防止空气渗漏，需要花去大量人力对每一矩形风管进行检漏和密封。

5.3.2.2　新风口的位置确定

（1）新风口应设在室外较洁净的地点，进风口处室外空气有害物的含量不应大于室内作业地点最高允许浓度的 30%。布置时要使排风口和进风口尽量远离。进风口应低于排出有害物的排风口。

（2）布置时要使排风口和进风口尽量远离。进风口应低于排出有害物的排风口。

（3）为了避免吸入室外地面灰尘，进风口的底部距室外地坪不宜低于 2m；布置在绿化地带时，也不宜低于 1m。

（4）为使夏季吸入的室外空气温度低一些，进风口宜设在建筑物的背阴处，宜设在北墙上，避免设在屋顶和西墙上。

5.3.2.3　新风口的其他要求

（1）进风口应设百叶窗以防雨水进入，百叶窗应采用固定百叶窗，在多雨的地区，采用防水百叶窗。

（2）为防止鸟类进入，百叶窗内宜设金属网。

（3）过渡季使用大量新风的集中式系统，宜设两个新风口，其中一个为最小新风口，其面积按最小新风量计算；另一个为风量可变的新风口，其面积按系统最大新风量减去最小新风量计算（其风速可以取得大一些）。

5.3.3　风管阻力计算

风管内空气流动阻力可分为两种：一种是由于空气本身的黏滞性以及与管壁间的摩擦而产生的沿程能量损失，称为沿程阻力或摩擦阻力；另一种是空气流经局部构件或设备时，由于流速的大小和方向变化造成气流质点的紊乱和碰撞，由此产生涡流而造成比较集中的能量损失，称为局部阻力。

5.3.3.1　沿程阻力（或摩擦阻力）

根据流体力学原理，空气在管道内流动时，沿程阻力按式（5-12）计算。

$$\Delta p_{\mathrm{m}} = \lambda \frac{l}{d} \frac{\rho v^2}{2} \tag{5-12}$$

式中　Δp_{m}——空气在管道内流动时的沿程阻力，Pa；

λ——沿程阻力系数；

ρ——空气密度，kg/m³；

v——管内空气平均流速，m/s；

l——计算管段长度，m；

d——风管直径，m。

因此，圆形风管单位长度的沿程阻力（也称比摩阻）为

$$R_{\mathrm{m}} = \frac{\lambda}{d} \frac{\rho v^2}{2} \tag{5-13}$$

当圆管内为层流状态时，$\lambda = 64/Re$；圆管内为紊流状态时，$\lambda = f(Re, K/d)$，其中 Re 为雷诺数，K 为风管内壁粗糙度，即紊流时沿程阻力系数不仅与雷诺数有关，还与相对粗糙度 K/d 有关。尼古拉兹采用人工粗糙管进行试验得出了沿程阻力系数的经验公式。在空调系统中，风管中空气的流动状态大多属于紊流光滑区到粗糙区之间的过渡区，因此沿程阻力系数可按式（5-14）计算：

$$\frac{1}{\sqrt{\lambda}} = -2\lg\left(\frac{K}{3.7d} + \frac{2.51}{Re\sqrt{\lambda}}\right) \tag{5-14}$$

对于非圆管道沿程阻力的计算，引入当量水力直径 d_{e} 后，所有圆管的计算方法与公式均可适用非圆管，只需把圆管直径换成当量水力直径即可。

$$d_{\mathrm{e}} = 4R = 4 \times \frac{A}{x} \tag{5-15}$$

式中　R——水力半径，m；

A——过流断面的面积，m²；

x——湿周，m。

对于钢板矩形风管，$d_{\mathrm{e}} = \dfrac{2ab}{a+b}$，其中 a、b 分别为矩形风管的长、短边。

在进行风管的设计时，通常利用式（5-13）和式（5-14）制成计算表格或线算图进行计算。这样，若已知风量、管径、流速和比摩阻 4 个参数中的任意两个，即可求得其余两个参数。附录 23 是按照压力 $p = 101.3 \mathrm{kPa}$、温度 $t = 20\mathrm{℃}$、空气密度 $\rho = 1.2 \mathrm{kg/m^3}$、运动黏度 $\nu = 15.06 \times 10^{-6} \mathrm{m^2/s}$、管壁粗糙度 $K \approx 0$ 的条件下绘制的圆形风管的线算图。附录 24 是钢板矩形风管计算表，制表条件 $K = 0.15\mathrm{mm}$，其他条件同附录 23。因此，对于钢板矩形风管的比摩阻，可直接查附录 24 得出，也可将矩形风管折算成当量的圆风管，再用附录 23 的线算图来计算。

5.3.3.2　局部阻力

当空气流过风管的配件、部件和空气处理设备时都会产生局部阻力。局部阻力可按式（5-16）计算。

$$Z = \zeta \frac{\rho v^2}{2} \tag{5-16}$$

式中 *Z*——空气在管道内流动时的局部阻力，Pa；

ζ——局部阻力系数，其值可查附录25。

因此，风管内空气流动阻力等于沿程阻力和局部阻力之和，即

$$\Delta p = \sum(\Delta p_m + Z) = \sum\left(R_m l + \zeta\frac{\rho V^2}{2}\right)$$ (5-17)

5.3.4 绝热层设计

在空调系统中，为了控制送风的温度，减少热量和冷量损失，保证空调的设计运行参数，并为防止其表面因结露而加速传热，以及结露对风道的腐蚀，有必要对通过非空调房间的风管和安装的通风机进行保温。

空调风管常用的保温结构由防腐层、保温层、防潮层、保护层组成。防腐层一般为1～2道防腐漆；保温层目前为阻燃性聚苯乙烯或玻璃纤维板，以及较新型的高倍率独立气泡聚乙烯泡沫塑料板，其具体厚度可参考有关设计手册；保温层和防潮层都要用铁丝或箍带捆扎后，再敷设保护层；保护层可由水泥、玻璃纤维布、木板或胶合包裹后捆扎。

设置风管及制作保温层时，应注意其外表的美观和光滑，尽量避免露天敷设和太阳直晒。保护层应具有防止外力损坏绝热层的能力，并应符合施工方便、防火、耐久、美观等要求，室外设置时还应具有防雨雪能力。

5.3.4.1 保温材料与保温层厚度确定

（1）保温材料 风管的保温材料应具有较低的导热系数，质轻，难燃，耐热性能稳定，吸湿性小，并易于成型等特点。一般通风空调工程中最常用的保温材料有矿渣棉、软木板等，也可用聚氨酯泡沫橡塑作保温材料，其导热系数 $\lambda = 0.03375 + 0.000125t_m$ [W/(m·K)]，式中，t_m 为保温层的平均温度。

（2）保温层厚度与施工 保温层厚度的选择原则上应计算保温层防结露的最小厚度和保温层的经济厚度，然后取其较大值，可参考相关规范推荐值来确定。对于矩形风管、设备以及 $D > 400$mm 的圆形管道，按平壁传热计算保温层厚度。

空调风管的保温层，应根据设计选用的保温材料和结构形式进行施工。为了达到较好的保温效果，保温层的厚度不应超过设计厚度10%或低于5%。保温层的结构应结实，外表平整，无张裂和松弛现象。风管保温前，应把表面的铁锈等污物除净，并刷好防锈底漆或用热沥青和汽油配制的沥青底漆刷敷。

5.3.4.2 风管保温及保冷要求

管道与设备的保温、保冷应符合下列要求。

① 保冷层的外表面不得产生凝结水。

② 冷管道与支架之间应采取防止"冷桥"措施

③ 穿越墙体或楼板处的管道绝热层应连续不断。

5.3.4.3 绝热层的设置

① 设备、直管道、管件等无需检修处宜采用固定式保温结构；法兰、阀门、人孔等处采用可拆卸式的保温结构。

② 绝热层厚度大于100mm 时，绝热结构宜按双层考虑，双层的内外层缝隙应彼此错开。

5.3.4.4 隔气层与保护层的设置

隔气层与保护层的设置应根据保温、保冷材料、使用环境等因素确定，具体如下。

① 采用非闭孔材料保冷时，外表面必须设隔气层和保护层。

② 保温时，外表面应设保护层。

③ 室内保护层可采用难燃型的玻璃钢、铝箔玻璃薄板或玻璃布。

④ 室外空调管道保护层一般采用金属薄板，宜采用 0.5～0.7mm 厚的镀锌钢板或0.3～0.5mm 防锈铝板制成外壳，外壳的接缝必须顺坡搭接，以防雨水进入。

⑤ 室内防潮层可采用阻燃型聚乙烯薄膜、复合铝箔等；条件恶劣时，可采用 CPU 防水防腐敷面材料。

5.3.5　风机的选择与校核

空调风系统风机的选择原则和步骤总结如下。

① 根据通风机输送气体的性质（如清洁空气、含尘、易燃、易爆、腐蚀性气体等）和用途（如一般通风、高温通风、锅炉送引风等），选用不同类型的通风机。

② 根据通风系统管道布置、所需风量和风压，在所选的类型中确定风机的机号、转数、连接方式和出口方向等。所选风机的工作点应在效率曲线的最高点或高效率范围以内，即风机的选用设计工况效率，不应低于风机最高效率的 90%。

③ 选择风机时，一定要注意到通风机性能的标准状况。一般通风机的标准状况为：大气压力为 101325Pa，温度 20℃，相对湿度为 50%，空气密度为 1.2kg/m³。当风机使用工况与风机样本工况不一致时，要进行通风机性能修正。

④ 选择风机时，应考虑到通风管道系统不严密及阻力计算的误差。为使风机运行可靠，系统的风量和压力均应增加 10%～15% 的富裕量。对于一般的送排风系统，采用定转速通风机时，风量附加为 5%～10%、风压附加为 10%～15%，排烟用风机风量附加为 10%。

⑤ 采用变频通风机时，应以系统计算的总压力损失作为额定风压，但风机电动机的功率应在计算值上附加 15%～20%。

⑥ 对噪声控制有一定要求的工程，应力求选择低噪声的风机，或者控制风机圆周速度，使其 $v < 25m/s$。

⑦ 在选择风机时，应尽量避免采用通风机并联或串联工作。当不可避免时，应选用同型号、同性能的通风机参加联合工作。当采用串联时，第一级通风机到第二级通风机间应有一定的管长。

⑧ 风机工况变化时（空气状态变化或处理风量变化），实际所需的电动机功率会有所变化，应注意进行验算，检查样本上配用的电动机功率是否满足要求。

⑨ 输送非标准状态空气的通风、空调系统，应当用实际的容积风量和标准状态下的图表计算出的系统压力损失值来选择通风机型号，当用一般的通风机性能样本选择通风机时，其风量和风压均不应修正，但电动机的轴功率应进行验算。输送烟气时，应按实际情况修正。

【例 5-3】　某直流式空调系统如图 5-22 所示。风管全部采用镀锌钢板制作，已知消声器阻力 50Pa，空调箱阻力 290Pa。试确定该系统的风管断面尺寸和所需的风机风压。

【解】

（1）首先对各管段进行编号，并确定最不利环路为 1—2—3—4—5—6。

（2）根据各管段的风量和选定的流速，确定最不利环路各管段的断面尺寸及沿程阻力和局部阻力，见表 5-12。

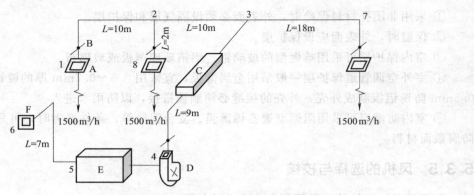

图 5-22 某直流式空调系统

A—孔板送风口；B—风量调节阀；C—消声器；D—风机；E—空调器；F—新风口

表 5-12　控制风速法风管水力计算

管段编号	流量/(m³/h)	长度 l/m	风管尺寸 a×b /mm×mm	流速 v/(m/s)	动压 p_d/Pa	局部阻力系数 Σζ	局部阻力 Z/Pa	比摩阻 R_m /(Pa/m)	摩擦阻力 R_ml/Pa	管段总阻力 R_ml+Z/Pa	备注
1—2	1500	9	320×320	4.07	9.94 0.81 16.22	1.35 13.0 0.1	25.54	0.667	6.0	31.54	
2—3	3000	5	500×320	5.2	16.22	0.27	4.38	0.823	4.16	8.54	
3—4	4500	9	500×400	6.25	23.44 72.90	0.45 0.15	71.4	0.985	8.87	80.27	消声器阻力为 50Pa
4—5	4500						290			290	
5—6	4500	6	500×400	6.25	23.44 9.6	1.14 0.9	35.36	0.985	5.91	41.27	
7—3	1500	13	320×320	4.07	9.94 0.81 23.44	1.15 13.0 0.27	31.27	0.677	8.80	40.07	
8—2	1500	2	320×320	4.07	9.94 0.81 16.22	1.15 13.0 0.42	28.77	0.677	1.35	30.12	

管段 1—2：

风量 $L_1 = 1500\text{m}^3/\text{h}$，初选风速 $v_1 = 4\text{m/s}$，查附录 24 得断面尺寸为 $320\text{mm} \times 320\text{mm}$，则实际流速为

$$v_1 = \frac{L_1}{3600F_1} = \frac{1500}{3600 \times 0.32 \times 0.32} = 4.07(\text{m/s})$$

$R_m = 0.667\text{Pa/m}$（采用内插法求得）

故该段摩擦阻力为

$$\Delta p_{m1-2} = R_m l = 0.667 \times 9 = 6.0(\text{Pa})$$

又因孔板送风口，则风口面风速为

$$v = \frac{1500}{3600 \times 0.6 \times 0.6} = 1.16(\text{m/s})$$

与其对应的动压为

$$\frac{\rho v^2}{2} = \frac{1.2 \times 1.16^2}{2} = 0.81 (\text{Pa})$$

根据孔板净孔面积比为 0.3，查附录 25 得 $\zeta = 13$，则该风口局部阻力 $Z = 13 \times 0.81 = 10.5\text{Pa}$。

同理，查附录 25 可得接送风口的渐扩管：$\alpha = 45°$，$\zeta = 0.9$。

90° 矩形弯头：$R/b = 1.0$，$a/b = 1.0$，$\zeta = 0.2$。

多叶风量调节阀：全开时，$\zeta = 0.25$。

三通直通：$\dfrac{L_2}{L_1} = 0.5$，$\dfrac{F_2}{F_1} = 0.64$，$\zeta = 0.10$（对应总管流速）。

因此，该管段局部阻力为

$$Z_{1-2} = 10.5 + (0.9 + 0.2 + 0.25) \times \frac{1.2 \times 4.07^2}{2} + 0.1 \times \frac{1.2 \times 5.2^2}{2} = 25.54 (\text{Pa})$$

管段 2—3：

风量为 3000m³/h，断面尺寸为 320mm×500mm，实际流速为 $v = 5.2\text{m/s}$。

由附录 24 查得该管段的单位长度摩擦阻力为：$R_m = 0.823\text{Pa/m}$（采用内插法求得）。
故该段摩擦阻力为

$$\Delta p_{m2-3} = R_m l = 0.823 \times 5 = 4.16 (\text{Pa})$$

查附录 25，得分叉三通 $\zeta = 0.27$，故该管段局部阻力为 $Z_{2-3} = 0.27 \times 16.22 = 4.38 (\text{Pa})$。

管段 3—4：

风量为 4500m³/h，断面尺寸为 400mm×500mm，实际流速 $v = 6.25\text{m/s}$。

查附录 24 得该段沿程比摩阻 $R_m = 0.985\text{Pa/m}$，则该段沿程阻力为

$$\Delta p_{m3-4} = R_m l = 0.985 \times 9 = 8.87 (\text{Pa})$$

已知消声器阻力 50Pa。

90° 矩形弯头：$R/b = 1.0$，$a/b = 0.8$，$\zeta = 0.2$。

多叶风量调节阀：全开时，$n = 3$，$\zeta = 0.25$。

初选风机为 4-72-11-NO4.5A，出口断面尺寸为 315mm×360mm，故渐扩断面为 315mm×360mm 至 400mm×500mm，取其长度 360mm，此时 $\alpha = 22℃$。查得风机出口变径管的局部阻力系数 $\zeta = 0.15$（对应小头流速）。该管段局部阻力为

$$Z_{3-4} = 50 + (0.2 + 0.25) \times \frac{1.2 \times 6.25^2}{2} + 0.15 \times \frac{1.2}{2} \left(\frac{4500}{3600 \times 0.315 \times 0.36} \right)^2 = 71.4 (\text{Pa})$$

管段 4—5：

该段为空调箱，风量为 4500m³/h。

空调箱阻力为 290Pa。

管段 5—6：

风量为 4500m³/h，断面尺寸为 400mm×500mm，实际流速 $v = 6.25\text{m/s}$。

查附录 24，得 $R_m = 0.985\text{Pa/m}$，故该段沿程阻力为 $\Delta p_{m5-6} = 0.985 \times 6 = 5.91 (\text{Pa})$。

又因渐缩管：$\alpha \leqslant 45°$，查得 $\zeta = 0.1$。

90° 弯头 2 个：查得 $\zeta = 0.2 \times 2$。

突扩管：查得 $\zeta = 0.64$。

新风入口选用固定百叶窗，其外形尺寸为 630mm×500mm，面风速为

$$v=\frac{4500}{3600\times 0.63\times 0.5}=4(\text{m/s})$$

查得 $\zeta=0.9$（对应面风速）。

故该段局部阻力 $Z_{5-6}=0.9\times 9.6+1.14\times 23.44=35.36(\text{Pa})$

（3）支路计算与阻力平衡。

管段 7—3：

风量为 $1500\text{m}^3/\text{h}$，断面尺寸为 $320\text{mm}\times 320\text{mm}$，实际流速 $v=4.07\text{m/s}$。

查得 $R_m=0.677\text{Pa/m}$，故沿程阻力 $\Delta p_{m7-3}=0.677\times 13=8.80(\text{Pa})$。

又因孔板送风口（与管段 1—2 相同）：$\zeta=13$。

渐缩管（扩角 $45°$）：$\zeta=0.9$。

多叶风量调节阀：$\zeta=0.25$。

渐缩管：$\zeta=0.1$。

弯头：$\zeta=0.2$。

分流三通：$\zeta=0.27$。

所以，该管段局部阻力为

$$Z_{7-3}=0.81\times 13.0+1.15\times 9.94+0.27\times 23.44=28.29(\text{Pa})$$

管段 8—2：

风量为 $150\text{mm}^3/\text{h}$，断面尺寸为 $320\text{mm}\times 320\text{mm}$，实际流速 $v=4.07\text{m/s}$。

因 $R_m=0.677\text{Pa/m}$，故沿程阻力 $\Delta p_{m8-2}=0.677\times 2=1.35(\text{Pa})$。

又因孔板送风口：$\zeta=13.0$。

接孔板的渐扩管：$\zeta=0.9$。

多叶风量调节阀：$\zeta=0.25$。

三通分支管：$\zeta=0.42$（对应总管流速）。

所以，该管段局部阻力

$$Z_{8-2}=13.0\times 0.81+1.15\times 9.94+0.42\times 16.22=28.77(\text{Pa})$$

验算并对各并联管段进行阻力平衡。

管段 1—2 总阻力 $\quad \Delta p_{1-2}=6.0+25.54=31.54(\text{Pa})$

管段 8—2 总阻力 $\quad \Delta p_{8-2}=1.35+28.77=30.12(\text{Pa})$

则 $\dfrac{\Delta p_{1-2}-\Delta p_{8-2}}{\Delta p_{1-2}}=\dfrac{31.54-30.12}{31.54}=0.045=4.5\% < 15\%$，两管路的阻力平衡达到要求。

对另一并联支路：管路 1—2—3 与管路 7—3。

管段 1—2—3 的总阻力 $\Delta p_{1-3}=31.54+8.54=40.08(\text{Pa})$

管段 7—3 的总阻力为 $\Delta p_{7-3}=8.80+31.27=40.07(\text{Pa})$

则 $\dfrac{\Delta p_{1-3}-\Delta p_{7-3}}{\Delta p_{1-3}}=\dfrac{40.08-40.07}{40.08}=0.02\% < 15\%$，两管路的阻力平衡已达到要求。

（4）系统总阻力的计算与风机的选择。

系统总阻力为最不利环路 1—2—3—4—5—6 的阻力之和，即

$$\Delta p=\Delta p_{1-2}+\Delta p_{2-3}+\Delta p_{3-4}+\Delta p_{4-5}+\Delta p_{5-6}=453.62(\text{Pa})$$

故根据系统总风量及计算阻力选用风机型号为 4-72-11NO4.5A 右 $90°$，其性能如下：风量 $L=1.275\text{m}^3/\text{s}$；风压 $\Delta p=510\text{Pa}$；转速 $n=1450\text{r/min}$；功率 $N=1.1\text{kW}$。

5.4　空调系统的消声、隔振与防火、防排烟设计

建筑环境均受到空调、通风、给排水、电气等设备在运行时产生的噪声和振动影响，其中又以空调系统产生的噪声和振动影响最大，严重时会影响人体健康。因此空调噪声的研究及防治已经受到社会各界的广泛关注。

5.4.1　噪声标准与常用消声降噪装置

5.4.1.1　噪声及其物理量度

（1）声音和噪声的基本概念　声音由声源、声波及听觉器官的感知三个环节组成。物理学中，声源指物质的振动，如固体的机械运动、流体振动（水的波涛、空气的流动声）、电磁振动等。在声源的作用下，使周围的物质（如空气）质点获得能量产生了相应的振动，质点的振动能量以疏、密波的形式向外传播，产生振动的振源频率在 20～20000Hz（赫兹）之间时，人可以听到它，称为声波。

波长 λ、声速 c 和频率 f 是声波的三个基本物理量。声波在介质中的传播速度称为声速 $c(\mathrm{m/s})$，不同介质中的声速相差很大，常温下，声波在空气中的传播速度为 340m/s，橡胶中的声速为 40～50m/s。声波的两个相邻密集和相邻稀疏状之间的距离为波长 $\lambda(\mathrm{m})$。声波每秒振动的次数为频率 $f(\mathrm{Hz})$。三者之间的关系是

$$\lambda = \frac{c}{f}$$

（5-18）

一般把低于 500Hz 的声音称为低频声；500～1000Hz 的声音称为中频声；1000Hz 以上的声音称为高频声。低频声低沉，高频声尖锐。人耳最敏感的频率为 1000Hz。低于 20Hz 的波动称为次声波，高于 20000Hz 的波动称为超声波。振源频率低于 20Hz 或高于 20000Hz 时，人无法听到。

从声学角度，一般把声音分为纯音、复声和噪声。各种不同频率和声强的声音无规律地组合在一起就成为噪声。但就广义而言，凡是对某项工作是不需要的、有妨碍的或使人烦恼、讨厌的声音都称为噪声。噪声也是一种声波，具有声波的一切特性。人们在有强烈噪声的环境中长期工作会影响身体健康和降低工作效率。对于一些特殊的工作场所（如播音室、录音室等），若有噪声，则将无法正常工作。

工业噪声主要有空气动力噪声、机械噪声、电磁噪声。空气动力噪声是由空气振动而产生的，如当空气流动产生涡流或者发生压力突变时引起气流扰动而产生的噪声；机械噪声是由固体振动而产生的；电磁噪声是由于电动机的空隙中交变力的相互作用而产生的。随着现代工业的高速发展，工业和交通运输业的机械设备都向着大型、高速、大动力方向发展，所引起的噪声，已成为环境污染的主要公害之一。

（2）噪声的物理量度

① 声压、声强和声功率。

a. 声压。声波传播时，由于空气受到振动而引起的疏密变化，使在原来的大气压强上叠加了一个变化的压强，这个叠加的压强被称为声压，也就是单位面积上所承受的声音压力的大小，符号表示为 p，单位为 Pa。在空气中，当声频为 1000Hz 时，人耳可感觉的最小声压称为听阈声压 p_0。通常把 p_0 作为比较的标准声压，也称为基准声压，其值为 2×10^{-5} Pa；人耳可

忍受的最大声压称为痛阈声压，其值为 20Pa。声压表示声音的强弱，可以用仪器直接测量。

b. 声强。声波在介质中的传播过程，实际上就是能量的传播过程。在垂直于声波传播方向的单位面积上，单位时间通过的声能，称为声强，符号表示为 I，单位为 W/m^2。相应于基准声压的声强称为基准声强（I_0），其值为 $10^{-12} W/m^2$；相应于痛阈声压，人耳可忍受的最大声强为 $1W/m^2$。

c. 声功率。它是表示声源特性的物理量。单位时间内声源以声波形式辐射的总能量称为声功率，符号表示为 W，单位为 W。基准声功率 W_0 为 $10^{-12} W$。

② 声压级、声强级与声功率级。从听阈声压到痛阈声压，绝对值相差 100 万倍，说明人耳的可听范围是很宽的。由于这个范围内的声压、声强和声功率变化很大，在测量和计算时很不方便。而且人耳对声压变化的感觉具有相对性，例如声压从 0.01Pa 变化到 0.1Pa 与从 1Pa 变化到 10Pa 相比，虽然两者声压增加的绝对值不同，但由于两者声压增加的倍数相同，人耳对这两种声音增强的感觉却是相同的。因此，为了便于表达，声音的量度采用对数标度，即以相对于基准量的比值的对数来表示，其单位为 B（贝尔），又为了更便于实际应用，采用 B 的十分之一，即 dB（分贝）作为声音量度的常用单位。也就是说，声音是以级来表示其大小的，即声压级、声强级和声功率级。

a. 声压级。声压 p 与基准声压 p_0 之比的常用对数的 20 倍称为声压级 L_p，即

$$L_p = 20\lg \frac{p}{p_0} \text{（dB）} \tag{5-19}$$

由式（5-19）可知，听阈声压级为

$$L_p = 20\lg \frac{p}{p_0} = 20\lg \frac{2 \times 10^{-5}}{2 \times 10^{-5}} = 0 \text{（dB）}$$

痛阈声压级为

$$L_p = 20\lg \frac{p}{p_0} = 20\lg \frac{20}{2 \times 10^{-5}} = 120 \text{（dB）}$$

由此可见，从听阈到痛阈，由 100 万倍的声压变化范围缩小成声压级 0～120dB 的变化范围，简化了声压的量度。应该指出，声压级是表示声场特性的，其大小与测点到声源的距离有关。

b. 声强级。声强 I 与基准声强 I_0 之比的常用对数的 10 倍称声强级 L_I，即

$$L_I = 10\lg \frac{I}{I_0} \text{（dB）} \tag{5-20}$$

由于声强与声压有如下的关系：

$$I = \frac{p^2}{\rho c}$$

式中 ρ——空气密度；

      c——速度。

所以声强级与声压级在分贝上相等，即

$$L_I = 10\lg \frac{I}{I_0} = 10\lg \frac{p^2}{p_0^2} = L_p$$

c. 声功率级。声功率 W 与基准声功率 W_0 之比的常用对数的 10 倍称声功率级 L_W，即

$$L_W = 10\lg \frac{W}{W_0} \text{（dB）} \tag{5-21}$$

声功率级直接表示声源发射能量的大小。

③ 声波的叠加。由于量度声波的声压级、声强级和声功率级都是以对数为标度的，因此当有多个声源同时产生噪声时，其合成的噪声级应按对数法则进行运算。

当 n 个不同的声压级 L_{p1}、L_{p2}、…、L_{pn} 叠加时，总声压级 $\sum L_p$ 为

$$\sum L_p = 10\lg(10^{0.1L_{p1}} + 10^{0.1L_{p2}} + \cdots + 10^{0.1L_{pn}}) \text{（dB）} \tag{5-22}$$

当两个声源的声压级不相同时，如果声压级之差为 D（$D = L_{p1} - L_{p2}$），则由式（5-22）可知，两个声压级叠加后的总声压级为

$$\sum L_p = L_{p1} + 10\lg(1 + 10^{-0.1D}) \text{（dB）} \tag{5-23}$$

由式（5-23）可知，当两个声源的声压级相同，叠加后仅比单个声源的声压级大 3dB。

5.4.1.2　室内噪声标准

（1）噪声评价曲线　由于人耳对不同频率的噪声敏感程度不同，对不同频率的噪声控制措施也不同，为方便起见，人们把宽广的声频范围划分为若干个频段，称为频程或频带。每一个频程都有其中心频率和频率范围。在空调工程的噪声控制技术中，用的是倍频程。所谓倍频程，是指中心频率成倍增加的频程，即两个中心频率之比为 2∶1。目前通用的倍频程中心频率有 10 个，在噪声控制技术中，只用中间 8 段，表 5-13 给出了这 8 段的中心频率和频率范围。

表 5-13　倍频程的中心频率和频率范围　　　　　　　　　　　Hz

中心频率	63	125	250	500	1000	2000	4000	8000
频率范围	45～90	90～180	180～355	355～710	710～1400	1400～2800	2800～5600	5600～11200

为满足生产的需要和消除对人体的不利影响，需对各种不同场所制定出允许的噪声级，称为噪声标准。将空调区域的噪声完全消除不易做到，也没有必要。制定噪声标准时，应考虑技术上的可行性和经济上的合理性。

目前我国采用国际标准组织制定的噪声评价曲线，即 N（或 NR）曲线作标准，如图 5-23 所示。图中 N（或 NR）值为噪声评价曲线号，即中心频率 1000Hz 所对应的声压分贝值。考虑到人耳对低频噪声不敏感，以及低频噪声消声处理较困难的特点，图 5-23 中低频噪声的允许声压级分贝值较高；而高频噪声的允许声压级分贝值较低。噪声评价曲线号 N 和声级计"A"挡读数 L_A [dB(A)] 的关系为 $N = (L_A - 5)$dB。

（2）空调房间的允许噪声标准　空调房间的噪声标准主要是保护人的听力和保证交谈和通信的质量。噪声对听觉的危害与噪声的强度、频率以及持续时间等因素有关。国际标准组织提出的噪声容许标准规定为：每天工作 8h，容许连续噪声的噪声级为 90dB；根据作用时间减半，容许噪声能量可加倍的原则，每天工作 4h，容许噪声级

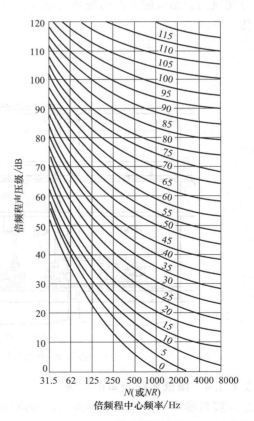

图 5-23　噪声评价曲线

为 93dB；但任何情况下，不得超过 115dB。

有消声要求的空调房间大致可分为两类：一类是生产或工作过程对噪声有严格要求的房间，如广播电台和电视台的演播室、录音室，这类房间的噪声标准应根据使用需求由工艺设计人员提出，经有关方面协商；另一类是在生产或工作过程中要求给操作人员创造适宜的声学环境的房间。室内允许噪声标准如表 5-14 所示。

表 5-14　室内允许噪声标准   dB

建筑物性质	噪声评价曲线 N 号	声级计 A 挡读数（L_A）
电台、电视台的播音室	20～30	25～35
剧场、音乐厅、会议室	20～30	25～35
体育馆	40～50	45～55
车间（根据不同用途）	45～70	50～75

5.4.1.3　空调系统的噪声源

空调工程中主要的噪声源是通风机、制冷机、水泵和机械通风冷却塔等。通风机噪声主要是通风机运转时的空气动力噪声（包括气流涡流噪声、撞击噪声和叶片回转噪声）和机械性噪声。其频率为 200～800Hz，即处于中、低频范围。噪声的大小主要与通风机的构造、型号、转速以及加工质量等有关。除此之外，还有一些其他的气流噪声，如风管内气流引起的管壁振动，气流遇到障碍物（阀门、弯头等）产生的涡流以及出风口风速过高等都会产生噪声。

图 5-24 是空调系统的噪声传播情况。从图中可见，噪声除由风管传入室内外，还可通过建筑围护结构的不严密处传入室内；设备的振动和噪声也可通过地基、围护结构和风管壁传入室内。

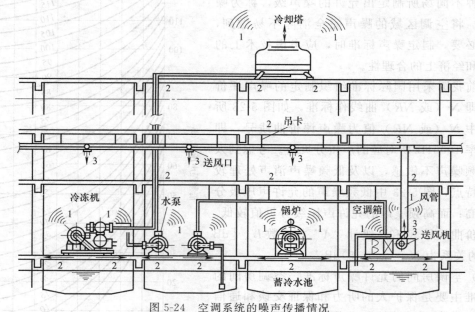

图 5-24　空调系统的噪声传播情况

1—空气传声；2—振动引起的固体传声；3—由风管传播的风机噪声

5.4.1.4　降低系统噪声的措施

降低噪声一般应注意到声源、传声途径和工作场所的吸声处理三个方面，但以在声源将噪声降低最为有效。对于风机而言，为了降低噪声，应该注意以下几点。

① 选用高效率低噪声的风机。尽可能采用后倾叶片的离心式风机，应使其工作点位于或接近于风机的最高效率点，此时风机产生的噪声功率最小。

② 当系统风量一定时，选用风机压头安全系数不宜过大，必要时选用送风机和回风机共同负担系统的总阻力。

③ 通风机进出口处的管道不得急剧转弯，通风机尽量采用直联或联轴器传动。

④ 通风机进出口处的管道应装设柔性接管。

另外，在设计空调工程送、回风管路时，每个送回风系统的总风量和阻力不宜过大。必要时可以把大风量系统分成几个小系统。尽可能加大送风温差，以降低风机风量，从而降低风机叶轮外周的线速度，降低风机的噪声。应尽可能避免风管道急剧转弯产生涡流引起再生噪声。风管上的调节阀不仅会增加阻力，也会增加噪声，应尽可能少装。风管内的空气流速应按规定选用，从通风机到使用房间的管内流速应逐渐降低。消声器后面的流速不能大于消声器前的流速。必要时，弯头和三通支管等处，应装设导流片。

当采取上述措施并考虑了管道系统的自然衰减作用后，如还不能满足空调房间对噪声要求，应考虑采用消声器。

5.4.1.5　常用消声降噪装置

在管道系统设置消声器是控制系统噪声的重要措施。消声器是一种在允许气流通过的同时，又能有效衰减噪声的装置。空调系统中消声器主要是降低和消除通风机的噪声沿送、回风管道传入室内或传向周围环境。

空调系统所用的消声器有多种形式，根据消声原理的不同大致可分为阻性消声器、抗性消声器、共振性消声器和宽频程复合式消声器四大类。

（1）阻性消声器　阻性消声器的消声原理是借助装置在送、回风管道内壁上或在管道中按一定方式排列的吸声结构的吸声作用，使沿管道传播的声能部分转化为热能而消耗掉，从而达到消声的目的，它对中频和高频噪声具有良好的吸声效果。吸声材料多为疏松或多孔性的，如超细玻璃棉、开孔型聚氨酯泡沫塑料、微孔吸声砖以及木丝板等。常用阻性消声器有管式、片式、蜂窝（格）式、小室式、折板式、声流式等，图 5-25 为常见阻性消声器外观，图 5-26 为常见阻性消声器结构。

(a)管式消声器　　(b)片式消声器　　(c) 蜂窝式消声器　　(d)小室式消声器　　(e)折板式消声器

图 5-25　常见阻性消声器外观

(a)管式　　(b)片式　　(c)蜂窝式　　(d)小室式　　(e)折板式　　(f)声流式

图 5-26　常见阻性消声器结构

① 管式消声器。管式消声器是一种最简单的阻性消声器，它仅在管壁内周贴上一层吸声材料即可制成，故又称"管衬"，如图 5-25 (a)、图 5-26 (a) 所示。

管式消声器制作方便，阻力小，但只适用于断面较小的风管，直径一般不大于 400mm。当管道断面面积较大时，将会影响对高频噪声的消声效果。这是由于高频声波波长短，在管内以窄束传播，当管道断面积较大时，声波与管壁吸声材料的接触减少，从而使消声量骤减。

② 片式、蜂窝式（格式）消声器。为了改善对高频声的消声效果，可将大断面风管的断面划分成几个格子，就成为片式 [见图 5-25 (b)、图 5-26 (b)] 或蜂窝式（格式）消声器 [见图 5-25 (c)、5-26 (c)]。

片式消声器应用比较广泛，它构造简单，对中、高频吸声性能较好，阻力也不大。格式消声器具有同样的特点，但因要保证有效断面不小于风管断面，故体积较大。这类消声器的空气流速不宜过高，以防气流产生湍流噪声而使消声无效，同时增加了空气阻力。

片式消声器的片距一般为 100～200mm，蜂窝式消声器的每个通道约为 200mm×200mm，吸声材料厚度一般为 100mm 左右。

③ 小室式消声器。在大容积的箱（室）内表面粘贴吸声材料，并错开气流的进、出口位置，就构成小室式消声器 [见图 5-25 (d) 和图 5-26 (d)]。图 5-27 (a) 所示为小室式消声器的基本形式，多室式消声器又称为迷宫式消声器，如图 5-27 (b) 所示。它们的消声原理除了主要的阻性消声作用外，还因气流断面变化而具有一定的抗性消声作用。小室式消声器的特点是吸声频程较宽，安装维修方便，但阻力大，占空间大。

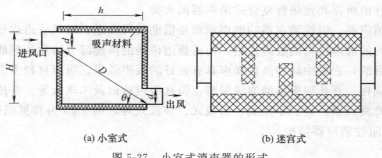

(a) 小室式   (b) 迷宫式

图 5-27　小室式消声器的形式

④ 折板式、声流式消声器。将片式消声器的吸声板改制成曲折式，就成为折板式消声器，如图 5-25 (e)、图 5-26 (e) 所示。声波在折板内往复多次反射，增加了与吸声材料接触的机会，从而提高了中、高频噪声的消声量，但折板式消声器的阻力比片式消声器的阻力大。

为了使消声器既具有良好的吸声效果，又具有尽量小的空气阻力，可将消声器的吸声片横截面制成正弦波状或近似正弦波状，这种消声器称为声流式消声器，如图 5-26 (f) 所示。

图 5-28　抗性消声器结构示意图

（2）抗性消声器　如图 5-28 所示，抗性消声器由管和小室相连而成。它是利用风管截面的突然扩张、收缩或旁接共振腔，使沿风管传播的某些特定频率或频段的噪声，在突变处返回声源方向而不再向前传播，从而达到消声的目的，又称膨胀性消声器。为保证一定的消声效果，消声器的膨胀比（大断面与小断面面积之比）应大于 5。

抗性消声器对中、低频噪声有较好的消声效果，且结构简单；另外，由于不使用吸声材料，因此不受高温和腐蚀性气体的影响。但这种消声器消声频程较窄，空气阻力大，占用空间多，一般宜在小尺寸的风管上使用。

（3）共振式消声器　如图 5-29 所示，共振式消声器在管道上开孔，并与共振腔相连。在声波作用下，小孔孔颈中的空气像活塞似的往复运动，使共振腔内的空气也发生振动，这样，穿小孔孔径处的空气柱和共振腔内的空气构成了一个共振吸声结构［见图 5-29（b）］。它具有由孔颈直径（d）、孔颈厚（t）和腔深（D）所决定的固有频率。当外界噪声的频率和共振吸声结构的固有频率相同时，会引起小孔孔颈处空气柱强烈共振，空气柱与颈壁剧烈摩擦，从而消耗了声能，起到消声的作用。这种消声器具有较强的频率选择性，消声效果显著的频率范围很窄，一般用以消除低频噪声，具有空气阻力小，不用吸声材料的特点。

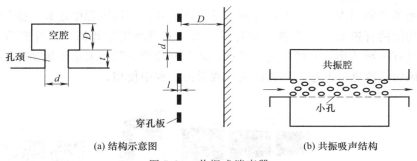

(a) 结构示意图　　　　　　(b) 共振吸声结构

图 5-29　共振式消声器

（4）宽频程复合式消声器　为了在较宽的频程范围内获得良好的消声效果，可把阻性消声器对中、高频噪声消除显著的特点，与抗性或共振性消声器对消除低频噪声效果显著的特点进行组合，设计出了复合型消声器。如阻抗复合式消声器、阻抗共振复合式消声器以及微孔板消声器等。

阻抗复合式消声器是按阻性与抗性两种消声原理通过适当的结构复合起来而构成的。常用的阻抗复合式消声器有"阻性—扩张室复合式"消声器、"阻性—共振腔复合式"消声器、"阻性—扩张室—共振腔复合式"消声器以及"微穿孔板"消声器。在噪声控制工作中，对一些高强度的宽频带噪声，几乎都采用这几种复合式消声器来消除，图 5-30 所示为常见的一些阻抗复合式消声器。

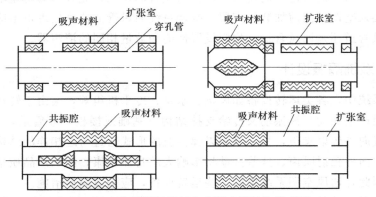

图 5-30　常见的阻抗复合式消声器结构示意图

微穿孔板消声器是一种特殊的消声结构，它利用微穿孔板吸声结构制成，是我国噪声控制工作者研制成功的一种新型消声器，如图 5-31 所示。微穿孔板的板厚和孔径均小于1.0mm，微孔有较大的声阻，吸声性能好，并且由于消声器边壁设置共振腔，微孔与共振腔组成一个共振系统，通过选择微穿孔板上的不同穿孔率与板后的不同腔深，能够在较宽的频率范围内获得良好的消声效果。又因其不使用消声材料，因此不起尘，一般多用于有特殊要求的场合，如高温、高速管道及净化空调系统中。

(a) 单层微孔板消声器　　　　　　　　　　　(b) 双层微孔板消声器

图 5-31　两种微孔板消声器结构示意图

（5）其他形式的消声器　除上述各种常见消声器外，空调工程中还有一些经过适当处理后兼有消声功能的管道部件和装置，如消声弯头、消声静压箱和消声百叶窗等，如图 5-32所示。它们具有一物两用、节约空间的特点，适合位置受到限制无法设置消声器的场合，或者在对原有风管系统进行改造，以提高消声效果的工程中使用。

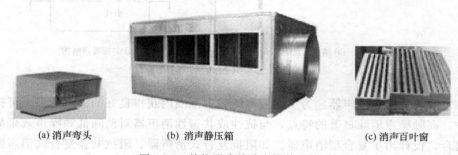

(a) 消声弯头　　　　　　　　(b) 消声静压箱　　　　　　　　(c) 消声百叶窗

图 5-32　其他形式的消声器外观图

（6）消声器的应用　当空调系统所需的消声量确定后，可根据具体情况（如消声器配置的环境和部位）选择消声器的形式，然后根据已知的通风量、消声器设计流速和消声量，确定消声器的型号和数量。

消声器一般设置在靠近通风机侧气流稳定的管段上，且不宜设在空调机房内。否则机房噪声会传给消声器后面的管道，而使消声器失去应有的作用；此外，为防止空调房间互相串声，宜在管道接入空调房间前加装消声器。空调系统回风管的消声处理也不应忽视，在系统内，无论是送风管道还是回风管道，均应设置性能和数量相同的消声器。

5.4.2　空调系统隔振设计

通风空调系统中，各类运转设备如风机、水泵、冷水机组等，会由于转动部件的质量中心偏离轴中心而产生振动，该振动又传给支撑结构（基础或楼板）或管道，引起后者振动。振动一方面直接向外辐射噪声，另一方面以弹性波的形式通过与之相连的结构向外传播，并在传播的过程中向外辐射噪声。这些振动将影响人的身体健康，影响产品质量，有时还会破坏支承结构。因此，通风空调系统中的一些运转设备，应采取隔振措施。

减弱空调装置振动的办法是：在设备基础处安装与基础隔开的弹性构件，如弹簧、橡胶、软木等，以减轻通过基础传出的振动力，称之为积极隔振法，空调装置的隔振都属积极隔振；属于工艺自身隔振的装置，如精密仪器、仪表等，防止外界振动对装置带来影响而采取措施，被称作消极隔振法。

5.4.2.1　隔振材料及隔振装置

　　隔振材料的品种很多，有软木、橡胶、玻璃纤维板、毛毡板、金属弹簧和空气弹簧等。在空调工程中，最为常用的隔振材料是橡胶及金属弹簧，或两者合成的隔振装置。以下为空调工程中常用的隔振装置。

　　（1）弹簧隔振器　弹簧隔振器是由单个或数个相同尺寸的弹簧加铸铁或塑料护罩构成，图 5-33 为弹簧隔振器的构造示意图。由于弹簧隔振器结构简单，加工容易，固有频率低，静态压缩量大，承载能力大，性能稳定、可靠，安装方便，隔振效果好，使用寿命长，具有良好的耐油性、耐老化性和耐高低温性能，因此应用广泛。但它的阻尼比小，容易传递高频振动，并在运转启动时转速通过共振频率会产生共振，水平方向的稳定性较差，价格较贵。如果将弹簧隔振器与橡胶组合起来使用，减振效果会更好。

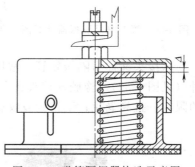

图 5-33　弹簧隔振器构造示意图

　　（2）橡胶隔振装置　橡胶是一种常用的隔振材料，弹性好、阻尼比大、成型简单、造型和压制方便，可多层叠合使用，能降低固有频率且价格低廉。但橡胶不耐低温和高温，易老化，使用年限较短，这些缺点也限制了它的应用范围。做隔振用的橡胶主要是采用经硫化处理的耐油丁腈橡胶制成，主要有橡胶隔振垫和橡胶隔振器两种，分别属于压缩型和剪切型橡胶隔振装置，如图 5-34 所示。

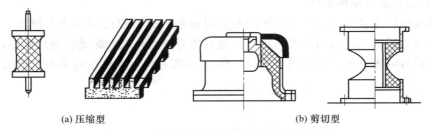

(a) 压缩型　　　　　　　　　　　　(b) 剪切型

图 5-34　不同形式的橡胶隔振器结构示意图

　　（3）弹簧与橡胶组合隔振器　当采用橡胶隔振装置满足不了隔振要求，采用弹簧隔振器阻尼又不足时，可采用弹簧与橡胶组合隔振器。这类隔振器有并联、串联及复合型等形式，如图 5-35 所示。

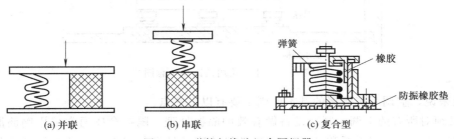

(a) 并联　　　　　　(b) 串联　　　　　　(c) 复合型

图 5-35　弹簧与橡胶组合隔振器

图 5-36 弹簧悬吊隔振器外观图

（4）悬吊隔振器 悬吊隔振器又称隔振吊架，主要用于悬吊安装的设备、装置和管道的隔振，以减少设备、装置和管道传递给悬吊支承结构（如楼板）的振动。其形式有弹簧悬吊隔振器和橡胶悬吊隔振器两种。图 5-36 所示为 ZTW 型阻尼弹簧悬吊减振器。悬吊隔振器结构简单，刚度低，隔振效果好，安装比较方便。

（5）软接头 为了消除或减少冷（热）水机组、水泵、风机和空调设备通过所连接水管或风管向外传递的振动，通常在这些设备的冷热流体进出口与管道的连接处设置软接头来过渡，使设备与管道的刚性连接变为柔性连接。

软接头又称为隔振软管，常用的有橡胶挠性接管（俗称橡胶软接头）和不锈钢波纹管两种（见图 5-37）。橡胶软接头具有弹性好，位移量大，吸振能力强等特点，但受水温和水压的限制，且易老化；不锈钢波纹管能耐高温、高压、耐腐蚀，经久耐用，但价格较高。

(a) KXT型可曲挠橡胶软接头　　　　　　　　(b) JZ型不锈钢波纹管

图 5-37 软接头外观图

5.4.2.2 空调系统的隔振设计

空调系统的隔振设计应包括设备隔振和管道隔振。设备隔振包括冷水机组、空调机组、水泵、风机（包括落地式和吊装式风机）以及其他可能产生较大振动设备的隔振；管道隔振主要是防止设备的振动通过管道进行传递。图 5-38 所示为水泵机组的减振示意图。

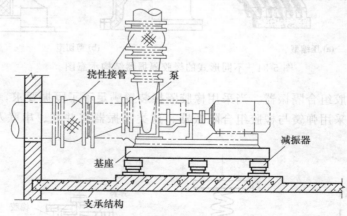

图 5-38 水泵机组的减振示意图

一般来说，空调系统隔振的基本原则主要有以下几点。

① 必须对所有的空调、制冷设备做有效的隔振处理。隔振台座通常采用钢筋混凝土预制件或型钢架，可采用平板和 T 形两种，其尺寸应满足设备安装（包括地脚螺栓长度）的

要求。当设备重心较低时，宜采用平板型；当设备重心较高时，宜采用 T 形。尽可能增加隔振台座的重量，一般以 2～5 倍的机器重量为宜。对于地震区，应有防止隔振台座水平位移的措施。

② 冷水机组等重量较大（数吨以上）的设备，可以不设隔振台座，设备直接设于隔振器上。每个设备所配的减振器设置数量宜为 4 个，最多不应超过 6 个，且每个减振器的受力及变形应均匀一致。空调机组可直接采用橡胶隔振垫隔振。

③ 隔振要求高的设备（如风机）吊装时，应采用金属弹簧或金属弹簧-橡胶复合型隔振吊钩；隔振要求较小的设备（如风机盘管等）吊装时，若有必要，可采用橡胶隔振吊钩。冷热源机房的上层为噪声和振动要求标准较高的房间时，机房内水管宜采用橡胶隔振吊钩吊装。

④ 一般管道隔振是通过设备与管道之间的软连接实现的，软管可以起到温度、压力和安装的补偿作用。通风机出风口或回风口与管道之间的连接一般可采用人造革材料或帆布材料制作的软接头；清水泵的进出水管上可设置各种橡胶软管；而对于管内高温、高压和氟利昂介质的冷冻机、水泵和空压机等则采用不锈钢的全金属波纹软管，都可以起到较好的隔振效果。软接双向配置软管的降噪效果比单向的要好；管道的固定方式对降噪影响很大。

5.4.3　空调建筑的防火与防排烟设计

当今世界很多重、特大火灾事故造成人员大量伤亡和财产的重大损失，主要是火灾现场中的浓烟与烈焰，因此人们日益重视建筑防火与防排烟问题，而空调系统的防火与防排烟是建筑防火设计的重要组成部分。空调设计中如果不充分考虑防火与防排烟，就会留下危险隐患，使空调系统可能成为火灾及烟气蔓延的通道。控制火灾烟气的目的是使烟气合理流动，不向疏散通道、安全区和非着火区流动，以使发生火灾时人们能安全疏散。

5.4.3.1　建筑设计的防火分区和防排烟分区

空调系统的防火与防排烟设计与建筑设计的防火分区和防排烟分区密切相关。

（1）防火分区　防火分区是指采用防火分隔措施划分出的，能在一定时间内防止火灾向同一建筑的其余部分蔓延的局部区域（空间单元）。其目的是有效地把火势控制在一定的范围内，减少火灾损失，同时可以为人员安全疏散、灭火、扑救提供有利条件。

防火分区可分为两类：一类为垂直防火分区，用以防止多层或高层建筑物层与层之间竖向发生火灾蔓延，通常采用具有一定耐火极限的楼板将上下层分开。在建筑设计中通常规定楼梯间、通风竖井、风管道空间、电梯井、自动扶梯升降通路等形成"竖井"的部分都要作为防火分区。另一类为水平防火分区，用以防止火灾在水平方向扩大蔓延，通常用防火墙、防火门、防火卷帘等防火分隔物将各楼层在水平方向分隔。

（2）防排烟分区　防烟分区是为有利于建筑物内人员安全疏散和有组织排烟而采取的技术措施。依靠防烟分区，使烟气封闭于设定空间，通过排烟设施将烟气排出至室外。

防烟分区是对防火分区的细化。防烟分区内不能防止火灾的扩大，仅能有效地控制火灾产生的烟气流动。首先要在有发生火灾危险的房间和用作疏散通道的走廊间加设防烟隔断，在楼梯间设置前室，并设自动关闭门，作为防火防烟的分界；对特殊的竖井（如商场中部的自动扶梯处）应设置烟感器控制的防火隔烟卷帘等。图 5-39 所示为某商场的防火、防排烟分区示意图。

防烟分区可按如下规定：需设排烟设施的走道，净空不超过 6m 的房间，应采用挡烟垂壁、隔墙或从顶棚下突出不小于 50cm 的梁划分防烟分区，每个防烟分区的建筑面积不应超

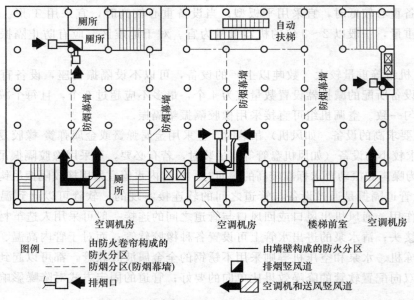

图例 ———— 由防火卷帘构成的 防火分区　　　　　———— 由墙壁构成的防火分区
———— 防烟分区(防烟幕墙)　　　　◩ 排烟竖风道
☐◀ 排烟口　　　　◨ 空调机和送风竖风道

图 5-39　某商场防火、防排烟分区示意图

过 500m², 且防烟分区不得跨越防火分区。

5.4.3.2　空调系统的防火与防排烟设计

从防火、防烟角度来看, 空调系统最好不用风管, 而采用全水系统。但空调系统的选择除考虑防火、防烟外, 还要综合考虑。在实际工程中, 空调系统的风管常常穿过防火分区或防烟分区, 为此系统上要设置防火与防排烟设备。

（1）防火与防排烟设备

① 防火阀。防火阀安装在通风、空调系统的送回风管上, 平时处于开启状态, 火灾发生时, 火焰侵入风道, 高温（如 70℃）使阀门上的易熔合金熔解, 或使记忆合金产生形变使阀门自动关闭, 它被用于风道与防火分区贯通的场合。图 5-40 所示为重力式防火阀的结构示意图。图 5-41 所示为全自动防火阀, 图 5-42 所示为防火调节阀。

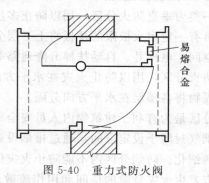

易熔合金

图 5-40　重力式防火阀

防火阀门与一般阀门结合使用时, 可兼起风量调节的作用, 称之为防火调节阀。平时可手动改变阀门叶片的开启角度, 使叶片在 0°～90°方向上调节。火灾发生时因易熔合金的熔断而自动关闭, 起到防火作用。同时可以增加电信号装置, 一旦阀门关闭就发出信号, 使联锁的风机同时关闭。

各个生产厂家的防火阀各异, 产品也会采用不同的编号, 在进行系统设计时应注意查阅

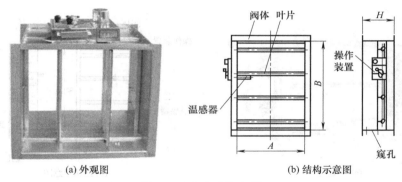

(a) 外观图　　　　　　　　　(b) 结构示意图

图 5-41　全自动防火阀

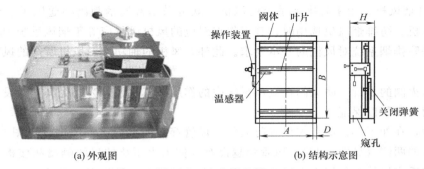

(a) 外观图　　　　　　　　　(b) 结构示意图

图 5-42　防火调节阀

所采用的防火阀产品样本说明书。

② 防排烟阀。当火灾房间或火灾层的烟气温度很高时（＞280℃），烟气中已经带火，火灾进入旺盛期，一般情况下，人员已疏散完毕；若排烟系统继续工作，烟气就有扩大到其他区域的危险，导致新的灾害，因此，这时的排烟系统应停止工作，即防排烟管道上的防排烟阀能够在280℃自动关闭，阻隔烟火的流动。防排烟阀应该与防排烟风机进行联锁。条件许可时，也可以设计成防排烟阀关闭后，发出信号给消防指挥中心，由消防指挥中心停止防排烟风机的运行。

防排烟类阀门包括防排烟阀（见图 5-43）、防排烟防火阀（见图 5-44）、防排烟口和防排烟窗等。防排烟风机的入口处应设置防排烟阀，在连接每个防烟分区的支管上也需要设置防排烟阀。防排烟阀应尽量避免穿越防火分区，若确需穿越，要同时设置防火阀。

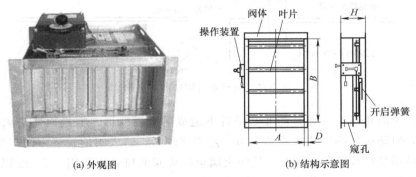

(a) 外观图　　　　　　　　　(b) 结构示意图

图 5-43　防排烟阀

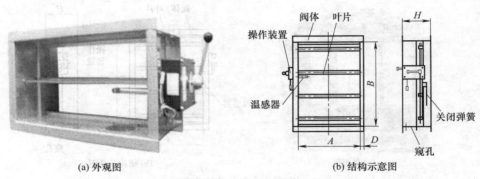

(a) 外观图　　　　　　　　　(b) 结构示意图

图 5-44　防排烟防火阀

③ 防排烟风机。用于防排烟系统的风机，既可采用普通钢制离心通风机，也可采用防排烟专用风机。防排烟风机选用时，其工作点对应的风机风量应等于烟风系统中的最大烟风流量，这是防排烟系统对风机的基本要求。此外，风机的轴功率、风机所需的风压等都有特定要求。

（2）防火阀的设置　防火阀在空调系统中的作用极其重要，为确保其正确设置，应从设计和施工两方面予以保证。

设计时，在如下部位应考虑设置防火阀：风管穿越防火分区的隔墙（见图 5-45）；风管穿越变形缝的两侧（见图 5-46）；风管穿越设有气体灭火系统的房间隔墙和楼板处；多层和高层建筑中垂直风管与每层水平风管交接处的水平管段上；风管穿越通风、空调机房及重要的或火灾危险性较大的房间隔墙和楼板处等。此外，在厨房、浴室、厕所等的垂直排风管道上，应采取防止回流的措施或在支管上设置防火阀。

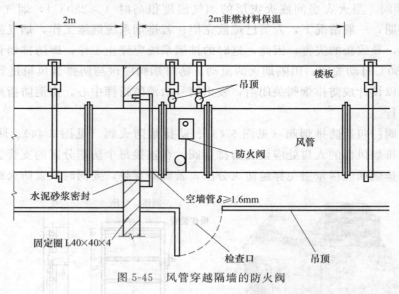

图 5-45　风管穿越隔墙的防火阀

安装上，为防止发生火灾时的非常条件下造成的管道变形、坍塌而使防火阀损坏、失控、失灵等，对防火阀的安装技术要求和工艺要求较高。防火阀的安装方向与位置应正确；防火阀应单独吊装；设置防火阀时，从防火墙至防火阀的风管应采用 1.5mm 以上厚度的钢板制作；对远距离控制的自动开启装置，控制缆绳的总长度一般不超过 6m，弯曲处不应超

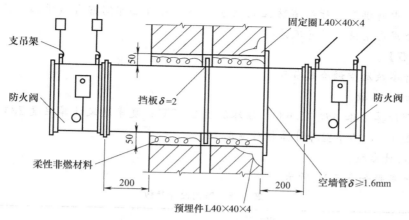

图 5-46　风管穿越变形缝的防火阀

过 3 处，弯曲半径 $R>300\text{mm}$，缆绳采用 $DN20$ 的套管保护，套管不应出现急转弯头、环形弯头、U 形弯头和连续弯头等。

（3）其他防火措施　为防止火灾沿着通风空调系统的风管和管道的保温材料、消声材料蔓延，上述保温、消声材料及其黏结剂，应采用非燃烧材料。在非燃烧材料使用有困难时，才允许采用难燃材料，易燃材料是绝对禁用的。常用的非燃保温材料有超细玻璃棉、岩棉、矿渣棉等。难燃材料有自熄性聚氨酯泡沫塑料、自熄性聚苯乙烯泡沫塑料等。

为防止通风机已停止运行而电加热器仍继续工作而引起火灾，电加热器开关与通风机的启闭必须联锁，做到风机停止运行时，电加热器电源相应切断。此外，在电加热器前后各 800mm 范围内的风管，应采用非燃烧材料进行保温。

空气中含有易碎、易爆物质的房间，其送排风系统的通风机应采用防爆风机。

███ 设 计 实 例 ███

【工程概况】

四川省某科技馆建筑面积 44600m^2，建筑高度 36m，建筑层数为 5 层，局部地下 1 层，地上 4 层，局部 5 层，每层建筑面积 $>1000\text{m}^2$，为一类高层建筑。一层为门厅、展厅、4D 影院、图书室、消防控制室等；二～四层为展厅、天象厅、阅览室、创新活动室、电脑俱乐部、茶吧等；五层及夹层为报告厅、院士厅、培训室及办公室等。

【设计内容】

经分析，该项目空调工程设计思路如下。

（1）一～四层空调系统均采用一次回风的全空气系统，结合建筑功能分区较多的特点，对靠近内庭区域的展厅、报告厅、餐厅等空调系统的末端采用吊装式空调机组，以减少结构集中荷载，并利用各层辅助房间上部设置夹层空调机房，以达到对建筑空间的有效利用。

（2）全空气空调系统过渡季节采用全新风运行，利用室外空气冷量，可最大限度地节能运行，同时对人员密集公共场所的卫生条件有利。

（3）一层中庭拱形大厅部分气流组织采用喷口侧送上回方式。其空调机组设在地下室空调机房内，空调送回风管通过地沟内风管送至大厅周边。为满足大跨度建筑空间设计要求，气流组织采用周边上侧喷口送风，下侧回风方式。在拱形大厅顶部侧窗设置可调节的电动百叶窗，可满足空调季节及过渡季节的排放要求，同时满足火灾时全开、自然排烟要求。

（4）一层中庭拱形大厅经消防性能化分析确认采用上部侧窗自然排烟，无窗防烟楼梯间、前室及合用前室设加压送风系统。

【计算过程】

（1）设计参数及空调冷热负荷

① 室外计算参数。

夏季空调计算干球温度 31.6℃、湿球温度 26.7℃；夏季通风计算温度 28℃，冬季采暖计算干球温度 1℃，冬季室外计算相对湿度 80%。

② 室内设计参数。

室内设计参数如表 5-15 所示。

表 5-15　室内设计参数

房间名称	室内温湿度参数				新风量 /[m³/(h·p)]	噪声控制标准 /dB(A)
	夏季		冬季			
	温度/℃	相对湿度/%	温度/℃	相对湿度/%		
展厅	26	≤60	20	自然湿度	15	≤50
4D影院	26	≤65	20	自然湿度	30	≤35
餐厅	26	≤65	18	自然湿度	30	≤60
大厅	27	≤65	18	自然湿度	15	≤60
办公室、阅览室	26	≤60	20	自然湿度	25	≤45
报告厅	26	≤65	20	自然湿度	30	≤35
电脑制作室	27	≤60	18	自然湿度	25	≤55

经计算，空调总冷负荷为 6482kW，空调总热负荷为 3479kW。

（2）空调冷热源及空调系统设计

① 空调冷热源设计。

采用风冷式热泵（冷水）机组，夏季冷水供/回水温度为 7/12℃，冬季热水供/回水温度为 45/40℃，选用 4 台风冷热泵机组，单机制冷量为 1126kW，单机制热量为 1261kW；选用 2 台风冷冷水机组，单机制冷量为 1063kW，风冷热泵机组及循环水泵均置于建筑四层屋面。水系统采用高位水箱定压方式，设在五层屋面水箱间。

② 空调系统设计。

该建筑分区较多，空调系统按防火分区及使用功能设置。

a. 一～四层空调系统均采用一次回风的全空气系统，对于展厅、报告厅、餐厅等空调系统末端设备采用柜式空调机组及吊装式空调机组，柜式空调机组分区域设在各层夹层空调机房内，气流组织为一层中庭部分采用喷口侧送、上回方式。

b. 一～四层餐厅、展厅、报告厅、阅览室、电脑室、茶吧等采用顶送上回或下回方式。拱形大厅空调机组设在地下室空调机房内。为满足建筑空间设计要求，空调送回风管通过地沟送至大厅，气流组织采用上侧喷口送风、下回方式，全空气系统过渡季节可采用全新风运行。

c. 五层及夹层办公室及培训室采用风机盘管加独立新风系统。报告厅、院士厅采用一次回风的全空气系统吊装式空调机组，上送上回，一层消防控制室预留分体空调机。

（3）通风及防排烟设计

① 通风设计。

a. 各室换气次数：高低压配电室为 12～15h⁻¹，值班室为 8h⁻¹，水泵房和风机房为

$4h^{-1}$，卫生间为 $12h^{-1}$，电缆隧道为 $3h^{-1}$，电梯机房为 $30h^{-1}$。

b. 地下设备用房设机械通风系统。

c. 地上公用卫生间及电梯机房设机械排风系统。

d. 拱形大厅顶部侧窗采用电动百叶窗，空调季节调节百叶开度，控制排风量；过渡季节及火灾时全开启排风或排烟。

e. 厨房因未进行工艺布置设计，预留厨房排烟通风设备用电量及排烟管井，二次设计的厨房油烟必须经过排烟罩过滤后方可接入排烟竖井至屋面排出室外。

f. 一层 4D 影院设备房的排风系统待放映设备确定后再进行通风设计。

② 机械排烟系统设计。

a. 有外窗的防烟楼梯采用自然排烟，无外窗的前室、合用前室设机械加压送风系统，送风口采用常开风口，风机出口处设风管止回阀；无窗防烟楼梯间及前室对防烟楼梯间设机械加压送风系统，前室不送风。

b. 地下室＞20m 的内走道设机械排烟系统、机械补风系统。排烟及补风系统与设备用房送、排风系统共用管道，火灾时开启排烟机、排烟阀及补风机，关闭送、排风机及其通风管道上的防火阀，排烟风机入口处设 280℃熔断关闭的防火阀。

c. 一层＞100m^2 的无窗 4D 影院设机械排烟系统，排烟与空调回风管共用，火灾时开启排烟机及排烟防火阀，关闭空调机及其管道上的防火阀，排烟风机入口处设 280℃熔断关闭的防火阀。

d. 三层＞100m^2 的无窗天象厅设机械排烟系统，排烟风机入口处设 280℃熔断关闭的防火阀。

e. 四层＞20m 的无窗内走道设机械排烟系统，排烟风机入口处设 280℃熔断关闭的防火阀。

f. 五层＞20m 的内走道设机械排烟系统，排烟风机入口处设 280℃熔断关闭的防火阀。

g. 拱形大厅顶部侧窗采用电动百叶窗，火灾时全开，自然排烟。

h. 通风、空调风管穿越防火分区、楼板、竖井及机房处均设 70℃熔断的防火阀，排烟风管穿越防火分区、楼板、竖井及机房处均设 280℃熔断的防火阀。

i. 所有防排烟系统的控制均由消防控制中心控制并监视，防排烟系统运行时，关闭对应防火分区的空调及通风系统。

（4）空调自控设计

空调系统采用自动控制，空调自控系统作为控制子系统纳入楼宇自控系统（BAS）。

思考与练习题

5-1　填空题

（1）空调风系统包括＿＿＿、＿＿＿、＿＿＿、＿＿＿、＿＿＿、风机减振器和空调房间内的＿＿＿、回风口等。

（2）空调风管的种类很多，按风管的制作材料分，有＿＿＿、＿＿＿和＿＿＿风管。

（3）目前通风和空调工程中，常用的风机是＿＿＿和＿＿＿两种类型。

（4）常用送风口的形式有＿＿＿、＿＿＿和＿＿＿。

（5）空调房间的气流组织也称为＿＿＿，其好坏程度将直接影响房间的空调效果，影响气流组织的因素很多，如＿＿＿、回风口位置、房间几何形状及＿＿＿等，其中＿＿＿和＿＿＿是影响气流组织的重要因素。

(6) 气流组织形式一般分为____、____、____和____。

(7) 为了避免吸入室外地面灰尘，进风口的底部距室外地坪不宜低于____m；布置在绿化地带时，也不宜低于_____m。

(8) 风管内空气流动阻力可分为____和____两种。

(9) 选定风速时，要综合考虑建筑空间、初投资、运行费用及噪声等因素。如果风速选得大，则____，____，初投资省，但是阻力大，运行费高，而且____也可能高；如果风速选得低，则____，但风管断面大，初投资大，占用____也大。

(10) 风管设计方法有____、____和____。

(11) 常用的保温结构由____、____、____、____组成。

(12) 空调工程中主要的噪声源是____、____水泵和____等。

(13) 空调房间的噪声标准主要是保护____、____和通信的质量，达到能不费力地听清对方的讲话。

(14) 空调系统所用的消声器根据消声原理的不同可分为____、____、____及____消声器四大类。

(15) 隔振材料的品种很多，有____、____、____、毛毡板、金属弹簧和____等。

5-2 选择题

(1) 目前风管水力计算最常用的方法是（　　）。

A. 压损平均法　　　　　　　　B. 静压复得法

C. 比摩阻法　　　　　　　　　D. 假定流速法

(2) 全面通风的效果不仅与通风量有关，而且与（　　）有关。

A. 流速　　　B. 风管形状　　　C. 风管长度　　D. 气流组织

(3) 增大射流的射程，可以（　　）。

A. 提高出口速度　　　　　　　B. 减小湍流系数

C. 增大射程角度　　　　　　　D. 增大湍流系数

(4) 风机出口的连接应（　　）。

A. 风机出口应加软接头

B. 风机出口到管道转弯处应有不小于 D 的支管段

C. 风机出口到管道转弯处应有不小于 $3D$ 的支管段

D. 靠近风机出口处的转弯应与风机叶轮的转动方向一致

(5) 常用的侧送风口有（　　）。

A. 格栅送风口　　　B. 圆盘形散流器　　　C. 圆形喷口　　　D. 扩散孔板送风

(6) 通风空调系统的进风口应尽量设在排风口的（　　），且应该（　　）排风口。

A. 上风侧　　　　B. 下风侧　　　　C. 高于　　　　　D. 低于

(7) 圆形风管的直径是指（　　）。

A. 内径　　　　　B. 外径　　　　　C. 公称直径　　D. 不能确定

(8) 确定气流组织的原则有（　　）。

A. 排风口应尽量靠近有害物源或有害物浓度高的区域，把有害物迅速从室内排出

B. 送风口应尽量接近操作地点

C. 送入通风房间的清洁空气，要先经过操作地点，再经过污染区域排至室外

D. 在整个通风房间内，尽量使送风气流均匀分布，减小涡流，避免有害物在局部地区的积聚

5-3　判断题

(1) 因为空调风道是火灾传播的重要途径之一，所以必须在空调系统中设置防火、防烟装置。　　　　　　　　　　　　　　　　　　　　　　　　　　　　　　　（　　）

(2) 商场空调送风口宜采用条缝型风口。　　　　　　　　　　　　　　　（　　）

(3) 防烟分区面积一般大于防火分区。　　　　　　　　　　　　　　　　（　　）

(4) 阿基米德数是判断热射流和冷射流的依据。　　　　　　　　　　　　（　　）

(5) 下送上排送风方式在一些国家受到重视，是因为它的 ε 和 η 值较高。（　　）

5-4　问答题

(1) 常见送风口形式有哪些？各有何特点？

(2) 气流组织有哪几种方式？分别适用于什么场合？

(3) 风管的摩擦阻力系数与哪些因素有关？如何确定？

(4) 风管设计应遵循哪些原则？

(5) 计算系统阻力的方法有哪些？常用的是哪一种？

(6) 通风空调系统中的噪声来源包括哪些？如何控制？

(7) 常用的消声器有哪几种？各自的消声原理是什么？

(8) 常用的隔振装置有哪些？各有什么特点？

(9) 什么是防火分区和防烟分区？两者有什么异同点？

(10) 常用的防火与防排烟设备有哪些？

5-5　计算题

(1) 一个面积为 6m×4m×3.2m（长×宽×高）的空调房间，室温要求 $(20\pm0.5)℃$，工作区风速不得大于 0.25m/s，净化要求一般，夏季的显热冷负荷为 1500W，试进行侧送风的气流组织计算。

(2) 有一表面光滑的砖砌风道（$K=3mm$），断面尺寸为 1250mm×800mm，流量 $L=4m^3/s$，求单位长度摩擦阻力。

(3) 某空调房间，室温要求 $(20\pm0.5)℃$，室内长、宽、高分别为 6m×6m×3.6m，工作区风速不得大于 0.25m/s，夏季的显热冷负荷为 150W，采用散流器平送，试确定各有关参数。

(4) 新风机组 KFR-120T1W/XFSY，风量为 2000m³/h，主风管规格应取多大？

第6章

中央空调水系统及其设计

空调工程常采用冷热水作介质，通过水系统将冷、热源产生的冷、热量输送给空气处理设备、换热器等，并最终将这些冷热量供应至用户。空调水系统由三部分组成：冷热源、输配系统、末端设备。其中冷热源包括冷（热）水机组、热水锅炉和热交换器等；输配系统包括水泵、供回水管道及附件；末端设备包括换热器（包括表冷器、空气加热器、风机盘管等）以及喷水室等热湿交换设备和装置。空调水系统是中央空调系统的一个重要组成部分。本章主要介绍有关水系统的组成、设计和布置的基本知识。

6.1 空调水系统的分类及典型形式

就一般空调工程的整体而言，空调水系统包括冷（热）水系统、冷却水系统和冷凝水排放系统。

6.1.1 空调冷热水系统与设备

冷热水系统是指将冷（热）水机组或锅炉房提供的冷水或热水送至空调机组或末端空气处理设备的水路系统。目前空调冷热水系统的温度范围一般为：空调冷冻水供水温度 $5 \sim 9 ℃$，一般为 $7 ℃$，回水一般为 $12 ℃$，空调冷水供回水温差 $5 \sim 10 ℃$；空调用热水系统供水温度 $40 \sim 65 ℃$，一般为 $60 ℃$，供回水温差 $4.2 \sim 15 ℃$，一般为 $10 ℃$。吸收式冷热水机组的热水供回水温差常为 $4.2 ℃$。

6.1.1.1 冷热水系统的类型

空调冷热水系统的类型较多，按回水方式不同可分为开式系统和闭式系统；按运行调节方法可分为定流量和变流量系统；按水泵供水方式不同可分为一次泵供水系统和二次泵供水系统；按所使用水管的根数不同分为双水管、三水管和四水管水系统；按空调水系统中各循环环路流程长度不同可分为同程式和异程式；按干管与支管连接方式不同可分为上分式和下分式等。

（1）开式系统和闭式系统　开式系统的末端水管路是与大气相通的，凡是连接冷却塔、喷水室和水箱等设备的管路均构成开式系统；开式系统一般为重力回水系统。开式系统使用的水泵，除需克服管路阻力损失外，还需具有把水提升某一高度的压头，因此，要求有较大的扬程，相应的能耗也较大。

而闭式系统的管路不与大气相通，水泵所需扬程仅由管路阻力损失决定，不需计算将水位提高所需的位置压头，因此，所需扬程较开式小，相应的能耗也小，并且管路和设备受空气腐蚀的可能性也小。闭式系统为压力式系统。

对一般建筑物的中央空调系统，按"设计规范"要求，应采用双管制的闭式冷（热）水循环系统。

（2）定流量和变流量系统　定流量系统通过改变供回水温差来满足负荷的变化，系统的水流量始终不变。当负荷变化时，可通过改变供、回水的温差来适应。这种系统简单、操作方便，不需要复杂的自控设备，但是输水量是按照最大空调冷负荷来确定的，因此循环泵的输送能耗始终处于最大值，特别是空调系统处于部分负荷时运行费用大，不经济。

该系统一般适用于间歇性使用建筑（如体育馆、展览馆、影剧院、大会议厅等）的空调系统，以及空调面积小，只有一台冷水机组和一台循环水泵的系统。高层民用建筑尽可能少采用这种系统。

变流量系统则通过改变水流量（供回水温度不变）来适应房间负荷变化要求。所以，变流量系统要求空调负荷侧的供水量随负荷增减而变化。因此，输送能耗也随着负荷的减少而降低，水泵容量及电耗也相应减少。系统的最大输水量按照综合最大冷负荷计算，循环泵和管路的初投资降低。

变流量系统适用于大面积的高层建筑空调全年运行的系统，尤其是有两台或两台以上的冷热源设备或水泵并联的场合，如图 6-1 所示。

（3）一次泵和二次泵系统　冷、热源侧（制冷机、热交换器）和负荷侧（空调设备）合用一组循环水泵的系统称为一次泵系统；在冷热源侧和负荷侧分别配置循环泵，形成泵的串联工作的称为二次泵系统。

图 6-2（a）所示为一次泵定流量系统，在空调末端设备上设置电动三通阀，通过冷水机组的水流量保持不变，夏、冬季工况转换在机房内完成。图 6-2（b）所示为一次泵变流量系统工作原理图。在负荷侧空调末端设备的回水支管上安装电动两通阀。当负荷减小时，部分电动两通阀相继关闭，停止向末端设备供水。但这样通过集水器返回

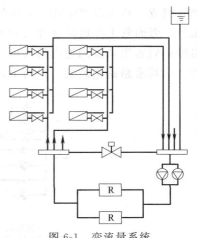

图 6-1　变流量系统

冷水机组的水量大幅减少，给冷水机组的正常工作带来危害。为此，应在冷源侧的供、回水总管间（或分水器和集水器之间）设置旁通管路，在该旁通管路上设置由压差控制器控制的电动两通阀。随着负荷侧电动两通阀的陆续关闭，供、回水总管之间（或分水器和集水器之间）的压差超过预先的设定值。此时，压差控制器让旁通管路上的电动两通阀打开，使一部分冷水从旁通管路流过，供、回水的压差也随之逐渐降低，直到系统达到稳定。从旁通管流入的水与系统回水合并后进入循环泵，从而使送入冷水机组的水流量保持不变。当负荷增大时，原先关闭的电动两通阀重新打开，继续向末端设备供水，于是，供、回水总管之间的压差恢复到设定值，旁通管路上的电动两通阀也随之关闭。

当空调负荷减小到相当的程度，通过旁通管路的水量基本达到一台循环泵的流量时，就可以停止一台冷水机组和循环泵的工作，从而达到节能的目的。

二次泵系统如图 6-3 所示。该系统以旁通管 AB 将冷水系统划分为冷源侧和负荷侧两个部分，形成一次环路和二次环路。一次环路由冷水机组、一次泵、供水、回水管路和旁通管

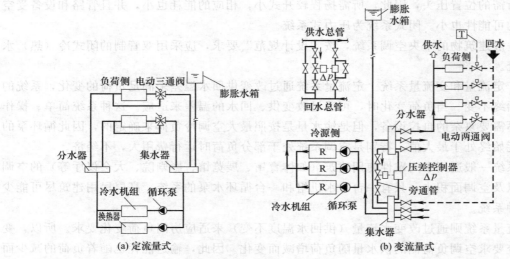

图 6-2 一次泵系统

组成,负责冷水制备,按定流量运行。二次环路由二次泵、空调末端设备、供回水管路和旁通管组成,负责冷水输送,一般按变流量运行。设置旁通管的作用是使一次环路保持定流量运行。旁通管上应设流量开关和流量计,前者用来检查水流方向和控制冷水机组、一次泵的启停;后者用来检测管内的流量。旁通管将一次环路和二次环路连接在一起。就整个水系统而言,其水路是相通的,但两个环路的功能互相独立。

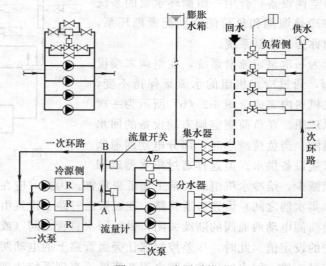

图 6-3 二次泵系统

从图 6-3 可知,一次泵与冷水机组采取"一泵对一机"的配置方式,而二次泵的配置不必与一次泵的配置相对应,有利于适应负荷的变化。与一次泵系统相比,二次泵系统复杂,自控程度较高,初投资大,在节能和灵活性方面具有优点。一般情况下,凡系统较大、阻力较高、各环路负荷特性相差较大时,或压力损失相差悬殊时,或环路之间使用功能有重大区别以及区域供冷时,应采用二次泵系统。

(4)双管、三管和四管制系统 双管系统中,仅有一套供水管,一套回水管,各组换热设备并联在供、回水管之间，如图 6-4 所示。系统夏季供应冷冻水、冬季供应热水均在相同管路中进行。这种系统构造简单，初投资少，各换热设备流量可单独控制，使用灵活，调节方便。绝大多数空调冷冻水系统采用双管制系统。但在要求高的全年运行空调建筑中，过渡季节出现朝阳房间需要供冷而背阳房间需要供热的情况，此时该系统不能满足空调房间的不同冷暖要求，舒适性不高。不过，由于该系统简单实用，投资少，在我国高层建筑中得到了广泛的应用。

　　三管制系统中采用两套供水管分别供冷水和热水，一套回水管冷、热水共用，各组换热设备并联在供、回水管之间，如图 6-5 所示。这种系统形式能同时满足供冷、供热的要求，管路系统较四管制简单。但共用回水管会造成冷量和热量的混合损失，同时末端调节控制也较复杂，运行效益低，三管制系统目前应用很少。

　　四管制系统则采用两套供水管和两套回水管，分别供冷水和热水，具有冷热两套独立的系统，各组换热设备并联在供、回水管之间，适用于一些负荷差别比较大，供冷和供热工况交替频繁或同时使用的场合。图 6-6 所示为四管制系统风机盘管的连接方式。这种系统的优点是能同时满足供冷、供热要求，且没有冷热混合损失，运行很经济，对室温的调节具有较好的效果，多用于对舒适性要求很高的场合。但初投资高，管路系统复杂，且占有一定的空间。

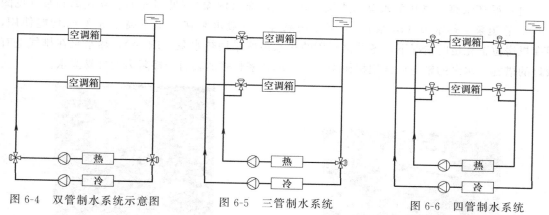

图 6-4　双管制水系统示意图　　　　图 6-5　三管制水系统　　　　图 6-6　四管制水系统

　　(5) 同程式和异程式系统　如图 6-7 所示，水流通过各末端设备时的路程都相同（或基本相等）的系统称为同程式系统。这种系统各末端环路的水流阻力较为接近，有利于水力平衡，因此系统的水力稳定性好，流量分配均匀。但这种系统管路布置较复杂，管路长，初投资相对较大。

　　图 6-8 所示为异程式水系统的布置方式。其中，水流经每个末端设备的路程是不相同的。这种系统管路配置简单，节省管材，但由于各并联环路的管路总长度不相等，存在着各环路间阻力不平衡现象，阻力小的近端环路流量会加大，远端环路的阻力大，其流量相应会减小，从而造成在供热水（或冷水）时近端用户比远端用户所得到的热量（或冷量）多，形成水平失调。但是，如果在各并联支管上安装流量调节装置，增大并联支管的阻力，那么异程式水系统也可达到令人满意的效果。

　　由于同程式系统可避免或减轻水平失调，因此空调冷、热水系统尽可能采用同程式系统，包括立管同程和卧管同程，都有利于克服系统失调。在大型建筑物中，为了保持水力工况的稳定性和减少初次调整的工作量，水系统应设计成同程式，但当管路阻力和盘管阻力之

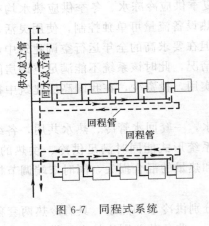

图 6-7 同程式系统

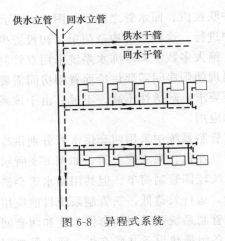

图 6-8 异程式系统

比在 1：3 左右时可用异程式水系统。

6.1.1.2 冷热水系统的设备

中央空调冷热水系统中的设备包括各类冷（热）水机组、锅炉、换热器和热网等，详见第 7 章。此外，还有作为动力设备的冷热水循环泵及附属设备。

（1）循环水泵 常用的水泵形式包括卧式离心泵（IS 泵）（见图 6-9）、立式离心泵（见图 6-10）、管道泵、热水泵（IR 泵）、空调专用泵等。一般水泵在水温不高于 80℃时均能使用，但在机房位置充足的情况下，冬季供暖用的热水最好采用热水泵（IR 泵），热水泵在排气上有较好的措施。水泵的轴封应选用机械密封式，填料密封式的轴封摩擦阻力大且易漏水。

图 6-9 卧式离心泵外观图

图 6-10 立式离心泵外观图

（2）补水设备 空调冷热水系统在运行中，漏水通常难以避免。为保证系统的正常运行，需要及时向系统补充一定的水量。空调水系统的补水点，宜设置在循环水泵的吸入段，以减小补水点处的压力。当补水压力低于补水点压力时，应设置补水泵。通常补水泵间歇运行，有检修时间，一般可不设备用泵；但考虑到严寒及寒冷地区冬季运行应有更高的可靠性，对于空调热水用补水泵及冷热水合用的补水泵，宜设置备用泵。

空调水系统的补水应经软化处理，仅在夏季供冷时使用的空调水系统，也可采用静电除垢的水处理设施。对于给水水质较软地区的多层或高层民用建筑，工程上也可利用设在屋顶水箱间的生活水箱，通过浮球阀向膨胀水箱进行自动补水，此时膨胀水箱应比生活水箱低一定的高度。

补水泵设置后，空调水系统应设补水调节水箱（简称补水箱）。这是因为当直接从城市供水管网补水时，有关规范规定不允许补水泵直接抽取管网的水；当空调冷热水需补充软化水时，水处理设备的供水与补水泵并不同步，且软化设备经常间断运行。因此，需设置补水箱储存一部分调节水量。

（3）排气和泄水设备　不论是闭式冷水系统、开式冷水系统，还是空调热水系统，在水系统管路中可能积聚空气的最高处应设置排气装置（如自动或手动放空气阀等），用来排放水系统内积存的空气，消除"气塞"，以保证水系统正常循环。同时，在管道上下拐弯处和立管下部的最低处，以及管路中的所有低点，应设置泄水管并装设阀门，以便在水系统或设备检修时，把水放掉。

（4）除污设备　为防止水管系统阻塞和保证各类设备和阀件的正常功能，在管路中应安装除污器和水过滤器，用以清除和过滤水中的杂物和粘混水垢。一般情况下，除污器和水过滤器安装在水泵的吸入管和热交换设备的进水管上。如系统较大、产生污垢的管道较长时，除系统冷热源、水泵等设备的入口需设置外，各分环路或末端设备、自控阀门等小通径阀件前的管路上也应根据需要设置，但距离较近的设备可不重复串联设置除污装置。

（5）分水器和集水器　在采用集中供冷、供暖方式的工程中，为了有利于各空调分区流量分配和调节灵活方便，常常在供回水干管上分别设置分水器和集水器，再从分水器和集水器分别连接各空调的供水管和回水管。分水器和集水器实际上是一段水平安装的大管径无缝钢管，并在其上按设计要求焊接上若干不同管径的管接头。这样的联结方式使得各分区供回水管上的安装和维修操作都十分方便。

此外，水系统中的管道补偿器、控制仪表、水量调节阀等内容，读者可自行查阅相关参考文献。

6.1.2　空调冷却水系统与设备

6.1.2.1　冷却水系统的组成

空调冷却水系统是指利用冷却塔等冷却构筑物向冷水机组的冷凝器供给循环冷却水的水系统。对于风冷式冷冻机组，则不需要冷却水系统。冷水流过需要降温的冷凝器后，温度上升，如果即行排放，冷水只用一次，这种冷却水系统称为直流冷却水系统。当水源水量充足（如江河、湖泊），水温、水质适合，且大型冷冻站用水量较大，采用循环冷却水系统耗资较大时，可采用这种系统。

在空调工程中，大量采用循环冷却水系统。这种系统一般由冷却塔、冷却水池（箱）、冷却水泵、冷水机组冷凝器及连接管道组成，如图 6-11 所示。该系统将来自冷却塔的较低温度的冷却水，经冷却水泵加压后进入冷水机组，带走冷凝器的散热量。温度升高的冷却水再在循环冷却水泵的作用下，重新送入冷却塔上部喷淋。由于冷却塔风扇的运转，使冷却水在喷淋下落过程中，不断与塔下部进入的室外空气进行热湿交换，冷却后的水落入冷却塔集水盘中，由水泵重新送入冷水机组循环使用。这种系统冷水的用量大大降

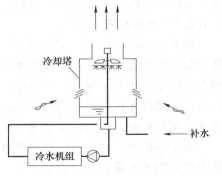

图 6-11　冷却水循环系统组成

低（常可节约 95% 以上），只需补充少量水，节约大量工业用水。因此，当制冷设备冷凝器、吸收器和压缩机的冷却方式采用水冷方式时，均需要设置冷却水系统。

6.1.2.2 冷却水系统的分类

循环冷却水系统按通风方式，可分为自然通风冷却循环系统和机械通风冷却循环系统两种方式。自然通风冷却循环系统采用冷却塔或冷却喷水池等构筑物，使冷却水和自然风相互接触进行热量交换，冷却水被冷却降温后循环使用，适用于当地气候条件适宜的小型冷冻机组。

机械通风冷却循环系统采用机械通风冷却塔或喷射式冷却塔，使冷却水和机械通风接触进行热量交换，从而降低冷却水温度后再送入冷凝器等设备循环使用。这种系统适用于气温高、湿度大，自然通风冷却塔不能达到冷却效果的情况。目前，运行稳定、可控的机械通风冷却循环系统应用较为广泛。

冷却水的供应系统，一般根据水源、水质、水温、水量及气候条件等进行综合技术经济比较后确定。由于冷却水流量、温度、压力等参数直接影响到制冷机的运行工况，因此，在空调工程中大量采用的是机械通风冷却水循环系统。

上述两种系统，均用自来水补充，以保证冷却水流量。

6.1.2.3 冷却塔

冷却塔是冷却水系统的重要设备，冷却塔的性能对整个空调系统的正常运行都有一定的影响。常用的冷却塔一般用玻璃钢制作，它是利用空气与水的接触来冷却水的设备，一般由高密度亲水性填料（亦称散热材）、配水系统、通风设备、空气分配装置（如进风口百叶窗、导风装置、风胴）、挡水器（或收水器）、集水槽（或集水池）等部分构成，上述结构的不同组合可以构造成不同形式的冷却塔。冷却塔的类型很多，按通风方式可分为自然通风冷却塔、机械通风冷却塔、混合通风冷却塔；按水和空气的接触方式可分为湿式冷却塔、干式冷却塔、干湿式冷却塔；按水和空气的流动方向的不同可分为逆流式冷却塔、横流式冷却塔；按形状可分为圆形冷却塔、方形冷却塔。图 6-12 所示为各种类型冷却塔。

（1）逆流式冷却塔 逆流式冷却塔是由外壳、轴流风机、填料层、进水及布水管、出水管、集水盘和进风百叶等组成。在风机的作用下，空气从塔下部进入，顶部排出。空气与水在冷却塔内按竖直方向逆向而行，热交换效率高，如图 6-12（g）所示。冷却塔的布水设备对气流有阻力，布水系统维修不便，冷却水的进水压力要求 0.1MPa。

（2）横流式冷却塔 如图 6-12（h）所示，横流式冷却塔工作原理与逆流式相同。空气从水平方向横向穿过填料层，然后从冷却塔顶部排出，水从上至下穿过填料层，空气与水的流向垂直，热交换效率不如逆流式。横流塔气流阻力较小，布水设备维修方便，冷却水阻力要求≤0.05MPa。一般大型的冷却塔都采用横流式冷却塔。

6.1.2.4 冷却水箱（池）

图 6-13 为冷却水箱（池）的结构示意图。冷却水箱（池）的功能是增加系统的水容量，使冷却水泵能稳定地工作，保证水泵吸入口充满水不发生空蚀现象。在冷却塔不运行时，塔内的填料基本上是干燥的。工作中，冷却塔的填料表面首先润湿，水层保持正常运行时的水层厚度，然后才流向冷却塔的集水盘，达到动态平衡。刚启动水泵时，集水盘内的水尚未达到正常水位的短时间内，水泵进口易缺水，导致制冷机无法正常运行。

对于一般逆流式斜波纹填料玻璃钢冷却塔，在短期内使填料层由干燥状态变为正常运转状态所需附着水量约为标称小时循环水量的 1.2%。因此，冷却水箱的容积应不小于冷却塔小时循环水量的 1.2%。

按照水箱在冷却水系统中所处位置的不同，可分为下水箱式冷却水系统和上水箱式冷却水系统，如图 6-14、图 6-15 所示。

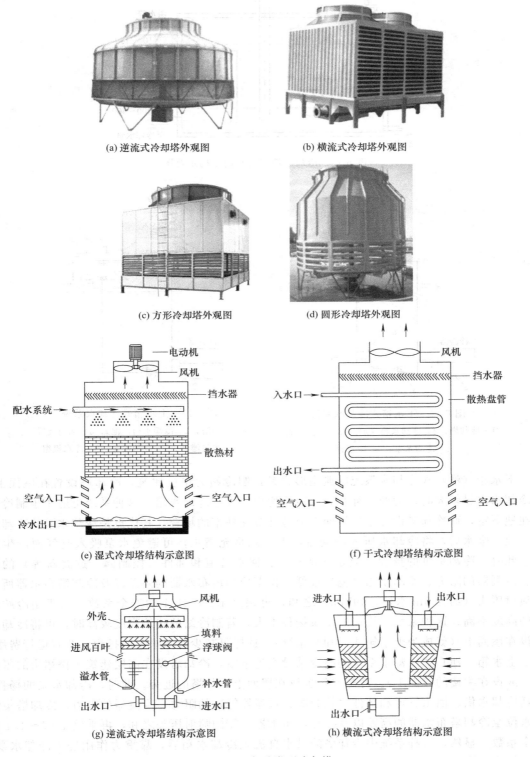

(a) 逆流式冷却塔外观图　　　　(b) 横流式冷却塔外观图

(c) 方形冷却塔外观图　　　　(d) 圆形冷却塔外观图

(e) 湿式冷却塔结构示意图　　　　(f) 干式冷却塔结构示意图

(g) 逆流式冷却塔结构示意图　　　　(h) 横流式冷却塔结构示意图

图 6-12　各种类型冷却塔

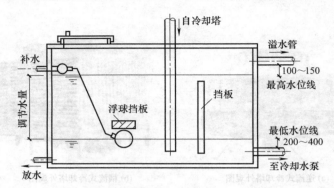

图 6-13 冷却水箱 (池) 的结构示意图

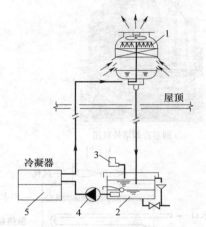

图 6-14 下水箱式冷却水系统

1—冷却塔；2—冷却水箱 (池)；3—加药装置；

4—冷却水泵；5—冷水机组

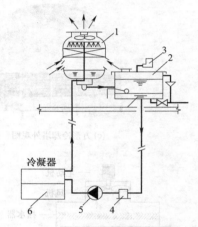

图 6-15 上水箱式冷却水系统

1—冷却塔；2—冷却水箱 (池)；3—加药装置；

4—水过滤器；5—冷却水泵；6—冷水机组

　　下水箱 (池) 式冷却水系统的典型形式是：制冷站为单层建筑，冷却塔设置在屋面上，当冷却水水量较大时，为便于补水，制冷机房内应设置冷却水箱。这种系统也适用于制冷站设在地下室，而冷却塔设在室外地面上或室外绿化地带的场合。其优点是冷却水泵从冷却水箱 (池) 吸水后，将冷却水压入冷凝器，水泵总是充满水，可避免水泵吸入空气而产生水锤。此时，冷却水泵的扬程，应是冷却水供、回水管道和部件 (控制阀、过滤器等) 的阻力、冷凝器的阻力、冷却水箱 (池) 最低水位至冷却塔布水器的高差以及冷却塔布水器所需的喷射压头 (约为 5m 水柱，49kPa) 之和，再乘以 1.05～1.1 的安全系数。由于制冷站建筑的高度不高，这种系统所增加的水泵扬程不大，若制冷站的建筑高度较高时，可将冷却水箱设在屋面上 (就成为上水箱式冷却水系统)，这样可减少冷却水泵的扬程，节省运行费用。

　　上水箱 (池) 式冷却水系统的制冷站设在地下室，冷却塔设在高层建筑主楼裙房的屋面上 (或设在主楼的屋面上)。冷却水箱也设在屋面上冷却塔的近旁。此时，冷却水泵的扬程，包括冷却水供、回水管道和部件 (控制阀、过滤器等) 的阻力、冷凝器的阻力、冷却塔集水盘水位至冷却塔布水器的高差以及冷却塔布水器所需的喷射压头之和，再乘以 1.05～1.1 的安全系数。显然，这种系统中冷却塔的供水自流入冷却水箱后，靠重力作用进入冷却水泵，然后将冷却水压入冷凝器，有效地利用了从水箱至水泵进口的位能，减小水泵扬程，节省了电能消耗，同时，也保证了冷却水泵内始终充满水。

6.1.3　空调冷凝水系统

空调冷凝水系统是指空调末端装置在夏季工况时用来排出冷凝水的管路系统。空调水系统夏季供应冷冻水的水温较低，当空气通过空调机组表冷器进行冷却降温去湿，表冷器外表面温度低于与之接触的空气露点温度时，其表面就会因结露而产生大量冷凝水，这些冷凝水必须有效地收集和排放。

空调冷凝水是被收集在设置于表冷器下的集水盘中，再由集水盘接管依靠自身重力，在水位差的作用下自流排出。冷凝水的排放方式主要有两种：就地排放和集中排放。安装在酒店客房内使用的风机盘管，可就近将冷凝水排放至洗手间，排水管道短，系统漏水的可能性小，但排水点多而分散，有可能影响使用和美观。集中排放是借助管路，将不同地点的冷凝水汇集到某一地点排放，如安装在写字楼各个房间内的风机盘管就需要专门的冷凝水管道系统来排放冷凝水。集中排放的管道长，漏水可能性大，同时管道的水平距离过长时，为保持管道坡度会占用很大的建筑空间。

通常卧式组装式空调机组、立式空调机组、变风量空调机组的表冷器均设于机组的吸入段（见图 6-16），在机组运行中，表冷器冷凝水的排放点处于负压，为保证冷凝水的有效排放，要在排水管线上设置一定高度的 U 形弯，以使排出冷凝水在 U 形弯中能形成排放冷凝水所必需的高差原动力，且不致使室外空气被抽入机组，而严重影响冷凝水的正常排放。工程实践中出现大量冷凝水排水管线配置不合理，所设 U 形弯高差不够，而导致未能形成必需的水柱高差；再有排水管线坡度不够，有时还有反坡和抬高情况，均会使集水盘中的冷凝水溢至空调机组而导致冷凝水排水不畅，这样在空调机组运行时，冷凝水会从箱体四周滴出。

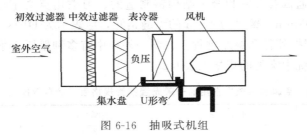

图 6-16　抽吸式机组

6.2　水系统管件与附件

6.2.1　管材

空调水系统中常用的管材是水煤气输送钢管和无缝钢管。水煤气输送钢管是按照原冶金工业部技术标准《水、煤气输送钢管》（YB 234—63）用碳素软钢制造的，俗称熟铁管。它有镀锌管（俗称白铁管）和不镀锌管（俗称黑铁管）之分。它的管壁纵向有一条焊缝，一般用护焊法和高频电焊法焊成。钢管管端有带螺纹和不带螺纹两种。根据管壁的不同厚度，水煤气输送钢管又可分为普通管（适用于公称压力 $p_g \leqslant 1.0$MPa）和加厚管（适用于公称压力 $p_g \leqslant 1.6$MPa）。这两种壁厚都可用手动工具或套丝机在管端加工管螺纹，以便采用螺纹连接。

水煤气输送管的规格是用公称直径（D_g）表示的。如公称直径为50mm的水煤气输送钢管，则表示为D_g50。空调水系统中常用的规格见表6-1，表中理论重量是指不镀锌钢管（黑铁管）的理论重量。镀锌钢管比不镀锌钢管重3%～6%。

表6-1 水、煤气输送钢管的规格表（摘自 YB 234—63）

公称直径 D_g /mm	外径 /mm	普通管		加厚管		每米钢管分配的管接头重量(以每6m一个管接头计算) /kg
		壁厚 /mm	不计管接头的理论重量 /(kg/m)	壁厚 /mm	不计管接头的理论重量 /(kg/m)	
8	13.50	2.25	0.62	2.75	0.73	
10	17.00	2.25	0.82	2.75	0.93	
15	21.25	2.75	1.25	3.25	1.44	0.01
20	26.75	2.75	1.63	3.50	2.01	0.02
25	33.50	3.25	2.42	4.00	2.91	0.03
32	42.25	3.25	3.13	4.00	3.77	0.04
40	48.00	3.50	3.84	4.25	4.58	0.06
50	60.00	3.50	4.88	4.50	6.16	0.08
65	75.50	3.75	6.64	4.50	7.83	0.13
80	88.50	4.00	8.34	4.75	9.81	0.20
100	114.00	4.00	10.85	5.00	13.44	0.40

常用的无缝钢管是按照原冶金工业部技术标准《无缝钢管》（YB 231—70）用普通碳素钢、优质碳素钢、普通低合金钢和合金结构钢制造的。习惯用英文字母D后续外径乘壁厚来表示，如外径为108mm、壁厚为4mm的无缝钢管，应表示为D108×4，它相当于公称直径100mm。无缝钢管按外径和壁厚供货。在同一外径中有多种壁厚，承受的压力范围较大，但各有异。空调水系统中常见的规格见表6-2。

表6-2 空调水系统中常用的一般无缝钢管规格表（摘自 YB 231—70）

公称直径/mm	外径/mm	壁厚/mm	重量/(kg/m)
10	14	3.0	0.814
15	18	3.0	1.11
20	25	3.0	1.63
25	32	3.5	2.46
32	38	3.5	2.98
40	45	3.5	3.58
50	57	3.5	4.62
65	76	4.0	7.10
80	89	4.0	8.38
100	108	4.0	10.26
125	133	4.0	12.73
150	159	4.5	17.15
200	219	6.0	31.54
250	273	7.0	45.92
300	325	8.0	62.54
400	426	9.0	92.55
500	530	9.0	105.50

空调水管所用管材具体如下。

(1) 空调冷（热）水管道，采用碳素钢管。公称直径 DN＜50mm 时，采用普通焊接钢管；公称直径 DN≥50mm 时，采用无缝钢管；公称直径 DN≥250mm 时，采用螺旋焊接钢管。

空调冷（热）水管道均应按节能要求做保冷或保温。保冷、保温材料可采用岩棉管壳、玻璃棉管壳或其他如发泡橡塑隔热材料等。

(2) 空调冷凝水管道，宜采用聚氯乙烯塑料管、塑料管或镀锌钢管，不宜采用焊接钢管。为防止冷凝水管道表面结露，必须进行防结露验算。对于聚氯乙烯塑料管、塑料管可不做保温，而对于镀锌钢管应做保温。

6.2.2　空调水系统管件

空调水系统接头管件也叫管子配件、连接件、接头零件等。各种管道系统中管子用不同的接头管件连接起来，组成了管路。管件用来连接管道、变径、转向、分支等处，规格用公称直径表示。管件按用途分为以下几种。

(1) 管路延长连接用配件（管箍、外丝）　管箍［见图 6-17 (a)］用来连接同一直线上管径相同的管子，有通丝和不通丝两种。异径管箍［见图 6-17 (b)］又称大小头，用来连接同一直线上管径不同的两根管子；异径偏心大小头，大、小两端的中心线不重合，用来连接位于同一水平直线上下侧的两根不同管径的水平管子。外螺纹短接头，用来连接两个紧靠着的管件，常用车床旋制的管子短接头代替，非常短的接头称为外丝，如图 6-17 (c) 所示。

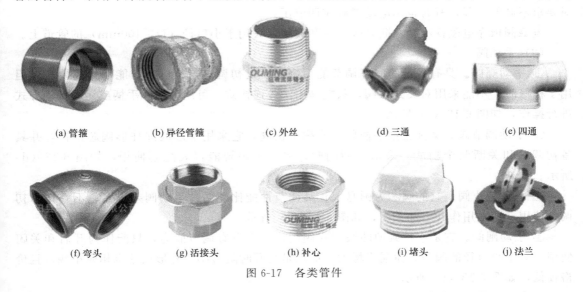

| (a) 管箍 | (b) 异径管箍 | (c) 外丝 | (d) 三通 | (e) 四通 |

| (f) 弯头 | (g) 活接头 | (h) 补心 | (i) 堵头 | (j) 法兰 |

图 6-17　各类管件

(2) 管路分支连接用配件（三通、四通）　图 6-17 (d) 所示为三通外观图。可用于小管径支管的连接，即在直线方向的两端同径，与之垂直分岔的一端为小管径；45°斜三通又叫 Y 形支管，管道交会与分岔处的局部阻力较小。四通［见图 6-17 (e)］用于管道垂直交叉连接处；异径四通在管道上垂直连接两根较小管径的支管时用。

(3) 管路转弯用配件（90°弯头、45°弯头）　弯头［图 6-17 (f)］用于管道拐弯处，依据管道拐弯角度不同可分别采用 90°弯头或 45°弯头来连接两根互相垂直的等径管；也可采用异径弯头连接两根互相垂直的不等径管。

（4）节点碰头连接用配件（活接头、带螺纹法兰盘） 活接头［见图 6-17（g）］由两个能互相扣合的管节公口、母口以及连接公口、母口的套母组成，相扣部分用胶垫或石棉纸垫衬垫，以免漏水，用于管路中需将同径管道进行活连接的地方，即不转动管子也能将管道拆开，以便拆卸、修理管路中的设备。此外，在管道安装中，活接头也是必不可少的。

（5）管子变径用配件（补心、异径管箍） 补心［见图 6-17（h）］又称内外丝、内外异径，内丝小，外丝大，外丝与其他管件连接，内丝直接连接管子，用于管道的变径连接处。

（6）管子堵口用配件（丝堵） 丝堵又叫堵头、塞头，为外螺纹，用来堵住管件的孔口，如图 6-17（i）所示。

（7）法兰［见图 6-17（j）］ 法兰盘左、右两片组成一副，作用同活接头。规格为口径 50mm 以上，由于大规格的阀门两端多为法兰式接口，故法兰盘也多用于管道与阀门的连接上。当选择与设备（或阀件）相连接的法兰时，应按设备和阀件的公称压力选择［注：对于空调工程范畴的水管，最大工作压力可当作公称压力来选择，否则会造成所选择的法兰与设备（或阀件）上的法兰尺寸不相符合的情况］。当采用凹凸式或榫槽式法兰连接时，在一般情况下，设备和阀件上的法兰制成凹面或槽面，而配制的法兰制成凸面或榫面。

6.2.3 空调水系统的管路附件

空调水系统的管路附件主要有阀门、过滤器、软接头等多种。

（1）电动阀 空调水管路常用的电动阀有电动二通阀、电动三通阀，如图 6-18（a）、（b）所示。其中电动蝶阀是根据联锁及控制要求，自动切换或与其他设备联锁开启及关闭。对要求不高的工程，有时也用电动蝶阀作调节用。

电磁阀依靠电磁铁吸合及断开来开启和关闭，只用于小口径（$D \leqslant 100$mm）的管道上。

（2）手动阀

① 手动蝶阀。具有一定的静态调节能力，可满足初调试与检修或功能切换的要求。但用于检修时，不能采用对夹式蝶阀，只能采用法兰连接式。可用手轮、手柄或涡轮传动方式进行操作，如图 6-18（c）所示。

② 手动调节阀。又称流量平衡阀，简称平衡阀，它采用锥形或圆柱形阀芯结构，并具备初调试和关断两个功能。采用平衡阀时，要与专用智能仪表配套使用，如图 6-18（d）所示。

③ 手动截止阀。它的阀芯为圆盘式，其调节性能比前两种手动阀差得多，不宜作为初调试使用，通常用作开启和关闭，如图 6-18（e）所示。

④ 手动闸阀。它是一种典型的快开式阀门，几乎没有调节能力，只能作为开启和关闭使用。对于小口径的阀门，泄漏率增大。优点是全开时阻力小，外形尺寸也相应小些，且价格较低，如图 6-18（f）所示。

对于水泵的出口阀门，采用调节阀和蝶阀从技术经济上看都是合理的；而对于水泵的入口阀门，仅在检修使用，要求阻力小，采用闸阀更为经济合理。

（3）止回阀 止回阀又称逆止阀，如图 6-18（g）所示。它的作用是防止水泵突然在运行中因断电而发生水的逆向流动。通常设在水泵的出口处，沿水流方向先是止回阀然后是蝶阀。在数台水泵并联的系统中，当只有部分水泵运行时，可防止对停止运行水泵中水的逆行流动。

对于闭式水系统，对止回阀的性能要求不太严格；而对于冷却水（开式）系统，为防止水击的发生，应采用缓闭式止回阀。

(a) 电动二通阀　　(b) 电动三通阀　　(c) 手动蝶阀　　(d) 手动调节阀

(e) 手动截止阀　　(f) 手动闸阀　　(g) 止回阀

图 6-18　常用空调管路阀门

空调管道阀门选型原则见表 6-3。

表 6-3　空调管道阀门选型原则

项目	序号	选 型 原 则
阀门选型设计	1	冷冻水机组、冷却水进出口设计蝶阀
	2	水泵前蝶阀、过滤器，水泵后止回阀、蝶阀
	3	集、分水器之间压差旁通阀
	4	集、分水器进、回水管蝶阀
	5	水平干管蝶阀
	6	空气处理机组闸阀、过滤器、电动两通或三通阀
	7	风机盘管闸阀(或加电动两通阀)
一般采用蝶阀时，口径小于 150mm 时采用手柄式蝶阀(D71X、D41X)；口径大于 150mm 时采用蜗轮传动式蝶阀(D371X、D341X)			
选用阀门注意事项	1	减压阀、平衡阀等必须加旁通
	2	全开、全闭最好用球阀、闸阀
	3	尽量少用截止阀
	4	阀门的阻力计算应当引起注意
	5	电动阀一定要选好的
止回阀设置要求			
止回阀设置要求	1	引入管上
	2	密闭的水加热器或用水设备的进水管上
	3	水泵出水管上
	4	进出水管合用一条管道的水箱、水塔、高地水池的出水管段上
注:装有管道倒流防止器的管段,不需再装止回阀			

续表

项目	序号	选 型 原 则
止回阀的 阀型选择		应根据止回阀的安装部位、阀前水压、关闭后的密闭性能要求和关闭时引发的水锤大小等因素确定,且 符合下列要求
	1	阀前水压小的部位,宜选用旋启式、球式和梭式止回阀
	2	关闭后密闭性能要求严密的部位,宜选用有关闭弹簧的止回阀
	3	要求削弱关闭水锤的部位,宜选用速闭消声止回阀或有阻尼装置的缓闭止回阀
	4	止回阀的阀瓣或阀芯,应能在重力或弹簧力作用下自行关闭

（4）水过滤器、电子水处理仪　水过滤器用于过滤管路系统在施工安装过程中形成的一些杂质（如泥土、小石子、铁屑和焊渣等），并对水泵起保护作用。同时，保护冷水机组、表冷器、新风机组和风机盘管机组内的换热设备，以防止杂质堵塞水流通截面，导致传热性能下降。因此，在上述设备的进水口处，通常设置水过滤器，如图 6-19 所示。

电子水处理仪，又名电子除垢防垢仪。该设备不需要添加任何化学药物，安装使用非常简单，可广泛用于锅炉、中央空调、换热设备、循环水系统、工业通用水处理设备等，对物理性、生物性、化学性的垢类均有明显的预防和清除效果，如图 6-20 所示。

图 6-19　Y 形过滤器　　　　　　　　　　　图 6-20　电子水处理仪

空调水系统中使用的水过滤器和电子水处理仪一般都按照设备所在管段的管径进行选择。冷却水系统为开式系统，必须使用电子水处理仪；冷冻水系统为闭式系统的，要求不那么严格，可以在冷冻水系统管路中或膨胀水箱进水管路中安装电子水处理仪。

（5）软接头　软接头有金属制品和橡胶制品两种，从目前使用情况看，后者应用较多。通常在一些振动较大的设备，如冷水机组、水泵等的进出口接管处设置水管路软接头，以减少振动的传递，是一种较好的减振措施，如图 6-21 所示。

（6）补偿器　为了消除因管道热力伸长而产生的管道应力，应采用管道补偿器，如图 6-22 所示。尽量利用管道本身的转向等方式作自然补偿。只有当自然补偿不能满足要求时，才考虑采用波纹管补偿

图 6-21　软接头

器，如图 6-22（b）所示。

（7）其他附件　自动排气阀一般设在管道系统的最高处，用于排除水管路中的空气。自动排气阀上的放空气管应引至室外或吊顶下面，如图 6-23 所示。

压力表、温度计主要用来测量冷（热）水的压力和温度。分水器和集水器上应安装压力表和温度计；在冷（热）水循环泵的进口和出口管路上应分别安装压力表；冷却水循环泵的进口和出口管路上应分别安装压力表；在冷水机组蒸发器（或冷凝器）的进口和出口管路上应分别安装压力表、温度计等。

(a) 管道补偿器

(b) 波纹管补偿器

图 6-22 补偿器

图 6-23 自动排气阀

6.3 空调水系统设计

空调水系统的功能是输配冷热能量，满足末端设备或机组的负荷要求。其配置原则为：具备足够的输送能力，经济合理地选定管材、管径以及水泵台数、型号、规格；具有良好的水力工况稳定性，重视并联环路间的阻力平衡；满足部分负荷时的调节要求；实现空调运行期间的节能运行要求；便于管理维修保养。

6.3.1 空调冷热水系统设计

空调冷热水系统设计的任务是：根据管段的流量和给定的管内水流速度，确定管道直径，然后计算管路的沿程阻力和局部阻力，以此作为选择循环泵扬程的主要依据之一，选出水泵等设备。空调冷热水系统的水管设计与采暖管路有许多相同之处，如管路要设立坡度以排除系统中积存的空气、水系统应设膨胀水箱等。

6.3.1.1 空调水管路系统的设计原则

（1）空调管路系统应具备足够的输送能力。如在中央空调系统中，通过水系统来确保通过每台空调机组或风机盘管的循环水量达到设计流量，以确保机组的正常运行；又如，在蒸汽型吸收式机组中通过蒸汽系统来确保吸收式机组所需要的热能动力。

（2）合理布置管道。管道的布置要尽可能地选用同程式系统，虽然初投资略有增加，但易于保持环路的水力工况的稳定性；若采用异程式系统，设计时应注意各支管间的压力平衡问题。

（3）确定系统的管径时，应保证能输送设计流量，并使阻力损失和水流噪声小，以获得经济合理的效果。管径大则投资多，但流动阻力小，循环水泵的耗电量就小，使运行费用降低。因此，应当确定一种能使投资和运行费用之和为最低的管径。同时，设计中要杜绝大流量、小温差问题，这是管路系统设计的经济原则。

（4）在设计中，应进行严格的水力计算，以确保各个环路之间符合水力平衡要求，使空调水系统在实际运行中具有良好的水力工况和热力工况。

（5）空调管路系统在设计时应考虑满足中央空调部分负荷运行时的调节要求。

（6）空调管路系统设计中要尽可能多地采用节能技术措施。

（7）管路系统选用的管材、配件要符合有关的规范要求。

（8）管路系统设计时，要注意便于设备及管道的维修管理，操作、调节方便。

（9）应注意的问题包括以下几点。

① 放气排污。在空调水系统的顶点要设排气阀或排气管，防止形成气塞；在主立管的最下端（根部）要有排除污物的支管并带阀门；在所有的低点应设泄水管。

② 热胀、冷缩。对于长度超过 40m 的直管段，必须装伸缩器。在重要设备与重要的控制阀前应装水过滤器。

③ 对于并联工作的冷却塔，一定要安装平衡管。

④ 注意管网的布局，尽量使系统平衡。确实从计算上、设计上都平衡不了的，可适当采用平衡阀。

⑤ 要注意计算管道推力，选好固定点，做好固定支架。特别是大管道水温高时更要注意。

⑥ 所有的控制阀门均应装在风机盘管冷冻水的回水管上。

⑦ 注意坡度、坡向、保温防冻。

6.3.1.2 管路系统的管材选择

空调水管路系统的管材选择可参照表 6-4 选用。

表 6-4 空调水管路系统的管材选用表

公称直径 DN/mm	介质参数		可选用管材
	温度/℃	压力/MPa	
≤150	<200 或>200	<1.0 或>1.0	普通水煤气钢管（YB 234—63）或无缝钢管（YB 231—70）
200～500	≤450 >450	<1.6 或>1.6	螺旋缝电焊钢管（YB 234—63）或无缝钢管（YB 231—70）
500～700			螺旋缝电焊钢管或钢板卷焊管
>700			钢板卷焊管

6.3.1.3 空调水系统设计计算

（1）管径的确定

$$d = \sqrt{\frac{4Q_w}{3.14v}} \tag{6-1}$$

式中 Q_w——水流量，m^3/s；

v——水流速，m/s。

水系统中管内水流速按表 6-5 的推荐值选用，经试算来确定其管径，或按表 6-6 根据流量确定管径。

表 6-5 推荐流速

管径/mm	15	20	25	32	40	50	65	80
闭式系统/(m/s)	0.4～0.5	0.5～0.6	0.6～0.7	0.7～0.9	0.8～1.0	0.9～1.2	1.1～1.4	1.2～1.6
开式系统/(m/s)	0.3～0.4	0.4～0.5	0.5～0.6	0.6～0.8	0.7～0.9	0.8～1.0	0.9～1.2	1.1～1.4
管径/mm	100	125	150	200	250	300	350	400
闭式系统/(m/s)	1.3～1.8	1.5～2.0	1.6～2.2	1.8～2.5	1.8～2.6	1.9～2.9	1.6～2.5	1.8～2.6
开式系统/(m/s)	1.2～1.6	1.4～1.8	1.5～2.0	1.6～2.3	1.7～2.4	1.7～2.4	1.6～2.1	1.8～2.3

表 6-6 水系统的管径和单位长度阻力损失

钢管管径/mm	闭式水系统		开式水系统	
	流量/(m³/h)	kPa/100m	流量/(m³/h)	kPa/100m
15	0~0.5	0~60		
20	0.5~1.0	10~60		
25	1~2	10~60	0~1.3	0~43
32	2~4	10~60	1.3~2.0	11~40
40	4~6	10~60	2~4	10~40
50	6~11	10~60	4~8	—
65	11~18	10~60	8~14	—
80	18~32	10~60	14~22	—
100	32~65	10~60	22~45	—
125	65~115	10~60	45~82	10~40
150	115~185	10~47	82~130	10~43
200	185~380	10~37	130~200	10~24
250	380~560	9~26	200~340	10~18
300	560~820	8~23	340~470	8~15
350	820~950	8~18	470~610	8~13
400	950~1250	8~17	610~750	7~12
450	1250~1590	8~15	750~1000	7~12
500	1590~2000	8~13	1000~1230	7~11

（2）阻力损失的计算

总阻力＝流动阻力＋设备阻力

① 流动阻力。流动阻力由沿程阻力和局部阻力组成。水在管内流动时产生的流动阻力为沿程阻力与局部阻力之和，见式（5-17），即

$$\Delta p = \sum (\Delta p_m + K) = \sum \left(R_m l + \zeta \frac{\rho v^2}{2} \right) \tag{6-2}$$

上式中，单位沿程阻力（比摩阻）R_m 宜控制在 $100\sim300\text{Pa/m}$，具体可查附录 26。制表时，水温为 10℃，当量绝对粗糙度 K 的取值为：闭式系统 $K=0.2\text{mm}$，开式系统 $K=0.5\text{mm}$。也可查图 6-24，它是根据莫迪公式按 $K=0.3\text{mm}$、水温 20℃ 条件制作的。

一些阀门、管配件的局部阻力系数 ζ 可参见表 6-7。

表 6-7 局部阻力系数

名　　称	形　　式	ζ
球形（截止）阀	全开 $DN40$ 以下	15.0
	$DN50$ 以上	7.0
角阀	全开 $DN40$ 以下	8.5
	$DN50$ 以上	3.9
闸阀	全开 $DN40$ 以下	0.27
	$DN50$ 以上	0.18

续表

名　称	形　式		ζ
止回阀			2.0
90°弯头	短的		0.26
	长的		0.20
三通			3.0
			1.8
			1.5
			0.68
突然扩大	$d/D=1/2$		0.55
突然缩小	$d/D=1/2$		0.36

冷热水管道各并联环路压力损失差值不应大于 15%。

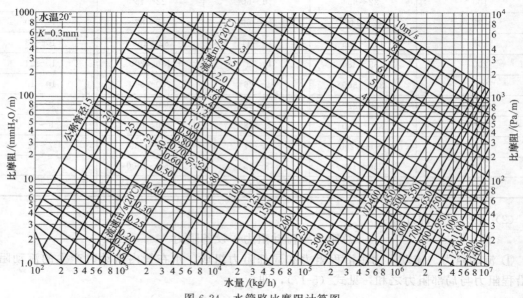

图 6-24　水管路比摩阻计算图

② 设备阻力。一些设备的阻力见表 6-8。

表 6-8　设备阻力

设备名称	阻力/kPa	备　注
离心式制冷机		
蒸发器	30～80	按不同产品而定
冷凝器	50～80	按不同产品而定
吸收式制冷机		
蒸发器	40～100	按不同产品而定
冷凝器	50～140	按不同产品而定
冷却塔	20～80	不同喷雾压力
冷热水盘管	20～50	水流速在 0.8～1.5m/s
热交换器	20～50	1～3 年
风机盘管机组	10～20	风机盘管容量越大,阻力越大,最大为 30Pa
自动控制阀	30～50	

【例 6-1】　图 6-25 为某中央空调一层水系统图，管道布置及管段编号如图 6-25 所示，该层水系统布置为同程管路。试计算其管路系统总阻力。

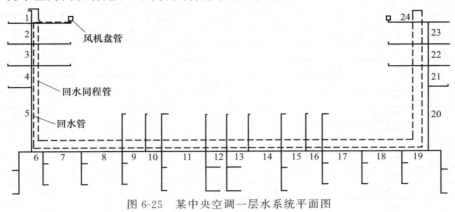

图 6-25　某中央空调一层水系统平面图

【解】

计算过程如下：

（1）选定最不利环路，由于该层水系统布置为同程管路，所以最不利环路可任意取一末端作为供回节点，如取最后一个风机盘管为节点，则其最不利环路为：1—2—3—4—5—6—7—8—9—10—11—12—13—14—15—16—17—18—19—20—21—22—23—24—风机盘管—回水同程管。

（2）根据各管段的冷负荷 Q_0，计算各管段的流量 Q_w，计算公式如下：

$$Q_w = \frac{3600Q_0}{4.18 \times 1000 \Delta t}(\text{kg/h})$$

式中　Δt——供回水的温差，℃。

（3）用假定流速法确定管段管径。根据假定的流速 v 和确定的流量 Q_w 计算出管径 d，计算公式为：

$$d = \sqrt{\frac{Q_w}{900\pi\rho v}}$$

根据给定的管径规格选定管径，由确定的管径，计算出管内的实际流速：

$$v_{实} = \frac{Q_w}{900\pi d^2 \rho}$$

（4）计算比摩阻，从而计算管段的沿程阻力。

（5）用局部阻力系数法求管段的局部阻力。

（6）计算总的阻力。

由此计算出该层最不利环路各管段的阻力，见表 6-9。

表 6-9　一层水管水力计算表

管段 编号	流量 /(m³/h)	管径 /cm	管长 /m	流速 /(m/s)	比摩阻 /(Pa/m)	摩擦阻力 /Pa	局部阻力 系数 Σζ	局部阻力 /Pa	管段阻力 /Pa
1	16.81	DN80	2.8	0.92	143.3	401.2	4.5	1893.0	2294.2
2	15.96	DN80	4.2	0.87	129.7	544.8	2.0	758.3	1303.0
3	15.10	DN80	4.2	0.82	116.8	490.5	2.0	679.5	1170.1
4	14.25	DN80	4.2	0.78	104.6	439.1	1.0	302.5	741.7

续表

管段编号	流量/(m³/h)	管径/cm	管长/m	流速/(m/s)	比摩阻/(Pa/m)	摩擦阻力/Pa	局部阻力系数 Σζ	局部阻力/Pa	管段阻力/Pa
5	13.85	DN80	12.4	0.76	99.0	1227.2	3.0	856.9	2084.1
6	13.17	DN80	2.1	0.72	89.9	188.8	1.0	258.2	446.9
7	12.66	DN70	7.3	0.97	197.3	1440.2	1.0	468.9	1909.0
8	12.16	DN70	7.5	0.93	182.6	1369.8	2.0	865.3	2235.1
9	11.29	DN70	4.4	0.86	158.3	696.6	1.0	372.7	1069.3
10	10.92	DN70	3.0	0.84	148.6	445.7	2.0	697.4	1143.2
11	9.94	DN70	8.2	0.76	124.1	1017.6	2.0	577.4	1595.0
12	8.54	DN50	4.0	1.08	332.6	1330.4	2.0	1156.5	2486.9
13	7.15	DN50	4.0	0.90	236.3	945.1	1.0	404.9	1350.0
14	6.82	DN50	6.3	0.86	215.8	1359.6	2.0	736.7	2096.3
15	5.83	DN50	4.6	0.73	160.2	736.9	1.0	269.5	1006.4
16	5.46	DN50	3.1	0.69	141.5	438.6	2.0	472.9	911.6
17	4.59	DN40	7.3	0.97	377.0	2752.3	1.0	465.8	3218.1
18	4.09	DN40	7.5	0.86	302.5	2268.5	1.0	370.0	2638.5
19	3.58	DN40	5.0	0.75	235.2	1175.9	1.5	426.3	1602.2
20	2.89	DN32	12.6	0.80	314.6	3964.1	1.0	319.6	4283.7
21	2.57	DN32	3.9	0.71	251.1	979.4	2.0	504.3	1483.7
22	1.71	DN25	4.2	0.83	489.1	2054.1	2.0	688.9	2743.0
23	0.86	DN20	4.2	0.67	447.9	1881.1	3.0	673.3	2554.4
24	0.39	DN15	7.5	0.55	461.7	3462.5	1.5	226.5	3688.9
总计	—	—	134.5	—	—	31609.9	42.5	14445.3	46055.2

以上计算的是第一层冷冻水管最不利环路的供水管的阻力，阻值为 46.1kPa。风机盘管其水阻为 28.38kPa。回水同程管其长度为 137.3m，管径为 $DN80$，水流量为 16.81m³/h，局部阻力系数为 5.0（包括 5 个弯头，每个弯头为 1.0），由此按上述方法计算得出此回水同程管的总阻力为 21.7kPa。由此计算出一层冷冻水系统最不利环路的总阻力损失为

$$\Delta p = 46.1 + 21.7 + 28.4 = 96.2 \text{kPa}$$

6.3.1.4 水泵选择及其应用

（1）空调系统中常用的水泵形式 水泵形式的选择与水管系统的特点、安装条件、运行调节要求和经济性等有关。就空调系统而言，使用比转数 n_s 在 30～150 的离心水泵最为合适，因为它在流量和压头的变化特性上容易满足空调系统的使用需要。在常用的离心水泵中，根据对流量和压头的不同要求，可以分别选用单级泵和多级泵。此外，离心水泵还有单吸和双吸之分，在相同流量和压头的运行条件下，从吸水性能、消除轴向不平衡力和运行效率方面比较，双吸泵均优于单吸泵，在流量较大时更明显；但双吸泵结构复杂，且一次投资较大。空调工程中常用的高效节能型离心水泵见表 6-10 所示。

表 6-10 空调工程中常用的高效节能型离心水泵系列

结 构	系列	流量范围		扬程范围		取代的系列
		/L/s	/m³/h	kPa	m	
单级、单吸、悬臂式	IS	1.75～111	6.3～400	49～1226	5～125	BA
单级、双吸、中开式	S	38.9～561	140～2020	98～931	10～95	SH
单吸、多级、分段式	TSWA	4.17～53.1	15～191	165～2865	16.8～292	TSW

（2）水泵性能曲线　性能曲线是液体在泵内运动规律的外部表现形式，它反映一定转速下水泵的流量 Q_w、压头 p、功率 N 及效率 η 之间的关系。每一种型号的水泵，制造厂都通过性能试验给出如图 6-26 所示的三条基本性能曲线：$Q_w\text{-}p$ 曲线、$Q_w\text{-}N$ 曲线和 $Q_w\text{-}\eta$ 曲线。

各种型号水泵的 $Q_w\text{-}p$ 曲线随水泵压头（扬程）和比转数而不同，一般有三种类型：平坦型、陡降型及驼峰型，如图 6-27 所示。具有平坦型 $Q_w\text{-}p$ 曲线的水泵，当流量变化很大时，压头变化较小；具有陡降型 $Q_w\text{-}p$ 曲线的水泵，当流量稍有变化时，压头就有较大变化。具有以上两种性能的水泵可以分别应用于不同调节的水系统中。至于具有驼峰型 $Q_w\text{-}p$ 曲线的水泵，当流量从零逐渐增大时，压头相应上升；当流量达到某一数值时，压头会出现最大值；当流量再增加时，压头反而逐渐减少，因此，其 $Q_w\text{-}p$ 曲线形成驼峰状。当水泵的工作参数介于驼峰曲线范围时，系统的流量就可能出现忽大忽小的不稳定情况，使用时应注意避免。

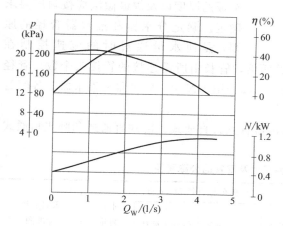

图 6-26　单级离心水泵的性能曲线

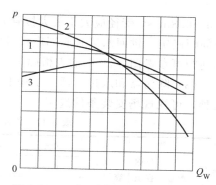

图 6-27　三种不同类型的 $Q_w\text{-}p$ 曲线

（3）水泵选择　选择水泵所依据的流量 Q_w 和压头（或扬程）Δp 按式（6-3）、式（6-4）确定。

$$Q_w = (1.1 \text{或} 1.2) Q_{w,\max} \tag{6-3}$$

式中　$Q_{w,\max}$——设计的最大流量，m^3/s 或 m^3/h；

　1.1 或 1.2——附加系数，当水泵单台工作时取 1.1；两台并联工作时取 1.2。

$$\Delta p = (1.1 \sim 1.2) \Delta p_{\max} \tag{6-4}$$

式中　$\Delta p_{\max}$——管网最不利环路总阻力计算值，kPa。

已知 Q_w、Δp 值后，就可按水泵特性曲线选择相应的水泵型号，并从样本查知其效率、功率和配套电动机型号等。

6.3.1.5　冷冻水系统各附件的设计

（1）膨胀水箱　膨胀水箱的容积是由系统中水容量和最大的水温变化幅度决定的，可以用式（6-5）计算确定：

$$V_p = \alpha \Delta t v_3 \quad (m^3) \tag{6-5}$$

式中　V_p——膨胀水箱有效容积（即由信号管到溢流管之间高差内的容积，如图 6-28 所示）；

α——水的体积膨胀系数，取值为 0.0006，1/℃；

Δt——最大的水温变化值，℃；

v_3——系统内的水容量，m^3，即系统中管道和设备内存水量总和。

系统的水容量可以在设计完成后，从各管路和设备逐个计算求得。从以上计算得到膨胀水箱的有效容积后，即可从采暖通风标准图集 T905（一）、（二）进行配管管径选择，从而选定规格型号。表 6-11 是该标准图集中的有关资料，可供选用参考。

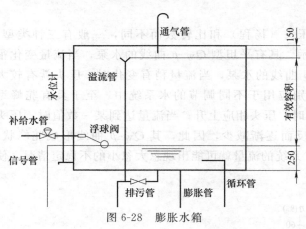

图 6-28 膨胀水箱

（2）集水器和分水器 如图 6-29 所示，分水器和集水器选用的管壁和封头板的厚度以及焊缝做法应按耐压要求确定。确定分水器和集水器管径的原则，是使水量通过时的流速控制在 0.5～0.8m/s，管径应大于最大接管开口直径的两倍，管长由所需连接的管接头个数、管径及间距确定。供回水集管底部应设排污管接头，一般选用 DN40。分水器和集水器上各配管的间距可参考图 6-29 中的表格确定。

（3）除污器和水过滤器 工程上常用的除污器有立式直通式、卧式直通式和卧式角通式几种，可视现场安装条件选用。

表 6-11 膨胀水箱的规格尺寸及配管的公称直径

水箱形式	型号	公称容积 /m^3	有效容积 /m^3	外形尺寸/mm		水箱配管的公称直径 D_g/mm					水箱自重 /kg	采暖通风标准图集图号
				长×宽	高	溢流管	排水管	膨胀管	信号管	循环管		
				$L \times B$（或 d_o）	H							
方形	1	0.5	0.61	900×900	900	40	32	25	20	20	156.3	T905（一）
	2	0.5	0.63	1200×700	900	40	32	25	20	20	164.4	
	3	1.0	1.15	1100×1100	1100	40	32	25	20	20	242.3	
	4	1.0	1.20	1400×900	1100	40	32	25	20	20	255.1	
圆形	1	0.3	0.35	900	700	40	32	25	20	20	127.3	T905（二）
	2	0.3	0.33	800	800	40	32	25	20	20	119.4	
	3	0.5	0.54	900	1000	40	32	25	20	20	153.6	
	4	0.5	0.59	1000	900	40	32	25	20	20	163.4	
	5	0.8	0.83	1000	1200	50	32	32	20	25	193.0	
	6	0.8	0.81	1100	1000	50	32	32	20	25	193.8	
	7	1.0	1.10	1100	1300	50	32	32	20	25	238.4	
	8	1.0	1.20	1200	1200	50	32	32	20	25	253.1	

除污器和水过滤器的型号都是按照连接管的管径选定的。连接管的管径应该与干管的管径相同。在进行阻力计算时，目前工程上常用的除污器的局部阻力系数可取 4～6；水过滤

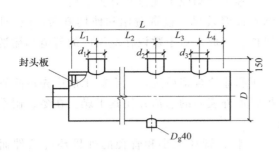

配管间距表	
L_1	d_1+60
L_2	d_1+d_2+120
L_3	d_2+d_3+120
L_4	d_3+60

图 6-29　分水器或集水器的构造简图

器的局部阻力系数可取 2.2。它们都对应于连接管的动压。

　　在选定除污器和水过滤器时，应重视它们的耐压要求和安装检验的场地要求。除污器和水过滤器的前后，应该设置闸阀，以便在定期检修时与水系统切断（平时处于全开状态）；安装时，必须注意水流方向；在系统运转和清洗管路的初期，宜把其中的滤芯卸下，以免损坏。

6.3.1.6　空调水管道保温

　　为了减少管道的能量损失，防止冷水管道表面结露以及保证进入空调设备和末端空调机组的供水温度，空调水管道及其附件均应采用保温措施。保温层的经济厚度的确定与很多因素有关，需要详细计算时可以查阅有关技术资料。一般情况下可以参考表 6-12 选用。目前，空调工程中常用的保温材料及其主要技术特性列于表 6-13。

表 6-12　保温层厚度选用参考表

冷水管（或热水管）的公称直径 D_g/mm		≤32	40～55	80～150	200～300	＞300
保温层厚度 /mm	聚苯乙烯（自熄型）	40～45	45～50	55～60	60～65	70
	玻璃棉	35	40	45	50	50

注：其他管道如冷凝水管、室外明装的冷却塔出水管以及膨胀水箱的保温层厚度取 25mm。

表 6-13　空调工程中常用保温材料及其主要技术特性

材料名称	密度 /(kg/m³)	导热系数 /[W/(m·K)]	适用温度 /℃	备　注
可发性聚苯乙烯塑料板、管壳	18～25	0.041～0.044	−40～70	有自熄型和非自熄型两种，订货时需明确指出
软质聚氨酯泡沫塑料制品	30～36	0.040	−20～80	可以现场发泡浇注成型，强度较大，但成本也高
酚醛树脂矿渣棉管壳	150～180	0.042～0.049	＜300	难燃、价廉、货源广，施工时刺激皮肤且尘土大
岩棉保温管壳	100～200	0.052～0.058	−268～350	适应温度范围大，施工容易，但需注意岩棉对人体的危害
水泥珍珠岩管壳	250～400	0.058～0.087	≤600	不燃、不腐蚀、化学稳定性好，且价廉
玻璃棉管壳	120～150	0.035～0.058	≤250	耐腐蚀、耐火、吸水性很小，有良好的化学稳定性，但施工时刺激皮肤
聚乙烯高分子架桥发泡体	33～45	0.036	≤100	难燃、燃烧无毒性、极佳的防水性、优良的耐候性、加工容易、优良的结构强度

管道保温结构的施工方法很多，详细内容可参阅施工规范和有关手册。

保温结构的设计和施工质量直接影响到保温效果、投资费用和使用寿命，应予以重视。管道和设备的保温结构一般由保温层和保护层组成。对于敷设在地沟内的管道和输送低温水的管道还需加防潮层。

管道保温结构的施工应在管道系统试压和涂漆合格后进行。在施工前应先清除管子表面的脏物和铁锈，涂上两道防锈漆，要保护管道外表面的清洁并使其干燥。在冬、雨季进行室外管道施工时，应有防冻和防雨的措施。

保温结构的形式甚多，视选用的保温材料、管径大小和管径的外界环境条件而异。目前，空调工程中水管大多用管壳式保温材料，并采用绑扎式结构，在管壳的外面应包裹油毡玻璃丝布保护层，涂抹石棉水泥保护壳。应该指出，在用矿渣棉或玻璃棉制的管壳作保温层时，宜使用油毡玻璃丝布保护层，而不宜选用石棉水泥保护壳。

6.3.2 空调冷却水系统设计

目前最常用的冷却水系统设计方式是：冷却塔设在建筑物的屋顶上，空调冷冻站设在建筑物的底层或地下室。水从冷却塔的集水槽出来后，直接进入冷水机组而不设水箱。当空调冷却水系统仅在夏季使用时，该系统是合理的，它运行管理方便，可以减小循环水泵的扬程，节省运行费用。

6.3.2.1 冷却塔的选择和设置

（1）冷却塔的选择　空调中常用的逆流式水膜型填充物冷却塔的热工计算是一个比较复杂的问题，表示其热工特性的重要参数是以焓为基准的总容积传热系数，它与填充料的材质特性、冷却塔的结构形式、淋水密度、水气比、塔断面风速等许多因素有关。因此，在工程中使用时，一般都按市售产品的样本提供的热工性能数据进行选择。

冷却塔的选择要根据当地的气象条件、冷却水进出口温差及处理的循环水量，按冷却塔选用曲线或冷却塔选用水量表来选用。一定要注意不可直接按冷却塔给出的冷却水量选用。其循环水量为

$$W = \frac{kQ_0}{c(t_{w2} - t_{w1})} \times 3.6 \tag{6-6}$$

式中　W——循环水量，t/h；

k——系数，与制冷机的形式有关，对于压缩式制冷机，取制冷机负荷的 1.3 倍左右；对于吸收式制冷机，取制冷机负荷的 2.5 倍左右；

Q_0——制冷机的制冷量，kW；

c——水的比热容，kJ/(kg·℃)，常温时，$c = 4.1868$ kJ/(kg·℃)；

kQ_0——冷凝器的热负荷，kW；

t_{w1}、t_{w2}——冷却水进、出口水温，℃，对于压缩式制冷机，取 4～5℃；对于吸收式制冷机，取 6～9℃。

然后，根据 W 值从产品样本选择型号和规格。当设计条件与制造厂提供的产品性能表所列条件不同时，应考虑按设计条件予以修正。

在冷却塔型号规格选定时，尚需复核所选冷却塔的结构尺寸（指占地面积和高度）是否适合现场的安装条件，要根据冷却塔的运行重量核算冷却塔安装位置的楼板（或屋面板）结构的承受能力；同时要重视所选冷却塔在运行时的噪声水平，使其满足环境噪声

要求。选择理想的冷却塔还要重视它的能耗指标和价格。对于多台冷却塔并联运行，各台冷却塔之间应设平衡管。水泵与冷却塔一一对应，每台冷却塔供、回水管之间设旁通管，以便相互备用。

（2）冷却塔的设置　冷却塔设置时宜采用相同型号，其台数与冷水机组的台数相同，不设置备用冷却塔，即"一塔对一机"的方式。冷却塔的设置位置一般应放在通风良好的室外。在布置时，首先要保证其排风口上方无遮挡物，避免排出的热风被遮挡而由进风口重新吸入，影响冷却效果。在进风口周围，至少应有 1m 以上的净空，以保证进风气流不受影响，且进风口处不应有大量的高湿热空气的排气口。冷却塔大都采用玻璃钢制造，难以达到非燃要求，因此要求消防排烟风口必须远离冷却塔。

① 冷冻站为单层建筑时，冷却塔可根据总体布置的要求，设置在室外地面或屋面上，由冷却塔塔体下部存水，直接用自来水补水至冷却塔，并设加药装置进行水处理。该流程运行管理方便，但在冬季运行时，在结冰气候条件下，不宜采用。

当冷却水循环水量较大时，为便于系统补水，且在冬季运行的情况下，可使用设有冷却水箱的循环流程。冷却水箱可根据情况设在室内，也可设在屋面上。当建筑物层高较高时，为减少循环水泵的扬程，节省运行费用，冷却水箱一般设在屋面上。

② 当冷冻站设置在多层建筑或高层建筑的底层或地下室时，冷却塔通常设置在建筑物相对应的屋顶上。根据工程情况，可分别设置单机配套相互独立的冷却水循环系统，或设置公用冷却水箱、加药装置及供、回水管的冷却水循环系统。

6.3.2.2　冷却水系统的补水量

冷却水的补水量应考虑排污量和由于空气夹水滴的飘溢损失；同时还应综合考虑各种因素如冷却塔的结构、冷却水水泵的扬程、空调系统大部分时间是在部分负荷下运行等的影响。一般说来，电动制冷时冷却塔的补水量取为冷却水流量的 $1\% \sim 2\%$；溴化锂吸收式冷水机组的补水量取为冷却水流量的 $2\% \sim 2.5\%$。

6.3.2.3　冷却水系统水力计算

冷却水系统的水力计算方法同冷热水系统的管路计算。单位沿程阻力（比摩阻）R_m 可由附录 27 查得。附录 27 是按照冷却水温度为 35℃，水的密度为 994.1kg/m³，运动黏滞系数为 $0.727 \times 10^{-6} m^2/s$，管壁绝对粗糙度为 0.5mm 的条件下制作的。

6.3.2.4　空调冷却水系统设计中应注意的问题

为了使系统安全可靠地运行，实际设计时应注意以下几点。

① 冷却塔台数应与制冷主机的数量一一对应。

② 冷却塔的水流量 ＝ 冷水机组冷却水流量×（1.25～1.3）。

③ 为了保证水泵不吸入空气产生汽蚀，同时也为了冷却水温稳定性较好，宜采用集水型冷却塔，即增大冷却塔存水盘的深度，集水量可考虑 1.5～2min 的冷却水循环水量。

④ 冷却塔上的自动补水管应稍大一些，以缩短补水时间，有利于系统中空气的排出。

⑤ 应设置循环泵的旁通止逆阀，以避免停泵时出现从冷却塔内大量溢水问题，并在突然停电时，防止系统发生水击现象。

⑥ 设计时要注意各冷却塔之间管道阻力平衡问题。冷却塔多台并联时要有平衡管，以保持各冷却塔水盘内的水位一致。

⑦ 选用冷却塔时应遵循相关标准的规定，其噪声不得超过表 6-14 所列的噪声限制值。

表 6-14 厂界噪声限制值   dB（A）

厂界毗邻区域的环境类别	昼间	夜间	备注
特殊住宅区	45	35	高级宾馆和疗养院
居民、文教区	50	40	学校与居民区
一类混合区	50	45	工商业与居民混合区
商业中心、二类混合区	60	50	商业繁华区与居民混合区
工业集中区	65	55	工厂林立区域
交通干线道路两侧	70	55	每小时车流 100 辆以上

6.3.3 空调冷凝水排放系统设计

6.3.3.1 冷凝水管的布置

（1）若邻近有下水管或地沟时，可用冷凝水管将空调器接水盘所接的凝结水排放至邻近的下水管中或地沟内。

（2）若邻近的多台空调器距下水管或地沟较远，可用冷凝水干管将各台空调器的冷凝水支管和下水管或地沟连接起来。

6.3.3.2 冷凝水管管径的确定

（1）直接和空调器接水盘连接的冷凝水支管的管径应与接水盘接管管径一致。

（2）需设冷凝水干管时，某段干管的管径可依据与该管段连接的空调机组的总冷负荷（kW）按表 6-15 中所列数据近似选定冷凝水管的公称直径。

表 6-15 冷凝水管管径估算表

冷负荷 Q/kW	凝水管管径 DN/mm	冷负荷 Q/kW	凝水管管径 DN/mm
≤7	20	7.1～17.6	25
17.7～100	32	101～176	40
177～598	50	599～1055	80
1056～1512	100	1513～12462	125

注：1. $DN=15$mm 的管道，不推荐使用。

2. 立管的公称直径，应与同等负荷的水平干管的公称直径相同。

6.3.3.3 冷凝水管保温

所有冷凝水管都应保温，以防冷凝水管温度低于局部空气露点温度时，其表面结露滴水，从而影响房间卫生条件。冷凝水管的保温常采用带有网络线铝箔贴面的玻璃棉保温，保温层厚度可取 25mm。

6.3.3.4 冷凝水管道设计注意事项

空调冷凝水系统一般为开式重力非满管流。为避免管道腐蚀，冷凝水管道可采用聚氯乙烯塑料管或镀锌钢管，不宜采用焊接钢管。当采用镀锌钢管时，为防止冷凝水管道表面结露，通常需设置保温层。为保证冷凝水能顺利排走，冷凝水管道设计应注意下列事项。

① 保证足够的管道坡度。冷凝水盘的泄水支管沿凝结水流向坡度不宜小于 0.01；其他水平支、干管，沿水流方向保持不小于 0.002 的坡度，且不允许有积水部位，每层的冷凝水排到雨水立管中。

② 当冷凝水集水盘位于机组内的负压区段时，为避免冷凝水倒吸，凝水盘的出水口处必须设置 U 形水封，一般水封的高度应比集水盘处的负压（相当于水柱高度）大 50%左右。

③ 冷凝水立管顶部应设计通大气的透气管，水平干管始端应置扫除口。

④ 冷凝水排入污水系统时，应有空气隔断措施，冷凝水管不得与室内密闭雨水系统直接连接。

⑤ 冷凝水管宜采用聚氯乙烯塑料管或镀锌钢管，不宜用水煤气管。采用聚氯乙烯塑料管时，一般可以不必进行防结露的保温和隔汽处理；采用镀锌钢管时，通常应设置保温层。

⑥ 设计和布置冷凝水管路时，必须认真考虑定期冲洗的可能性，并应安排必要的设施。

⑦ 冷凝水管管径应按冷凝水流量和冷凝水管最小坡度确定。一般情况下，每 1kW 冷负荷每 1h 产生 0.4kg 左右冷凝水；在潜热负荷较高的场合，每 1kW 冷负荷每 1h 约产生 0.8kg 冷凝水。冷凝水管管径可按表 6-15 选用。

设 计 实 例

【工程概况】

某写字楼总建筑面积约 57000m²，地下部分 3 层，为设备用房及车库，地上部分 27 层，一～三层为大堂、咖啡吧、会客厅、办公室等，十六层为避难层，其余均为办公层。现需为其设计空调系统。

【设计内容】

(1) 设计参数

① 室外空调计算参数。

夏季：夏季空调干球温度为 34.0℃、湿球温度为 28.2℃；夏季通风温度为 32.0℃，风速为 3.2m/s，风向为 SE，ESE。

冬季：冬季空调温度为 −4℃，相对湿度为 75%，冬季通风温度为 3.0℃，冬季采暖温度为 −2℃，风速为 3.1m/s，风向为 NW。

② 室内空调设计参数

室内空调设计参数如表 6-16 所示。

表 6-16　室内空调设计参数

房间名称	室内温湿度参数				新风量 /[m³/(h·p)]	噪声控制标准/dB(A)
	夏季		冬季			
	温度/℃	相对湿度/%	温度/℃	相对湿度/%		
办公	24	50～60	20	>40	30	45
会客、娱乐	25	55～65	18	>40	30	50
多功能厅	25	55～65	18	>40	30	50
餐厅	25	60	18	>40	25	50
大堂、门厅	25	55～60	20	>40	10	50

(2) 空调冷热负荷及冷热源设计

① 大楼设中央空调系统，空调总冷负荷为 7298kW，空调总热负荷为 5033kW，冷冻机房设于地下二层，系统工作压力为 1.8MPa。

② 空调冷热源采用 2 台 800RT 的直燃型溴化锂冷热水机组和 1 台 400RT 的螺杆式冷热水机组。

③ 空调水系统为四管制，冷冻机为吸入式，空调膨胀水箱为开式，设置在二十七层夹层平面，空调水系统的工作压力为 1.8MPa。

④ 在冷冻机房内设置了 1 台 1400kW 的板式热交换器，利用冬季（过渡季）的免费冷却水来获得冷冻水以供内区制冷的需求，每层空调冷热水供水管上均设置能量计量装置。

(3) 空调系统形式

① 地下一层的包房及健身房采用风机盘管加新风系统。底层大堂、多功能厅及二十七层办公室采用定风量全空气系统。其中，北部大厅（一～三层）的空调器设置在底层，喷口送风，机房侧壁回风。南向大厅（一～二层）的空调器设置在二层，顶部旋流封口送风，走道顶部回风。二十七层办公的空调器设置在本层，顶部散流器送风，机房侧壁回风。

② 底层消防安保控制中心采用独立分体式风冷热泵。

③ 顶部电梯机房采用独立分体式风冷空调机组（单冷）。

④ 新风空调箱设置在十六层，经冷热预处理后通过垂直新风管进入各层的空调箱，每层新风、排风均设定风量装置。

⑤ 在十六层设新风、排风（部分）热回收装置，利用排风预冷（热）新风，最大限度地利用能源。

⑥ 四～十五层、十七～二十六层办公区采用变风量全空气系统。标准层每层均设 1 台空调器。新风和回风混合经空调箱处理后再通过设置在每个办公室地板下的 VAV 变风量末端，然后进入地板下部的送风静压箱，最后通过地板送风口送入室内，走道顶部回风。

(4) 通风及防排烟设计

① 通风设计。

a. 地下变配电所采用机械送排风系统，风量根据散热量而定。

b. 地下冷冻机房采用机械送排风系统。

c. 各层卫生间设机械排风系统，换气次数为 $12h^{-1}$。

d. 各层办公区均设机械排风系统。

e. 厨房设局部排烟系统及全室送排风系统，排油烟系统在本层经初步过滤后由立管接至裙房屋面，再经油烟过滤装置处理后由风机排入大气。

f. 地下汽车库装置机械排风兼排烟系统。

② 防排烟系统。

a. 底层多功能厅及二十七层办公区通过设置顶部天窗自然排烟。

b. 北部大堂作为独立防烟分区，且可燃物较少，可不设排烟系统。

c. 餐厅、办公及内走道设机械排烟系统。

d. 地下车库设机械排风兼排烟系统。

e. 疏散楼梯间设正压送风系统，地下部分和地上部分分别设置。

f. 消防间两侧设有外门，不设正压送风系统。

g. 避难间两侧设有外门，不设正压送风系统。

h. 空调送、回风管，通风送、排风管及排烟管穿过防火分区时，设置 70℃ 防火阀或 280℃ 排烟防火阀。

(5) 空调自控

① 该写字楼设有楼宇自控系统，考虑采用 DDC 检测、监控，使所有空调及通风设备实现自动启停，调节控制。

② 冷冻水板的一次水侧回水管上的电动阀为比例型，根据二次水侧出水管上的温控器来控制其流量。

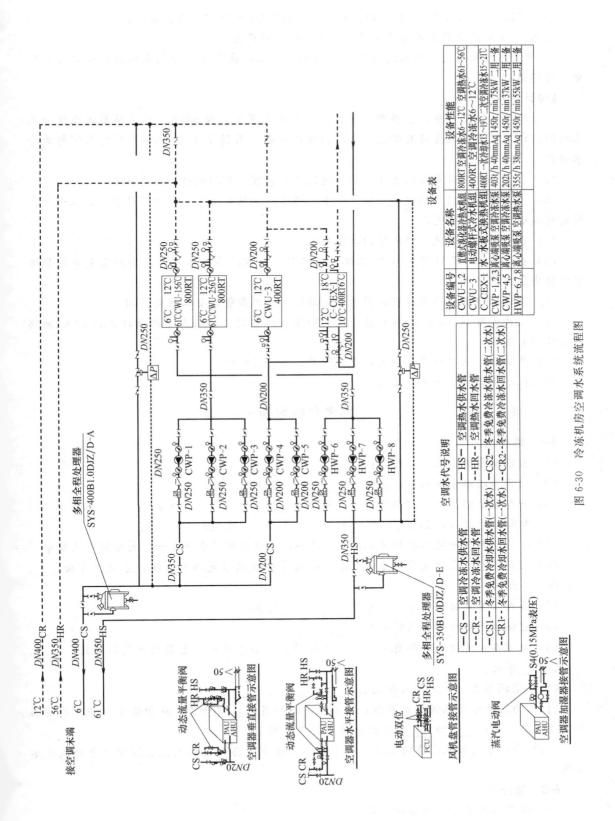

图 6-30　冷冻机房空调水系统流程图

③ 空调器回水管上的电动阀为比例阀，根据回风管的温控器来控制其流量。

④ 空调水系统设置压差旁通装置（冷热系统分别设置）。

⑤ 所有消防排烟设备纳入消防控制中心统一管理，楼宇自动控制系统将有接口与消防中心进行通信。

【设计特点】

（1）冷冻机配置合理，根据用气政策，该项目设置了 2 台 800RT 的直燃型溴化锂冷热水机组，以高效应对低负荷及考虑冬季的内区冷负荷，另设了 1 台 400RT 的电动螺杆式冷水机组。

（2）办公层设变风量末端装置＋地台送风末端装置，节约能耗，节省层高。

（3）大会议室、门厅的空调系统、地下室停车库排风系统等设风机调速装置，在部分负荷时可减小风量，节约能源。

（4）在十六层设新风、排风热回收装置。

（5）在冷冻机房设计了 1 台水-水板式换热器，在过渡季或冬季利用冷却塔免费置换冷水以供内区使用。

（6）空调器回水管路上设有比例调剂电动阀，风机盘管设有二通电动阀。

（7）大楼设有 BA 系统，各类通风设备和空调设备的主要状态点均通过区域 DDC 联络至大楼 BA 系统。

（8）多功能厅顶部设置电动窗，平时通风，着火时排烟。

冷冻机房空调水系统流程见图 6-30。

思考与练习题

6-1 填空题

（1）空调水系统由三部分组成：＿＿＿、＿＿＿、＿＿＿。

（2）空调冷冻水系统的供水温度为 ＿＿＿℃，一般为＿＿＿℃。

（3）一个完整的建筑物空调水系统应包括＿＿＿、＿＿＿、＿＿＿三部分。

（4）空调水系统按循环水量的特性划分，可分为＿＿＿系统和＿＿＿系统。

（5）冷冻水泵是冷冻水循环系统的＿＿＿设备，一般应用于中央空调等大型制冷设备中。

（6）空调冷却水系统是指将冷冻机组中冷凝器的散热带走的水系统，系统主要由＿＿＿、＿＿＿和＿＿＿组成。

（7）冷却水系统按供水方式可分为＿＿＿和＿＿＿两类。

（8）空调水系统中常用的管材是＿＿＿和＿＿＿。

（9）空调水系统接头管件也叫＿＿＿、连接件、接头零件等。它是用来连接管道、＿＿＿、＿＿＿、＿＿＿等处。

（10）空调水系统的管路附件主要有＿＿＿、＿＿＿、＿＿＿等多种。

（11）为防止水管系统阻塞和保证各类设备和阀件的正常功能，在管路中应安装除污器和水过滤器，用以＿＿＿和＿＿＿水中的杂物和粘混水垢。

（12）冷凝水是被收集在设置于＿＿＿下的集水盘中，再由集水盘接管排向一个开式排水系统。

6-2 选择题

（1）以下不属于空调水系统的是（　　　）。

A. 冷热水系统   B. 制冷剂系统   C. 冷却水系统   D. 冷凝水系统

（2）能同时满足供冷、供热要求，且没有冷热混合损失，运行经济，对室温的调节具有较好效果的冷热水系统是（   ）。

A. 两管制系统   B. 三管制系统   C. 四管制系统   D. 混合系统

（3）以下不属于空调冷却水系统的是（   ）。

A. 蒸发器   B. 冷凝器   C. 冷却水池   D. 冷却塔

（4）水冷式冷凝器的冷却水进出方式为（   ）。

A. 上进下出   B. 上进上出   C. 下进下出   D. 下进上出

（5）以下不属于空调水系统管件的是（   ）。

A. 管箍   B. 堵头   C. 补心   D. 管道补偿器

（6）防止水泵突然在运行中因断电而发生水逆向流动的阀是（   ）。

A. 止回阀   B. 电磁阀   C. 蝶阀   D. 闸阀

（7）适用于缺水地区的冷凝器类型是（   ）冷凝器。

A. 蒸发式   B. 水冷式   C. 自然空冷式   D. 强制空冷式

6-3 判断题

（1）定流量系统通过改变供回水温差来满足负荷的变化，系统的水流量始终不变。

（   ）

（2）二次泵系统中的二次环路由二次泵、空调末端设备、供回水管路和旁通管组成，负责冷水输送，一般按变流量运行。

（   ）

（3）异程式系统各末端环路的水流阻力较为接近，有利于水力平衡，因此系统的水力稳定性好，流量分配均匀。

（   ）

（4）空调冷热水系统中若需设置补水泵，可不必设补水箱。（   ）

（5）冷却塔设置时宜采用相同型号，其台数与冷水机组的台数相同，不设置备用冷却塔，即"一塔对一机"的方式。

（   ）

（6）冷凝水管道可采用聚氯乙烯塑料管、镀锌钢管或焊接钢管。（   ）

（7）冷却水进出冷凝器的温差一般为 4～6℃。（   ）

（8）冷却塔是利用空气同水的接触来冷却水的设备。通常是以水为循环冷却剂，从一系统中吸收热量并排放至大气中，从而降低塔内循环水的温度。（   ）

6-4 问答题

（1）什么是定流量系统？什么是变流量系统？

（2）什么是双管制、三管制和四管制水系统？比较它们的优缺点。

（3）冷水机组经空调系统进、出水温是多少？

（4）试解释沿程压力损失、局部压力损失等名词。

（5）影响局部阻力系数 ζ 的因素有哪些？

（6）空调冷水系统开式循环与闭式循环有什么区别？简述它们各自的应用场合。

（7）试述同程式与异程式的区别，并简述其优缺点。

（8）冷却塔的类型有哪些？冷却塔在选择和布置时应注意哪些问题？

（9）空调冷热水系统、冷却水系统、冷凝水系统在管路设计计算时有何不同？

6-5 计算题

（1）一矩形风道断面尺寸为 $a=200$mm，$b=400$mm，用镀锌薄钢板制成。风道内空气

流量为 $G=2000\text{m}^3/\text{h}$，求 10m 长风道内沿程压力损失及风道内空气的流速。

（2）一 90°矩形断面送出三通，各部分流量和断面尺寸如下：

$G_1=3000\text{m}^3/\text{h}$，　　　$F_1=320\text{mm}\times500\text{mm}$

$G_2=1500\text{m}^3/\text{h}$，　　　$F_2=320\text{mm}\times320\text{mm}$

$G_3=1500\text{m}^3/\text{h}$，　　　$F_3=320\text{mm}\times320\text{mm}$

求该三通的局部压力损失。

（3）求水在流过长度为 20m、管径为 150mm 的直管段时的摩擦阻力，如果管内水流速取 1.8m/s，管内表面的当量绝对粗糙度 $\varepsilon=0.5\text{mm}$。

（4）求水流过 90°弯头的局部阻力，已知管径为 50mm，管内水流速为 1.5m/s。

6-6 设计题

九江市某酒店售楼处地上 4 层，地下 1 层，总建筑面积约 6800m^2。现欲对售楼处一层（见图 6-31）的办公用房、会议室、食堂等场所进行空调设计。经比较确定空调系统主机采用风冷热泵，末端采用风机盘管加新风系统。试写出设计过程。

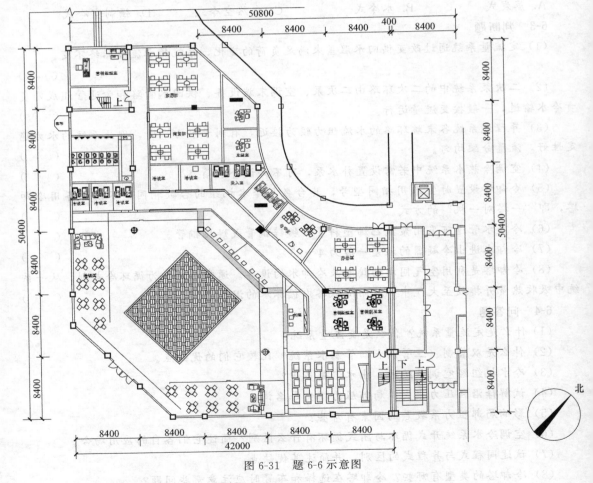

图 6-31　题 6-6 示意图

第7章

中央空调冷热源及机房设计选择

空调工程的任务，就是要在任何环境下，将室内空气控制在一定的温度、湿度、气流速度和一定的洁净度范围内。为实现上述要求，夏季必须要有充足的冷源，而冬季又必须要有充足的热源。能为空调系统的空气处理装置提供处理过程中需要的冷热量的物质和装置，都可以作为空调系统的冷热源。因此，冷热源是空调系统的核心部分。空调系统冷热源选择的合理与否将会直接影响空调系统是否能正常运行与经济运行。而中央机房是整个中央空调系统的冷（热）源中心，同时又是整个中央空调系统的控制调节中心。中央机房一般由冷水机组、冷水泵、冷却水泵、集水缸、分水缸和控制屏组成（如果考虑冬季运行送热风，还有中央空调热水机组等生产热水的装置）。本章主要介绍常见的中央空调冷热源设备的特性及选择，并给出了中央机房设计与布置的一些基本原则。

7.1 中央空调系统的冷热源及其选择

根据冷热源自身特点，一般分为天然冷热源和人工冷热源两大类。天然冷热源包括地表水、地下水、冰、太阳能等，而冷水机组、冷热水机组、锅炉等装置一般被称为人工冷热源。

7.1.1 中央空调冷源设备及其选择

7.1.1.1 中央空调冷源设备

中央空调工程中常用水作为冷量传递物质，因此冷水机组是中央空调工程中采用最多的冷源设备。一般而言，将制冷系统中的全部组成部件组装成一个整体设备，并向中央空调提供处理空气所需要低温水（通常称为冷冻水或冷水）的制冷装置，简称为冷水机组。

（1）常用冷水机组的分类 空调工程中常用的冷水机组根据所用动力种类不同分为电力驱动冷水机组和热力驱动冷水机组。电力驱动冷水机组多是采用蒸汽压缩制冷原理的冷水机组，又称为蒸汽压缩式冷水机组；热力驱动冷水机组多是采用吸收式制冷原理的冷水机组，又称为吸收式冷水机组。

压缩式冷水机组根据其压缩机种类不同，分为活塞式冷水机组、螺杆式冷水机组和离心式冷水机组三种，其外观图如图7-1所示；根据其冷凝器的冷却方式不同，可分为水冷式、风冷式和蒸发冷却式冷水机组；根据使用的制冷剂种类不同，可分为氟利昂冷水机组和氨冷水机组。模块化冷水机组通常采用活塞式制冷压缩机，所以也属于活塞式冷水机组，但具有结构设计独特，系统构成方便的特点。

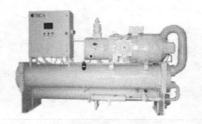

(a) 活塞式冷水机组　　　　(b) 单螺杆式冷水机组　　　　(c) 离心式冷水机组

图 7-1　各类冷水机组

　　吸收式冷水机组根据其热源方式的不同，分为蒸汽型冷水机组、热水型冷水机组和直燃型冷水机组，其中蒸汽型直燃型应用最为广泛；根据所用工质不同，可分为氨吸收式和溴化锂吸收式冷水机组；根据热能利用程度不同，可分为单效和双效吸收式冷水机组；根据各换热器的布置情况又分为单筒型、双筒型和三筒型吸收式冷水机组；根据应用范围又分为单冷型和冷热水型吸收式冷水机组。通常按习惯将上述分类加以综合，如蒸汽单、双效溴化锂吸收式冷水机组、直燃式溴化锂冷热水机组等。图 7-2 所示为远大直燃吸收式溴化锂冷热水机组外观图。

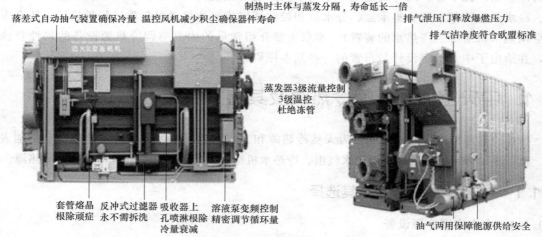

图 7-2　远大直燃吸收式溴化锂冷热水机组外观图

　　常用冷水机组的种类及工作原理见表 7-1。

表 7-1　冷水机组分类及其工作原理

分类		工作原理
压缩式	活塞式	通过活塞的往复运动吸入气体并压缩气体
	螺杆式	通过转动的两个螺旋形转子相互啮合而吸入气体并压缩气体，利用滑阀调节气缸的工作容积来调节负荷
	离心式	通过叶轮离心力作用吸入气体并对气体进行压缩
吸收式	蒸汽式热水式	利用蒸汽或热水作为热源，以沸点不同而相互溶解的两种物质的溶液作为工质，其中高沸点组分为吸收剂，低沸点组分为制冷剂。制冷剂在低压时沸腾产生蒸汽，使自身得到冷却；吸收剂遇冷吸收大量制冷剂所产生的蒸汽，受热时将蒸汽放出，热量由冷却水带走，形成制冷循环
	直燃式	利用燃烧重油、煤气或天然气等作为热源。分为冷水和冷热水机组两种。工作原理同蒸汽热水式

（2）常用冷水机组的特征及优缺点比较 各种冷水机组的特征及优缺点比较见表 7-2。

表 7-2 各种冷水机组的特征及优缺点比较

比较对象	常用冷水机组				
	压缩式			吸收式	
	活塞式	螺杆式	离心式	单效或双效	
动力来源	以电能为动力			以热能为动力	
				蒸汽式或热水式	直燃式
制冷剂	R22、R134a	R22	R123、R134a、R22	NH_3/H_2O、$H_2O/LiBr$	
排热量/制冷量	1.25	1.21	1.19	1.9	
主要优点	①在空调制冷范围内,其容积效率较高 ②系统装置较简单 ③用材为普通金属材料,加工容易,造价低 ④采用多缸头、高速多缸、短行程、大缸径后容量有所增大,性能可得到改善 ⑤模块式冷水机组系活塞式的改良型,采用高效板式换热器,机组体积小,重量轻,噪声低,占地少,可组合成多种容量,调节性能好,部分负荷时的 COP 保持不变(COP 约为 3.6)。其自动化程度较高,制冷剂为 R22 的,对环境的危害程度小,且安装简便	①与活塞式相比,结构简单,运动部件少,转速高,运转平稳,振动小。中小型密闭式机组的噪声较低。机组重量轻 ②单机制冷量较大,具有较高的容积效率,压缩比可达 20,且容积效率的变化不大。COP 高 ③易损件少,运行可靠,易于维修 ④对湿冲程不敏感,允许少量液滴入缸,无液击危险 ⑤调节方便,制冷量可通过滑阀进行无级调节 ⑥制冷剂为 R22 的产品,危害臭氧层的程度低,温室效应小	①COP 高 ②叶轮转速高,压缩机输气量大,单机容量大,结构紧凑,重量轻,相同容量下比活塞式轻 80%以上。占地面积小 ③叶轮做旋转运动,运转平稳,振动小,噪声较低。制冷剂中不混有润滑油,蒸发器和冷凝器的传热性能好 ④调节方便,在 15%~100%的范围内能较经济地实现无级调节。当采用多级压缩时,可提高效率 10%~20%和改善低负荷时的喘振现象 ⑤无气阀、填料、活塞环等易损件,工作较可靠	①加工简单,制冷量调节范围大,可实现无级调节 ②运动部件少,噪声低,振动小。溴化锂溶液无毒,对臭氧层无破坏作用 ③热水蒸气式可利用余热、废热及其他低品位热能 ④直燃式吸收式与单效蒸汽热水式比较,燃料消耗减少 10%。机组可直接供冷和供热。一次投资、占地面积及运行费用都比其他少。安全性比锅炉高,没有锅炉要求严格,部分负荷下运行时,相对应的热效率不会下降,其调节性能比电动式优越	
主要缺点	①往复运动的惯性力大,转速不能太高,振动较大 ②单机容量不宜过大 ③单位制冷量重量指标较大 ④当单机头机组不变转速时,只能通过改变工作气缸数来实现跳跃式的分级调节,部分负荷下的调节特性较差 ⑤模块式机组受水管流速的限制,组合片数不宜超过 8 片,价格昂贵	①单机容量比离心式小 ②转速比离心式低。润滑油系统较庞大而复杂,耗油量较大。噪声比离心式高(指大容量) ③要求加工精度和装配精度高 ④部分负荷下的调节性能较差,特别是在 60%以下负荷运行时,性能系数 COP 急剧下降,一般只宜在 60%~100%负荷范围内运行	①对材料强度、加工精度和制造质量要求严格 ②当运行工况偏离设计工况时效率下降较快。制冷量随蒸发温度降低而减少,随转速降低而急剧下降 ③单级压缩机在低负荷下易发生喘振 ④小型离心式的总效率低于活塞式	①使用寿命比压缩式短 ②热效率低。热力系数单效为 0.6 左右,双效为 1.2 左右,直燃式可达 1.6 左右 ③操作较复杂 ④溴化锂在有不凝性气体存在时对金属腐蚀严重 ⑤燃油直燃式吸收式需设置储油、运油装置,给防火安全带来隐患	
适用范围	单机制冷量小于 582kW 的中小型空调工程	制冷量在 582～1163kW 的中、大型空调工程	单机制冷量大于 1163kW 的大中型空调工程		

注：制冷系数（COP）是冷水机组在标准工况下制冷量（kW）与单位输入功率制冷量（kW）的比值。热力系数是吸收式冷水机组在标准工况下制冷量（kW）与输入热量（kW）的比值。

（3）各种冷水机组的经济性比较 冷水机组的经济性有多项指标,表 7-3 是就主要的几个项目作一比较。

表 7-3 冷水机组的经济性比较

比较项目	活塞式	螺杆式	离心式	吸收式
设备费（小规模）	B	A	D	C
设备费（大规模）	B	A	D	C
运行费	D	C	B	A
容量调节性能	D	B	B	A
维护管理的难易	B	B	B	D
安装面积	B	B	C	D
必要层高	B	B	C	D
运转时的重量	B	B	C	D
振动和噪声	C	B	B	A

注：表中 A、B、C、D 表示从有利到不利的顺序。

7.1.1.2 冷水机组的选择

作为中央空调的心脏设备，正确选择冷水机组，不仅是工程设计成功的保证，而且对系统的运行也产生长期影响。因此，冷水机组的选择是一项重要的工作。

（1）选择冷水机组需考虑的因素

① 建筑物的用途。

② 各类冷水机组的性能和特征。

③ 当地水源（包括水量、水温和水质）、电源和热源（包括热源种类、性质及品位）。

④ 建筑物全年空调冷负荷的分布规律。

⑤ 初投资和运行费用。

⑥ 对氟利昂类制冷剂限用期限及使用替代制冷剂的可能性。

（2）冷水机组选择的一般原则　在充分考虑上述几方面因素之后，选择冷水机组时，还应注意以下几点。

① 对大型集中空调系统的冷源，宜选用结构紧凑、占地面积小及压缩机、电动机、冷凝器、蒸发器和自控元件等都组装在同一框架上的冷水机组。对小型全空气调节系统，宜采用直接蒸发式压缩冷凝机组。

② 选用风冷型冷水机组还是水冷型冷水机组需因地制宜，因工程而异。一般大型工程宜选用水冷机组，小型工程或缺水地区宜选用风冷机组。

③ 对有合适热源特别是有余热或废热的场所或电力缺乏的场所，宜采用吸收式冷水机组。

④ 冷水机组一般以选用 2～4 台为宜，中小型规模宜选用 2 台，较大型可选用 3 台，特大型可选用 4 台。机组之间要考虑其互为备用和切换使用的可能性。同一站房内可采用不同类型、不同容量的机组搭配的组合式方案，以节约能耗。并联运行的机组中至少应选择一台自动化程度较高、调节性能较好、能保证部分负荷下高效运行的机组。选择活塞式冷水机组时，宜优先选用多机头自动联控的冷水机组。

⑤ 若当地供电不紧张，应优先选用电力驱动的冷水机组。当单机空调制冷量大于 1163kW 时，宜选用离心式；制冷量在 582～1163kW 时，宜选用离心式或螺杆式；制冷量小于 582kW 时，宜选用活塞式。

⑥ 电力驱动的冷水机组的制冷系数 COP 比吸收式冷水机组的热力系数高，前者为后者的 3 倍以上。能耗由低到高的顺序为：离心式、螺杆式、活塞式、吸收式（国外机组螺杆式排在离心式之前）。但各类机组各有其特点，应用其所长。

⑦ 选择冷水机组时应考虑其对环境的污染。一是噪声与振动，要满足周围环境的要求；二是制冷剂 CFCs 对大气臭氧层的危害程度和产生温室效应的大小，特别要注意 CFCs 的禁用时间表。在防止污染方面，吸收式冷水机组有着明显的优势。

⑧ 无专用机房位置或空调改造加装工程可考虑选用模块式冷水机组。

⑨ 尽可能选用国产机组。我国制冷设备产业近十年得到了飞速发展，绝大多数的产品性能都已接近国际先进水平，特别是中小型冷水机组，完全可以和进口产品媲美，且价格上有着无可比拟的优势。因此在同等条件下，应优先选用国产冷水机组。

（3）冷水机组的选择步骤

① 初选机型。根据冷水机组的选择原则，确定冷水机组的结构形式，对照空调系统所需的制冷量，初选冷水机组的规格、型号，一般要求机组的名义制冷量应不小于空调系统所需的制冷量。

② 根据空调系统的要求，确定冷冻水进、出水温度，一般冷冻水进出水温差为 5～6℃；根据设计的夏季室外气象条件，确定冷却水进水温度和冷却水出水温度，一般冷却水进出水温差为 5～6℃。

③ 利用厂家提供的机组性能曲线或性能表，根据实际工况的冷冻水进、出水温度和冷却水进出水温度要求，确定该机组在实际工况条件下的制冷量。

④ 比较机组在实际工况下的制冷量和空调制冷系统所要求的冷量。要求机组在实际工况下的制冷量略大于空调制冷系统所要求的制冷量，否则应重新选取。

⑤ 根据机组的规格、型号，查取该机组的冷冻水流量、冷却水流量及机组中冷冻水和冷却水的压降等，为选择冷却塔、冷冻水泵及冷却水泵等做好资料准备。

7.1.2　中央空调热源设备及其选择

7.1.2.1　中央空调热源设备

空调热源可分为设备热源和直接热源两大类。直接向空调系统供热或通过换热器对空调管道系统内循环的热水进行加热升温的热源为直接热源，如城市或区域热网、工业余热等。通过消耗其他能量对空调管道系统内循环的热水进行加热升温的设备被称为设备热源，常见的主要有中央热水机组、热交换式热水器、各种锅炉和热泵式冷热水机组等。

（1）热网　在城市或区域供热系统中，热电站或区域锅炉房所生产的热能，借助热水或蒸汽等热媒通过热网（即室外热力输配管网）送到各个热用户。当以热水为热媒时，热网的供水温度一般为 95～105℃；当以蒸汽为热媒时，蒸汽的参数由热用户的需要和室外管网的长度决定。

用户的空调水系统与热网的连接方式可分为直接连接和间接连接两种。直接连接方式是将热用户的空调水系统管路直接连接于热力管网上，热网内的热媒（一般为热水）可直接进入空调水系统中。直接连接方式简单，造价低，在小型中央空调系统中应用广泛。

当热网压力过高，超过空调水系统管路与设备的承压能力，或热网提供的热水温度高于空调水系统要求的水温时，可采用间接连接方式。它是在用户的空调水系统与热网连接处设置间壁式换热器，将空调水系统与热网隔离成两个独立的系统。热网中的热媒将热能通过间壁式换热器传递给空调水系统的循环热水。采用换热器供热的另一优点是空调水系统可以不受热网使用何种热媒的影响。主要缺点是：热量经过换热器的传递，不可避免地会有一些损失。此外，间接连接方式还需要在建筑物用户入口处设置有关测量、控制等附属装置，使得间接连接方式的造价要比直接连接方式高出许多，且运行费用也相应增加。

我国工矿企业余热资源潜力很大，如化工、建材等企业在生产过程中都会产生大量余热，只要合理利用，也可以成为空调热源。

（2）热交换式热水器 空调系统的冬季供水温度一般在45～60℃之间，而城市或区域性热源提供的一般都是中、高温水或高压蒸汽，因此，需要借助换热器的热交换功能，才能满足空调冬季供水水温及压力的要求。此外，高层建筑水系统采用竖向分高、低区但合用同一冷（热）源方案时，也要用到换热器。

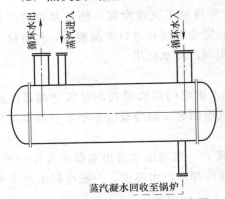

图 7-3 热交换式热水器结构示意图

如图 7-3 所示，热交换式热水器实际上就是一台汽-水式换热器（以蒸汽为加热热媒）。它的工作原理很简单，外界锅炉所提供的高温、高压蒸汽与系统循环水在其中进行热交换，使循环水获得一定的温升，相当于系统循环水间接从锅炉获取热量。

热交换式热水器多为壳管式结构，适用于一般工业与民用建筑的热水供应系统，其热媒为高温高压的蒸汽。热交换器管程工作压力不应大于 0.4MPa，壳程工作压力为 0.6MPa，出口热水温度不高于 75℃。作为标准产品，按容积的不同分为表7-4所列型号。

表 7-4 热交换式热水器型号

热交换器型号	1	2	3	4	5	6	7	8	9	10
容积/m³	0.5	0.7	1.0	1.5	2.0	3.0	5.0	8	10	15

1、2、3 号热交换器 U 形管束按单排直线式排列，4～10 号的 U 形管束按多排圆形管板式排列。圆形管板式排列又分为甲型、乙型、丙型三种可供选用。

间壁式热交换器的技术参数参见表 7-5 示例。它的选用需经过热力计算，然后按所需热交换面积来定型，外界所提供的蒸汽应满足热水器的设计工况要求。热水器的最终产出应该是符合中央空调设计要求的 60℃ 热水。

由于热交换式热水器仅仅只是一个热交换器，因而它的体积和占地面积均相对很小，这对于机房面积有限的中央机房是十分有利的。但是，由于热水器中需输入高温、高压的蒸汽，因此它属于压力容器类，对设备抗压能力和安全措施都有相当严格的要求。

（3）中央热水机组 中央热水机组是为中央空调系统配套使用的专用热水供给设备，它相当于一台无压热水锅炉，主要由燃烧器、内部循环水系统、水-水热交换器和温控系统组成。机内燃烧器所产生的热量加热内部循环水，再通过机内的水-水热交换器使空调系统循环水加热，使之能源源不断地向空调系统供应热水。采用温控系统来实现自动控制，可以根据需要来改变热水的出水温度。机组适应的燃料有轻质柴油、重油、煤气、石油气等多种。标准状况下机组输出热水温度为 60℃。

中央热水机组由于在实际使用中所表现出的多方面优越性而受到用户和厂家的欢迎，在近几年得到迅猛发展，产品质量也得到飞速提高，中央热水机组具有以下特点。

① 机组采用开式结构，无压容器，符合国家劳动部门"免检"要求，运行安全。

② 机组自身备有燃烧器，不需外界提供热源，热量供应稳定可靠。

表 7-5　间壁式热交换器技术参数

型号	排列型式		甲型			乙型		丙型
			第 1 排	第 2 排	第 3 排	第 1 排	第 2 排	第 1 排
8	U 形管排列		第 1 排	第 2 排	第 3 排	第 1 排	第 2 排	第 1 排
	管径/mm		$\phi 38 \times 3$					
	根数		7	6	3	7	6	7
	换热管长度/mm		3400					
	换热面积/m²	各排面积	10.62	9.32	4.78	10.62	9.32	10.62
		总面积	24.72			19.94		10.62
9	U 形管排列		第 1 排	第 2 排	第 3 排	第 1 排	第 2 排	第 1 排
	管径/mm		$\phi 38 \times 3$					
	根数		9	8	5	9	8	9
	换热管长度/mm		3400					
	换热面积/m²	各排面积	13.94	12.68	8.12	13.94	12.68	13.94
		总面积	34.74			26.62		13.94
10	U 形管排列		第 1 排	第 2 排	第 3 排	第 1 排	第 2 排	第 1 排
	管径/mm		$\phi 45 \times 3.5$					
	根数		9	8	5	9	8	9
	换热管长度/mm		4100					
	换热面积/m²	各排面积	20.40	18.56	11.86	20.40	18.56	20.40
		总面积	50.82			38.96		20.40

注：表中所列各热交换器 U 形管排列，以靠近圆中心为第 1 排，向外依次为第 2 排、第 3 排。

　　③ 燃料适用种类多，可以燃用廉价的重油、废油来降低运行费用，取得较好的经济效益。

　　④ 在非采暖季节，机组可用来生产生活热水，能实现一机多用，提高使用率。

　　⑤ 机组结构集成程度高，占地面积小，与传统锅炉相比有很大优势。

　　⑥ 多采用技术先进的燃烧器，燃料燃烧彻底，属于环保产品。

　　(4) 锅炉　　锅炉是最传统同时又是目前在空调工程中应用最广泛的一种人工热源，它是利用燃烧释放的热能或其他热能，将水加热到一定温度或使其产生蒸汽的设备。

　　供热锅炉按向空调系统提供的热媒不同，分为热水锅炉与蒸汽锅炉两大类，每一类又可分为低压锅炉与高压锅炉两种。在热水锅炉中，温度低于 115℃ 的称为低压锅炉，温度高于 115℃ 的称为高压锅炉。空调系统常用的热水供水温度为 55～60℃，因此大多采用低压锅炉；按使用的燃料和能源不同，锅炉又可分为燃煤锅炉、燃油锅炉、燃气锅炉和电锅炉。燃煤锅炉是目前使用最多的一种锅炉，但由于其占地面积大、污染环境严重、工人劳动强度大、自动化程度较低等，在国内许多城市的使用已受到限制。

　　与燃煤锅炉相比，燃油和燃气锅炉尺寸小、占地面积少、燃料运输和储存容易、燃料转化效率高、自动化程度高（可在无人值班的情况下全自动运行），对大气环境的污染也小，给设计及运行管理都带来了较大的方便。虽然把燃油和燃气锅炉安装在建筑中使用的安全性还是一个正在讨论和研究的问题，但从发达国家目前的情况来看，城市中逐渐采用燃油和燃气锅炉代替燃煤锅炉也必将是我国供暖锅炉的一个发展方向。

电锅炉又称为电加热锅炉、电热锅炉、电热水器，是直接采用高品位的电能来加热水的设备。它尺寸小、占地面积少、自动化程度高（可在无人值班的情况下全自动运行）、对大气环境无污染。但电锅炉耗电量大，且用高品位电能转换成低品位热能，运行不经济，除电力供应十分充足且便宜的地区采用外，大多数地区都弃而不用。

（5）热泵式冷热水机组 中央空调系统在冬季状况运行，可利用已有的中央空调冷水系统，通过冷热源的切换，变夏季工况的冷水循环为冬季工况的热水循环，出空调末端装置向室内供暖，这种机组即成为热泵式冷热水机组。按热量的来源不同，热泵机组可分为空气源热泵机组和水源热泵机组两大类。空气源热泵是利用室外空气的能量从低位热源向高位热源转移的制冷、供热装置，通常来看，就是利用冷凝器放出热量来实现蒸发器制冷或冷凝器供热的机组。水源热泵是一种采用循环流动于共用管路中的水，从水井、湖泊或河流中抽取的水，或在地下循环流动的水为冷（热）源，制取冷（热）风或冷（热）水的设备，一般包括使用侧换热设备、压缩机、热源侧换热设备等，可以具有单冷或冷热功能。

热泵式冷热水机组不但能改善室内供热的效果，而且使空调末端一机两用，简化了系统，节省了投资，提高了系统的利用率，还使得室内采暖具有传统方式所不具备的调节自控能力。利用中央空调系统向空调房间供暖，不失为一种高效、清洁、安全、经济的现代化供暖方式。

然而，一般情况下，中央空调系统是以夏季为设计工况的，系统和末端设备的容量也以满足夏季室内空气要求而确定。当系统在冬季运行时，只是工质由冷水更换成热水，其他部分并没有变化，使得系统的供热能力受到一定的限制，而供热能力的不足必然使得在应用地域上受到局限。很显然，在高纬度的北方寒冷地区，单靠中央空调系统供热是不够的。因此，中央空调系统冬季供热主要应用于我国华南地区北部及长江流域地区。

此外，吸收式冷水机组进行采暖循环时，也可作为人工热源使用。

7.1.2.2 中央空调热源的选择

（1）确定形式

选择中央空调热源首先是形式的确定。综合分析各类热源的特点，根据实际情况选用。

① 应优先采用城市、区域供热或工厂余热。高度集中的热源能效高，便于管理，也有利于环保，为国家能源政策所鼓励。

② 热源设备的选用应按照国家能源政策并符合环保、消防、安全技术规定，大中城市宜选用燃气、燃油锅炉，乡镇可选用燃煤锅炉。原则上尽量不选用电热锅炉。

③ 设有蒸汽源的建筑（如酒店等设有供厨房、洗衣房等使用的锅炉），可选用热交换式热水器，使一台（组）锅炉多种用途，提高锅炉使用效率，简化系统。没有蒸汽源的建筑或属加装冬季供暖热源，可选用中央热水机组。

④ 中央热水机组一般以选用 2～3 台为宜，机组容量要大小搭配，组合方式为二大一小、或一大一小，机组之间要考虑能够互为备用和切换使用，以利于根据负荷变化来调节及运行中的维修。

⑤ 在有余热或废热的场所和电力缺乏或电力增容困难而燃料供应相对充足的地方，宜选用吸收式冷水机组供热水，实现一机多用。不但能降低建设初投资，还能简化系统、减小机房占地面积，解决电力增容问题。长远来看，还不受氟利昂类制冷剂禁用的影响。

⑥ 在冬季室外气温不很低、建筑物又适合于安装风冷式冷水机组的情况下，可选用热泵式冷热水机组。

在根据系统循环水量选择好中央热水机组的机型，或者根据冷量选择好吸收式冷水机组或热泵式冷水机组的机型后，通过热量校核计算，机组热量输出不够时，必须辅之以其他热源形式补充，如可在系统内串接蒸汽热交换式热水器或电加热器。

（2）确定容量　中央空调热源的作用是向系统提供热量，因此，整个系统的热负荷是选择中央空调热源的唯一技术指标。在进行热负荷计算，得到系统总热负荷之后，根据其大小来确定热源的容量。一般的定型产品都可以从其产品样本上直接找到有关数据。

7.1.3　中央空调冷热源的组合

冷热源作为空调系统中最重要的设备之一，在工程方案设计阶段就应列入考虑的范围。冷热源的选择依据不仅包括系统自身的要求，而且涉及工程所在地区的能源结构、价格、政策导向、环境保护、城市规划、建筑物用途、规模、冷热负荷、初投资、运行费用及消防、安全和维护管理等诸多问题。因此，这是一个技术、经济的综合比较过程，必须按安全性、可靠性、经济性、先进性、适用性的原则进行综合技术经济比较后确定。

7.1.3.1　中央空调冷热源的组合方案

针对既要制冷又要供暖的中央空调工程，常用冷热源方案，主要有电动式和热力式两类冷水机组与锅炉和热网的组合方案，直燃型溴化锂吸收式冷热水机组和热泵式冷热水机组各自单独使用的方案，以及离心式冷水机组与锅炉、吸收式冷水机组的组合方案等。

（1）电动式冷水机组供冷和锅炉供暖方案　电动式冷水机组和锅炉的组合形式是使用最多，也是最传统的方案。在电力供应有保证的地区，普遍采用电动式冷水机组供冷，因其初投资和能耗费较低，设备质量可靠，使用寿命长。

这种方案可供选用的锅炉种类较多。采用燃煤锅炉虽历史悠久，运行费用较低，但其污染大，许多大城市开始或已经禁止在市区使用；随着我国西气东输工程的实施，燃气的使用更方便、更广泛，城市燃气管道化的快速发展，促使燃气锅炉的采用越来越多；在没有城市气源或气源不充足的地区则一般使用燃油锅炉；电锅炉通常只在电力充足、供电政策和价格十分优惠，系统的供暖热负荷较小，无城市或区域热源，不允许或没有条件采用燃料锅炉的场合使用。

这种方案从电力负荷角度来看，夏季与冬季相差悬殊，构成全年季节性严重不平衡。如果锅炉只在冬季使用，且燃料又是城市燃气，则除电力负荷的季节性失衡外，还会导致城市燃气负荷的严重季节性失衡。基于对空调能源供应结构全年均衡化的考虑，我国有些城市近年来针对这一现象已明文规定，对于空调能源，不允许冬季采用燃气而夏季使用电力。

（2）电动式冷水机组供冷和热网供暖方案　热网供暖最经济、节能，是应优先采用的供暖方案。但必须要有热网，且冬季供暖要有保障，空调建筑物应在热网的供热范围内。

（3）热力式冷水机组供冷和锅炉供暖方案　本方案在有充足且低廉的锅炉燃料供应的地区采用最合适。另外，在一些大型企业，特别是在我国北方的一些企业、事业单位，基于生产工艺要求或集中供暖与生活用供热要求，都有一定容量的供热锅炉。它们在全年各个季节里的运行负荷并不均衡，只有在冬季才会满负荷运行，夏季时锅炉容量或多或少会有一些闲置。在这种情况下，如果这些单位需要增加空调用的冷源设备，则热力式冷水机组也许是最佳选择。由于可充分利用已有供暖锅炉的潜在能力，在既不需要扩建锅炉房又无需对供电设备进行扩容的情况下，妥善地解决了冷源设备的能源问题，无疑是一个经济实惠的方案。

与此类似，当某些企业，如钢铁、化工企业，夏季有大量余热或废热（低压蒸汽或热水）产生而未获利用时，如果需要增加空调用的、合适的冷源设备，则利用废热锅炉（必要的话）结合采用热力式冷水机组，均可取得较好的经济、节能效果。

（4）热力式冷水机组供冷和热网供暖方案 当夏季电力供应没有保证，而热网却一年四季都能保证供热时，可采用这一方案。在有集中供热的热网地区，即使是电力供应条件齐备，如考虑到冬夏季供热负荷的平衡，采用热力式冷水机组也是一种十分合理的选择。

（5）直燃型溴化锂吸收式冷热水机组夏季供冷、冬季供暖方案 在电力供应紧张，又没有热网，油、气燃料能够保证供应的情况下，通常采用这种方案。

（6）空气源热泵冷热水机组夏季供冷、冬季供暖方案 在夏热冬冷地区，不方便或无处设置冷却塔、无热网供热，以日间使用为主的中央空调系统，通常选择空气源热泵冷热水机组作为冷热源。对缺水地区，一般也可考虑采用该方案。

需要指出的是，空气源热泵冷热水机组的节能，主要表现在它的冬季供暖工况运行。在夏季供冷工况运行时，由于它采用的是风冷冷却方式，其制冷的性能系数比较低。

在评价空气源热泵机组时，须全面考核其全年运行的能耗特性。而空气源热泵机组全年运行的能耗状况，也并非为其固有属性所决定，与其运行所处地区的气候条件大有关系。如同样一台空气源热泵机组，在一个全年气温较高、按供冷工况运行时间较长的地区使用，其全年的综合运行能耗指标必然会远低于夏季短、冬季长的地区。

冷热源设备全年能源需求最为平衡的，当首推冷热源一体化设备，如中央热水机组。原因是这类设备不仅在用能的品种上，而且在耗能的量值上，冬夏季基本上都是一致和平衡的。除能源需求平衡的好处外，冷热源一体化设备还具有一机冬夏两用、设备利用率高、节省机房面积等一系列其他好处。因此，很多情况下，在新建、改建或扩建工程中，特别是当同时需要设置或增加冷源和热源设备时，这类设备往往成为设计人员和业主的首选目标。

（7）离心式冷水机组与锅炉、吸收式冷水机组组合方案 对大型建筑和建筑群空调需要配置的大容量冷、热源设备，目前有一种采用多能源设备的趋势。其中采用多台离心式冷水机组，与燃气或燃油锅炉配置多台蒸汽溴化锂吸收式冷水机组的组合比较常见。这种组合有多种好处。

① 可降低站房的用电容量，降低变电站电压等级，减少变配电扩容费用。

② 由于冷源设备所用能源既有燃料又有电力，其供冷的可靠性将大为提高。

③ 由于各种能源价格的变动难以避免，且其相对价格比的改变又无法预料，采用多能源结构的冷热源在日常运行中，能源的经济性选择和适应方面具有较大的灵活性。特别是随着我国各地夏季昼夜用电的分时计价逐步推行以后，白天可以优先考虑利用吸收式冷水机组运行，而夜晚电价较低时，优先利用离心式冷水机组运行。

7.1.3.2 冷热源组合方案经济分析方法

一般在进行经济分析时，通常是将候选方案列表比较，主要比较的项目有：主机和辅机购置费、安装费、电（热）力增容费、机房土建费、初投资、运行费等。由于各个地区的气候条件、电价、电力增容费、燃料价格以及相关政策有差异，因此，应根据工程项目具体情况具体分析。如果运用计算机辅助方案选择，在设计初期就要对方案予以评估。显然，最优化的冷热源可以减少投资，降低运行费用。

7.2　中央空调机房的设计与布置

7.2.1　中央空调机房设计与布置的一般要求

中央空调机房的设计与布置是一项综合性的工作，必须与建筑、结构、给排水、建筑电气等专业工种密切配合。本专业的要求有如下几点。

（1）机房应尽可能靠近冷负荷中心布置。高层建筑有地下室可利用的，宜设在地下室中；超高层建筑根据系统划分，可设在中间楼层（技术设备层）；空调改造工程或加装工程，亦可在空调建筑物外另建，或设在空调建筑物顶面及其他位置，但必须保证建筑结构有足够的承重能力。

（2）机房内设备力求布置紧凑，以节约占用的建筑面积。设备布置和管道连接应符合工艺流程要求，并应便于安装、操作和维修。

中央空调机房设备布置的间距见表 7-6。

表 7-6　中央空调机房设备布置的间距　　　　　　　　　　　　　　　　　　　　　　m

项　　　目	间距
主要通道和操作通道宽度	＞1.5
制冷机突出部分与配电盘之间距离	＞1.5
制冷机突出部分相互间的距离	＞1.0
制冷机与墙面之间的距离	＞0.8
非主要通道宽度	＞0.8
溴化锂吸收式制冷机侧面突出部分之间距离	＞1.5
溴化锂吸收式制冷机的一侧与墙面之间距离	＞1.2

兼作检修用的通道宽度，应根据设备的种类及规格确定。

布置管壳式换热器冷水机组和吸收式冷水机组时，应考虑有清洗或更换管簇的可能，一般是在机组一端留出与机组长度相当的空间。如无足够的位置时，可将机组长度方向的某一端直对相当高度的采光窗或直对大门。

（3）中央机房应采用二级耐火材料或不燃材料建造，并有良好的隔声性能。

（4）机房高度（指自地面至屋顶或楼板的净高）应根据设备情况确定。采用压缩式冷水机组时，机房净高不应低于 3.6m；采用吸收式冷水机组时，设备顶部距屋顶或楼板的距离不得小于 1.2m。

（5）中央机房内主机间宜与水泵间、控制室间隔开，并根据具体情况设置维修间、储藏室。如果机房内布置有燃油吸收式冷水机组或燃油式中央热水机组，最理想的方法是通过输油管路从另外设置的专用油库中获取燃料。如果燃油罐放置在机房内，则一定要严格按照有关消防规范进行平面布置，机房内再添置必要的消防灭火设备。

（6）中央机房设在地下室时，应设机械通风，小型机组按换气次数 3 次/h 计算通风量；离心式机组，当总制冷量为 Q_0 时，通风量可按 $q_v = 36.54 Q_0^{2/3}$（m^3/h）计算。

（7）氨制冷机房的电源开关应布置在外门附近。发生事故时，应有立即切断主电源的可能性。

（8）下列制冷设备和管道应保温。

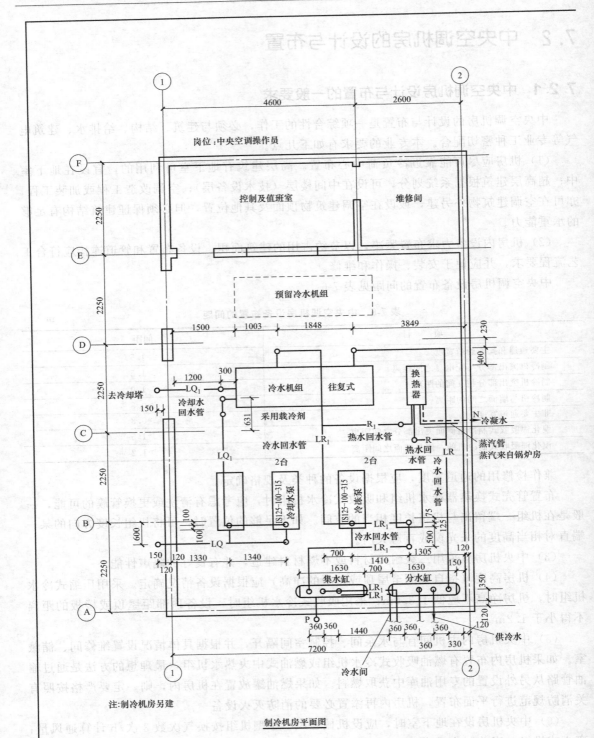

岗位:中央空调操作员

控制及值班室　　　　　维修间

预留冷水机组

去冷却塔

冷却水回水管

冷水机组　往复式

换热器

N←冷凝水

采用载冷剂

冷水回水管

热水回水管

蒸汽管 蒸汽来自锅炉房

2台

IS125-100-315 冷却水泵

IS125-100-315 冷冻泵

2台

热水回水管

冷水回水管

冷水回水管

集水缸　　分水缸

供冷水

注:制冷机房另建

制冷机房平面图

冷水间

图 7-4　某宾馆制

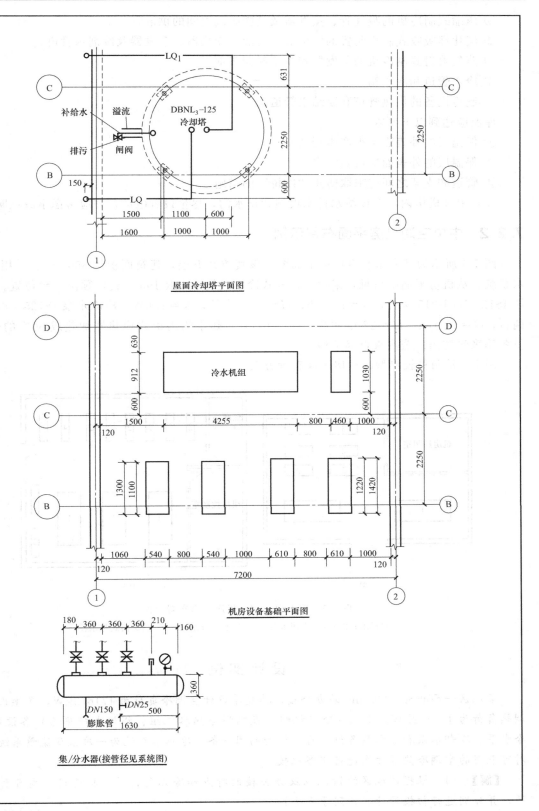

屋面冷却塔平面图

机房设备基础平面图

集/分水器(接管径见系统图)

冷机房平面图

① 压缩式制冷机的吸气管、蒸发器及其膨胀阀之间的供液管。

② 溴化锂吸收式制冷装置的发生器、溶液热交换器、蒸发器及冷剂水管道。

③ 蒸气喷射式制冷机的蒸发器和主喷射器头部。

④ 冷水管道和冷水箱。

⑤ 制冷设备的供热管道和凝结水管道。

保温应达到以下要求。

① 保温层的外表面不得产生凝结水。

② 保温层的外表面应设隔气层。

③ 管道和支架之间应采取防止"冷桥"的措施。

（9）中央机房内，应设给水排水设施和排水沟，尽量设置电话，并应考虑事故照明。

7.2.2 中央空调机房平面布置示例

图 7-4 所示为某宾馆制冷机房平面图。该宾馆共五层，建筑面积约 3500m²。采用空气-水系统。从机房平面图可见，采用了往复式冷水机组 30HR-195 一台，预留一台位置。冷却泵 IS125-100J-315 两台，$G=125t/h$，$H=28m$ 水柱，$N=15kW$。冷冻水泵 IS125-100J-315 两台，$G=110t/h$，$H=32m$ 水柱，$N=15kW$。热水为由板式换热器加热成 60℃ 的热水，供冬季采暖使用。蒸汽来自锅炉房。

图 7-5 是两种较典型的机房平面布置方案。

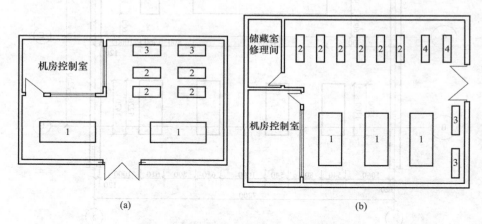

图 7-5 典型中央空调机房平面布置示例

1—冷水机组；2—冷冻冷却水泵；3—集水、分水缸；4—热交换式热水器

=== 设 计 实 例 ===

某地区一面积为 18000m² 的办公楼，其夏季设计空调冷负荷为 1716.3kW，冬季设计空调热负荷为 1644.2kW。主机（冷水机组、直燃型冷热水机组、锅炉或换热器）各设两台，冷水泵、冷却水泵和热水泵各设 3 台，均为两用一备，冷热水系统为一次泵变流量系统，试对可采用的空调冷热源方案进行经济比较。

【解】（1）根据该地区的情况以及办公楼的特点和冷热负荷量，拟选用 3 类 6 种冷热源，并分别进行初投资计算，列于表 7-7。

表 7-7　6 种方案及初投资比较

比较项目	冷　源		热　源		直燃型冷热水机组	
	活塞机组	螺杆机组	燃油锅炉	热网	燃油	燃气
主机购置费/万元	88.8	175.0	66.48	6.52	250.0	264.0
辅机购置费/万元	21.34	21.34	18.26	1.64	26.88	26.88
主辅机安装费/万元	15.16	14.09	1.37	0.66	18.03	18.03
总电耗/kW	551.0	489.0	23.0	15.0	203.8	203.8
电(热)力增容费/万元	275.5(电)	244.5(电)	11.5(电)	49.49(热) 7.5(电)	101.9(电)	101.9(电) 125.3(热)
机房面积/m²	210	210	150	30	260	260
机房土建费/万元	21.0	21.0	15.0	3.0	26.0	26.0
初投资/万元	421.80	475.93	112.61	68.81	422.81	562.11

注：1. 辅机包括与冷水机组配套的冷水泵、冷却水泵、冷却塔，与锅炉配套的鼓风机、补水泵、热水泵等。

2. 电力增容费 5000 元/kW，热力增容费 8.4 万元/MJ，日用煤气气源费 600 元/m³（按机组每天运行 10h 计）。

（2）用得到的数据计算出 6 个冷热源组合方案的总造价（见表 7-8）。

表 7-8　冷热源组合方案的总造价比较　　　　　　　　　　　　　万元

组合形式	活塞冷水机组		螺杆冷水机组		燃油吸收式冷热水机组	燃气吸收式冷热水机组
	燃油锅炉	热网	燃油锅炉	热网		
总造价	534.41	490.61	588.54	544.74	422.81	562.11
排序	3	2	6	4	1	5

（3）按表 7-9 的格式计算出这 3 类 6 种冷热源供冷、供热的全年能耗与各项费用。

表 7-9　全年能耗与费用比较

	比较项目	活塞冷水机组		螺杆冷水机组		燃油锅炉		热网	燃油冷热水机组		燃气冷热水机组	
		主机	辅机	主机	辅机	主机	辅机		主机	辅机	主机	辅机
制冷	耗电量/10⁴kW·h	38.96	21.08	26.85	21.08				2.50	26.56	2.50	26.56
	电费/万元	15.58	8.43	10.74	8.43				1.0	10.62	1.0	10.62
	耗油量/t								121.84			
	耗气量/10⁴m³										35.78	
	燃料费/万元								36.55		53.67	
供热	耗油量/t					334.86			334.86			
	耗气量/10⁴m³										90.76	
	燃料费/万元					100.46		34.20	100.46		136.15	
机房折旧费/万元		0.676		0.676		0.483		0.097	0.837		0.837	
设备折旧费/万元		8.14	2.60	15.00	2.60	7.27	1.98	0.95	28.42	3.25	29.92	3.25
设备维修费/万元		2.22	0.53	4.38	0.53	1.66	0.46	0.20	6.25	0.67	6.60	0.67

续表

比较项目	活塞冷水机组		螺杆冷水机组		燃油锅炉		热网	燃油冷热水机组		燃气冷热水机组	
	主机	辅机	主机	辅机	主机	辅机		主机	辅机	主机	辅机
电(热)力增容费折旧/万元	8.87		7.88		0.37		1.84	3.28		7.32	
年运行成本/万元	47.05		50.24		112.68		37.29	191.34		250.04	

注: 1. 表中各项资源费取值为: 电费 0.40 元/(kW·h); 煤气 1.50 元/m³; 轻柴油 3000 元/t; 热网供热费 19 元/m²。

2. 在供冷季, 辅机耗电量以冷负荷率 50% 为界, 负荷率小于或等于 50% 时, 单套辅机运行; 负荷率大于 50% 时, 两套辅机运行。

3. 供冷季主机耗电量或耗燃料量根据冷负荷率及相应的机组效率计算得出。

4. 供暖季总耗热量 Q, 近似按下式计算

$$Q = 24DKF$$

式中　D——该地区供暖度日数, ℃·d;

KF——全楼单位温差热负荷, 21.92×10^4 kJ/(℃·h)。

5. 直燃机及燃油燃气锅炉效率在部分负荷时变化很小, 因此忽略其效率的影响, 效率均按 90% 计。

6. 对上述各种系统, 供暖季热水循环泵运行电耗相同, 不计入表。

7. 机房按使用寿命 50a 折旧; 电动式冷水机组按使用寿命 20a 折旧; 直燃型冷热水机组按使用寿命 15a 折旧; 锅炉、换热器及辅机均按使用寿命 15a 折旧; 电(热)力增容费按使用寿命 50a 折旧。

8. 所有折旧费项取决于投资回收期和贷款利率。上表计算按投资回收期 5a、贷款年利率 10% 计算。

(4) 按表 7-8 所列冷热源组合方案计算出对应投资回收期的年运行成本 (见表 7-10)。

表 7-10　年运行成本比较　　　　　万元

比较项目	活塞冷水机组		螺杆冷水机组		燃油冷热水机组	燃气冷热水机组
	燃油锅炉	热网	燃油锅炉	热网		
投资回收期 5a	159.73	84.34	162.92	87.53	191.34	250.04
投资回收期 8a	169.78	92.00	174.89	97.11	203.17	263.70
投资回收期 15a	208.19	121.29	220.67	133.77	248.36	315.88
排序	3	1	4	2	5	6

从表 7-8 和表 7-10 的排序数字综合来看, 螺杆冷水机组与燃油锅炉的组合方案及只使用燃气直燃冷热水机组的方案总造价和年运行成本都偏高, 而活塞式冷水机组与热网的组合方案显然是最经济的。

思考与练习题

7-1　填空题

(1) 中央机房一般由____、____、____、____、____和____组成。

(2) 根据冷热源自身特点, 一般分为____冷热源和____冷热源两大类。

(3) 空调工程中常用的冷水机组根据所用动力种类不同分为____和____。

(4) 吸收式冷水机组按其热源方式可分为____、____和____。

(5) 中央空调热源设备主要包括____、____、____、____和____等。

(6) 按使用的燃料和能源不同, 锅炉可分为____、____、____和____。

(7) 热泵机组按热量的来源可分为____和____两类。

(8) 中央机房内主机间宜与____间、____间隔开, 并根据具体情况设置____间、____。

7-2　选择题

(1) 以下不属于压缩式冷水机组的是 (　　)。

A. 活塞式冷水机组 　　　　　　　　　B. 螺杆式冷水机组

C. 离心式冷水机组 　　　　　　　　　D. 双效溴化锂冷水机组

(2) 溴化锂吸收式制冷机中，溴化锂溶液吸收水蒸气时会（　　）。

A. 吸收热量 　　　　　　　　　　　　B. 放出热量

C. 既不吸热也不放热 　　　　　　　　D. 将热量转化为潜热

(3) 螺杆式压缩机工作过程的特点是（　　）。

A. 工作转速低，运转平稳 　　　　　　B. 工作转速高，运转振动大

C. 工作过程连续，无脉冲现象 　　　　D. 存在余隙容积，容积效率低

(4) 大型空调工程或低温制冷工程应采用（　　）压缩机。

A. 活塞式 　　　　B. 螺杆式 　　　　C. 涡旋式 　　　　D. 离心式

(5) 离心式冷水机组的制冷量范围为（　　）kW。

A. 50～180 　　　　B. 10～1200 　　　　C. 120～2200 　　　　D. 350～35000

(6) 螺杆式冷水机组的制冷量范围为（　　）kW。

A. 50～180 　　　　B. 10～1200 　　　　C. 120～2200 　　　　D. 350～35000

(7) 原则上尽量不采用的热源设备为（　　）。

A. 热网 　　　　B. 电热锅炉 　　　　C. 燃煤锅炉 　　　　D. 热交换器

(8) 热交换式热水器属于（　　）。

A. 普通容器 　　　　B. 无压容器 　　　　C. 压力容器 　　　　D. 敞口容器

7-3　判断题

(1) 对有合适热源特别是有余热或废热的场所或电力缺乏的场所，宜采用压缩式冷水机组。　　　　　　　　　　　　　　　　　　　　　　　　　　　　（　　）

(2) 当制冷量大于 15kW 时，螺杆式压缩机的制冷效率最好。　　　　　（　　）

(3) 热交换式热水器多为管壳式结构。　　　　　　　　　　　　　　　（　　）

(4) 中央热水机组采用开式结构，无压容器，运行安全。　　　　　　　（　　）

(5) 中央热水机组的燃料适用种类较少，只可用煤气。　　　　　　　　（　　）

(6) 吸收式冷水机组也可作为人工热源使用。　　　　　　　　　　　　（　　）

(7) 在冬季室外气温不很低、建筑物又适合于安装风冷式冷水机组的情况下，也不可选用热泵式冷热水机组。　　　　　　　　　　　　　　　　　　　　　　（　　）

(8) 热网供暖最经济、节能，是应优先采用的供暖方案。　　　　　　　（　　）

(9) 中央机房设在地下室时应设机械通风。　　　　　　　　　　　　　（　　）

7-4　问答题

(1) 空调冷热源可分为哪两大类？

(2) 中央空调冷源设备有哪些？如何对它们进行选择？

(3) 试比较各类压缩式冷水机组的优点、缺点。

(4) 试阐述空气调节系统中螺杆式冷水机组的组成及特点。

(5) 中央空调热源设备有哪些？如何对它们进行选择？

(6) 中央空调冷热源的组合方案有哪些？各有何特点？

(7) 冷热源组合方案的经济分析方法是以什么数据为基础的？主要包括哪几方面的比较内容？

(8) 中央空调机房设计与布置的一般要求是什么？请简述之。

第8章

多联机（VRV）户式中央空调系统及设计

8.1 多联机（VRV）户式中央空调系统及其特点

8.1.1 我国户式中央空调的现状与发展前景

近年来，随着生活水平的提高，人们越来越追求生活品质，集健康、节能、环保、舒适为一体的户式中央空调适应了现代居室绿色环保健康的发展趋势，逐渐成为大众空调消费的主流。卡式空调、家庭中央空调、吸顶空调等系列"隐形空调"，较好地把握了我国房地产业和空调业的发展走势，有着广阔的市场空间。

目前在欧美、日本、中国香港、中国台湾地区的公寓别墅普遍使用的隐形空调又称为户式中央空调、家用中央空调。与传统分体式空调不同，它只有一台室外主机，却可以通过带动几台室内机，为几个房间提供冷热风，还可以根据房间的数量和舒适情况设置安装出风口的位置、数量，以满足居住的舒适性需要。与西方家庭的住房结构相比，中国家庭房间的举架较矮，往往会因为空调占用较大空间而影响居室美观。因此，户式中央空调超薄、隐蔽的特征恰好顺应了我国空调市场的需要。户式中央空调兼具中央空调和房间空调器两者的优点。与房间空调器相比，它具备更舒适、更美观、节能等特点；与传统的中央空调相比，它省却了专用机房和庞大复杂的管路系统，初投资小，运行费用低，维护管理方便，可实现分户计量，分期建设，使用计费灵活。目前，户式中央空调产品的单机制冷量范围大致在 7～80kW，可同时满足面积在 $60～600m^2$ 多居室公寓、别墅、复式住宅、小型办公楼及小型商用房等各种户型多个房间的使用要求。多个户式中央空调系统的组合可供更大空调面积如商场、高层建筑的办公用房等使用。从某种意义上来说，户式中央空调系统适用范围已超出传统的户式住宅概念，用途更广。

在设计安装上，户式中央空调与房间空调器也有很大区别。房间空调器只需要用户确定室内、外机的安装位置，由安装工人进行安装，用制冷机铜管连接室内、外机就可以了。因此，供应商可直接与用户见面。而户式中央空调则不同，它是一个系统工程，必须根据房屋的具体情况进行设计，然后再进行施工。设计的科学性、施工质量的好坏，将直接影响到使用效果，甚至关系到系统能否正常运行。同时，户式中央空调工程很多是隐蔽工程，应与装潢设计充分配合，才会取得好的装潢效果。所以，户式中央空调设计安装技术含量较高。

20世纪末，活跃在中国户式中央空调行业的几乎是清一色的外国企业，如来自美国的麦克维尔、约克和来自日本的大金、三菱等。据有关资料表明，2002 年我国户式中央空调市场容量达到 43.34 亿元，我国户式中央空调行业中达到 2 亿元以上生产规模的企业只有 8 家，市场份额主要集中在大金、特灵、麦克维尔、约克、海尔、美的、清华同方、南京天加等企业，生产集中度达到较高的水平。然而，近年来，随着我国城市建设的迅猛发展和房地产业的持续升温，2003 年我国户式中央空调市场容量已超过 60 亿元，2010 年已增长到 200 亿元。同时，我国户式中央空调产量及销售额均为制冷空调这一大行业中增幅最大的一类。目前，我国户式中央空调生产厂商已逾 100 家，形成了多家企业、设计科研院所、大专院校的专业群体，构筑了完整的户式中央空调从开发、研制、生产、工程设计到安装服务的产业链。我国户式中央空调产品品种齐全、规格繁多，完全能满足国民经济各部门和人民生活各方面的需求。

预计今后 10 年，经济发达的大城市新建住宅安装中央空调的比例可达 30%，其消费金额也将突破 30 亿元。目前，格力、美的、海尔等空调巨头，正把精力、资金往利润相对较高的中央空调倾斜，同时，也将房产商作为拓展大城市中央空调市场的切入口。据了解，别墅中央空调的消费金额占整个家用中央空调消费额的 65%。可以预见，一个利润广阔的消费市场正慢慢浮出水面。随着户式中央空调研究和制造技术水平的提高，它正以其巨大的潜力和应用优势取得突破性的发展，成为我国 21 世纪空调产业发展方向之一。

8.1.2　户式中央空调的类型及特点

按照管道输送介质的不同，可将户式中央空调系统分为制冷剂系统（VRV 系统）、风管式系统和水管式系统三种基本形式。目前在此基础上还互相交叉、搭配衍生出一些新的系统形式，如将水管系统的风机盘管或制冷剂系统的室内机接上风管，改室内机直接吹风和吸风为利用风管上的风口送回风；将一台风机盘管或直接蒸发式室内机作为新风处理机使用，向室内专供新风等。

8.1.2.1　多联机（VRV）户式中央空调工作原理及特点

制冷剂式户式中央空调系统的全称为变制冷剂流量式空调系统，是日本大金工业株式会社首先研制推出的，并将这种空调方式注册为 VRV（Variable Refrigerant Volume）系统，国内大多简称其为 VRV 系统或多联机系统。该系统是一台室外空气源制冷或热泵机组配置多台室内机，通过改变制冷剂流量适应空调区负荷变化的直接膨胀式空调系统，是一般空调器类型中的一拖多分体空调器的扩展形式（见图 8-1）。VRV 系统以制冷剂为输送介质，室外主机由压缩机、换热器、散热风扇和其他制冷附件组成，类似分体空调器的室外机；而室内机由直接蒸发式换热器和风机组合而成，与分体空调器的室内机相同。

为满足各个房间不同的温湿度控制要求，VRV 系统一般采用变频技术和电子膨胀阀控制压缩机的制冷剂循环量及进入各室内机换热器的制冷剂流量。室内温度传感器控制室内机制冷剂管道上的电子膨胀阀，通过制冷剂压力的变化，对室外机的制冷压缩机进行变频调速控

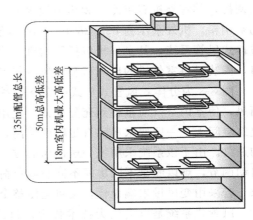

图 8-1　VRV 系统示意图

制或改变压缩机的运行台数、工作气缸数、节流阀开度等，使制冷剂的流量变化，达到随负荷变化而改变供冷量或供热量的目的。变频控制 VRV 空调系统由一台（或 2～3 台）室外机和多台室内机，通过冷媒管道及专用管道配件（接头、端管）连接而成。

为解决变频压缩机存在电磁干扰的问题，后来发展了数码涡旋压缩机（由美国谷轮公司研发）这一全新技术。它的核心技术是通过上、下涡旋盘（静盘与动盘）在一个周期内啮合、分离的不同时间比例达到能量的调节。空调室外机由数码涡旋压缩机代替普通的涡旋压缩机或变频式压缩机，由于新型数码涡旋压缩机是采用机械的离合，很好地解决了压缩机回油不畅的问题，不再有电磁干扰问题，负荷的调节器能达到 10%～100% 之间的无级调节，室内、外机的系统连接可达到 100m 甚至更长的超长距离与 40m 甚至更多的高度落差。真正做到了一拖多系统理想的空调效果与节约电能的目的。由于具有如此大的优势，变容量 VRV 系统室外机的压缩机大有为数码涡旋压缩机所取代的趋势，这将为广大的空调专业工作者带来更加宽广的选用前景。

VRV 空调的出现给整个空调界带来了一场革命，它凭着设计、施工简单方便，便于独立控制、计量等众多优势受到市场广泛认可。VRV 系统节能、舒适、运转平稳、节省建筑空间、施工方便，且该系统控制功能强，各个房间可以独立调节，能满足不同房间不同空调负荷的需求；一般也不受房间层高的限制，一台室外机通过制冷剂管道拖带的室内机可达 10 台以上，室外机与室内机间的高度差和水平距离可从几十米至上百米；压缩机可变频运行从而适应制冷剂流量的变化；室内机采用电子膨胀阀，具有同时供热/供冷/热回收功能。但该系统控制系统复杂，对控制器件、制冷剂管材、制造工艺、现场焊接安装等方面的要求非常高，且其初投资较大。此外，这种系统也不能直接引入新风，因此对于通常密闭的空调房间而言，其舒适性相对较差。

目前，VRV 系统的代表产品主要有大金、松下、三菱、日立、海尔、美的、华凌等品牌，其主流机型包括直流变频多联机、交流变频多联机、（一定一变）双系统智能多联机、数码涡旋多联机等。

8.1.2.2 风管式户式中央空调的工作原理及特点

风管式（也称全空气式）户式中央空调系统是以空气为输送介质，利用主机直接产生的冷热量，将来自室内的回风或回风与新风的混合风进行处理，再送入室内。风管式户式中央空调机组一般可分为分体式和整体式两类，如图 8-2 所示。分体式风管系统也称风冷管道型空调机，其室外机有单冷型和热泵型两种，空调容量在 12～80kW 之间；室内机是一个简单的空调箱，机外余压为 80～250Pa，空气经室内机处理后直接由风管输送到各个空调房间。整体式风管系统，其室外机包括压缩机、冷凝器、蒸发器、风机等，室内部分只有风管和风口，安装时将室外机的出风口和回风口与室内风口相连即可。

图 8-3 为分体式风管式户式中央空调系统的示意图。风管系统初投资小，能方便地引入新风，使室内空气质量得到充分保证，使用户倍感舒适。但风管系统的空气输配送管道占用建筑空间大，一般要求房间有足够的层高，且还要考虑风管穿越墙体问题，要求不能有建筑构造梁。由于该系统采用统一送回风的方式，风口的送回风量一般不能根据房间的负荷情况自动调节，难以满足不同房间不同空调负荷的要求，以及同时存在使用和不使用的情况的要求。若采用变风量末端设计，又将会使整个空调系统的初投资大大增加。

风管式系统是以美国为技术代表，目前代表产品有特灵、约克、麦克维尔、开利、天普、天加、美国瑞姆、吉姆、雷诺士等品牌。

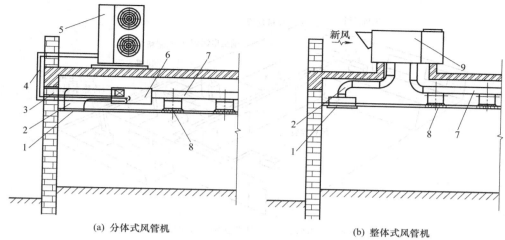

(a) 分体式风管机　　　　　　　　　(b) 整体式风管机

图 8-2　风管式户式中央空调机组

1—回风风口；2—回风管道；3—新风管道；4—制冷剂管道；5—室外机；

6—室内机；7—送风管道；8—送风风口；9—整体式机组

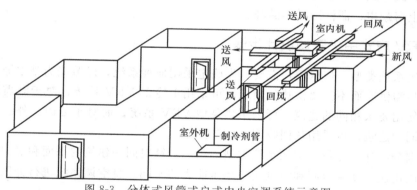

图 8-3　分体式风管式户式中央空调系统示意图

8.1.2.3　水管式户式中央空调的工作原理及特点

水管式户式中央空调系统通常以水为输送介质，其室外主机实际上是一台风冷冷水机组或空气源热泵机组，末端装置则是各种风机盘管。主机与各风机盘管之间用水管相连，其工作原理与风机盘管系统的工作原理基本相同，如图 8-4 所示。该系统将经过室外机主机产生出空调所需的循环冷（热）水，通过水管输送到布置在各个房间里的风机盘管，再利用风机盘管与室内空气进行热湿交换，使房间内的空气参数达到控制要求。它是一种集中产生冷（热）量，但分散处理各房间负荷的空调系统形式。

由于可以通过调节风机盘管的风机转速改变送风量，或调节旁通阀改变经过盘管的水量来达到调节室内空气温湿度的目的，因此，水管式户式中央空调系统可以适应每个空调房间都能单独调节的要求，满足各个房间不同的空调需要，包括根据需要关机不用，因此在使用的灵活性和节能性方面表现卓越。此外，由于冷（热）水机组的输配系统均为水管，占用建筑空间很小，又有水泵驱动水循环流动，因此一般不受房间层高的限制，同时受室内建筑构造梁的影响也不大。但这种系统一般难以引进新风，对于通常密闭的空调房间而言，其舒适性较差，需另配新风供应系统；同时，水管施工安装麻烦，费时费工。

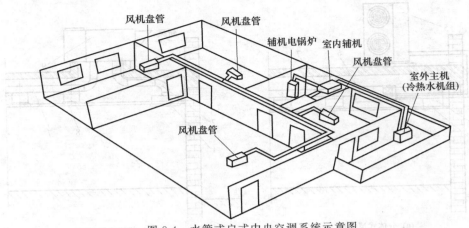

图 8-4　水管式户式中央空调系统示意图

　　冬季供暖使用中，水管式户式中央空调系统易于和集中热水系统、电锅炉、燃气炉等结合，夏季制冷时只需切断相应连接即可。

　　目前水管式户式中央空调的代表产品主要有特灵、约克、开利、清华同方、浙江盾安、南京天加、上海豪申、浙江国祥等品牌。

8.1.3　VRV 户式中央空调设计步骤

　　(1) 确定系统类型　依据用户需要首先确定采用何种系统，以节能为基本原则确定系统形式。对于只需供冷而不需要供热的建筑，可采用单冷型 VRV 系统；对于既需供冷又需供热，且冷热使用要求相同的建筑，可采用热泵型 VRV 系统；而对于分内、外区，且各房间空调工况不同的建筑，可采用热回收型 VRV 系统。

　　(2) 根据分区计算冷量　空调系统类型确定后，针对同一建筑内平面和竖向房间的负荷差异及各房间用途、使用时间和空调设备承压能力的不同，将空调系统进行分区，并对各房间冷、热负荷进行计算。

　　也可先计算房间冷、热负荷，然后选择室内机，在系统室内机容量及形式确定后，对 VRV 系统进行分区，再确定室外机容量及形式。

　　(3) 选择室内机　室内机形式是依据空调房间的功能、使用和管理要求等来确定。室内机的容量必须根据空调区冷、热负荷选择；当采用热回收装置或新风直接接入室内机时，室内机选型应考虑新风负荷；当新风经过新风 VRV 系统或其他新风机组处理时，新风负荷不计入总负荷。

　　(4) 选择室外机　VRV 空调系统室外机一般由可变容量的压缩机（组）、可用作冷凝器或蒸发器的换热器、风扇和节流机构组成，可分为单冷型、热泵型和热回收型三种形式。室外机的选择应根据选择的室内机的容量及机组连接率，在室外机的制冷容量表中选择室外机。室内外机的容量指数要相互适应，必须在机组连接率范围内。尽管室外机可以在50%～135%的连接率范围内工作，但最好在接近或小于100%的连接率下选择室外机，以免当室内机全部投入运行时，各室内机制冷量下降。

　　(5) 管路设计　依据室内、外机的位置和容量，决定配管方案。确定冷媒管路的长度和高度差，选择冷媒配管的管径尺寸和连接方式，确定冷媒管接头和端管形式。

　　(6) 选择控制系统　VRV 空调系统的控制方式包括就地控制、集中控制、智能控制等。

末端就地控制方式即采用遥控器对室内机进行独立控制，使用灵活方便，但能耗较大；集中控制是在控制室内，对远端各组 VRV 系统进行监控管理，可根据用户的使用规模、投资能力、管理要求进行组合配置，但由于与建筑物内的其他弱电系统无功能关联，因此不利于弱电系统功能的综合集成；智能控制是将 VRV 空调系统纳入建筑物楼宇自控系统中，将空调系统控制与其他弱电系统实现联动控制，达到节能等目的，尤其是基于 BACnet 协议的开放式网关技术，顺应了控制系统一体化的趋势，对整个 VRV 空调系统实行系统管理。

对规模较小的 VRV 空调系统，宜采用现场遥控器方式进行控制；对于规模较大的系统，采用集中管理方式更合理；对于采用楼宇自控系统的建筑，应优先考虑采用专用网关联网方式。

（7）新风系统的选择　VRV 空调系统需要补充新风时，可采用全热交换机组、带冷热源的集中新风机组等进行新风供给，以维持空调区域内舒适的环境。

① 采用热回收装置。热回收装置是一种将排出空气中的热量回收用于将送入的新风进行加热或冷却的设备，如全热交换器。它主要由热交换内芯、送排风机、过滤器、机箱及控制器等选配附件组成，全热回收效率在 60% 左右。

采用热回收装置受建筑功能和使用场合限制较大，且使用寿命短、造价高、噪声大。由于热回收效率有限，不能回收的部分能量仍需由室内机承担，选择室内机的容量时，应综合考虑。同时，还要考虑室外空气污染的状况，随着使用时间的延长，热回收装置上的积尘必然影响热回收效率。经过热回收装置处理后的新风，可以直接通过风口送到空调房间内，也可以送到室内机的回风处。

② 采用 VRV 新风机或使用其他冷热源的新风机组。当整个工程中有其他冷热源时，可以利用其他冷热源的新风机组处理新风，也可以利用 VRV 新风机处理新风。室外新风被处理到室内空气状态点等焓线上的机器露点，室内机不承担新风负荷。经过 VRV 新风机或使用其他冷热源的新风机组处理后的新风，可以直接送到空调房间内。使用新风处理机时需注意其工作温度范围，尤其注意错误地采用普通风管机处理新风时，室外新风往往超出风管机控制温度范围，大大影响系统的安全运行和使用寿命。

③ 室外新风直接接入室内机的回风处。室外新风可以由送风机直接送入室内机的回风处，新风负荷全部由室内机承担。进入室内机之前的新风支管上需设置一个电动风阀，当室内机停止运行时，由室内机的遥控器发出信号关闭该新风阀，避免未经处理的空气进入空调房间。另外，应保持新风口与室内机送风口距离足够，避免因室外湿度过大时室内机送风口结露。

8.2　VRV 空调负荷的计算

建筑物与外界环境存在温度差，引起传热，冬季失热，夏季得热。其冷、热负荷的计算方法如第 3 章论述。应该指出，根据室内、外设计计算参数计算冷、热负荷时，应充分考虑新风负荷对室内总负荷的影响。新风负荷与所采用的新风系统形式密切相关，特别是采用新风机时，新风冷负荷对室内总冷负荷影响较大。

由于户式中央空调系统一般只用于满足居家的舒适需求（无工艺性温湿精度），在进行VRV 系统工程初步设计时，还可按提供的建筑面积估算冷、热负荷（见表 3-23 和表 3-24）。这种方法使计算大为简化，因而受到普遍的欢迎和应用。

　　根据求得的空调负荷计算值，可直接从设备生产厂家有关产品样本查取制冷量、制热量相匹配的机组（宜大不宜小）。如果冷量合适，而热量不足，可选择带辅助电加热的机组，或带热水盘管的机组。

8.3 室内机的选型与布置

　　VRV空调系统室内机一般由直接蒸发式换热器和风机组成，与分体空调器的室内机结构类似，可分为单冷型、热泵型和热回收型三种形式。室内机的大小、形式、布置位置均直接影响空调气流组织、空调系统的造价及空调使用效果。在选用布置多联机室内机时，应充分掌握各种型号室内机的特点，扬长避短，合理选择室内机的大小和机型。

　　VRV空调系统的室内机形式多样，容量丰富。其形式包括天花板嵌入式（单向、双向气流或多向气流）、天花板内藏风管式（普通型、超薄型）、天花板嵌入导管内藏式、天花板悬吊式、落地式（明装或暗装）、挂壁式等。室内机单台制冷量和制热量从几千瓦至几十千瓦，多种规格多个机种供选择。图8-5为大金（DAIKIN）家用VRV空调系统室内机典型系列。

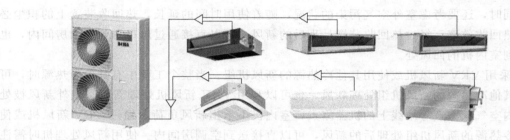

图 8-5　大金 VRV 空调室内机系列

　　VRV空调系统室内机的选择依据是根据计算的空调房间的冷负荷，室内要求的干、湿球温度及夏季空调室外计算干球温度，在厂家提供的室内机样本制冷容量表中，初步选择室内机的型号。选型时，考虑到多联机系统使用的灵活性以及间歇使用和邻室传热，宜对计算负荷适当放大。对于需全年运行的热泵型机组，应比较房间的冷、热负荷，按照其值较大者确定室内机的容量。

　　同时，还应根据房间使用功能、装修布置、层高及室内机安装高度限制，来确定室内机机型及安装位置。室内机形式的选择可按如下几点进行。

　　① 室内机形式的选择必须与室内装潢紧密结合，充分考虑房间的美观性、整体协调性。

　　② 房间高度不很高时，尽量采用超薄型室内机，以保证室内层高。

　　③ 房间有吊顶，且平面成长窄条形时，采用侧送或顶送风嵌入式室内机。

　　④ 房间有吊顶，且平面成正方形或空间较大时，采用四面出风嵌入式室内机，也可选用单（双）向出风嵌入型室内机；但对于层高较高的房间，选用嵌入式机型，会出现冬季供热时热风不能送达工作区（供冷时不存在此问题），因此，对单（双）向出风嵌入型室内机，安装高度离地面不宜超过3m；对四面出风嵌入式室内机，允许安装高度不宜超过4m。

⑤ 房间层高较低且要求出口静压不超过 50Pa 时，可采用低静压暗装管道型；而对于房间层高较高、面积较大且对出口静压要求较大（一般最大为 147Pa）的场合，可采用高静压暗装管道型室内机。

⑥ 房间无吊顶，或房间装修顶部安装空间不够，层高较低时，可根据其平面形状、大小灵活地采用明装悬吊式、明装壁挂式和明装落地式室内机。

⑦ 不宜将室内机安装在厨房、产生油污的场所及酸性或碱性环境中；安装位置尽量远离电磁波发射源，以大于 3m 为宜；如安装在浴室等较高温、湿度的房间，则需对这部分室内机外壳进行保温，以防结露。

⑧ 卧室尽量采取利用走廊吊顶或柜橱顶部来安排室内机的吊装，使噪声远离休息区，必要时需根据制冷剂性质配置氧气浓度传感报警器或制冷剂浓度传感报警器。

⑨ 对同一种形式的室内机，规格越小，单位冷量造价越高，对于冷负荷较大，面积较大的情况，在满足室内气流组织和噪声要求的条件下，尽可能选用大规格室内机，以降低造价，简化系统，这样，设备费和安装费均可减少，并提高了系统的可靠性。四面出风嵌入机噪声小，风机功率小，安装维修简单，最有优势。尽管风管机价格较低，但考虑到消声和风管、风口等安装费用，四面出风嵌入机整体价格与风管机相差较小。

室内机组初选后应进行以下修正。

① 根据连接率（又称超配比）修正室内机容量。VRV 空调系统所连接的各室内机的额定制冷量之和与室外机额定制冷量的百分比，称为该系统的机组连接率、容量配比系数或超配比。所谓额定制冷量，是指当室外干球温度 35℃、室内干球温度 27℃、湿球温度 19.5℃、冷媒配管长度 5m、室内外机高差 0m 时的制冷量。VRV 系统的连接率可在 50%～135%范围内选取。但当连接率超过 100%，室内机的实际制冷、制热能力会有所下降，需要对室内机的制冷、制热容量进行校核。

② 根据给定室内外空气计算温度进行修正。由给定的室内外空气计算温度，查找室外机的容量和功率输出，计算出独立的室内机实际容量及功率输入。

③ 根据配管长度进行修正。根据室内外机之间的制冷剂配管等效长度、室内外机高度差，查找相应的室内机容量修正系数，计算出室内机实际制冷、制热量。

④ 根据校核结果与计算冷、热负荷相比较。如果修正值小于计算值，则增大室内机规格，再重新按相同步骤计算，直至所有室内机的容量大于室内负荷。

当 VRV 空调系统选配有新风系统时，由于一般的居住建筑（别墅型独立建筑除外）受建筑层高的限制，实际净高不足 3m，而室内机即便是超薄型，其厚度也有 200 mm 左右，因此，新风系统室内机布置在储藏间、厨房或卫生间为宜。通常情况下，优先考虑布置在储藏间或厨房间，吊装安装，局部吊顶低下，不影响使用，回风口布置也合理，如图 8-6 所示。

当布置在卫生间内，吊装安装时须注意以下几点。

① 平面布置时，应让开大小的管道位置（供水、排水等），否则卫生间整体吊顶更低。

② 室内机的回风要接出一段回风总管到卫生间外，以避免异味及水蒸气吸入，传至所有房间。

③ 利用走廊回风，最终回至室内机。此时，卫生间隔墙总回风口开口面积要足够大（可按 $v \leqslant 3\text{m/s}$ 计算回风口面积），如图 8-7 所示。

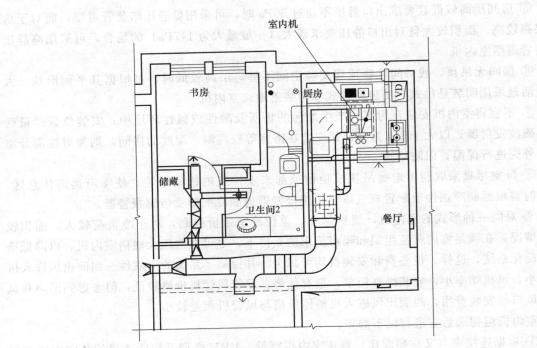

图 8-6 新风系统室内机布置在厨房间

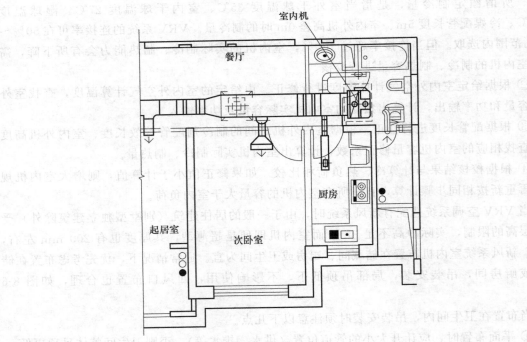

图 8-7 室内机布置在卫生间

若装潢后内走廊的净空允许在 2.3m，室内机可采用薄型，布置在入户门上方吊装安装，如图 8-8 所示。

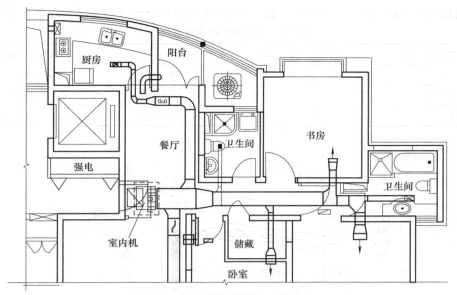

图 8-8　室内机布置在入户门上方

　　总之，新风系统室内机的放置应充分体现人性化，远离主卧室或有静音要求的场所。利用吊顶来隐藏室内机及各风管、制冷剂管、冷凝水管，并保证气流组织的合理性。另外，室内机最好能放置在负荷中心，这样可以在总送风管道接出后即满足大负荷的房间，使后面的风管管径变小。

8.4　室外机的选型与布置

　　室内机选定后，可选择室外机。如果此时尚未对 VRV 系统进行系统划分，则应先划分系统，再确定室外机容量。

8.4.1　系统的划分

　　VRV 系统的划分主要考虑以下几方面。

　　① 系统不宜过大，配管尽可能短，配管等效长度以不超过 80～100m 为宜。

　　② 不同朝向的房间、使用时间有差异的房间或者经常使用与不经常使用的房间宜划分为同一系统，且同时使用率控制在 50%～80% 之间，确保系统在较高能效比状态下运行，并能在个别房间实际负荷超过计算负荷时保证各室内机的效率。

　　③ 满足室内、外机的连接率（容量配比系数）的限制要求。设计时应根据系统的具体使用情况确定，也可参照表 8-1。需要注意的是，对制热有特殊要求的系统，不适合超配。

　　④ 室内机数量不得超过室外机允许连接的数量，各室内机之间高差、室内机与室外机

表 8-1　室内、外机连接率选择参考表　　　　　　　　　%

同时使用率	最大连接率	同时使用率	最大连接率
≤70	125～135	80～90	100～110
70～80	110～125	≥90	100

之间的高度差不得超过图 8-9 所示最大值。不同容量室外机允许连接室内机台数可参考表 8-2。

表 8-2 室内机连接台数参考表

室外机容量/kW	室内机最大连接台数	室外机容量/kW	室内机最大连接台数
<15	5~9	61~65	24~32
18~25	11~13	89~111	36~40
28~60	16~20	117~134	44~48

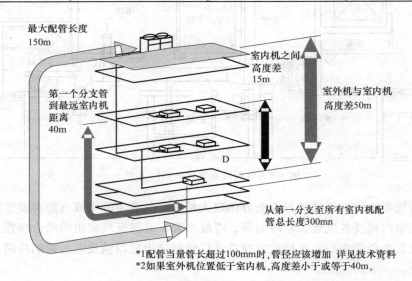

图 8-9 VRV 空调室内、外机连接管道长度

⑤ 尽量将容量相近的室内机划分在同一系统，以利于室内机冷媒流量分配的平衡；使用不频繁的大空间房间，宜单独设置系统，并宜选用定频式机组，以节省造价。

8.4.2 室外机的选配

变频控制的 VRV 空调系统，一台室外机可与多台不同机型、不同型号、不同容量的室内机连接在一起。但这种连接必须在室内、外机的相应制冷量匹配的条件下进行，不能随意组合，否则机组将不能正常运转。

（1）室外机容量的确定 应根据系统的划分和室内机的容量确定室外机总冷负荷，并按照厂家产品样本提供的配管长度修正系数和室外机进风干球温度、室内机回风湿球温度修正系数进行修正后，得到设计工况下室外机实际制冷容量。

当系统兼有制热功能时，还需确定系统的制热容量。即按确定系统制冷容量的方法步骤计算制热容量，再根据产品样本提供的除霜系数进行修正，得到室外机实际制热容量。应该指出，制热容量温度修正系数为室外机进风湿球温度、室内机回风干球温度修正系数。

根据上述计算结果，按照其中较大数值选择室外机。

（2）校核室内、外机的连接率 根据系统室内机及室外机的实际制冷、制热量进行校核计算。尽管室外机可以在 50%~135% 的连接率范围内工作，但在设计选型时，根据最好在接近或小于 100% 的连接率下选择室外机。否则，当室内机全部投入运行时，各室内机的制冷量将略有下降。若超出规定的范围，则需要重新划分系统或调整室外机型号。

VRV 系统室内、外机型选择不合理一般由以下原因造成。

① 误认为在短时间内其室外机处理便可达额定值的 135%。

② 为降低造价人为降低室外机规格。

③ 选择室外机容量过大，配置过多室内机，管路过长，导致系统能效比降低。

④ 选择室内、外机时，未进行室内、外温度、连接管长、冬季除霜等的修正，造成室内机选择过小。实践表明，经计算选型后的室内、外机配比一般在 100%～110% 较为合适。

8.4.3　室外机的布置

室外机位置的确定，需在满足室内、外机高差、系统配管等效长度的限制条件前提下，根据室外机外形尺寸及安装维修要求、使用环境要求，结合其他专业的具体要求来确定，确保室外机安全、高效运行。

室外机布置时要注意以下几点。

① 室外机位置应根据室内机安装的位置、区域和房间的用途等考虑。尽量将室外机安装于建筑物的隐蔽面，以不影响建筑物外立面美观，且四周无障碍，通风良好，便于室外机散热及安装、维修，应尽量避免阳光或高温热源直接辐射。

② 室外机应尽量接近室内机组，以缩短连接铜管长度，保证高效运行。连接管长度不得超过规定的高低差和总长度。当管路过长，弯头过多时，制冷剂在管路中流通的阻力会增大，使制冷效率降低。

③ 室外机在地面安装时，底脚应加高，避免雨（雪）堵住风口。如果机组不带减振（隔振）措施，应在室外机的支脚放置相关的减振垫，以减小室外机运行噪声。

④ 为避免室外机进、排风短路，排风口风速不宜过大。且室外机的排风口方向应避开邻居的窗户，防止噪声和热风影响他人。

⑤ 室外机位置不能距管井距离过远，否则会造成冷量衰减过大，运行不经济，安装费用增大。

⑥ 室外机应避开台风受风方向安装，尽量避免空中安装，防止机器坠落造成事故。

⑦ 通常情况下，室外机应放置在建筑设计指定的位置，如空调室外机专用平台、跳板、阳台及屋面专用篷架，使其可靠性及建筑美观性得到保证。

⑧ 放置在屋面的大型室外机组，特别是大功率机组，不能直接置于屋面上。应把室外机重新安置在混凝土基础或金属机架上（工字钢或槽钢），其基础或机架一定要搁置在承重墙体上或梁柱上。

⑨ 多台室外机放置时，一定要相互保持规定的距离，如图 8-10 所示。避免气流相互干扰，引起制冷效果下降，必要时可设置强制排风。

8.5　管道的选择与布置

8.5.1　室内、外机管道的连接

VRV 空调系统的连接方式包括三种：线性分流式［见图 8-11（a）］、端管分流式［见图 8-11（b）］和组合式［见图 8-11（c）］。

线性分流式是通过冷媒管道接头将室内、外机连接在一起。这种配管方式适用于纵深较

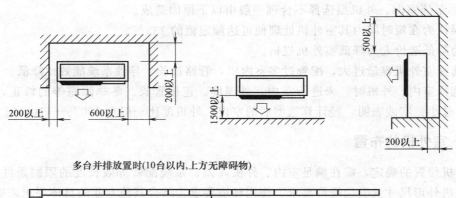

多台并排放置时(10台以内,上方无障碍物)

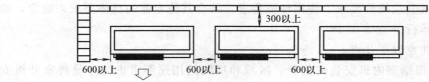

图 8-10　室外机布置相应距离

长的大房间;端管分流式是通过冷媒管道端管将室内、外机连接在一起。这种连接方式可向左或向右两边伸展,对多室空调配管有较好的效果,将来若增设室内机也能适应;组合式是上述两种配管方式的组合,适用于布局较为复杂的房间。

VRV 空调系统采用何种连接方式,主要根据室内机的布局来确定。同时,分支接头的规格应根据下游侧的室内机的总容量来选择。

8.5.2　室内、外机配管设计及安装

VRV 空调系统室内、外机连接管道设计中,主要涉及系统管道的长度、室内外机最大允许高差、配管管径的大小、管路连接方式的确定、分支组件的选择、管材的选择等问题。图 8-9 所示为目前 VRV 系统室内、外机连接管道长度参考值,对不同品牌存在些微差异。

VRV 系统为确保制冷剂流量的分配、系统工作的高效率及可靠性,对系统配管长度、配管高差及配管管径有限制,管路设计时需注意以下几点:

① 不同机型配管长度要求不一样。VRV 空调系统冷媒管的配管长度可长达 150m 甚至更多,但配管加长会使压缩机吸气阻力增加,吸气压力降低,过热增加,使系统能效比降低。因此,最大管线长度不应超过规定要求,且尽量减少管线长度。在高层建筑 VRV 系统设计中,尽可能将系统小型化,室外机分层放置即可缩短配管长度,有利于管理,比集中放置有着明显的制冷效果优越性。

② 不同机型配管高差要求不一样。最大高差与室外机布置在系统上方和下方有关系,室外机在上为 50m,室外机在下为 40m。

③ VRV 空调系统管线第一分支到最末段室内机长度控制对系统中冷媒分配有着重要影响。室外机型号不同,室外机第一分支到最远室内机距离也不同。过长的第一分支到最末段室内机管线长度会使冷媒分配不均,影响最不利管线下室内机的制冷效果。因此,要求第一分支到室内机的距离不得超过规定要求。

④ 配管前三级分支中只能有两级主分支,室内机可超配到 135%,但配管管径不应超过室外机接管管径。

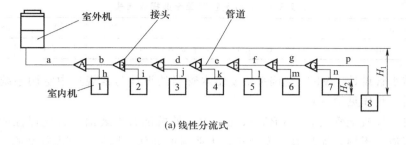

(a) 线性分流式

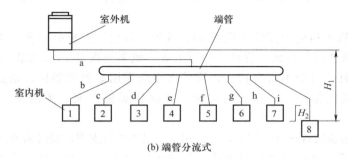

(b) 端管分流式

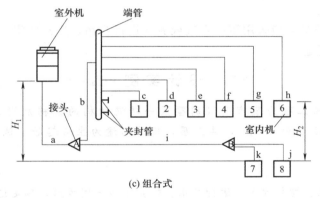

(c) 组合式

图 8-11　VRV 空调系统的连接方式

（1）制冷剂管径的确定　制冷剂管管径的确定应综合考虑经济、压力降、回油三大因素，维持合适的压缩机吸气和排气压力，以保证系统高效运行。VRV 空调系统冷媒配管尺寸的选择按如下要求进行。

① 由于配管的安装是从离室外机最远的室内机开始，因此室内机与接头或端管之间的管径应满足室内机的接管管径。

② 分支接头之间或接头与端管之间的配管管径，应根据分支后的室内机总容量来选定，且该管径不能超过室外机的气液管的管径。

③ 室外机与第一分支接头或端管之间配管管径，与室外机的接管相同。

④ 当冷媒管道长度超过 90m 时，为减少压力下降而引起的容量降低，回汽管道主干管管径应加大，并相应加大配管长度。

（2）制冷剂管管材及管壁厚的确定　制冷剂管道通常采用空调用磷脱氧无缝拉制纯铜管，其管壁厚的选择，应按厂家提供的相关规格要求选定（见表 8-3），冷媒管过薄易引起管道破裂（管内压力大），且在弯管时易造成皱折。

表 8-3　制冷剂管壁厚度选择参考表

公称直径/mm	10	13	15	20	25	32	38	50
外径×壁厚/(mm×mm)	12×1.0	16×1.5	18×1.5	24×1.5	28×1.5	36×2.0	45×2.5	55×2.5

（3）凝结水管设计　VRV空调系统凝结水管路的设计与常规集中空调系统凝结水管路设计方法相同，具体见第6章。

（4）室内、外机配管安装　VRV系统室内、外机配管安装前，首先保证所有管件、管道内外表面清洁、干燥、无裂痕、无针孔，无明显的划伤、凹痕、斑点等缺陷。安装时，应注意以下几点。

① 制冷剂液管不得向上安装成反U形，气管不得向下安装成U形。当室外机高于室内机安装，且连接两者的制冷剂立管管长超过10m，则需每提升10m安装一个回油弯。

② 制冷剂管除管件处不得有接头，管件连接应采用套管式焊接，禁止采用对接。焊接时，应充干燥的氮气保护，防止管材氧化，并保证焊缝严密、无渗漏，且不能降低管道强度。

③ 制冷剂管道应按规定间距固定，并采用支、吊架进行支撑，同时需考虑铜管的热胀冷缩。

④ 制冷剂管穿墙或楼板处应设套管，焊缝不得设于套管内，且套管不得用于支撑，并用柔性阻燃材料填充。

⑤ 管道安装完毕后，应采用压缩空气或氮气进行吹污、严密性实验、检漏等，制冷剂泄漏量应符合相关规定。

设计实例

【工程概况】　本工程为某市高级别墅区一砖混结构的独栋别墅，建筑总面积约为1000m²，空调使用面积为650m²，共三层，建筑用途为生活起居。试为该别墅进行空调系统设计。

【设计过程】

在综合了性价比、控制方式、运行费用、噪声等多方因素后，确定选用某品牌变频多联VRV系列空调机组。

（1）设计范围

① 空调系统。

本工程采用多联式空调机系统设计。由于业主选择了较为稳定的地暖系统作为冬季采暖之用，因此本空调系统只用于夏季制冷。

② 新风、排风系统。

一层、二层采用中央集中机械通风系统，同时将新风自室外引入室内；三层采用转轮式全热交换器处理新、回风。

（2）设计参数

① 夏季空调室外设计参数（见表8-4）。

表 8-4　本项目夏季空调室外设计参数

季节	大气压/Pa	空调计算温度		相对湿度/%	平均风速/(m/s)	通风/℃
		℃DB	℃WB			
夏	999.8	35.7	27.9	62	2.7	32.4

② 夏季空调室内设计参数。

温度（26±2）℃，相对湿度（55±5）％，新风量 30m³/（h·人）。

(3) 设计内容

① 空调冷负荷。

空调冷负荷主要由下列三部分组成。

a. 通过建筑物的围护结构传入室内的冷负荷。

b. 由于房间内人员、照明、电器设备散热产生的冷负荷。

c. 通过室外新风带入室内的冷负荷。

空调系统的计算冷负荷即为以上三项之和，经计算后，该建筑物的总冷负荷确定为 156.9kW，其中考虑了 90％的同时使用率。

② 系统划分及空调设备配置情况。

共选配了 VRV 系列 10HP 空调机组 5 套（由 5 台室外机、20 台室内机经过优化组合共同组成 VRV 空调系统）。

空调设备配置情况见表 8-5。一层、二层、三层 VRV 系统设计平面图见图 8-12～图 8-14。

表 8-5　本工程 VRV 系统设备配置

楼层	房间名称	室内机型号	面积/m²	标准制冷量/W	平均制冷量/(W/m²)
一层	起居室	FXYD80KMVE×1 台	122	9000	247
		FXYD63KMVE×1 台		7100	
		FXYD125KMVE×1 台		14000	
	客厅	FXYD125KMVE×2 台	89	14000×2	315
	保姆房	FXYD25KMVE×1 台	10	2800	280
	视听室	FXYD80KMVE×1 台	37	9000	243
	餐厅	FXYD80KMVE×1 台	42	9000	214
	厨房	FXYD63KMVE×1 台	35	7100	203
二层	客卧	FXYD50KMVE×1 台	27	5600	207
	楼梯间	FXYD63KMVE×1 台	36	7100	197
	女儿卧室	FXYD50KMVE×1 台	28	5600	200
	女儿书房	FXYD63KMVE×1 台	33	7100	215
	主人卧室	FXYD80KMVE×1 台	40	9000	196
	主人书房	FXYD40KMVE×1 台	23	4500	225
	起居室	FXYD125KMVE×1 台	48	14000	292
三层	娱乐室	FXYD40KMVE×2 台	44	4500×2	204
	客卧	FXYD80KMVE×1 台	14	4500	321
	客卧	FXYD80KMVE×1 台	23	4500	196
室外主机		VRV 变频 SKY FREEI 系列 RHXY280KMY1×5 套			

③ 控制要求。

各空调房间通过有线控制器进行单独控制，可根据每间房间不同的使用要求进行精准控制。

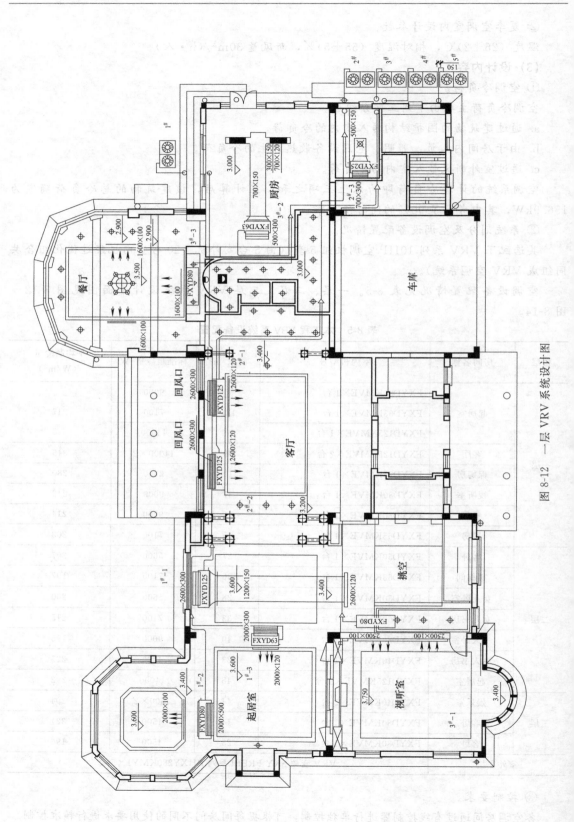

图 8-12 一层 VRV 系统设计图

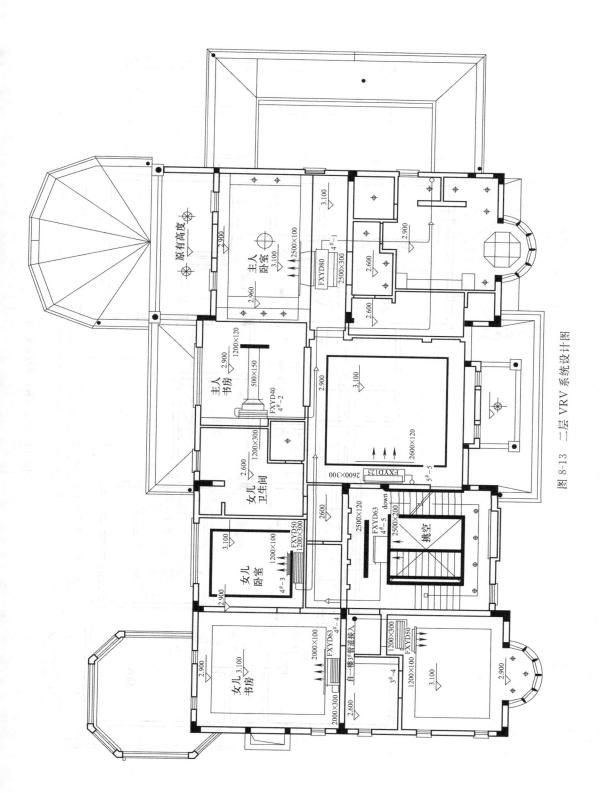

图 8-13　二层 VRV 系统设计图

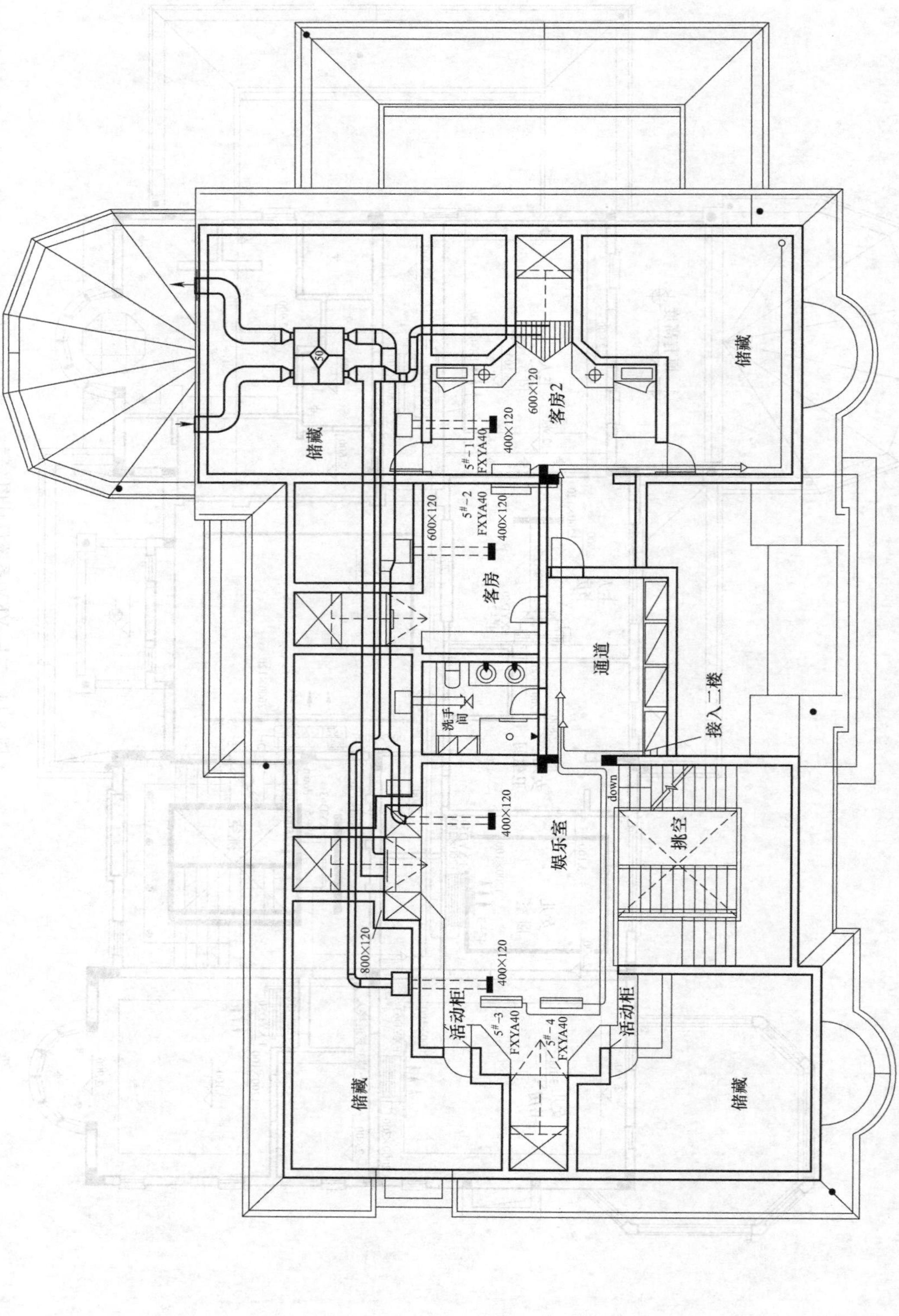

图 8-14 三层 VRV 系统设计图

（4）设计说明

为了不影响建筑物外立面美观，将室外机安装于建筑物西侧地面混凝土平台上（见图 8-12）。该面为建筑物的隐蔽面，且四周无障碍，通风良好便于室外机散热。

该别墅装潢采用巴洛克风格的室内天花板设计，对空调室内机的要求是，机身薄而小巧，室内制冷剂管道及冷凝水管要能紧贴房屋顶部或墙角敷设安装，并隐藏于吊顶或石膏线内。在一层、二层采用天花板内藏风管式室内机，根据装饰要求，将其气流组织分别设计为顶送顶回、侧送下回的方式。由于该设备不带冷凝水提升泵，冷凝水管的排水必须保持 1/100 的倾斜度，并采用带保温的 PVC 管道材料。三层由于为坡型顶，受层高限制，室内机选用挂壁式室内机。室外机与室内机的制冷剂管道由室内管道井引出，外墙面制冷剂管道裸露部分由 ABS 工程塑料装饰盖管覆盖，既美观又实用。考虑到该别墅面积较大，冷凝水采取就近排放，或部分集中到总管排放至室外的排水沟中。

在一层、二层的新风处理上，采用了法国 ALDES 的中央集中机械通风系统，以确保持续、高效的排风，同时将新风自室外引入室内。风机置于吊顶内，通过排风口将室内浑浊空气排出室外。具体设计是，在每个需要新风的房间内（如客厅、餐厅、起居室、书房及卧室等），设置自平衡式新风吸入口（新风吸入口均带有过滤器）与自平衡固定风量排风口，当排风机运行时，房间内的负压致使新风口呈开启状态，室外新风通过吸入口进入各主要房间。吸入口一般安装于房间窗户的上方、室外空气流通且空气状况良好的迎风口。集中机械排风机设置于室内盥洗室和厨房吊顶内。为保证其他房间里空气的清新，洗手间和厨房内保持一定的负压状态。在此设置排风装置，一是可以满足风量平衡，二则能最快排除房间内的污浊气体。

三层受房屋结构的限制，在新风处理上采用了转轮式全热交换器处理的方式，将室外的新鲜空气、室内的污染空气经过全热交换器交换元件进行热湿交换，在向室内提供新风的同时，回收部分室内排风带走的热量，从而大大减小空调的通风负荷，节约能耗。新排风管道通过 PVC 圆形管道相连接，管道走向沿房屋坡型顶面安装，为保证空气品质，每个房间均设置新风口、排风口，并与装饰格局相得益彰，获得了良好的使用和视觉效果。

（5）设计总结

本工程 VRV 空调系统的优点是空调系统无水管连接，杜绝水管因安装或保温问题造成漏水的隐患；更无需因敷设较大截面的风管而压低层高，或作顶面大面积的吊顶，影响装饰的美观性。选用单独的控制系统，避免了"一开俱开"不可独立控制的情况。缺点是初投资较高，对设备的安装及空调安装人员的专业技能有较高的要求。

因为各空调房间朝向不同，使用功能不同，在设备选型上需根据房间实际情况计算冷热负荷，而不应生搬硬套。由于客厅与挑高楼梯、玄关、走廊等皆为无隔断的相连，如客厅空调开启，挑高楼梯、玄关、走廊等处的冷热负荷会对空调系统形成相应的空调负荷，从而导致空调的使用效果不易达到所要求的舒适性。

在设计的过程中，一定要与装饰紧密结合，利用吊顶来隐藏室内机与风管、制冷剂铜管和冷凝水管，并要保证气流组织的合理性。卧室尽量采取利用走廊吊顶或柜橱顶部来安排室内机的吊装，使噪声源远离休息区。

本工程安装调试完毕后，试运行正常。夏季根据室外温度的波动，其室内温度在客厅送风口为 10~12℃，回风口为 24~26℃，走廊及挑空处温度为 28~29℃。

思考与练习题

8-1 填空题

(1) 按照管道输送介质的不同，可将户式中央空调系统分为＿＿、＿＿和＿＿三种基本形式。

(2) 多联机系统是一台＿＿配置多台＿＿，通过改变＿＿流量适应空调区负荷变化的直接膨胀式空调系统，是一般空调器类型中的一拖多分体空调器的扩展形式。

(3) 风管式户式中央空调机组一般可分为＿＿式和＿＿式两类。

(4) 水管式户式中央空调系统通常以＿＿作为输送介质，其室外主机实际上是一台＿＿或＿＿，末端装置则是各种＿＿。

(5) 全热交换器主要由＿＿、＿＿、＿＿及＿＿等选配附件组成，全热回收效率在60％左右。

(6) VRV 空调系统机组连接率为所连接的＿＿与＿＿的百分比，又称容量配比系数或超配比。

(7) VRV 空调系统的连接方式包括＿＿式、＿＿式和＿＿三种。

(8) VRV 空调系统室内、外机连接管道的设计主要涉及＿＿、＿＿、＿＿、＿＿和＿＿等问题。

8-2 选择题

(1) 为满足各个房间不同的温湿度控制要求，VRV 系统一般采用变频技术和（ ）控制压缩机的制冷剂循环量及进入各室内机换热器的制冷剂流量。

A. 电子膨胀阀　　　　B. 电磁阀　　　　C. 热力膨胀阀　　　　D. 毛细管

(2) 以下不属于 VRV 系统（单冷型）室外主机组成的是（ ）。

A. 压缩机　　　　　B. 冷凝器　　　　C. 蒸发器　　　　　D. 散热风扇

(3) 以下不属于 VRV 空调系统结构形式的是（ ）。

A. 单冷型　　　　　B. 热泵型　　　　C. 吸收型　　　　　D. 热回收型

(4) 当房间无吊顶时，不可采用的室内机为（ ）。

A. 嵌入式　　　　　B. 悬吊式　　　　C. 壁挂式　　　　　D. 落地式

(5) VRV 系统的连接率可在（ ）范围内选取。

A. 50％～80％　　　B. 80％～135％　C. 50％～135％　　D. 100％～110％

(6) 配管最大高差与室外机布置在系统上方和下方有关系，室外机在上为（ ），室外机在下为（ ）。

A. 60m；50m　　　　B. 50m；40m　C. 40m；30m　　　　D. 30m；20m

8-3 判断题

(1) 水管式户式中央空调系统的工作原理与风机盘管系统的工作原理完全不同。（ ）

(2) VRV 室内机形式的选择必须与室内装潢紧密结合，充分考虑房间的美观性、整体协调性。（ ）

(3) VRV 新风系统室内机应远离主卧室或有静音要求的场所，优先考虑布置在卫生间。（ ）

(4) 尽量将室外机安装于建筑物的隐蔽面，且通风良好，应尽量避免阳光或高温热源直接辐射。（ ）

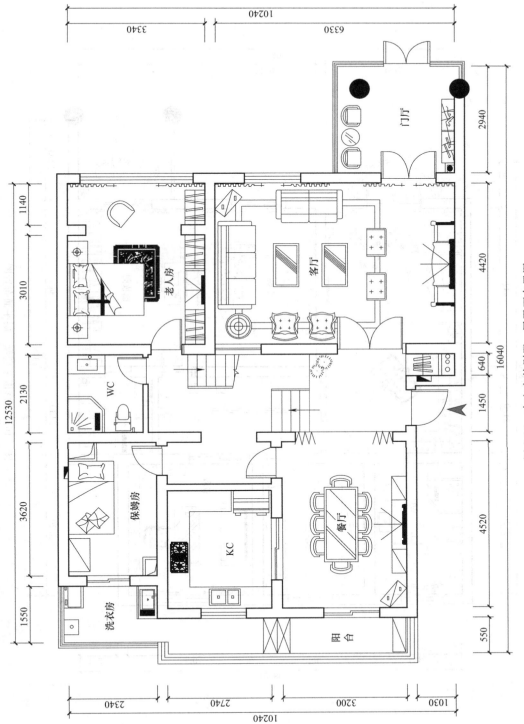

图 8-15　南京市某别墅一层平面布置图

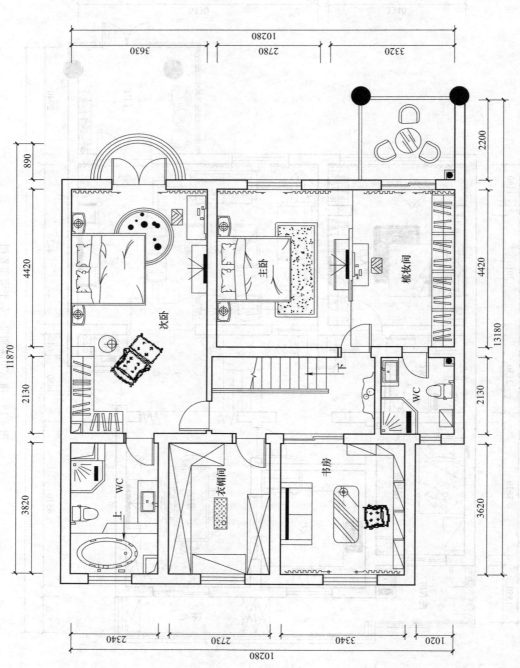

图 8-16 南京市某别墅二层平面布置图

（5）为避免室外机进、排风短路，排风口风速不宜过大。　　　　（　　）

（6）端管分流式适用于纵深较长的大房间。　　　　　　　　　　（　　）

（7）制冷剂管道通常采用空调用磷脱氧无缝拉制黄铜管。　　　　（　　）

（8）制冷剂液管不得向上安装成 U 形，气管不得向下安装成反 U 形。（　　）

8-4　问答题

（1）户式中央空调系统常见形式有哪几种？各有何特点？

（2）VRV 多联机空调系统设计步骤是什么？设计中应注意的问题有哪些？

（3）风管式户式中央空调系统的主要缺点是什么？如何克服？

（4）水管式户式中央空调系统的主要缺点是什么？如何克服？

8-5　设计题

（1）以身边某栋教学楼为对象，合理选择设计一套户式中央空调系统，给出简要的设计说明。

（2）南京市某一两层别墅，总建筑面积约 280m²，其中空调房间面积为 140.4m²（图 8-15 和图 8-16 所示为其平面布置图）。试为该别墅设计 VRV 空调系统。

（3）江苏省南通市某高级住宅为标准坐北朝南建筑，建筑占地面积 200.4m²，空调总面积 109.8m²，共两层，一层包括车库、家族团聚室、客厅、餐厅、保姆房和厨房等房间（见图 8-17），二层包括主卧、婴儿房、书房和老人房等卧室类房间（见图 8-18），各房间面积相对较小，各层层高 3.0m。试为该住宅设计 VRV 多联机空调系统。

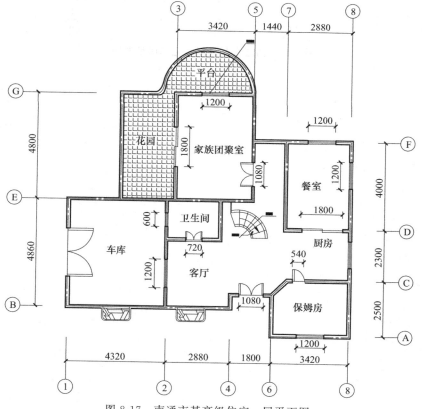

图 8-17　南通市某高级住宅一层平面图

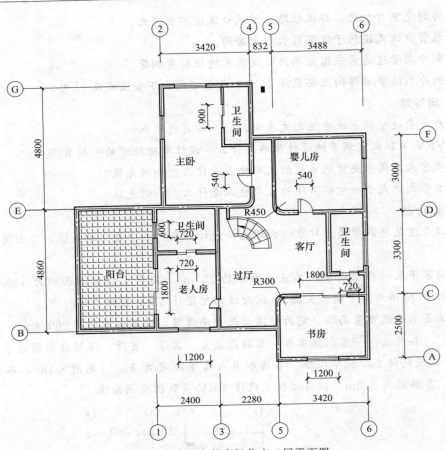

图 8-18 南通市某高级住宅二层平面图

第9章

建筑通风空调工程图的识读

9.1 房屋的基本构造和组成

9.1.1 建筑物的分类

建筑物也称房屋，是供人们生活、学习、工作、居住及从事各种生产和文化活动的场所。其他如水池、水塔、支架、烟囱等间接为人们提供服务的设施称为构筑物。

建筑物可以从多个方面进行分类，常见的分类方法如下。

9.1.1.1 按使用性质分类

（1）民用建筑　指主要用途是供人们工作、学习、生活、居住的建筑。如住宅、单身宿舍、招待所等居住建筑和写字楼、教学楼、影剧院、商场、医院及邮电、广播、车站等公共建筑。

（2）工业建筑　指各类工业生产用房和直接为生产提供服务的附属用房。常见的有单层工业厂房、多层工业厂房、层次混合的工业厂房。

（3）农业建筑　指各类供农业生产使用的建筑，如种子库、农机站、谷仓等。

9.1.1.2 按结构类型分类

结构类型是根据承重构件所选用的材料、制作方式、传力方法的不同来划分的，一般分为如下4种。

（1）砖混结构　其竖向承重件是采用烧结多孔砖或承重混凝土小砌块筑的墙体，水平承重构件为钢筋混凝土梁、板。这种结构一般用于多层建筑中。

（2）框架结构　它是利用钢筋混凝土或钢的梁、板、柱形成的骨架构成承重部分，墙体一般只起围护和分隔作用。这种结构可以用于多层和高层建筑中。

（3）剪力墙结构　指房屋的内、外墙都做成实体的钢筋混凝土墙体，由剪力墙承受竖向和水平作用。这种结构可以用于小开间的高层建筑中。

（4）特种结构　又称空间结构，它包括拱、壳体、网架、悬索等结构形式。这种结构多用于大跨度的公共建筑中。

9.1.1.3 按建筑层数或总高度分类

层数是建筑的一项非常重要的控制指标，但必须结合建筑总高度综合考虑。

（1）住宅建筑　1～3层为低层，4～6层为多层，7～9层为中高层，10层及以上为高层。

（2）公共建筑及综合性建筑 总高度超过 24m 为高层，总高度小于 24m 为多层。

（3）超高层建筑 建筑总高度超过 100m 时均为超高层，不论它是居住建筑还是公共建筑。

9.1.1.4 按施工方法分类

按建造建筑所采用的施工方法，建筑物可分为如下几类。

（1）现浇现砌式 指建筑物的主要构件在施工现场砌筑（如空心砖墙等）或浇注（如钢筋混凝土构件等）的方法建造的建筑物。

（2）预制装配式 指建筑物的主要构件在加工厂预制，在施工现场进行装配而建造的建筑物。

（3）部分现浇现砌、部分预制装配式 指建筑物采用一部分构件在现场浇注或砌筑（多为竖向构件），一部分构件预制装配（多为水平构件）的方法施工建造的建筑物。

9.1.2 房屋的基本构造、组成及其作用

虽然各类建筑的使用要求、空间造型、结构形式、外形处理以及规模的大小各不相同，但是构成房屋的主要部分大致是相同的，都是由基础、墙（或柱）、楼地面、屋面、楼梯和门窗六大基本部分组成，其次还有台阶、阳台、雨篷、勒脚、散水等附属部分。各组成部分在房屋中起着不同的作用。图 9-1 表明了房屋的各部分组成及位置。

（1）基础 基础是房屋下部的结构部分，其作用是承受房屋的全部荷载，并将这些荷载传给地基。地基不是房屋的组成部分，它是承受建筑物上部荷载的土层。

（2）墙体和柱 墙体和柱是建筑物的竖向承重构件，是建筑物的重要组成部分。墙体是房屋的承重和围护及分隔构件，同时又兼有保温、隔声、隔热等作用。作为承重构件，它承受由屋顶、各楼层传来的荷载，并将这些荷载传给基础。它也可承受一些水平方向的荷载。

按位置不同，墙有内墙、外墙之分。外墙起承重、保护及围护作用，内墙起承重及分隔空间的作用。当房屋的内部空间较大时，根据结构的需要，常用柱子来承受上部荷载，墙只起到围护和分隔的作用。

（3）楼地面 楼面和地面是楼房中水平方向的承重构件，它承受楼层上的家具、设备和人的重量，并将这些荷载传给墙或柱。除承受荷载外，楼面在垂直方向上将房屋空间分隔成若干层。

（4）屋面 屋面是房屋顶部围护和承重的构件。它和外墙组成了房屋的外壳，起围护作用，抵御自然界中风、雨、雪、太阳辐射等条件的侵蚀。屋面承重结构承受建筑顶部的荷载。根据屋面坡度不同，有平屋面和坡屋面之分。

（5）楼梯 楼梯是房屋上下楼层之间的垂直交通工具。供人们上下楼层和紧急疏散之用。

楼梯的形式有单跑式、双跑式、剪刀式、螺旋楼梯、弧形楼梯等多种形式。它由楼梯梯段、平台、栏杆和扶手三部分组成。

除楼梯外，电梯、自动扶梯、坡道等也是垂直交通工具。

（6）门窗 门窗是非承重构件。门主要用于室内外交通和疏散，也有分隔房间、通风等作用。窗主要用于采光、通风。门窗均安装在墙上，因此也和墙一样起着分隔和围护的作用。

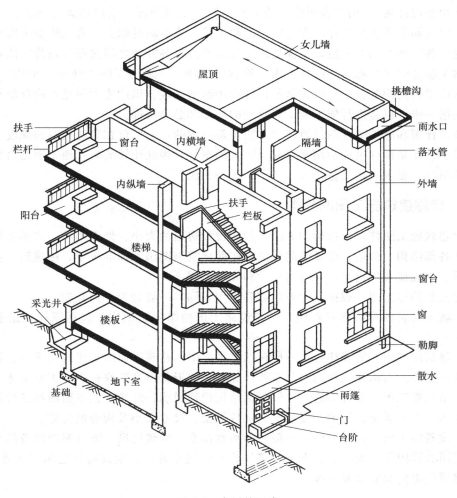

图 9-1　房屋的组成

9.2　房屋建筑工程图的产生与分类

9.2.1　房屋建筑工程图的产生

　　建造一幢房屋要经历设计和施工两个基本过程。设计时需要把想象的房屋建筑用图形表达出来，这种图形统称为房屋建筑工程图。建筑工程图是用来反映房屋的功能组合、房屋内外貌和设计意图的图样。

　　设计工作是完成基本建设任务的重要环节。设计人员首先要认真学习有关基本建设的方针政策，了解工程任务的具体要求，进行调查研究，收集设计资料。一般房屋的设计过程包括两个阶段，即初步设计阶段和施工图设计阶段。对于大型的、较复杂的工程，采用三个设计阶段，即在初步设计阶段之后增加一个技术设计阶段，来解决各工种之间的协调等技术问题。

　　初步设计阶段的任务是经过多方案的比较，确定设计的初步方案，画出简略的房屋设计图（又称初步设计图），用于表明房屋的平面布置、立面处理、结构形式等内容；施工图设计阶段是修改和完善初步设计，在已审定的初步设计方案的基础上，进一步解决实用和技术问题，统一各工种之间的矛盾，在满足施工要求及协调各专业之间关系后最终完成设计。

为施工服务的图样称为房屋施工图，简称施工图。一套施工图由建筑、结构、水、暖、电及预算等工种共同配合，经过正常的设计程序编制而成。识读施工图是正确反映和实施设计意图的第一步，也是进行施工及工程管理的前提和必要条件。

初步设计图和施工图在图示原理和方法上是一致的，它们仅在表达内容的深度上有所区别。初步设计图是设计过程中用来研究、审批的图样，因此比较简略；施工图是直接用来指导施工的图样，要求表达完整，尺寸齐全、统一无误。

9.2.2　房屋建筑施工图的分类

房屋建筑施工图使用正投影的方法，把所设计房屋的大小、外部形状、内部布置和室内外装修，各部结构、构造、设备等的做法，按照建筑制图国家标准规定，用建筑专业的习惯画法详尽、准确地表达出来，并注写尺寸和文字说明。

一套完整的施工图，根据其专业内容和作用不同，一般分为下列几项。

（1）施工首页图　简称首页图，是建筑施工图的第一张图样，包括图样目录和施工总说明。

（2）建筑施工图　简称建施，一般包括总平面图、建筑平面图、建筑立面图、建筑剖面图和建筑详图等。表示建筑物的内部布置情况、外部形状以及装修构造施工要求等。

（3）结构施工图　简称结施，一般包括结构设计说明、结构布置平面图和各种结构构件的结构详图。表示承重结构的布置情况、构件类型、尺寸大小及构造做法等。

（4）设备施工图　简称设施，一般包括给水排水、采暖通风、电气照明设备的平面布置图、系统图和详图等。表示上、下水及暖气管道管线布置，卫生设备及通风设备等的布置，电器线路等的走向和安装要求等。

9.2.3　绘制房屋建筑工程图的有关规定

为了使房屋建筑工程图画法统一，图面简洁清晰，符合施工要求，有利于提高设计效率，保证图纸质量，国家颁布了《房屋建筑制图统一标准》（GB/T 50001—2010）。这里选择几项绘制房屋建筑工程图时主要的规定和常用的表示方法，分述如下。

9.2.3.1　定位轴线

定位轴线是用来确定房屋主要结构或构件位置的尺寸基准线。凡承重构件如墙、柱、梁、屋架等位置都要画上定位轴线，并进行编号，作为设计与施工放线的依据。

定位轴线用单点长画线表示，端部画细实线圆，直径 8～10mm。定位轴线圆的圆心应在定位轴线的延长线上或延长线的折线上，圆内注明编号。

在建筑平面图上定位轴线的编号，宜标注在图样的下方或左侧。横向编号应用阿拉伯数字，从左至右顺序编写；竖向编号应用大写拉丁字母，从下至上顺序编写，如图9-2所示。大写拉

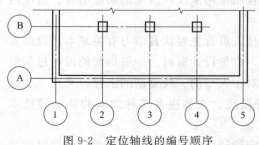

图9-2　定位轴线的编号顺序

丁字母中的 I、O、Z 三个字母不得用作轴线编号，以免与数字 1、0、2 混淆。

如果字母数量不够用，可增用双字母或单字母加数字注脚，如 AA、BB、…、YY 或 A1、B1、…、Y1。

组合较复杂的平面图中，定位轴线也可采用分区编号，如图 9-3 所示，编号的注写形式为"分区号-该区轴线号"。分区号采用阿拉伯数字或大写拉丁字母表示。

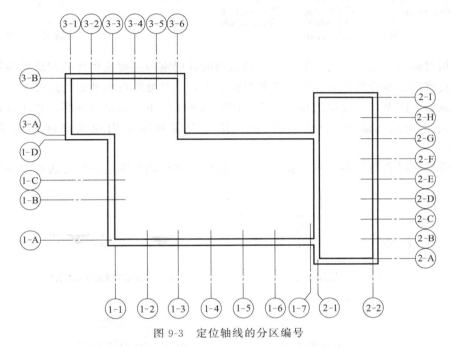

图 9-3　定位轴线的分区编号

在两个定位轴线之间如需附加轴线，其编号应以分数表示，并应按下列规定编写：

① 两根轴线之间的附加轴线，应以分母表示前一轴线的编号，分子表示附加轴线的编号，该编号宜用阿拉伯数字顺序编写，如：

$\frac{1}{2}$表示 2 号轴线后附加的第 1 根轴线；

$\frac{3}{C}$表示 C 号轴线之后附加的第 3 根轴线。

② 1 号轴线或 A 号轴线之前的附加轴线分母应以 01 或 0A 表示，如：

$\frac{1}{02}$表示 1 号轴线前附加的第 1 根轴线；

$\frac{3}{0A}$表示 A 号轴线前附加的第 3 根轴线。

一个详图适用于几根定位轴线时，应同时注明各有关轴线的编号，如图 9-4 所示。通用详图的定位轴线，只画轴线圆，不注写轴线编号（见图 9-5）。

9.2.3.2　标高

建筑物的某一部位与确定的基准面的竖向高差，称为该部位的标高。在施工图中，建筑物的地面及各主要部位的高度用标高表示。

施工图中标注有两种标高：绝对标高和相对标高。

（1）绝对标高（亦称海拔）　我国把青岛附近黄海的平均海平面定为绝对标高的零点，全国各地的标高均以此为基础，如北京地区绝对标高在 40m 上下。

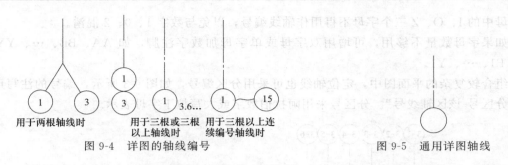

用于两根轴线时　用于三根或三根　用于三根以上连
以上轴线时　　　续编号轴线时

图 9-4　详图的轴线编号　　　　　　　　　图 9-5　通用详图轴线

（2）相对标高　相对标高一般是以新建筑物的首层室内主要使用房间的地面为零点，每个单体建筑物都有本身的相对标高。用相对标高来表示某处距首层地面的高度。

在建筑施工图上，一般都用相对标高，而在总平面图中多用绝对标高，并注有相对标高与绝对标高的关系，如 $\pm 0.000 = 42.500$，说明房屋首层室内地面高度相对于绝对标高 42.500m。

标高符号应以直角等腰三角形表示，其具体画法和标高数字的注写方法如图 9-6 所示。

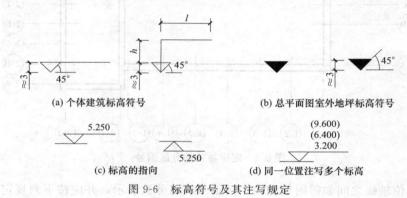

(a) 个体建筑标高符号　　　　　　　　　　(b) 总平面图室外地坪标高符号

(c) 标高的指向　　　　　　　　(d) 同一位置注写多个标高

图 9-6　标高符号及其注写规定

① 个体建筑物图样上的标高符号用细实线，按图 9-6（a）左图所示的形式绘制；如果标注位置不够，可按图 9-6（a）右图所示的形式绘制。图中 l 取标高数字的长度，h 视需要而定。

② 总平面图上的室外地坪标高符号，宜涂黑表示，其画法见图 9-6（b），标高数字可写在黑三角形的上边或右下边。

③ 标高符号的尖端应指向被注的高度。尖端可向下，也可向上，如图 9-6（c）所示。标高数字应注写在标高符号的左侧或右侧。

④ 在图样的同一位置需表示几个不同标高时，标高数字可按图 9-6（d）的形式注写。

标高数字以 m 为单位，注写到小数点后第三位；在总平面图中可注写到小数点后第二位。零点标高注写为 ± 0.000，正数标高不注写"＋"，负数标高注写"－"，如 4.000、－0.500 等。

9.2.3.3 索引符号与详图符号

（1）索引符号　施工图中某一局部或构件如需另画详图，应以索引符号索引，如图 9-7 所示。索引符号由直径为 10mm 的圆及水平直径组成，且均以细实线绘制，索引符号应按下列规定编写。

① 索引出的详图如与被索引的图样在同一张图纸内，在索引符号的上半圆用阿拉伯数字注明该详图的编号，并在下半圆的中间画一段水平细实线，如图 9-7（a）所示。

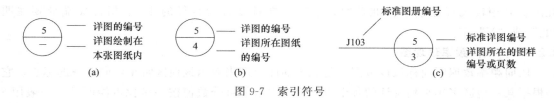

图 9-7　索引符号

② 索引出的详图如与索引的图样不在同一张图纸内，则应在索引符号的上半圆用阿拉伯数字注明该详图的编号，在索引符号的下半圆中用阿拉伯数字注明所在图纸的编号，如图 9-7（b）所示。

③ 索引的详图如采用标准图时，应在索引符号水平直径的延长线上加注该标准图册的编号，如图 9-7（c）表示第 5 号详图是在标准图册 J103 的第 3 页。

④ 索引的详图是局部剖面（或断面）详图时，应在被剖切的部位绘制剖切位置线，并以引出线引出索引符号，引出线的一侧表示该剖面图的剖示方向，如图 9-8 所示。

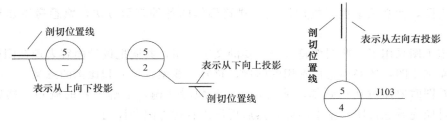

图 9-8　索引剖面详图的索引符号

（2）详图符号　详图的位置和编号应以详图符号表示。详图符号为一直径 14mm 的粗实线圆，详图应按下列规定编号。

① 详图与被索引图样如在同一张图纸内，应在详图符号内只用阿拉伯数字注明详图的编号，如图 9-9（a）所示。

图 9-9　详图符号

图 9-10　指北针

② 详图与被索引的图样不在同一张图纸内，应用细实线在详图符号内画一水平直径，在上半圆内注明详图编号，在下半图内注明被索引的图纸的编号，如图 9-9（b）所示。

零件、钢筋、杆件、设备等的编号，以直径为 4～6mm（同一图样应保持一致）的细实线圆表示，其编号应用阿拉伯数字按顺序编写。

9.2.3.4　指北针

指北针是用于表示建筑物的朝向的。在总平面图及首层平面图上，一般都绘有指北针。如图 9-10 所示，指北针应用细实线绘制，圆的直径宜为 24mm，指针下端的宽度宜为

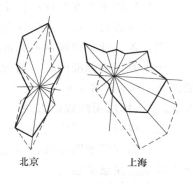

北京　　　　　上海

图 9-11　风向频率玫瑰图

3mm。若用较大直径绘制指北针时，指针下端宽度宜为直径的 1/8。指针尖端处要注明"北"或"N"字。

9.2.3.5 风向频率玫瑰图

风向频率玫瑰图简称风玫瑰图，是总平面图上用来表示该地区常年风向频率的标志。它是根据某一地区多年平均统计的各个方向吹风次数的百分数值按一定比例绘制的。一般用 8 个或 16 个方位表示，如图 9-11 所示。风玫瑰图上所表示的风的吹向是指从外面吹向该地区中心的。

9.3 识读房屋建筑工程图的方法

9.3.1 阅读房屋建筑工程图应注意的几个问题

（1）施工图是根据正投影原理绘制的，用图样表明房屋建筑的设计及构造做法。因此，要看懂施工图，就必须掌握正投影原理和建筑形体的各种表示方法，熟悉房屋建筑的基本构造。

（2）施工图采用了一些图例符号及必要的文字说明，共同把设计内容表现在图样上。因此，要看懂施工图，还必须记住常用的图例、符号、线型、尺寸和比例的意义。

（3）看图时要注意从粗到细，从大到小。先粗看一遍，了解工程的概貌，然后再仔细看。细看时应先看总说明和基本图样，然后再深入看构件图和详图。

（4）一套施工图是由各工种的许多张图样组成，各图样之间是互相配合紧密联系的。图样的绘制大体是按照施工过程中不同的工种、工序分成一定的层次和部位进行的，因此要有联系地、综合地看图。

（5）结合实际看图。根据实践、认识、再实践、再认识的规律，看图时联系生产实践，就能较快地掌握图样的内容。

9.3.2 标准图的阅读

在施工中，有些构配件和构造做法经常直接采用标准图集，因此，阅读施工图前要查阅本工程所采用的标准图集。

9.3.2.1 标准图集的分类

我国编制的标准图集，按其编制的单位和适用范围的情况大体可分为三类。

（1）经国家批准的标准图集，供全国范围内使用。

（2）经各省、市、自治区等地方批准的通用标准图集，供本地区使用。

（3）各设计单位编制的标准图集，供本单位设计的工程使用。

全国通用的标准图集，通常采用"J×××"或"建×××"代号表示建筑标准配件类的图集，采用"G×××"或"结×××"代号表示结构标准构件类的图集。

9.3.2.2 标准图的查阅方法

（1）根据施工图中注明的标准图集名称和编号及编制单位，查找相应的图集。

（2）阅读标准图集时，应先阅读总说明，了解编制该标准图集的设计依据和使用范围、施工要求及注意事项等。

（3）根据施工图中的详图索引编号查阅详图，核对有关尺寸及套用部位等要求，以防差错。

9.3.3　阅读房屋建筑工程图的方法

阅读图样应按顺序进行。先看目录，了解总体情况，图样总共有多少张；然后按图样目录对照各类图样是否齐全，再细读图样内容。

（1）读首页图　包括图纸目录、设计总说明、门窗表以及经济技术指标等。

（2）读总平面图　包括地形地势特点、周围环境、坐标、道路等情况。

（3）读建筑施工图　从标题栏开始，依次读平面形状及尺寸和内部组成，建筑物的内部构造形式、分层情况及部位连接情况等，了解立面造型、装修、标高等，了解细部构造、大小、材料、尺寸等。

（4）读结构施工图　从结构设计说明开始，包括结构设计的依据、材料标号及要求、施工要求、标准图选用等。读基础平面图，包括基础的平面布置及基础与墙、柱轴线的相对位置关系，以及基础的断面形状、大小、基底标高、基础材料及其他构造做法，还要读懂梁、板等的布置，构造配筋及屋面结构布置等，以及梁、板、柱、基础、楼梯的构造做法。

（5）读设备施工图　包括管道平面布置图、管道系统图、设备安装图、工艺设备图等。

读图时注意各工种之间的联系，前后照应。

9.3.4　房屋建筑施工首页图的识读

9.3.4.1　图样目录

图样目录是查阅图样的主要依据，表示该工程由哪几个专业的图样所组成，包括每张图样的名称、内容、图号等，以表格形式列出；整套图样的目录，有建筑施工图目录、结构施工图目录及设备施工图目录。看图前应首先检查整套施工图图样与目录是否一致，防止缺页给识图和施工造成不必要的麻烦。

表 9-1　某单位住宅楼图样目录

序号	图样的内容	图别	备注	序号	图样的内容	图别	备注
1	设计说明、门窗表、工程做法表	建施 1		19	给排水设计说明	水施 1	
2	总平面图	建施 2		20	一层给排水平面图	水施 2	
3	一层平面图	建施 3		21	楼层给排水平面图	水施 3	
4	二～六层平面图	建施 4		22	给水系统图	水施 4	
5	地下室平面图	建施 5		23	排水系统图	水施 5	
6	屋顶平面图	建施 6		24	采暖设计说明	暖施 1	
7	南立面图	建施 7		25	一层采暖平面图	暖施 2	
8	北立面图	建施 8		26	楼层采暖平面图	暖施 3	
9	侧立面图、剖面图	建施 9		27	顶采暖平面图	暖施 4	
10	楼梯详图	建施 10		28	地下室采暖平面图	暖施 5	
11	外墙详图	建施 11		29	采暖系统图	暖施 6	
12	单元平面图	建施 12		30	一层照明平面图	电施 1	
13	结构设计说明	结施 1		31	楼层照明平面图	电施 2	
14	基础图	结施 2		32	供电系统图	电施 3	
15	楼层结构平面图	结施 3		33	一层弱电平面图	电施 4	
16	屋顶结构平面图	结施 4		34	楼层弱电平面图	电施 5	
17	楼梯结构图	结施 5		35	弱电系统图	电施 6	
18	雨篷配筋图	结施 6					

建筑设计说明

一、施工图设计依据

1. 甲方认可的方案图及相应的平面图，立面图，剖面图。
2. 国家及××省现行的有关建筑设计，防火，节能等法规和规范。

二、工程概况

本工程建设地点为××市×××路××号××××教学楼 2 号教学楼，位置详见总平面图；总建筑面积为 6218.68m²，框架结构，地上主体 6 层，局部 5 层或 7 层，室内外高差 0.850m，室内地面相对标高 ±0.000，总高度为 23.950m，相对大于年限为 50 年，抗震设防裂度为七度，建筑分类为二类，耐火等级为二级，B 区主体教学楼共分 A 和 B 两个区域，分别为 A 区主体 6 层，B 区主体 5 层，位置详见分区平面图；本施工图主要表达 A 区部分。

三、图样表达

本工程施工图中所标注尺寸除标注明外，其余尺寸均以毫米计。

墙宽×高×高 工种代号○ 墙×高 工种代号○ 宽×高×梁 洞底距地 洞口尺寸

四、墙体

1. 地上外围护墙体为 250 厚加气混凝土砌体，内隔墙除墙上另注明及特殊注明处均为 200 厚加气混凝土砌体，卫生间隔墙为 240 厚 KPI 型烧结多孔砖。
2. 墙体上预留洞及预留洞尺寸应与相关专业图样配合进行预留。
3. 墙体，柱子与门窗等配件的固定连接除注明外，可根据需要采用射钉，膨胀螺栓，预埋铁件等方式，施工时应根据实情而定，但一定要保证连接牢固和安全性。

五、防水做法

1. 屋面防水根据《屋面工程技术规范》(GB 50207—1994)；屋面做法及所用部位做法见《构造做法表》。
2. 卫生间防水采用通用型 K11 柔性防水涂料，防水涂料沿墙上翻 500。卫生间防水做法见 02J915 ㊅，卫生间通用型见 02J915 ㊄，卫生间蹲位见 02J915 ㊄，卫生间小便槽见 02J915 ㊄。卫生间楼地面见楼面构造做法表。
3. 屋面防水层施工前必须认真核对屋面预留孔洞的位置，待穿越的管道安装后方可施工。
4. 女儿墙泛水见 99J201-1 ⑭，管道泛水见 99J201-1 ⑫，出水口见 99J201-1 ⑭。

六、室外装修

外墙做法详见立面图，施工中先做出样板，待商定后再室内装修。

七、室内装修

1. 内墙面，楼地面等具体做法详见《构造做法表》。
2. 内墙所有阳角，室内角均做 2000 高护角，做法参见 03J502-1 ⑥。

八、门窗

1. 所有室内窗台压预做法参照 96SJ102(二) ⑯适用。
2. 平开门窗框均居中；开启窗扇均中开启窗，卫生间立樘均加纱窗。
3. 除图样注明外门窗立樘，门窗采用 80 系列塑钢门窗，其余采用 5 厚磨砂玻璃，气密性不低于二级。窗白玻璃，木门五金均按其所选标准配套选用，塑钢门窗五金均按 92SJ704(一) 选用。
4. 底层窗均加防护网，做法出窗 B 窗。
5. 所有室内窗台合面均做不锈钢护栏杆，参见 04J101 ㉝。

九、油漆防腐

1. 木门油漆见《构造做法表》，颜色均应在施工前做样，经设计单位，设计和甲方同意方可施工。
2. 所有金属构件均应先做防锈处理，刷防锈漆一道，再刷黑色色瓷漆二道。所有预埋木砖均需做防腐处理，木制构件与砌体连接部位均须满涂防腐油。
3. 连接部位均须满涂防腐油。
4. 栏杆扶手采用不锈钢管材者，其焊接处，转折处均应打磨光滑，抛光。

十、其他

1. 所有内外装修材料的颜色，品种质量以及材料管换等，均需甲方，设计和需甲方，设计单位三方认定后方可施工。
2. 土建施工必须与水，电配合施工，凡预留洞，梁，板等，需对相关设备图施工。
3. 所有管道穿楼板处均须在安装后下部使用细石混凝土灌实，并用密封膏封实，上部高出地面 20mm。
4. 防火门窗应选用有资质厂家产品，开启方向严格按图施工。
5. 玻璃黑板做法参见 03J502-1，详台做法见 98ZJ501 ⑱，a×b=4000×800。
6. 有关泛水详见 99J201-1 ⑲，施工时使用 φ100PVC 管及配件。
7. 有地漏处均应在 1m 范围内做 1% 的坡。坡向地漏。
8. 图中选用的标准图不论全部节点采用，均需按照国家有关施工及验收规范及规定执行。

序号	图号	图样内容
		图样目录
1	JS15-01	建筑设计说明
2	JS15-02	构造做法表 门窗表
3	JS15-03	总平面图 分区平面图
4	JS15-04	一层平面图
5	JS15-05	二层平面图
6	JS15-06	三层平面图
7	JS15-07	四、五层平面图
8	JS15-08	六层平面图
9	JS15-09	屋顶平面图
10	JS15-10	①~⑨立面图
11	JS15-11	⑨~①立面图
12	JS15-12	Ⓐ~Ⓓ立面图
13	JS15-13	Ⓓ~Ⓐ立面图 节点详图
14	JS15-14	门窗详图 1-1剖面图
15	JS15-15	楼梯详图

资质等级	乙级	证书编号	
工程名称	×××××××2号教学楼	合同编号	2004-12
项目	A区	设计编号	2004-12
		图别	建施
		图号	JS15-01
		日期	2005.01

××××设计院

专业负责人	项目负责人	校对	审定	设计	审核	制图

(a)

门窗表

类型	序号	门窗编号	采用图集编号	洞口尺寸(B×H)	1F	2F	3F	4F	5F	6F	7F	合计	备注
窗	1	C-1	80系列塑钢窗	2700×1900	0	15	21	21	23	0	0	101	见建施 JS15-14
	2	C-1'	80系列塑钢窗	2700×2300	0	10	12	12	4	0	0	50	见建施 JS15-14
	3	C-2	80系列塑钢窗	1800×1900	0	10	10	10	10	0	0	3	见建施 JS15-14
	4	C-2'	80系列塑钢窗	1800×2300	0	10	10	10	10	10	0	60	见建施 JS15-14
	5	C-3	80系列塑钢窗	2050×1700	10	10	10	10	10	10	0	60	见建施 JS15-14
	6	C-3'	80系列塑钢窗	1300×1700	1	1	1	1	1	0	0	5	见建施 JS15-14
	7	C-4	80系列塑钢窗	1700×1900	0	1	1	1	1	0	0	4	见建施 JS15-14
	8	C-5'	80系列塑钢窗	1500×1900	0	0	1	0	0	0	0	1	见建施 JS15-14
	9	C-5'	无框玻璃窗	1500×2300	0	0	0	0	0	0	0	0	10厚白玻璃 甲方白定
	10	C-WK	无框玻璃窗	现场测定 3400×3300	1	0	0	0	0	0	0	0	10厚白玻璃 甲方白定
	11	WM-1	无框玻璃门	2600×3300	1	0	0	0	0	0	0	0	10厚白玻璃 甲方白定
	12	WM-2	无框玻璃门	1000×2700	8	14	20	20	20	0	0	102	委宿门参 88ZJ611
门	13	M-1	88ZJ601-M24-1027	900×2100	0	2	2	2	2	2	0	12	JM305-2424
	14	M-2	88ZJ601-M21-0921	1827 1800×2600	2	0	0	0	0	0	0	2	88ZJ611
	15	M-3	88ZJ601-M24- 外制电动卷帘门	2400×2100	1	0	0	0	0	0	0	6	甲方白定
	16	FM-1	乙级防火门	3600×2100	1	1	1	1	1	1	0	7	甲方白定
	17	FM-2	甲级防火门	1800×2100	0	1	1	1	1	0	0	4	甲方白定
	18	FM-3	乙级防火门	1000×2100	1	1	1	1	1	1	0	6	甲方白定
	19	FM-4	乙级防火门	900×1800	0	1	1	1	1	1	0	6	甲方白定
	20	FM-5	乙级防火门	600×1800	0	2	2	2	0	0	0	6	甲方白定
	21	FM-6	甲级防火门	1200×2100	2	0	0	0	0	0	0	2	甲方白定
	22	FM-7	80系列塑钢门	2400×2700	1	0	0	0	0	0	0	1	见建施 JS15-14
	23	MC-1												

构造做法表

项目 使用部位	构造层次及做法	备注
屋面（除出屋面其他屋面）楼梯间	35厚 490×490、C20 预制钢筋混凝土板(φ4 钢筋双向@150)1:2 水泥砂浆嵌缝 M2.5 砂浆砌 120×120 混凝土墩(双向中距 500) 3厚 SBS 改性沥青防水卷材 3厚氯丁沥青基层处理剂一道 20厚 1:2.5 水泥砂浆找平层 20厚（最薄处）1:8 水泥加气混凝土碎渣找 2%坡 干铺 150厚加气混凝土砌块，表面清扫干净 钢筋混凝土屋面板，表面清扫干净	亚白色
出屋面楼梯间外屋面	4厚 SBS 改性沥青防水卷材，表面撒页岩保护层 钢筋混凝土屋面板一道 20厚 1:2.5 水泥砂浆找平层 20厚（最薄处）1:8 水泥加气混凝土碎渣找 2%坡 干铺 150厚加气混凝土砌块，表面清扫干净 钢筋混凝土屋面板，表面清扫干净	
地面 一层楼梯 间、走道 厅、门厅、入口大厅	8~10厚地砖铺实拍平，水泥浆擦缝 25厚 1:4 干硬性水泥砂浆，面上撒素水泥 素水泥结合层一道 80厚 C10 混凝土 素土夯实	米黄色地砖板 规格 500×500、500黑色地板 砖规格 边宽 长=150×300
地面 一层卫生间	8~10厚地砖铺实拍平，水泥浆擦缝 25厚 1:4 干硬性水泥砂浆，面上撒素水泥 1.5厚防水涂料一道 15厚 1:2 水泥砂浆找平 50厚 C20 细石混凝土找 1%坡，最薄不小于 20 钢筋混凝土楼板	米黄色地砖板 防水涂料选 通用型 K11 防水水泥砂浆
楼面 二层至六层（除卫生间）外阳台	8~10厚地砖铺实拍平，水泥浆擦缝 25厚 1:4 干硬性水泥砂浆，面上撒素水泥 钢筋混凝土楼板	米黄色地砖板 规格 500×500、500黑色地板 砖规格 边宽 长=150×300
楼面 二层至六层卫生间	8~10厚地砖铺实拍平，水泥浆擦缝 25厚 1:4 干硬性水泥砂浆，面上撒素水泥 1.5厚防水涂料一道 15厚 1:2 水泥砂浆找平 50厚 C20 细石混凝土找 1%坡，最薄不小于 20 钢筋混凝土楼板	防水涂料选 通用型 K11 防水水泥砂浆
内墙面 走廊及外楼梯间、卫生间	刷 801 胶素水泥浆一遍，配合比为 801：水=1:4 15厚 2:1:8 水泥石灰砂浆，分两次抹成 5厚 1:0.5:3 水泥石灰砂浆 20%801 胶镶贴 满刮腻子一遍，刷底漆一道 乳胶漆二道	亚白色
内墙面 所有卫生间	刷 801 胶素水泥浆一遍，配合比为 801：水=1:4 60厚 C15 混凝土，面上加 5厚 1:1 水泥砂浆随打随抹 素水泥结合层一道 150厚 3:7 灰土 素土夯实，向外坡 1%	高度至吊顶 吊底

图 9-12　某教学楼建筑施工首页图 (b)

资质等级	乙级		证书编号	
工程名称	×××××2号教学楼		合同编号	
项目	A区		设计编号	
项目负责人	××××设计院	专业负责人	图别	建施
		校对	图号	JS15-02
负责人		设计	日期	2005.01
审核		制图		
审定				

构造做法表 / 门窗表

表 9-1 所示为某单位住宅楼图样目录。从表中可知，本套施工图共有 35 张图样，其中建筑施工图 12 张，结构施工图 6 张，给水排水施工图 5 张，采暖施工图 6 张，电器施工图 6 张。

9.3.4.2 设计总说明

设计总说明因工程性质、规模大小、内容有很大的不同。一般应包括本施工图的设计依据；本工程项目的设计规模、项目的组成内容、承担设计的范围与分工等工程概况。如建筑名称、建设地点、建设单位、建筑面积、建筑层数和高度；本项目的相对标高与总图绝对标高的对应关系；室内、外的用料说明，如砖、砂浆的强度等级；墙身防潮层、屋面、室内外装修等的构造做法；采用新技术、新材料或有特殊要求的做法说明；门窗表等。

以某教学楼为例，其建筑施工首页图如图 9-12 所示。

9.3.5 房屋建筑总平面图的识读

建筑总平面图，即在画有等高线（也可用标高表示）和坐标方格网的地形图上，将拟建工程附近一定范围内的建筑物、构筑物及其自然状况，用正投影的方法和相应的图例画出的图样。它主要反映原有建筑物与新建建筑物的平面形状、所在位置、朝向、标高、占地面积和邻界情况等内容。总平面图是新建房屋定位、施工放线、土方施工及施工总平面设计和其他工程管线设置的依据。

9.3.5.1 总平面图的图示方法

总平面图是用正投影的原理绘制的，图形主要以图例的形式表示。总平面图的图例采用《总图制图标准》（GB/T 50103—2010）规定的图例，表 9-2 给出了部分常用的房屋建筑总平面图图例符号，画图时应严格执行该图例符号，如图中采用的图例不是标准中的图例，应在总平面图下面说明。图线的宽度 b，应根据图样的复杂程度和比例，按《房屋建筑制图统一标准》（GB/T 50001—2010）中图线的有关规定执行。总平面图的坐标、标高、距离以 m 为单位，并应至少取至小数点后两位。

表 9-2 房屋建筑总平面图图例

序号	名 称	图 例	说 明
1	新建的建筑物	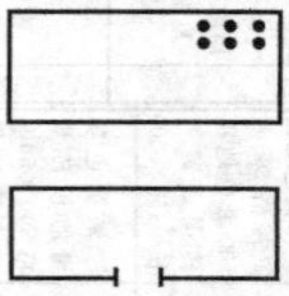	①上图为不画出入口的图例，下图为画出入口图例 ②图形内右上角以点数(高层用数字)表示层数 ③用粗实线表示
2	原有的建筑物	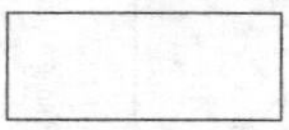	用细实线表示
3	计划扩建的预留地或建筑物		用中粗虚线表示
4	拆除的建筑物		用细实线加"×"线表示
5	新建的地下建筑物或构筑物	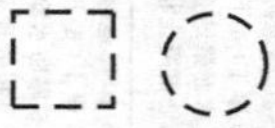	用粗虚线表示
6	建筑物下面的通道	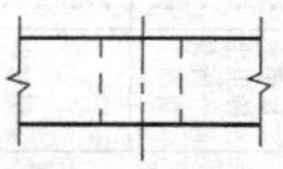	

续表

序号	名　称	图　例	说　明
7	围墙及大门	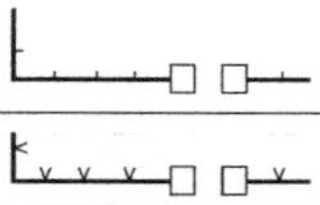	上图表示实体性质的围墙,下图为通透性质的围墙,若仅表示围墙时不画大门
8	挡土墙	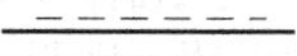	被挡的土在突出的一侧
9	铺砌场地	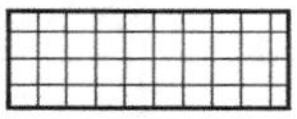	
10	敞棚或敞廊	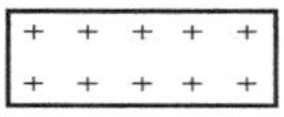	
11	坐标	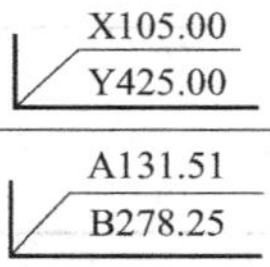 X105.00 Y425.00 A131.51 B278.25	上图表示测量坐标 下图表示施工坐标
12	方格网交叉点标高	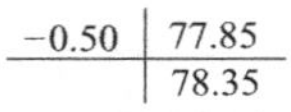 −0.50 | 77.85 78.35	"78.35"为原地面标高 "77.85"为设计标高 "−0.50"为施工标高 "−"表示挖方("+"表示填方)
13	填方区、挖方区、未整平区及零点线	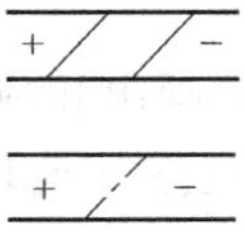 + ╱ − + ╱ −	"+"表示填方区 "−"表示挖方区 中间为未整平区 单点长画线为零点线
14	填挖边坡	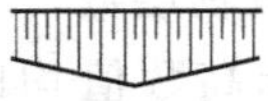	①边坡较长时,可在一端或两端局部表示 ②下边线为虚线时表示填方
15	护坡	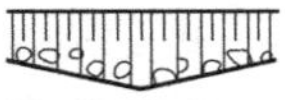	
16	烟囱		实线为烟囱下部直径,虚线为基础,必要时可注写烟囱高度和上、下口直径
17	雨水井		
18	消火栓井		
19	室内标高	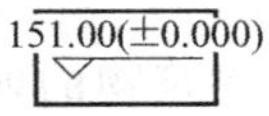 151.00(±0.000)	
20	室外标高	▼143.00	室外标高也可采用等高线表示
21	新建的道路	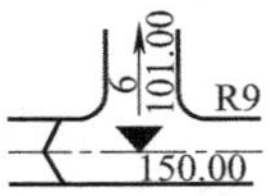 R9 ▼ 150.00	①"R9"表示道路转弯半径为9m, "150.00"为路面中心标高, "6"表示6%的纵向坡度, "101.00"表示变坡点间距离 ②图中斜线为道路断面示意
22	原有的道路	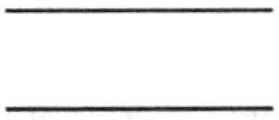	
23	计划扩建的道路		
24	拆除的道路		

序号	名　称	图　例	说　明
25	人行道	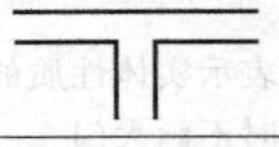	
26	桥梁	 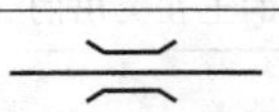	①上图为公路桥,下图为铁路桥 ②用于旱桥时应注明
27	落叶针叶树		
28	常绿阔叶灌木		
29	草坪	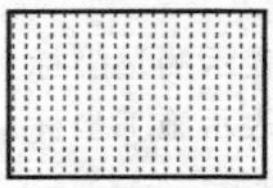	

9.3.5.2　总平面图的图示内容

总平面图中一般应表示如下内容。

① 比例。总平面图包括的范围较大,绘制时一般都采用较小的比例,总平面图常用的比例是 1∶500、1∶1000、1∶2000。

② 新建建筑物所处的地形。如地形变化较大,应画出相应的等高线。

③ 新建建筑物的名称、层数、室内底层的标高及室外地坪标高。在总平面图上,以粗实线表示新建建筑物,并在其右上角以点数表明建筑物层数,十层以上的建筑物用数字表示层数。新建建筑物的室内底层的标高及室外地坪标高数值均以 m 为单位,一般标注绝对标高。

④ 原有建筑物及其与新建建筑物的位置关系。在总平面图上用细实线表示原有建筑物,并且要注明新建建筑物与原有建筑物间的位置关系。采用坐标网确定新建建筑物的位置,标注新建建筑物的一点或几点的横纵坐标数值。

⑤ 相邻原有建筑物、拆除建筑物的位置或范围。

⑥ 附近的地形、地物等。如道路、河流、水沟、池塘、土坡等。应注明道路的起点、变坡、转折点、终点以及道路中心线的标高、坡向等。

⑦ 指北针及风玫瑰。指北针及风玫瑰用来确定建筑物的朝向,风玫瑰还表明了该地区常年的风向频率。

9.3.5.3　总平面图的识读

建筑总平面图的识读方法可总结如下。

① 看总平面图的比例及有关文字说明。

② 由图名了解工程性质、用地范围,由等高线了解地形地貌和周围环境情况。

③ 看新建建筑物的层数及室外标高。

④ 根据原有建筑物及道路了解新建建筑物的周围环境及准确位置。

⑤ 根据指北针、风玫瑰图分别判定建筑物的朝向及当地常年风向。

现以某住宅小区建筑总平面图为例,说明总平面图的识读方法,如图 9-13 所示。

① 由图名可知,该施工图为某住宅小区建筑总平面图,比例为 1∶500。

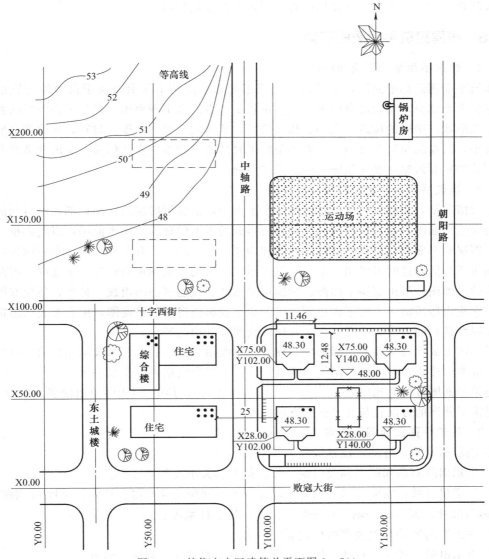

图 9-13 某住宅小区建筑总平面图 1∶500

② 从图名可知该小区是以住宅为主的建筑工程，位于朝阳路西侧，败寇大街北侧。从表示地形图的等高线可看出，该小区西北角有一小土坡，等高线从 53～48m，每相邻两条等高线之间的高差是 1m。小区由中轴路和十字西街划分为四个区域：西南区、西北区、东南区、东北区。西南区原有建筑物是两栋六层住宅楼和一栋五层综合楼；西北区拟建两栋建筑物；东北区原有一锅炉房及运动场；东南区有该工程新建住宅四栋，新建住宅的层数为两层，首层地面的绝对标高为 48.30m，室外地坪的绝对标高为 48.00m，室内外高差为0.3m，每栋楼的总长为 11.46m，总宽 12.48m。

③ 从本图右上方带指北针的风玫瑰图上可知该小区各建筑物的朝向，并知该地区常刮西北风，其次是西南风。新建建筑的方向坐北朝南。

④ 该工程新建建筑物的定位放线是依据图中的 X、Y 坐标网，每栋楼的西南角都标注了 X、Y 坐标，在该区域还有要拆除的平房一幢。该区域均设有围墙，并在西侧设有两个入

口进入新建住宅区。小区建筑物周围有不同种类的绿化植物。

9.3.6 房屋建筑平面图的识读

9.3.6.1 建筑平面图的形成和用途

建筑平面图简称平面图，它是用一个假想的水平剖切平面沿略高于窗台的位置剖切房屋，移去上面部分，剩余部分向水平面作正投影所得的水平剖面图。建筑平面图反映新建建筑的平面形状，房间的位置、大小、相互关系，墙体的位置、厚度、材料，柱的截面形状与尺寸大小，门窗的位置及类型。平面图是施工时放线、砌墙、安装门窗、室内外装修及编制工程预算的重要依据，是建筑施工中的重要图样。

9.3.6.2 建筑平面图的图示方法

一般情况下，房屋有几层，就应画几个平面图，沿房屋底层门窗洞口剖切所得到的平面图称为底层平面图，沿二层门窗洞口剖切所得到的平面图称为二层平面图，以此类推，可得三层、四层等平面图，最高一层的平面图称为顶层平面图。但有些楼层除标高不同外，其余的平面布置相同，这时可以用一个平面图表示，这样的平面图称为标准层平面图。因此，多层建筑的平面图一般由底层平面图、标准层平面图、顶层平面图组成。另外，还应有屋顶平面图，它是由屋顶的上方向下作屋顶外形的水平投影而得到的平面图，用它来表示屋顶的情况，如屋面排水的方向、坡度、雨水管位置及屋顶的构造等。

平面图上被剖切平面剖切到的墙、柱等轮廓线用粗实线表示，未被剖切到的部分如室外台阶、散水、楼梯及尺寸线等用细实线表示，门的开启线用中粗实线表示。

建筑平面图常用的比例是 1:50、1:100、1:200，其中 1:100 使用最多。

建筑平面图的方向宜与总平面图方向一致。

9.3.6.3 建筑平面图的图示内容

① 表示所有墙、柱的定位轴线及其编号、尺寸。

② 表示出所有房间的名称及门窗编号、位置、大小及开启方向。

③ 三道尺寸线：横向、纵向的总长尺寸；轴线间距尺寸（墙、柱距，跨度）；细部尺寸（门窗洞口尺寸，洞口边到轴线间的距离尺寸，墙、柱宽等）。

④ 注出室内外的高差及室内楼地面的标高。

⑤ 表示电梯、楼梯、自动扶梯上下行方向及主要尺寸、规格、编号。

⑥ 表示阳台、雨篷、台阶、斜坡、烟道、通风道、管井、消防梯、雨水管、散水、排水沟、花池等位置及尺寸。

⑦ 主要建筑设备、固定家具的位置，如卫生洁具、雨水管、水池、工作台、隔断等。

⑧ 综合反映其他工种如水、暖、电、煤气等对土建工程的要求，如地沟、配电箱、消火栓、预埋件等的预留洞在墙或楼板上的位置及尺寸。

⑨ 详图的索引和标准图集的索引，剖切线位置及编号等。

⑩ 底层平面图上应标明指北针。

⑪ 屋顶平面图上一般应表示出女儿墙、檐沟、屋面坡度、分水线与雨水口、变形缝、楼梯间、水箱间、天窗、上人孔、消防梯及其他构筑物、索引符号等。

9.3.6.4 建筑平面图的图例符号

建筑平面图的图例符号应符合《建筑制图标准》（GB/T 50104—2010）的规定，并严格按照规定画图。表 9-3 为部分常用的房屋建筑平面图图例符号。

表 9-3　**建筑构造及配件图例**（GB/T 50104—2010）

序号	名　称	图　例	说　明
1	土墙		包括土筑墙、土坯墙、三合土墙等
2	隔断		①包括板条抹灰、木制、石膏板、金属材料等隔断 ②适用于到顶与不到顶隔断
3	栏杆		
4	楼梯	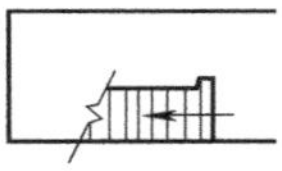 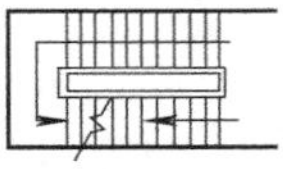 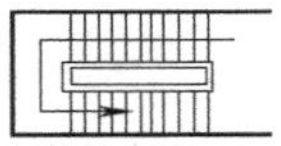	①上图为底层楼梯平面,中层为中间层楼梯平面,下图为顶层楼梯平面 ②楼梯及栏杆扶手的形式及梯段踏步应按实际情况绘制
5	坡道	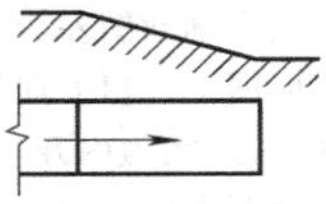	
6	检查孔		左视图为可见检查孔 右视图为不可见检查孔
7	孔洞		
8	坑槽		
9	墙预留洞	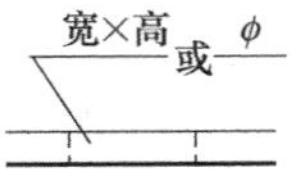 宽×高 或 ϕ	
10	墙预留槽	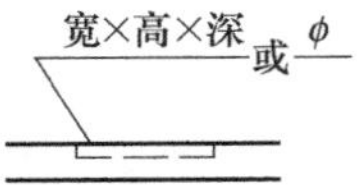 宽×高×深 或 ϕ	
11	烟道	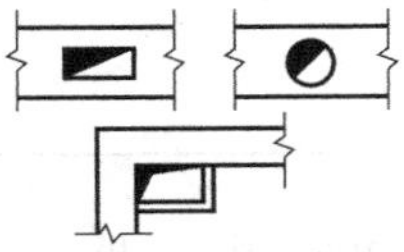	①阴影部分可以涂色代替 ②烟道与墙体为同一材料,其相接处墙身线应断开
12	通风道	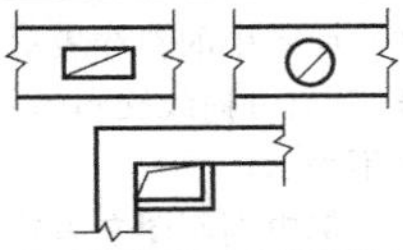	
13	空门洞	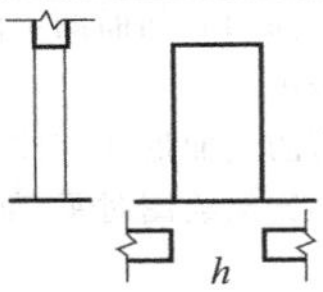 h	h 为门洞高度

续表

序号	名　　称	图　　例	说　　明
14	单扇门（包括平开或单面弹簧）	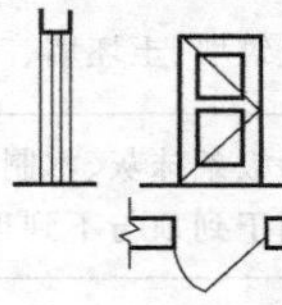	
15	双扇门（包括平开或单面弹簧）	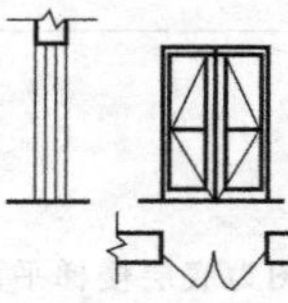	
16	对开折叠门	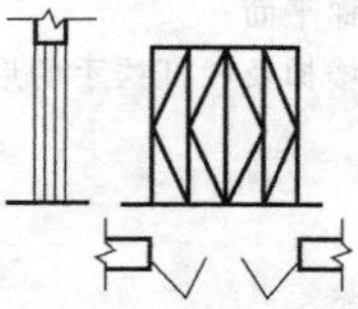	
17	墙外单扇推拉门	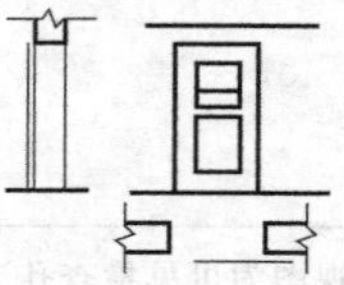	①门的名称代号用 M 表示 ②图例中剖面图左为外、右为内，平面图下为外、上为内 ③立面图上开启方向线交角的一侧为安装合页的一侧，实线为外开，虚线为内开 ④平面图上门线应 90°或 45°开启，开启弧线应绘出 ⑤立面图上的开启线在一般设计图中可不表示，在详图及室内设计图中应表示 ⑥立面形式应按实际情况绘出
18	墙外双扇推拉门	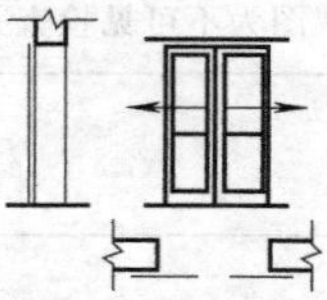	
19	单扇双面弹簧门	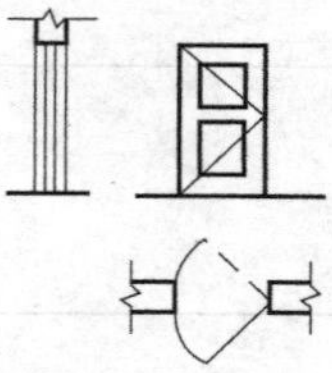	
20	双扇双面弹簧门	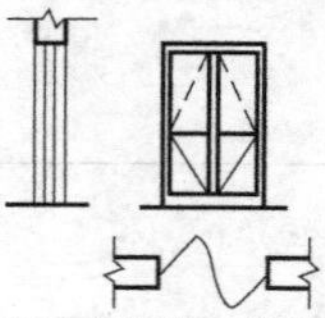	
21	单层固定窗	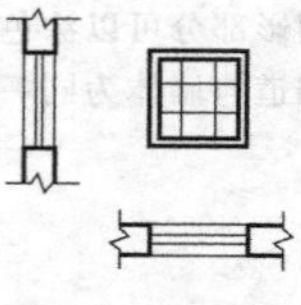	①窗的名称代号用 C 表示 ②立面图中的斜线表示窗的开启方向，实线为外开，虚线为内开；开启方向线交角的一侧为安装合页的一侧，一般设计图中可不表示 ③图例中剖面图左为外、右为内，平面图下为外、上为内 ④平面图和剖面图上的虚线仅说明开关方式，在设计图中不需表示 ⑤窗的立面形式应按实际情况绘出 ⑥小比例绘图时平、剖面的窗线可用单粗实线表示
22	单层外开平开窗	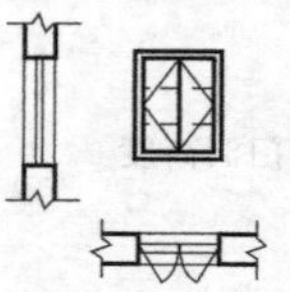	

续表

序号	名 称	图 例	说 明
23	双层内外开平开窗	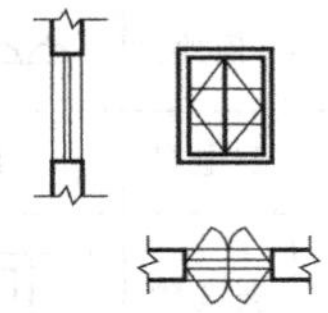	
24	推拉窗		①窗的名称代号用 C 表示 ②立面图中的斜线表示窗的开启方向,实线为外开,虚线为内开;开启方向线交角的一侧为安装合页的一侧,一般设计图中可不表示 ③图例中剖面图左为外、右为内,平面图下为外、上为内 ④平面图和剖面图上的虚线仅说明开关方式,在设计图中不需表示 ⑤窗的立面形式应按实际情况绘出 ⑥小比例绘图时平、剖面的窗线可用单粗实线表示
25	单层外开上悬窗	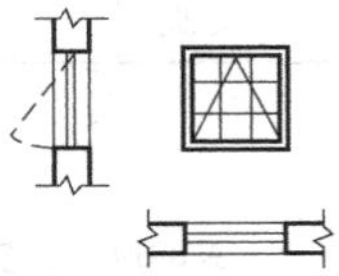	
26	单层中悬窗	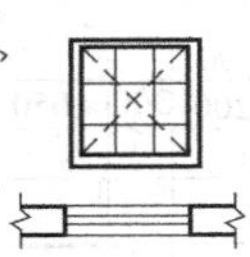	
27	高窗	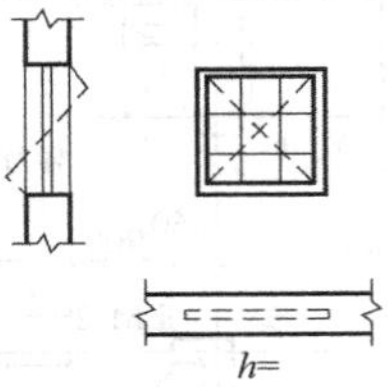 $h=$	

表 9-4 为目前常用的室内装饰平面图图例。

表 9-4 常用的室内装饰平面图图例

序号	名称	图 例	说 明	序号	名称	图 例	说 明
1	双人床	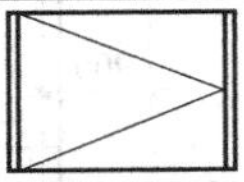		8	盆花		
2	单人床	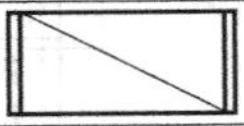		9	吊柜	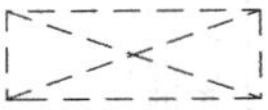	
3	沙发	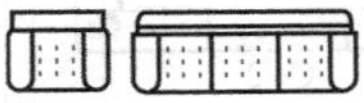	特殊家具根据实际情况绘制其外轮廓线	10	壁柜	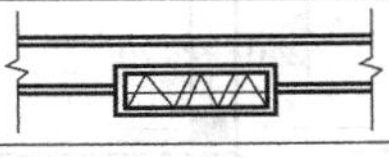	
4	坐凳	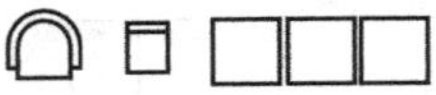		11	坐式大便器	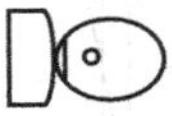	
5	桌子			12	浴盆	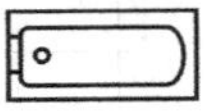	
6	钢琴	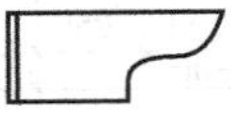		13	立式洗脸盆	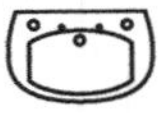	
7	地毯	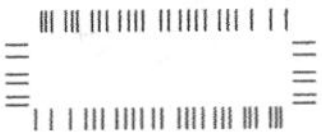		14	空调	 ACU	
				15	电视	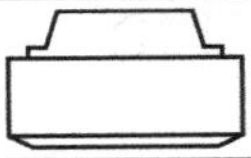	

续表

序号	名称	图例	说明	序号	名称	图例	说明
16	洗衣机	Ⓦ		21	插座		涂黑为暗装，不涂黑为明装
17	电话			22	配电盘		
18	热水器	WH		23	盥洗槽		
19	地漏			24	淋浴喷头		
20	开关		涂黑为暗装，不涂黑为明装	25	蹲式大便器		

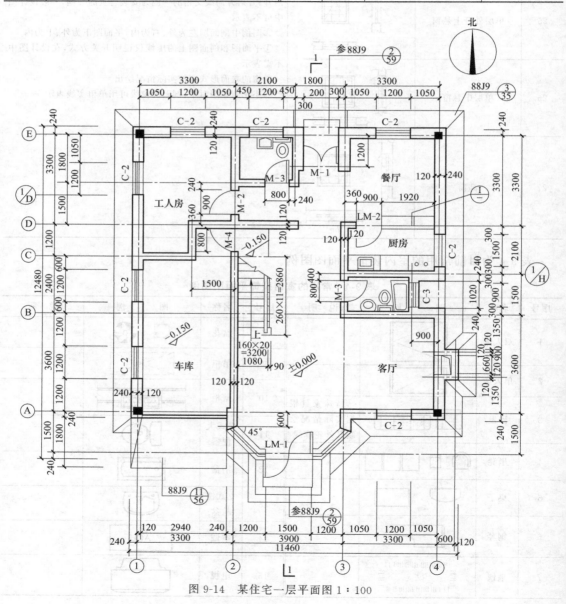

图 9-14 某住宅一层平面图 1：100

9.3.6.5 建筑平面图的识读

下面以某住宅楼平面图（见图 9-14、图 9-15）为例，说明平面图的读图方法。

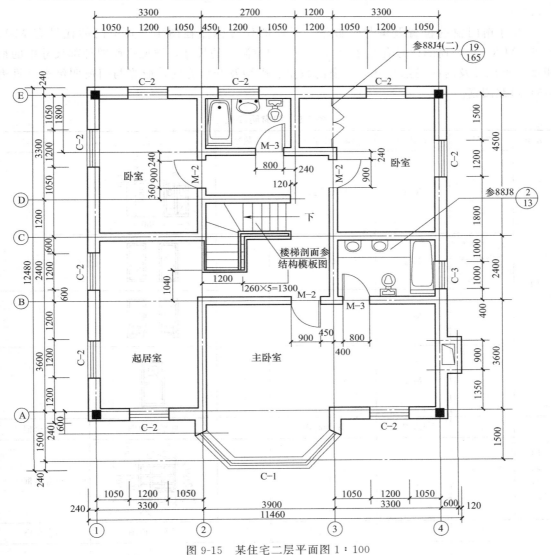

图 9-15　某住宅二层平面图 1：100

（1）一层平面图的识读

① 了解平面图的图名、比例。从图名得知该建筑为某小型住宅的一层平面图，比例为 1：100。

② 了解建筑的朝向。从图中指北针可知房屋的主要出入口在南侧（北侧有一次要出入口）。

③ 了解建筑的平面布置、形状、尺寸。房屋的总长为 11.46m，总宽为 12.48m。横向有 4 道轴线，纵向有 5 道轴线。建筑物的平面形状为矩形，在主要出入口处向南突出 1.5m。从主要出入口进入门厅，再进入各个房间，为水平交通；垂直交通是设置在门厅西侧的楼梯，可由此上二层。楼梯的走向用箭头指明，被剖切的楼梯段用 45°折断线表示。房屋外墙厚 360mm，内墙厚 240mm。

④ 表明建筑物的各个房间的布置。包括门厅、餐厅、厨房、卫生间（两处）、工人房、

车库。

⑤ 了解建筑中各组成部分的标高情况。室内主要地面标高为±0.000，车库地面标高为－0.150。

⑥ 了解门窗的位置及编号、数量。门窗的代号标注在图中，其中门的代号有 M-1、M-2、M-3、…，窗的代号有 C-2、C-3、…；门窗洞口的尺寸，详见平面图外部尺寸中的最里面一道尺寸及内部局部尺寸；门窗的数量、类型及开启方向，应当与门窗明细表（见表 9-5）对照阅读。

表 9-5　门窗明细表

分类	序号	设计号	洞口尺寸/mm	数量	形式	备注
门	1	M-1	1200　2700	1	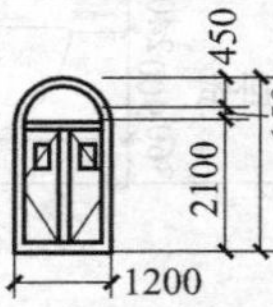	
	2	M-2	900　2100	4	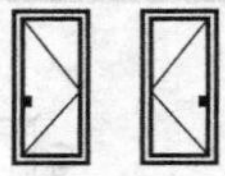	
	3	M-3	800　2100	4		
	4	M-4	800　1900	1	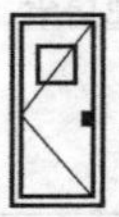	
门联窗	1	LM-1	现场制作	1	见平立面图	铝合金框
	2	LM-2	2820　3100	1	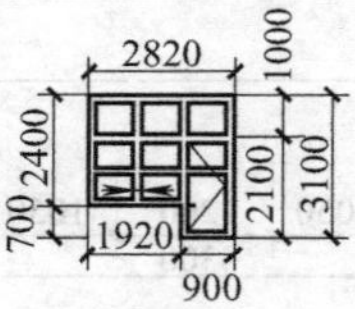	铝合金框
窗	1	C-1	现场制作	1	见平立面图	铝合金框
	2	C-2	1200　1800	17	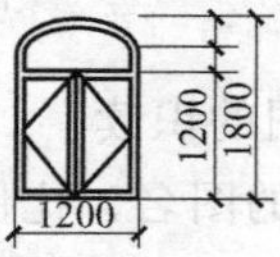	铝合金框
	3	C-3	900　1800	2	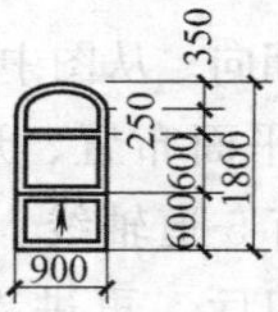	铝合金框
	4	C-4	$\phi720$	1		铝合金百叶窗

⑦ 房间内有关设备的布置。厨房间有洗涤池、灶台及操作台，卫生间有洗脸盆、坐便器及浴盆（北侧卫生间无浴盆）。

⑧ 了解建筑剖面图的剖切位置、索引标志。平面图中有一个剖切符号，在②～③轴线之间，通过南侧大门入口穿过门厅、北侧小门，剖切后向右侧作投影，剖面图编号为 1-1。在南侧主要出入口及北侧小门外台阶处，以及车库坡道、室外散水等处均有详图索引符号，表示这些地方另用详图表示。

（2）二层平面图的识读　除与一层平面图相同处外，其不同之处主要有以下几点。

① 二层平面图由于图示的分工，不再画一层平面图中的台阶、散水、坡道及剖面图的剖切符号等。

② 二层平面图的房间布置及用途有所变化。一层的门厅及客厅在二层合并为主卧室，车库改为起居室，工人房及车库 M-4 入门处合为卧室，并将两个卫生间加大，在主卧室卫生间增加了一个洗脸盆及洗面台，且门的开启方向发生了变化，在北侧小卫生间增加了一个浴盆。将餐厅和厨房的一部分在二层合为卧室，北侧门廊一部分作为卧室的壁柜。

③ 楼梯的画法与一层不同。

9.4　建筑通风空调系统施工图的识读

9.4.1　通风空调系统施工图的组成

表达房屋建筑整个空气调节系统的图样称为通风空调施工图，包括图文与图样两部分。其一般组成如下。

9.4.1.1　设计说明

（1）设计依据　一般通风与空调工程是根据甲方提供的委托设计任务书及建筑专业提供的图样，并依照通风专业现行的国家颁发的有关规范、标准进行设计的。

（2）设计范围　说明本工程设计的内容，如集中冷冻站、热交换站设计；大会堂、会议室、办公室、多功能厅、餐厅、展厅等的集中空调设计；地下车库及机电设备机房的通风设计；卫生间、垃圾间、厨房等的通风设计；防烟楼梯间、消防电梯等房间的防排烟设计。

（3）设计资料　根据建筑物所在的地区，说明设计计算时需要的室外计算参数及建筑物室内所要求的计算参数。同时还要说明建筑物内的空调房间室内设计参数，如室内要求的温度（℃）、相对湿度（％）、新风量（m^3/h）、换气次数（次/h）、室内噪声标准（NR）等。

（4）空调设计　说明空调系统冷源和热源，本工程选用的冷水机组和热交换站的设置；说明空调水系统设计；空调风系统设计；列出空调系统编号、风量（m^3/h）、风压（Pa）、服务对象、安装地点等详表。

（5）通风设计　说明建筑物内设置的机械排风（兼排烟）系统、机械补风系统，列出通风系统的编号、风量（m^3/h）、风压（Pa）、服务对象、安装地点等详表。

（6）自控设计　说明本工程空调系统的自动调节，控制室温、湿度的情况。

（7）消声减振及环保　说明风管消声器或消声弯头设置，说明水泵、冷冻机组、空调机、风机作减振或隔振处理的情况。

（8）防排烟设计　说明本工程加压送风系统和排烟系统的设置，列出防排烟系统的编号、风量（m³/h）、风压（Pa）、服务对象、风口设置、安装地点等详表。

9.4.1.2 施工说明

（1）通风与空调工程风管管材 说明通风与空调工程风管的管材。

（2）风管保温材料及厚度，保温做法 说明通风空调系统风管一般采用的保温材料及厚度，保温做法。

（3）风管施工质量要求 说明风管施工的质量要求。

（4）风管穿越机房、楼板、防火墙、沉降缝、变形缝等处的做法。

（5）空调水管管材、连接方式，冲洗、防腐、保温要求。

① 说明冷冻水管道、热水管道、蒸汽管道、蒸汽冷凝水管道的管材、管道连接方式。

② 空调水管安装完毕后，应进行分段试压和整体试压。说明空调水系统的工作压力和试验压力值。

③ 说明水管道冲洗、防腐、保温要求及做法、质量要求等。

（6）空调机组、新风机组、热交换器、风机盘管等设备安装要求，需说明在通风空调工程施工中，要与土建专业密切配合，做好预埋件及楼板孔洞的预留工作。

（7）其他未说明的部分 可按《通风与空调工程施工质量验收规范》（GB 50243—2002）等相关内容，以及国家标准或行业标准进行施工。

9.4.1.3 设备材料明细表

说明通风与空调系统中主要设备的名称、规格、数量，如通风机、电动机、过滤器、阀门等。

9.4.1.4 通风空调系统平面图

通风空调施工平面图是表示通风与空调系统管道和设备在建筑物内的平面布置情况，它包括两方面的图样。

（1）通风空调系统平面图 通风空调系统平面图主要内容包括风管系统的构成、布置、系统编号、空气流向及设备和部件的平面位置等，一般用双线条绘制；冷、热水管道、凝结水管道的平面布置、仪表和设备的位置、介质流向和坡度，一般用单线条绘制；空气处理设备的位置；基础、设备、部件的定位尺寸、名称和型号；标准图集的索引号等。

（2）通风空调机房平面图 通风空调机房平面图主要内容包括冷水机组、冷冻水泵、冷却水泵、附属设备、空气处理设备、风管系统、水管系统和定位尺寸等。

空气处理设备应注明产品样本要求或标准图集所采用的空调器组合段代号、空调箱内风机、表面式换热器、加湿器等设备的型号、数量及设备的定位尺寸。风管系统一般用双线条绘制，水管系统一般用单线条绘制。

9.4.1.5 通风空调系统剖面图

剖面图常和平面图配合使用，主要表示通风管道高度方向的位置，送风管道、回风管道、排风管道间的交叉关系。有时用来表达风机箱、空调箱、过滤器的安装与布置。绘制通风系统剖面图一般采用与其平面图相同的比例。剖面图上的内容应与在平面图剖切位置上的内容对应一致，并标注设备的高度及连接管道的标高。剖面图主要有系统剖面图、机房剖面图、冷冻机房剖面图及空调器剖面图等。

9.4.1.6 通风空调系统图

通风空调系统图把整个通风与空调系统的管道、设备及附件采用单线图或双线图，用正面斜等轴测投影方法形象地绘制出风管、部件及附属设备之间的相对位置空间关系，因此反映内容更形象、直观。绘图所用的比例与平面图相同。系统图主要内容有系统的编号、系统中设备、配件的型号、尺寸、定位尺寸、数量及连接管道在空间的弯曲、交叉、走向和尺寸等。

9.4.1.7　详图及文字说明

详图是表示通风空调系统设备的具体构造和安装情况，用较大的比例绘制出来的图样。通常比例采用 1∶20、1∶10、1∶5 等。主要包括加工制作和安装的节点图、大样图、标准图等。

文字说明主要说明设计依据、施工和制作的技术要求、所用材料等，可统一写在图纸的首页或图中。

9.4.1.8　空调系统原理图

原理图主要包括系统原理和流程，控制系统之间的相互关系，系统中的管道、设备、仪表、阀门及部件等。原理图不需按比例绘制。

9.4.2　通风空调系统施工图图样画法

9.4.2.1　投影原理

通风空调施工图中的平面图、剖面图等图样均采用正投影法绘制，通风空调系统图（轴测图）可采用斜等轴测投影法绘制，具体内容可参照相关书籍。

9.4.2.2　通风空调系统施工图的一般规定

（1）比例　通风空调系统施工图的比例，可按表 9-6 选用。选用比例的原则是在保证图样能清晰表达其内容的情况下，尽量使用较小比例，以节省绘图时间。

表 9-6　图样比例

图　　名	常　用　比　例
总平面图	1∶500、1∶1000、1∶2000
剖面图	1∶50、1∶100、1∶150、1∶200
局部放大图、管沟断面图	1∶20、1∶50、1∶100
索引图、详图	1∶1、1∶2、1∶5、1∶10、1∶20、1∶50
工艺流程图、系统原理图	无比例

（2）图线

通风空调系统施工图中所采用的各种线型应符合《暖通空调制图标准》（GB/T 50114—2010）中的规定。施工图中所采用的各种图线见表 9-7。

（3）风管代号与风管标注　通风空调系统风管代号可按表 9-8 选用。

矩形风管的标高标注在风管底，圆形风管为风管中心线标高；圆形风管的管径用 φ 表示，如 φ120 表示直径为 120mm 的圆形风管；矩形风管的断面尺寸用长×宽表示，如 200×100 表示长 200mm、宽 100mm 的矩形风管。

（4）系统编号　通风空调系统编号、入口编号应由系统代号和顺序号组成。系统代号由大写拉丁字母表示，见表 9-9。

（5）常用图例　通风空调系统施工图图样中所表示的设备、管道、各类附件等均采用图例符号表示，图例应按照《暖通空调制图标准》（GB/T 50114—2010）的有关规定绘制。表 9-10～表 9-12 为几种常用图例。

表 9-7 施工图中所采用的各种图线

名称		线型	线宽	一般用途
实线	粗	——————	b	单线表示的管道
	中粗	——————	0.5b	本专业设备轮廓、双线表示的管道轮廓
	细	——————	0.25b	建筑物轮廓;尺寸、标高、角度等标注线及引出线;非本专业设备轮廓
虚线	粗	--------	b	回水管线
	中粗	- - - -	0.5b	本专业设备及管道被遮挡的轮廓
	细	- - - -	0.25b	地下管沟、改造前风管的轮廓线;示意性连线
波浪线	中粗	～～～	0.5b	单线表示的软管
	细	～～	0.25b	断开界线
单点长画线		—·—·—	0.25b	轴线、中心线
双点长画线		—··—··—	0.25b	假想或工艺设备轮廓线
折断线			0.25b	断开界线

表 9-8 通风空调系统风管代号

代号	风管名称	代号	风管名称
K	空调风管	H	回风管(一、二次回风可附加 1、2 区别)
S	送风管	P	排风管
X	新风管	PY	排烟管或排风、排烟共用管道

表 9-9 系统代号

序号	字母代号	系统名称	序号	字母代号	系统名称
1	N	(室内)供暖系统	9	C	除尘系统
2	L	制冷系统	10	S	送风系统
3	X	新风系统	11	P	排风系统
4	H	回风系统	12	JS	加压送风系统
5	R	热力系统	13	PY	排烟系统
6	K	空调系统	14	P(Y)	排风兼排烟系统
7	T	通风系统	15	RS	人防送风系统
8	J	净化系统	16	RP	人防排风系统

表 9-10 风道、阀门及附件图例

名称	图例	说明
砌筑风、烟道	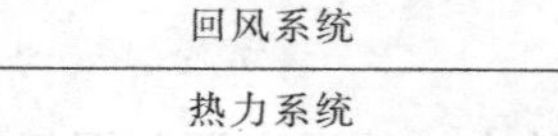	其余均为: 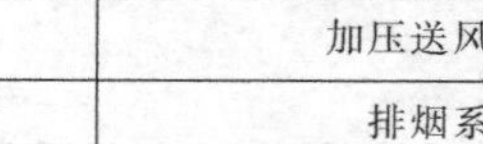
带导流片弯头	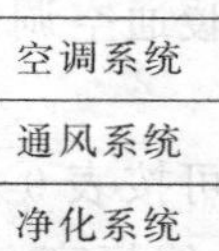	

名　称	图　例	说　明
消声器、消声弯管	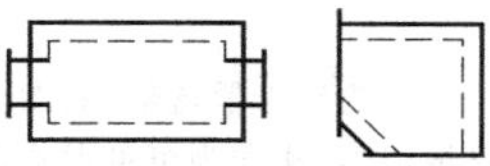	也可表示为： 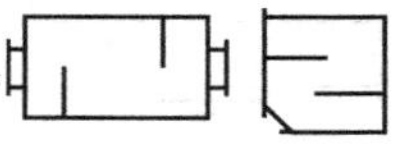
插板阀	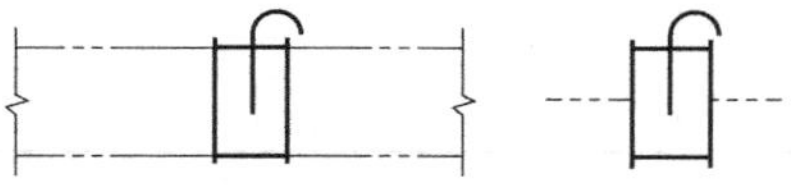	
天圆地方	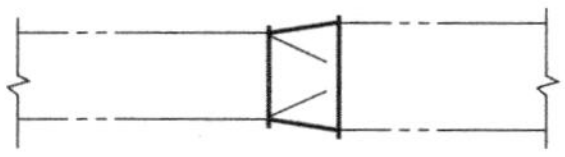	左接矩形风管，右接圆形风管
蝶阀	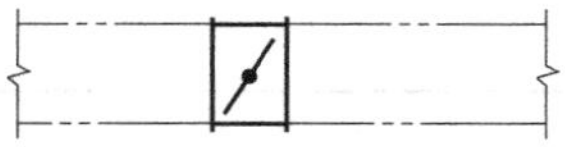	
对开多叶调节阀	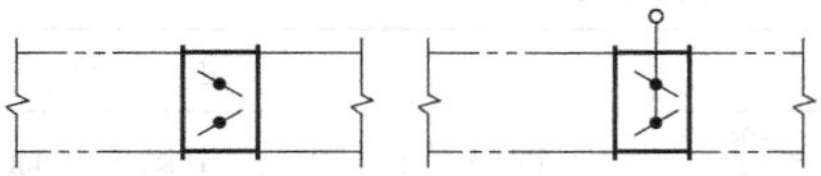	左为手动，右为电动
风管止回阀	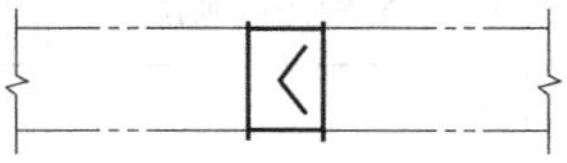	
三通调节阀	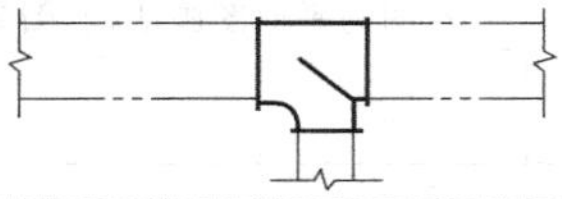	
防火阀	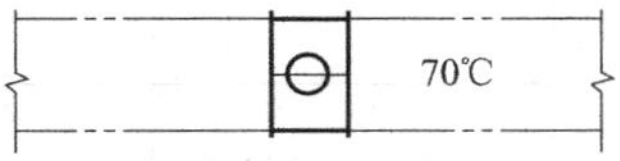 70℃	表示 70℃ 动作的常开阀。若因图面小，可表示为： 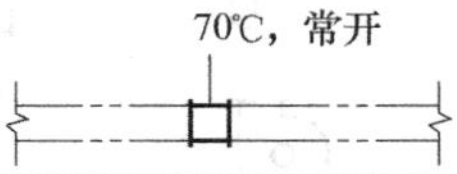　70℃，常开
排烟阀	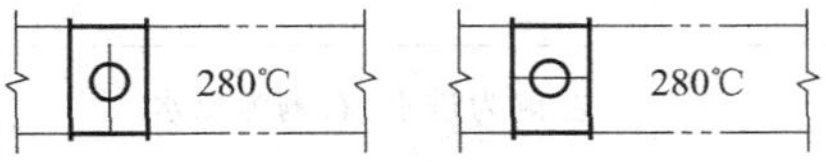 280℃　　280℃	左图为 280℃ 动作的常闭阀，右图为 280℃ 动作的常开阀。若因图面小，表示方法同上
软接头	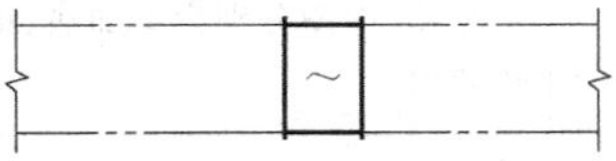 ∼	也可表示为： 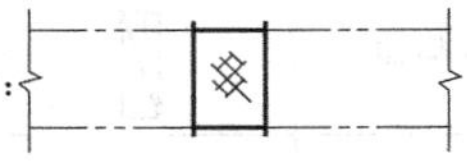
软管	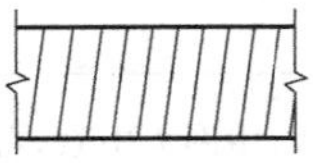 或光滑曲线(中粗)	也可用光滑曲线(中粗)表示
风口(通用)	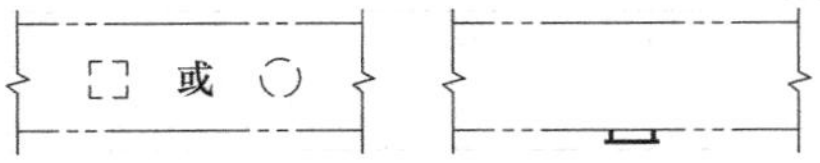 或	
气流方向		左图为通用表示法，中图表示送风，右图表示回风
百叶窗		

续表

名　称	图　例	说　明
散流器	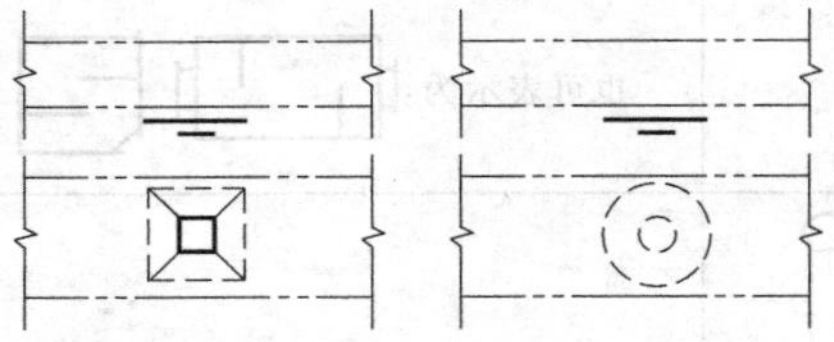	左图为矩形散流器,右图为圆形散流器,虚线为不可见散流器,实线为可见散流器
检查孔 测量孔	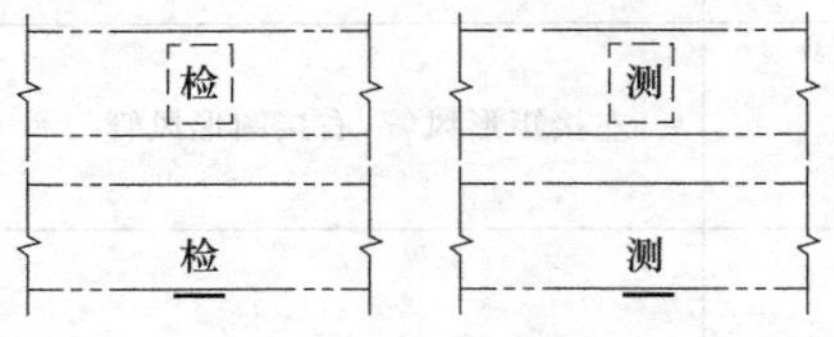 检　测 检　测	

表 9-11　设备图例

名　称	图　例	说　明
散热器及手动放气阀	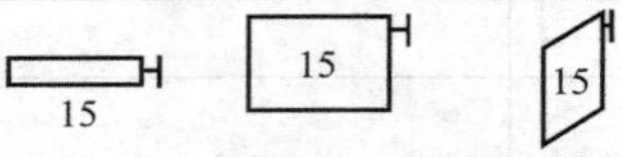 15　　15　　15	左图为平面图画法;中图为剖面图画法;右图为系统图,Y 轴测图画法
散热器及控制阀	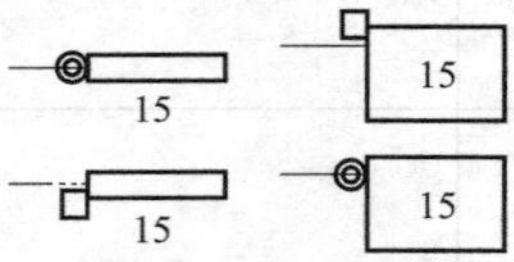 15　　15 15	左图为平面图画法,右图为剖面图画法
轴流风机	 或	
离心风机		左图为左式风机,右图为右式风机
水泵		左侧为进水,右侧为出水
空气加热、冷却器		左图、中图分别为单加热、单冷却,右图为双功能换热装置
板式换热器	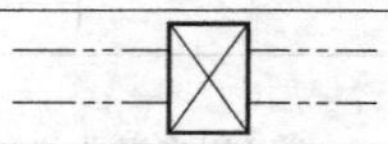	
空气过滤器	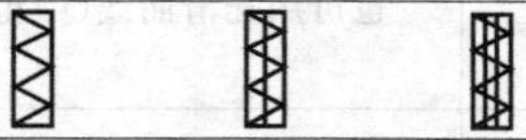	左图为粗效,中图为中效,右图为高效
电加热器		
加湿器		
挡水板	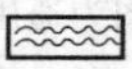	
窗式空调器	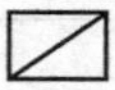	
分体空调器	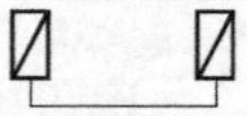	
风机盘管	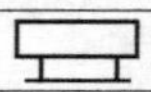	可标注型号,如:FP-5
减振器		左图为平面图画法,右图为剖面图画法

表 9-12　调控装置及仪表图例

名　称	图　例	说　明
温度传感器	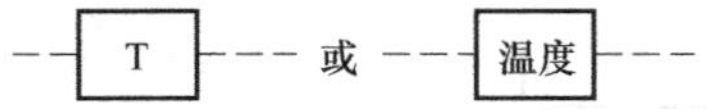 ――□T□―― 或 ――□温度□――	
湿度传感器	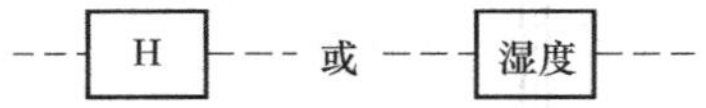 ――□H□―― 或 ――□湿度□――	
压力传感器	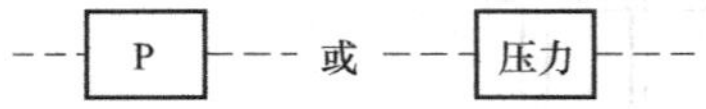 ――□P□―― 或 ――□压力□――	
压差传感器	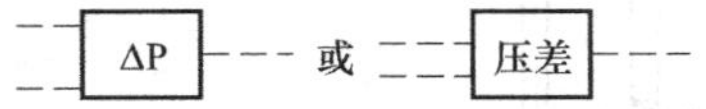 ――□ΔP□―― 或 ――□压差□――	
弹簧执行机构		如弹簧式安全阀 
重力执行机构	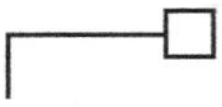	
浮力执行机构		如浮球阀 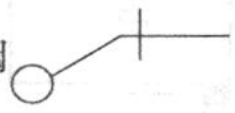
活塞执行机构		
膜片执行机构		
电动执行机构	 ～ 或 ○	如电动调节阀 
电磁(双位)执行机构	 □M□ 或 □	如电磁阀 
记录仪	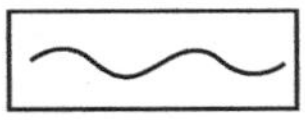	
温度计	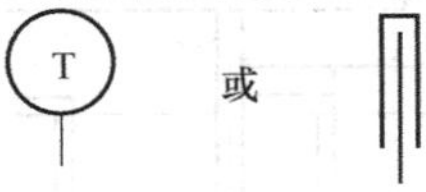 T 或	左图为圆盘式温度表,右图为管式温度计
压力表		
流量计	 F.M. 或	
能量计	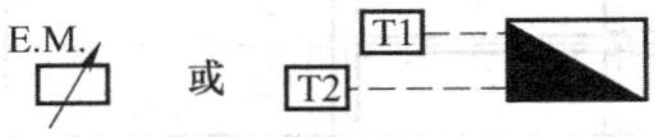 E.M. 或 T1 T2	
水流开关	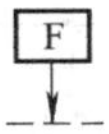 F	

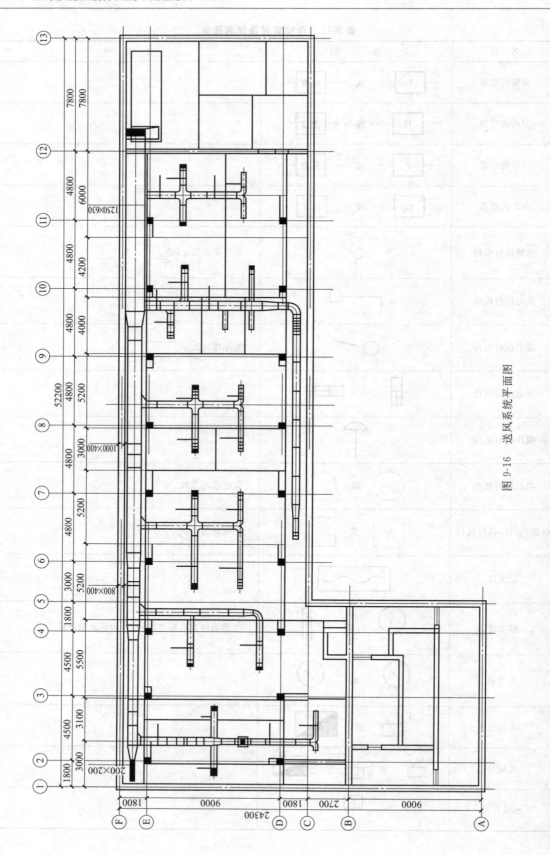

图 9-16 送风系统平面图

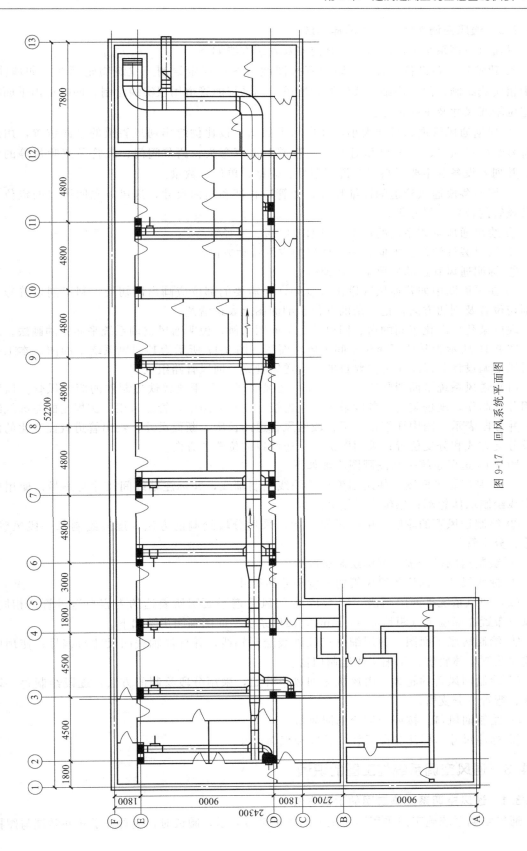

图 9-17　回风系统平面图

9.4.2.3　通风空调系统施工图图样画法

以通风空调系统平面图为例，其内容及表达方法如下。

① 建筑物、各设备、管道、附件等按图线及图例规定绘制。建筑物轮廓线（如墙体）用中粗实线绘制，门窗用细实线绘制，通风空调系统的管道用粗实线绘制。同时绘出平面图的定位轴线尺寸及轴线编号。

② 根据通风管道的尺寸大小，在房间平面图上按比例绘出通风管道的平面位置，用图例符号绘出送风口、回风口和通风空调管道上消声弯头、调节阀门、风管导流叶片等的位置，并列入设备及主要材料表，说明型号、规格、单位、数量。

③ 标明各段通风管道的详细尺寸，如管道长度和断面尺寸，送风口和回风口的定位尺寸及风管的位置、尺寸等。

④ 绘出通风空调系统的弯头、三通或四通、变径管等。

⑤ 风口旁标注箭头方向，表明风口的空气流动方向。

⑥ 标明通风管道的通风量、风速等。

⑦ 在平面图中如若通风管道比较复杂，在需要的部位应画出剖切线，利用剖切符号表明剖切位置及剖切方向，把复杂的部位在剖面图上表达清楚。

现以某药厂净化车间的送、回风系统平面图为例，说明通风空调系统平面图的画法。

图 9-16 所示为某药厂净化车间送风平面图，图 9-17 所示为其回风系统平面图。本工程的通风空调设计是以净化为主要目的，由送风管路、回风管路组成。

（1）送风系统平面图画法　图 9-16 中送风管道是采用镀锌铁皮制作的矩形风管。风管采用分段制作，现场装配。各段采用法兰连接。在平面图中，管道采用图例规定的轮廓线绘制，并分段表示。图中详细标注了各段通风管道的长度、断面尺寸；绘出管道截面变化的位置及分支方式和分支位置；采用图例表示送风口的位置和方向。

图 9-16 送风系统平面图画图步骤如下。

① 绘制房屋平面图。使用细单点长画线绘制轴线，并标注轴线间尺寸与编号；使用中粗实线绘制墙体轮廓；用细实线绘制门窗。

② 绘制送风管的轮廓。由风机箱开始，采用分段绘制的方法，逐段绘制每一段风管、弯管、分支管。

③ 绘制送风口。按照图例绘制送风口。

④ 标注尺寸。标注各段风管的长度和截面尺寸。

（2）回风系统平面图画法　图 9-17 中回风管道平面图所表达的内容与送风管道相同。回风口布置在隔墙上（距地面 600mm），回风系统平面图画图步骤如下。

① 绘制房屋平面图。使用细单点长画线绘制轴线，并标注轴线间尺寸与编号；使用中粗实线绘制墙体轮廓；用细实线绘制门窗。

② 绘制回风管的轮廓。由风机箱回风口开始，采用分段绘制的方法，逐段绘制每一段风管、弯管、分支管。

③ 绘制回风口。按照图例绘制回风口。

④ 标注尺寸。标注各段风管的长度和截面尺寸。

9.4.3　通风空调系统施工图的识读

9.4.3.1　通风空调系统施工图的识读方法

通风空调系统施工图采用国家统一的图例符号表示，阅读时，应首先了解并掌握与图样有关的图例符号所代表的含义；施工图中风管系统和水管系统（包括冷冻水、冷却水系统）具有相对独立性，因此看图时应将风系统与水系统分开阅读，然后再综合阅读；风系统和水系统都有一定的流动方向，有各自的回路，可以从冷水机组或空调设备开始阅读，直至经过完整的环路又回到起点；风管系统与水管系统在空间的走向往往是纵横交错，在平面图上很难表示清楚，因此，要把平面图、剖面图和系统轴测图互相对照查阅，这样有利于读懂图样。

通风空调系统施工图识读时应按以下方法进行。

① 阅读图样目录。根据图样目录了解工程图样的总体情况，包括图样的名称、编号及数量等情况。

② 阅读设计说明。通过阅读设计施工说明可充分了解设计参数、设备种类、系统的划分、选材、工程的特点及施工要求等。这是施工图中很重要的内容，也是首先要看的内容。

③ 确定并阅读有代表性的图样。根据图样编号找出有代表性的图样，如总平面图、空调系统平面布置图、冷冻机房平面图、空调机房平面图。识图应先从平面图开始，然后再看其他辅助性图样，如剖面图、系统轴测图和详图等。

④ 辅助性图样的查阅。如设备、管道及配件的标高等，就要根据平面图上的提示找出

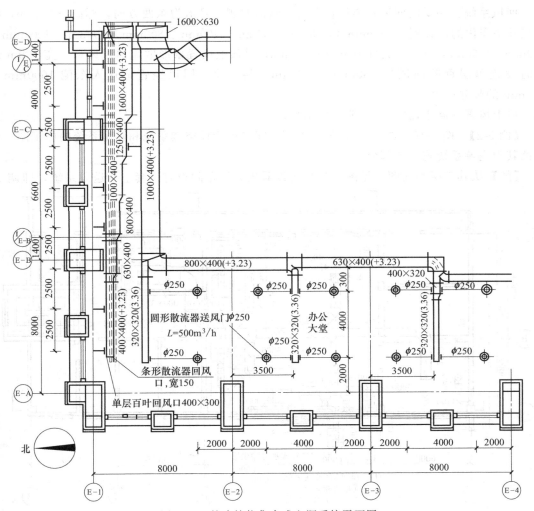

图 9-18　某建筑物集中式空调系统平面图

相关辅助性图样进行对照阅读。

9.4.3.2 通风空调系统施工图识读实例

【例 9-1】 试对图 9-18 所示某建筑物一层设置的集中式空调系统平面图进行识读。此建筑一层为办公大堂，空调系统设为集中式全空气空调系统，空调机房设在建筑物二层，处理后的空气由二层经竖井风道进入一层。

【解】 从图 9-18 可见，一层的气流组织主要为圆形散流器顶送、吊顶条形散流器顶部回风和单层百叶回风，回风经风道再回到二层机房。

送风系统：由 E-D 轴东侧的竖井风道 1600mm×630mm，引出东西方向、断面尺寸为 1000mm×400mm 的风管，风管标高+3.23m；至 E-B 轴线风管出现分支，一路分支向西，断面尺寸为 320mm×320mm，标高+3.36m；另一路向南，断面尺寸为 800mm×400mm，标高+3.23m；至 E-2、E-3 轴线之间时出现分支后，断面尺寸为 630mm×400mm，继而风管又出现分支，这两分支风管断面尺寸均为 320mm×320mm，标高+3.36m。

各分支管路上均接出 $\phi250$ 圆管，管末端设有圆形散流器送风口（$\phi250$、$L=500\text{m}^3/\text{h}$），共 10 个。

回风系统：一层的回风管道设在办公大堂的北侧，管道为东西方向，标高+3.23m，断面尺寸是变化的，分别是 400mm×400mm、630mm×400mm、800mm×400mm、1000mm×400mm、1250mm×400mm、1600mm×400mm；吊顶上设置条形散流器回风口，宽 150mm，同时设置单层百叶回风口 400mm×300mm，共 8 个。回风经管道送入东侧 1600mm×630mm 的竖井风道。

以上风管标高中，"+"一般省略不写。

【例 9-2】 图 9-19～图 9-21 是某一工厂车间二层所设空调系统和除尘系统的施工图，请识读其中空调系统施工图部分。

【解】 从其二层平面图（见图 9-19）可以看出，该车间设有一套空调送风系统，即调-1。

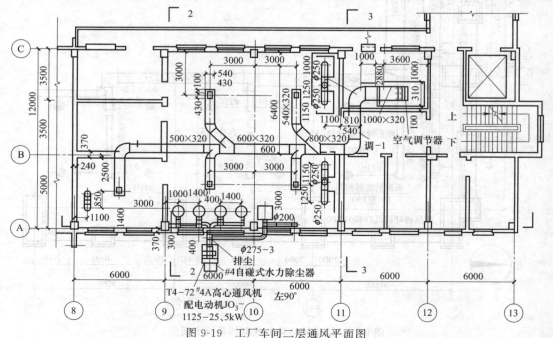

图 9-19 工厂车间二层通风平面图

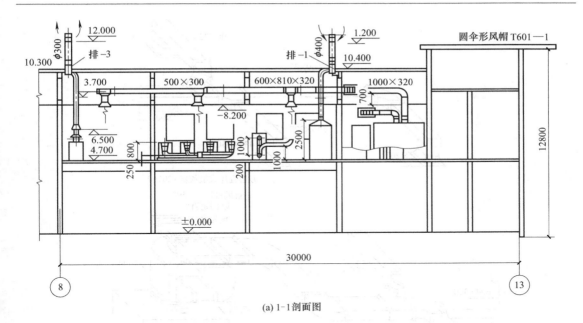

(a) 1-1剖面图

(b) 2-2剖面图　　　　　　　　　　(c) 3-3剖面图

图 9-20　工厂车间二层通风剖面图

新风由设在北墙上的百叶风口引入（箭头处），经南北方向的新风管进入空调机房内的空调机组内。空气经处理后由空调机组的上部［见图 9-20（a）］引出，主送风管断面尺寸为1000mm×320mm，先由东向西，再转向经 90°弯头由北向南，断面尺寸变为 800mm×320mm，再经一个 90°弯头西转，经过两个三通分支后，主风管断面尺寸变为 600mm×320mm，继续向西，再经过两个三通分支后，主风管断面尺寸变为 500mm×320mm，再向西后，经一个 90°弯头向南转，5 个支管将空气送入各空调房间。

平面图上标注了空调机组，主风管、各支管、各送风口的平面位置与尺寸、风管口径尺寸以及它们与墙柱之间的距离等。

从图 9-20（a）可见，该系统采用的是方形散流器送风，散流器出风口标高是 8.20m，

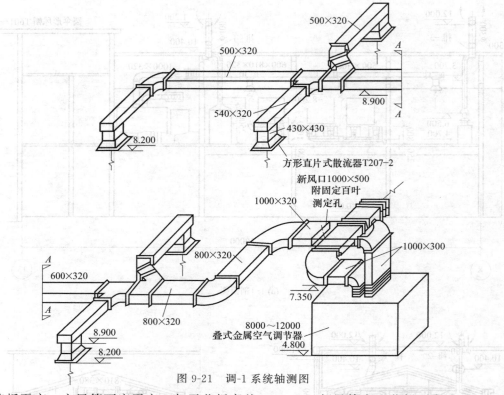

图 9-21　调-1 系统轴测图

与天花板平齐；主风管下底平齐，与天花板高差 700mm，新风管在天花板下方。

空调机组新风管、送风主管均由空调机组的上部接入，并设隔振软管。

由图 9-20（c）可知，空调机组高度是 2209mm，新风引入口的下边底边标高是 7.15m，上边平齐，经变径后垂直进入空调机组。

通过系统轴测图（见图 9-21），可了解该空调系统风管与空调机组的布置情况。该空调系统的系统轴测图为双线图，从图中能够很清楚地反映管道的空间走向、截面尺寸、各部分标高以及新风管道、送风管道与空调器的连接情况。

空调器为 8000～120000 叠式金属空气调节器，空调器下底标高为 4.800m，新风管断面尺寸 1000mm×500mm～1000mm×300mm，从空调器上部（标高 7.350m）向下进入空调器。送风管由空调器上方垂直向上，至管底标高 8.900m 处，水平向西转，前 4 个分支风管的断面尺寸为 540mm×320mm，所标注主风管的断面尺寸与平面图相同。

从图 9-21 中还可看出，连接散流器的短管的断面尺寸为 430mm×430mm，散流器为方形直片式散流器 T207-2，其底面标高为 8.200m。

值得一提的是，若组织施工，必须把平面图、剖面图和系统图互相对照，并结合文字说明、材料表，仔细、认真地识读并搞清楚所有问题后，再经现场复测排定风管的长度、三通夹角及高度、弯头曲率半径等实际制作尺寸，还应通盘考虑安装等诸多问题。

设 计 实 例

依据设计图纸，识读某宾馆多功能厅的通风空调施工图。

（1）识读空调系统施工图　图 9-22～图 9-28 所示为某宾馆多功能厅空调系统的平面图、剖面图和风管系统图。

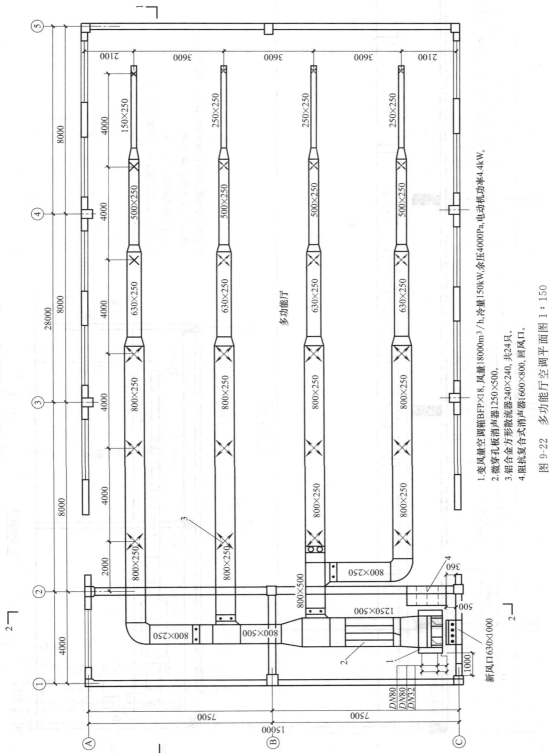

1.变风量空调箱BFP×18,风量18000m³/h,冷量150kW,余压4000Pa,电动机功率4.4kW。
2.微穿孔板消声器1250×500。
3.铝合金方形散流器240×240,共24只。
4.阻抗复合式消声器1600×800,回风口。

图 9-22　多功能厅空调平面图 1∶150

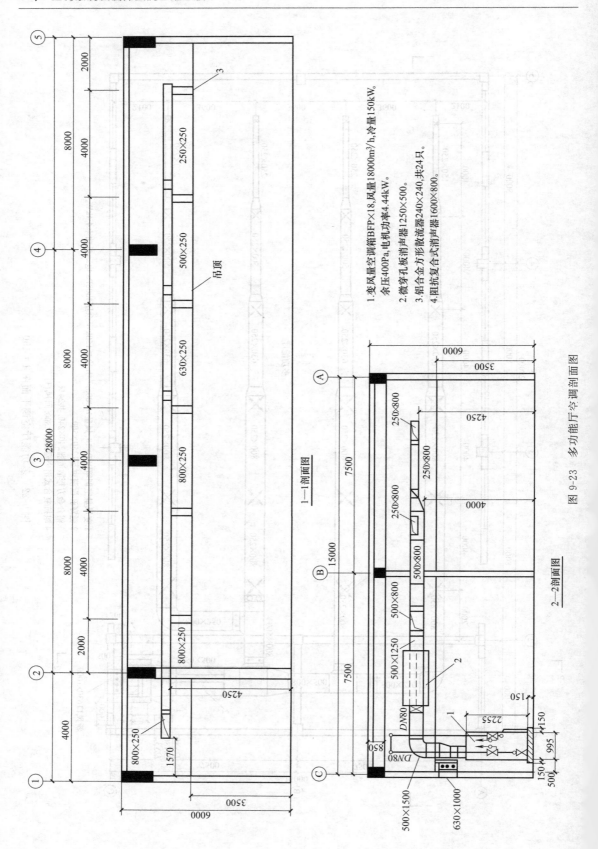

1—1剖面图

2—2剖面图

图 9-23　多功能厅空调剖面图

1.变风量空调箱BFP×18,风量18000m³/h,冷量150kW。余压400Pa,电机功率4.44kW。
2.微穿孔板消声器1250×500。
3.铝合金方形散流器240×240,共24只。
4.阻抗复合式消声器1600×800。

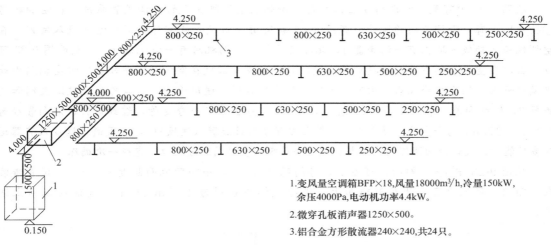

1.变风量空调箱BFP×18,风量18000m³/h,冷量150kW,
　余压4000Pa,电动机功率4.4kW。

2.微穿孔板消声器1250×500。

3.铝合金方形散流器240×240,共24只。

图 9-24　多功能厅空调风管系统图 1:150

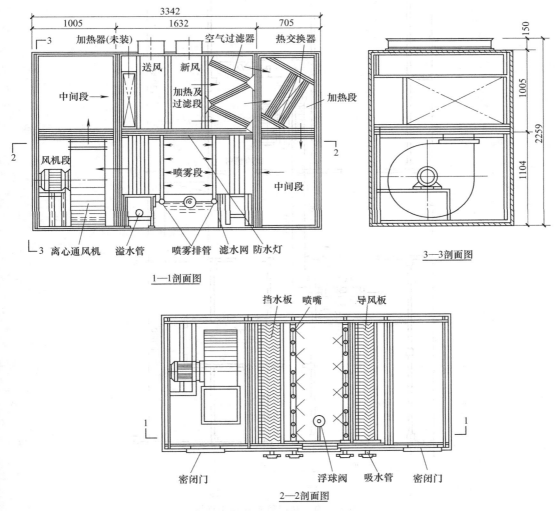

图 9-25　叠式金属空调箱总图

从图 9-23 中可见，空调箱设在机房内，因此从空调机房开始识读风管系统。在空调机房 ⓒ轴外墙上有一带调节阀的风管（新风管），新风由此新风管从室外将新鲜空气吸入室内。在空调机房②轴线内墙上有一消声器 4，此即回风管。空调机房有一空调箱 1，从剖面图 9-23 可以看出，在空调箱侧下部有一接短管的进风口，新风与回风在空调房间混合后，被空调箱由此进风口吸入，经冷热处理后，由空调箱顶部的出风口送至送风干管。送风首先经过防火阀和消声器 2，继续向前，管径变为 800mm×500mm，又分出第二个分支管，继续前行，流向管径为 800mm×250mm 的分支管，每个送风支管上都有方形散流器（送风口），送风通过这些散流器送入多功能厅。大部分回风经消声器与新风混合被吸入空调箱的进风口，完成一次循环。

从图 9-23 中 1—1 剖面图可看出，房间高度为 6m，吊顶距地面高度为 3.5m，风管暗装在布顶内，送风口直接开在吊顶面上，风管底标高分别为 4.25m 和 4m，气流组织为上送下回。

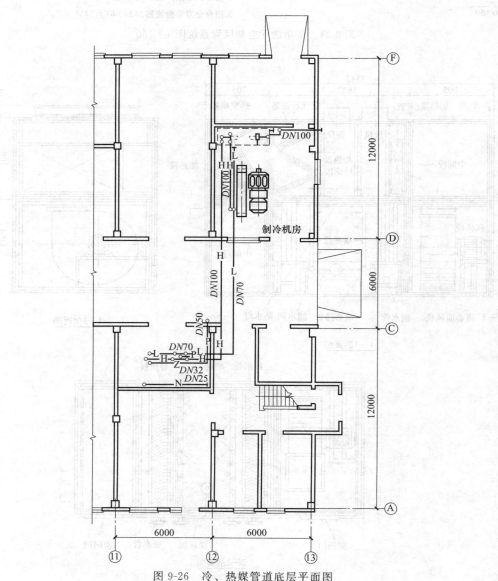

图 9-26　冷、热媒管道底层平面图

从图 9-23 中 2—2 剖面图可以看出，送风管通过软接头直接从空调箱上部接出，沿气流方向高度不断减小，从 500mm 变成了 250mm。从剖面图上还可看出 3 个送风支管在总风管上的接口位置及支管尺寸。

（2）金属空调箱总图的识读　图 9-25 所示为叠式金属空调箱，即标准化的小型空调器，可参见采暖通风标准图集。本图为空调箱的总图，包括 1—1、2—2、3—3 剖面图。该空调箱总的分为上、下两层，每层 3 段，共 6 段，制造时用型钢、钢板等制成箱体，分 6 段制作，再装上配件和设备，最后再拼接成整体。

上层分为中间段、加热段和过滤段。中间段没有设备，只供空气从此通过；加热段和过滤段，左边为设加热器的部位（本工程没设），中部顶上的矩形管，是用来连接新风和送风管的，右部装过滤器。

下层分为中间段、喷雾段和风机段。中间段只供空气通过；中部是喷雾段，右部装有导风板，中部有两根冷水管，每根管上接有 3 根立管，每根立管上接有 6 根水平支管，支管端部装尼龙或铜质喷嘴，喷雾段的进、出口都装有挡水板。下部设有水池，喷淋后的冷水经过滤网过滤回到制冷机房的冷水箱以备循环使用，水池设溢水槽和浮球阀；风机段在下部左侧，装有离心式风机，是空调系统的动力设备。空调箱做厚 30mm 的泡沫塑料保温层。

由上可知，空调箱的工作过程是：新风从上层中间顶部进入，向右经空气过滤器过滤、热交换器加热或降温，向下进入下层中间段，再向左进入喷雾段处理，然后进入风机段，由风机压送到上层左侧中间段，经送风口送出到与空调箱相连的送风管道系统，最后经散流器进入各空调房间。

（3）冷、热媒管道施工图的识读　空调箱是空调系统处理空气的主要设备，空调箱需要供给冷冻水、热水或蒸汽。制备冷冻水就需要制冷设备，设置制冷设备的房间称为制冷机房，制冷机房制备的冷冻水要通过管道送到机房的空调箱中，使用过的水经过处理后再回到制冷机房循环使用。由此可见，制冷机房和空调机房内均布有许多管路与相应设备连接，而要把这些管子和设备的连接情况表达清楚，就要用平面图、剖面图和系统图来表示。

图 9-26、图 9-27 和图 9-28 所示分别为冷、热媒管道底层、二层平面图和管道系统图。

由图可见，水平方向的管子用单线条画出，立管用小圆圈表示，向上、向下弯曲的管子、阀门及压力表等都用图例符号表示，管道都在图样上加注图例说明。

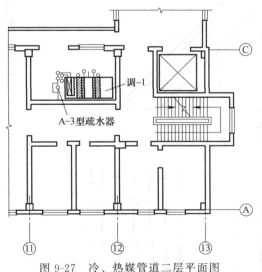

图 9-27　冷、热媒管道二层平面图

从图 9-26 可见，从制冷机房接出的两根长的管子即冷水供水管 L 与冷水回水管 H，水平转弯后垂直向上走。在这个房间内还有蒸汽管 Z、凝结水管 N、排水管 P，它们都吊装在该房间靠近顶棚的位置上，与图 9-27 二层管道平面图中调-1 管道的位置是相对应的。在制冷机房平面图中还有冷水箱、水泵和相连接的各种管道，同样可以根据图例分析和阅读这些管子的布置情况。由于没有剖面图，可根据管道系统图来表示管道、设备的标高等情况。

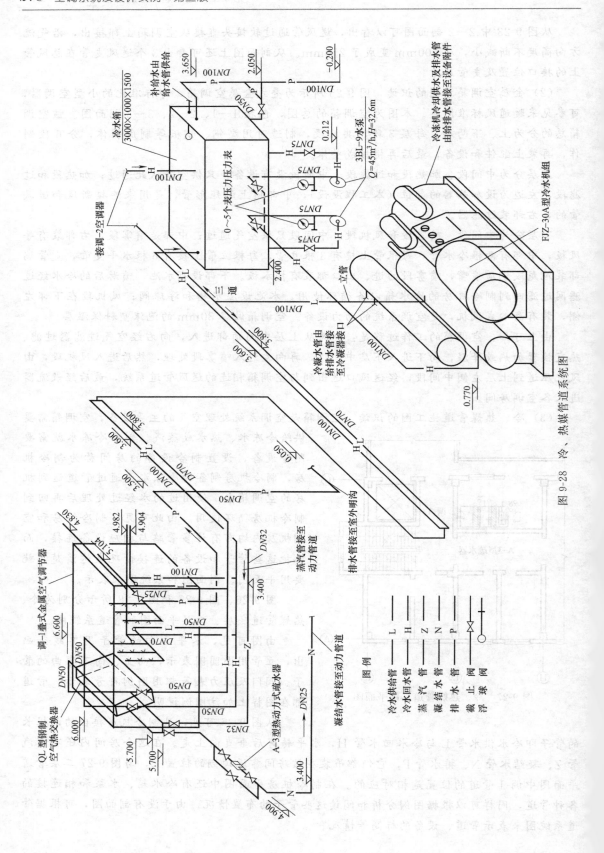

图 9-28 冷、热媒管道系统图

　　图 9-28 所示为表示管道空间方向情况的系统图。图中画出了制冷机房和空调机房的管路及设备布置情况。从调-1 空调机房和制冷机房的管路系统来看，从制冷机组出来的冷媒水经立管和三通进到空调箱，分出 3 根支管，两根将冷媒水送到连有喷嘴的喷水管，另一根支管接热交换器，给经过热交换器的空气降温；从热交换器出来的回水管 H 与空调箱下的两根回水管汇合，用 $DN100$ 的管子接到冷水箱，冷水箱中的水由水泵送到冷水机组进行降温。当系统不工作时，水箱和系统中存留的水都由排水管 P 排出。

　　另外，在了解整个工程系统的情况下，再进一步阅读施工设计说明、材料设备表及整套施工图样，对每张图样反复对照去看，了解每一个施工安装的细节，从而完全掌握图样的全部内容。

思考与练习题

9-1　填空题

（1）房屋六大组成部分分别是＿＿＿、＿＿＿、＿＿＿、＿＿＿、＿＿＿、＿＿＿。

（2）一套建筑工程施工图根据专业的不同可分为＿＿＿施工图、＿＿＿施工图和＿＿＿施工图三部分。

（3）建筑施工图通常由首页图、总平面图、＿＿＿图、＿＿＿图、＿＿＿图和＿＿＿图所组成。

（4）平面图定位轴线的编号，宜标注在＿＿＿方与＿＿＿方。横向编号应用＿＿＿，从左至右顺序编写；竖向编号应用大写＿＿＿，从下至上编写。

（5）施工图上标高一般采用相对标高。在总平面图上或设计说明中应注明相对标高与绝对标高的关系。绝对标高是指＿＿＿；相对标高是指＿＿＿。

（6）建筑总平面图是新建房屋＿＿＿及施工总平面设计和其他工程管线设置的依据。

（7）在总平面图上新建建筑的图例是＿＿＿，原有建筑的图例是＿＿＿，拆除建筑的图例是＿＿＿。

（8）建筑平面图是房屋施工图中最基本的图样之一，同时也是＿＿＿、砌筑墙体和编制预算的主要依据。

9-2　选择题

（1）民用建筑包括（　　　）。

A. 农业建筑工程构筑物　　　　B. 饲养场、农机站

C. 居住建筑和公共建筑　　　　D. 居住建筑、仓库

（2）不属于民用建筑构造组成的是（　　　）。

A. 门窗　　　B. 地基　　　C. 楼梯　　　D. 雨篷

（3）绘制工程图时，主要可见的轮廓线应是（　　　）。

A. 粗实线　　　B. 中粗实线　　C. 细实线　　　D. 单点长画线

（4）绘制建筑施工图主要采用的图是（　　　）。

A. 透视图　　　B. 轴测图　　　C. 标高投影图　　D. 多面正投影图

（5）标高数字的单位，应是（　　　）。

A. m　　　　B. mm　　　　C. cm　　　　D. dm

（6）在施工图中，详图和被索引的图样如不在同一张图纸内，应采用的详图符号为（　　　）。

A. $\dfrac{2}{3}$　　　B. $\dfrac{2}{-}$　　　C. ○　　　D. 2

(7) 如图 9-29 所示，窗洞口的高度为（　　）。

A. 2.7m　　　B. 0.9m　　　C. 3.6m　　　D. 1.8m

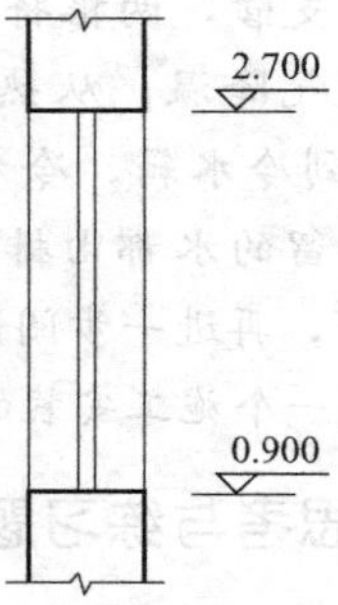

图 9-29　题 9-2（7）图

(8) 平面图、剖面图、立面图在建筑工程图比例选用中常用（　　）。

A. 1：500、1：200、1：100　　　　B. 1：1000、1：200、1：50

C. 1：50、1：100、1：200　　　　D. 1：50、1：25、1：10

9-3　判断题

(1) 房屋按用途可分为民用建筑、农业建筑、工程构筑物。　　　　　　　　（　　）

(2) 一套完整的房屋施工图，按其内容和作用可分为三大类：建筑施工图、结构施工图、设备施工图。　　　　　　　　　　　　　　　　　　　　　　　　　　　　（　　）

(3) 施工图中的定位轴线用单点长画线表示。　　　　　　　　　　　　　（　　）

(4) 对于图中需要另画详图表示的局部或构件，为了读图方便，应在图中的相应位置以索引符号标出。　　　　　　　　　　　　　　　　　　　　　　　　　　　　　（　　）

(5) 一个详图适用于几根轴线时，应同时注明各有关轴线的编号。　　　　（　　）

(6) 总平面图室外地坪标高符号，宜用涂黑的三角形表示。　　　　　　　（　　）

(7) 标高数字应以 mm 为单位，注写到小数点以后第三位。　　　　　　　（　　）

(8) 建筑总平面图是一个建设项目的总体布局示意，表示新建房屋的平面布置、具体位置以及周边情况。　　　　　　　　　　　　　　　　　　　　　　　　　　　　　（　　）

(9) 在建筑总平面图图例中，原有的建筑物用细实线表示，计划扩建的预留地或建筑物用中粗虚线表示，拆除的建筑物用粗实线表示。　　　　　　　　　　　　　　　（　　）

(10) 在建筑配件图例中，门的代号用 m 表示，窗用 C 表示。　　　　　　（　　）

9-4　问答题

(1) 建筑的含义是什么？

(2) 怎样对建筑物进行分类？

(3) 房屋的基本构造组成包括哪几个主要组成部分？各部分的作用是什么？

(4) 怎样标定定位轴线？

(5) 什么是相对标高？什么是绝对标高？

(6) 什么是索引符号？什么是详图符号？它们之间的关系如何？

(7) 指北针和风向频率玫瑰图各有何作用？

(8) 阅读房屋建筑工程图应注意哪几个问题？

(9) 如何阅读房屋建筑工程图？

（10）一套完整的施工图由哪几部分组成？

（11）识读房屋建筑总平面图的方法是什么？

（12）如何识读房屋建筑平面图？

（13）通风与空调施工图由哪几部分组成？其中平面图包括哪些内容？

（14）如何绘制通风空调平面图？

（15）怎样识读通风空调施工图？

9-5　计算题

从设计图上量得某梁长 20cm，图的比例是 1∶30，计算该梁实际长度是多少？

9-6　识图题

（1）图 9-30、图 9-31 为某办公楼会议室的空调施工图，试对此施工图进行识读。

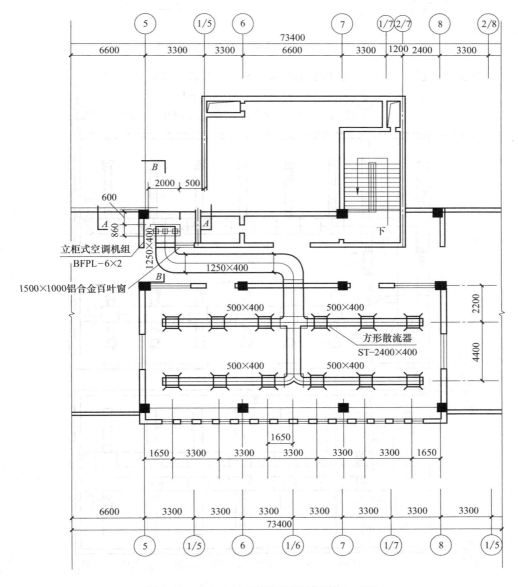

图 9-30　某办公楼会议室空调平面图 1∶150

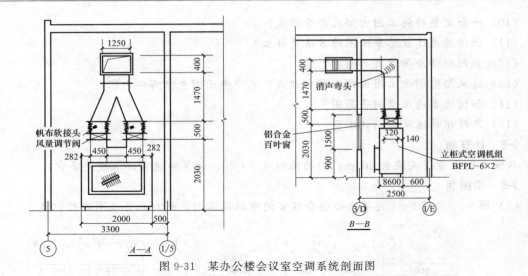

图 9-31 某办公楼会议室空调系统剖面图

（2）图 9-32～图 9-35 为某建筑的通风施工图，试对此施工图进行识读。

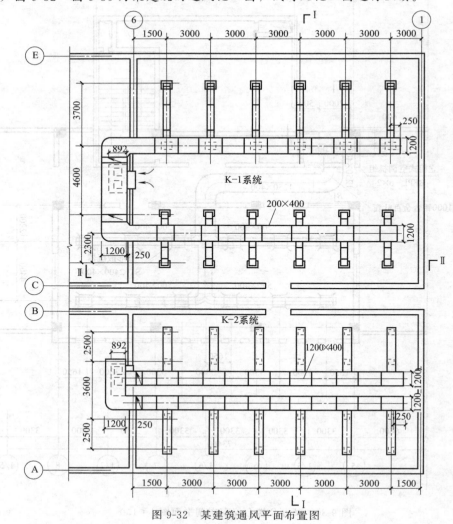

图 9-32 某建筑通风平面布置图

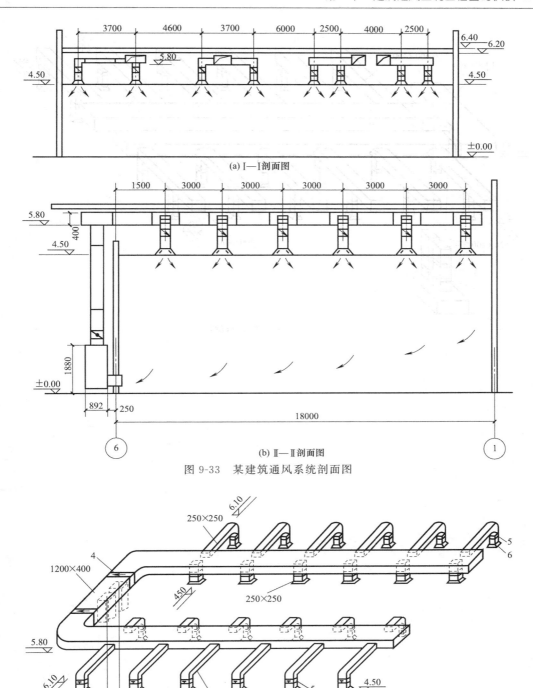

(a) I—I剖面图

(b) II—II剖面图

图 9-33 某建筑通风系统剖面图

图 9-34 通风 K-1 系统图

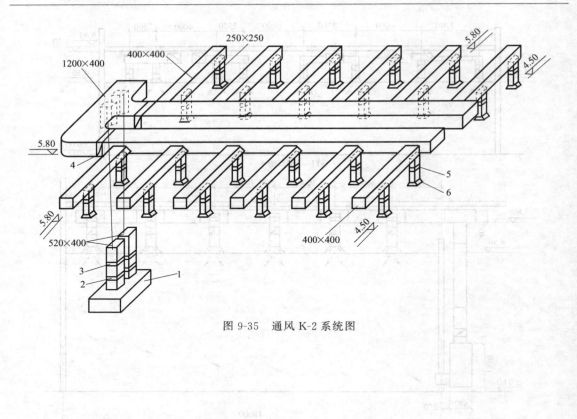

图 9-35 通风 K-2 系统图

附录

附录 1 （湿）空气密度、水蒸气分压力、含湿量、焓（大气压 $B=101325\text{Pa}$）

空气温度 $t/^\circ\text{C}$	干空气密度 $\rho/(\text{kg/m}^3)$	饱和空气密度 $\rho_b/(\text{kg/m}^3)$	饱和空气的水蒸气分压力 $p_{q,b}/\times10^2\text{Pa}$	饱和空气含湿量 $d_b/(\text{g/kg}_干)$	饱和空气焓 $h_b/(\text{kJ/kg}_干)$
−20	1.396	1.395	1.02	0.63	−18.55
−19	1.394	1.393	1.13	0.70	−17.39
−18	1.385	1.384	1.25	0.77	−16.20
−17	1.379	1.378	1.37	0.85	−14.99
−16	1.374	1.373	1.50	0.93	−13.77
−15	1.368	1.367	1.65	1.01	−12.60
−14	1.363	1.362	1.81	1.11	−11.35
−13	1.358	1.357	1.98	1.22	−10.05
−12	1.353	1.352	2.17	1.34	−8.75
−11	1.348	1.347	2.37	1.46	−7.45
−10	1.342	1.341	2.59	1.60	−6.07
−9	1.337	1.336	2.83	1.75	−4.73
−8	1.332	1.331	3.09	1.91	−3.31
−7	1.327	1.325	3.36	2.08	−1.88
−6	1.322	1.320	3.67	2.27	−0.42
−5	1.317	1.315	4.00	2.47	1.09
−4	1.312	1.310	4.36	2.69	2.68
−3	1.308	1.306	4.75	2.94	4.31
−2	1.303	1.301	5.16	3.19	5.90

续表

空气温度 $t/℃$	干空气密度 $\rho/(kg/m^3)$	饱和空气密度 $\rho_b/(kg/m^3)$	饱和空气的水蒸气分压力 $p_{q,b}/\times10^2 Pa$	饱和空气含湿量 $d_b/(g/kg_干)$	饱和空气焓 $h_b/(kJ/kg_干)$
−1	1.298	1.295	5.61	3.47	7.62
0	1.293	1.290	6.09	3.78	9.24
1	1.288	1.285	6.56	4.07	11.14
2	1.284	1.281	7.04	4.37	12.89
3	1.279	1.275	7.57	4.70	14.74
4	1.275	1.271	8.11	5.03	16.58
5	1.270	1.266	8.70	5.40	18.51
6	1.265	1.261	9.32	5.79	20.15
7	1.261	1.256	9.99	6.21	22.61
8	1.256	1.251	10.70	6.65	24.70
9	1.252	1.247	11.46	7.13	26.92
10	1.248	1.242	12.25	7.63	29.18
11	1.243	1.237	13.09	8.15	31.52
12	1.239	1.232	13.99	8.75	34.08
13	1.235	1.228	14.94	9.35	36.59
14	1.230	1.223	15.95	9.97	39.19
15	1.226	1.218	17.01	10.6	41.78
16	1.222	1.214	18.13	11.4	44.80
17	1.217	1.208	19.32	12.1	47.73
18	1.213	1.204	20.59	12.9	50.66
19	1.209	1.200	21.92	13.8	54.01
20	1.205	1.195	23.31	14.7	57.78
21	1.201	1.190	24.80	15.6	61.13
22	1.197	1.185	26.37	16.6	64.06

空气温度 $t/℃$	干空气密度 $\rho/(kg/m^3)$	饱和空气密度 $\rho_b/(kg/m^3)$	饱和空气的水蒸气分压力 $p_{q,b}/\times10^2 Pa$	饱和空气含湿量 $d_b/(g/kg_干)$	饱和空气焓 $h_b/(kJ/kg_干)$
23	1.193	1.181	28.02	17.7	67.83
24	1.189	1.176	29.77	18.8	72.01
25	1.185	1.171	31.60	20.0	75.78
26	1.181	1.166	33.53	21.4	80.39
27	1.177	1.161	35.56	22.6	84.57
28	1.173	1.156	37.71	24.0	89.18
29	1.169	1.151	39.95	25.6	94.20
30	1.165	1.146	42.32	27.2	99.65
31	1.161	1.141	44.82	28.2	104.67
32	1.157	1.136	47.43	30.6	110.11
33	1.154	1.131	50.18	32.5	115.97
34	1.150	1.126	53.07	34.4	122.25
35	1.146	1.121	56.10	36.6	128.95
36	1.142	1.116	59.26	38.8	135.65
37	1.139	1.111	62.60	41.1	142.35
38	1.135	1.107	66.09	43.5	149.47
39	1.132	1.102	69.75	46.0	157.42
40	1.128	1.097	73.58	48.8	165.80
41	1.124	1.091	77.59	51.7	174.17
42	1.121	1.086	81.80	54.8	182.96
43	1.117	1.081	86.18	58.0	192.17
44	1.114	1.076	90.79	61.3	202.22
45	1.110	1.070	95.60	65.0	212.69
46	1.107	1.065	100.61	65.9	223.57
47	1.103	1.059	105.87	72.8	235.30
48	1.100	1.054	111.33	77.0	247.02
49	1.096	1.048	117.07	81.5	260.00
50	1.093	1.043	123.04	86.2	273.40

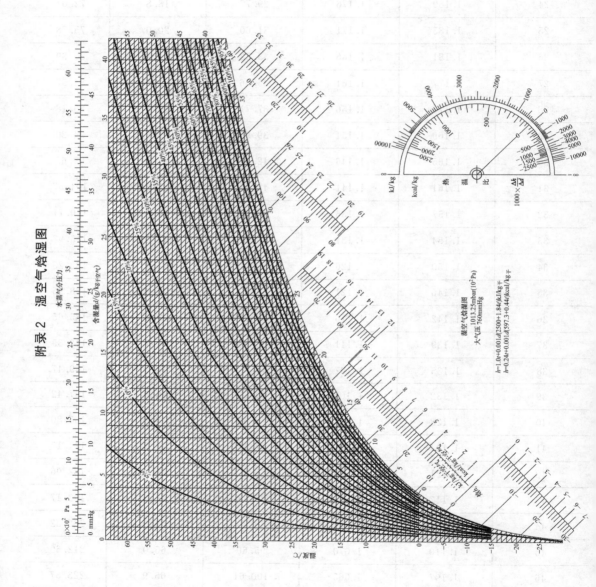

附录 2 湿空气焓湿图

附录 3 我国主要城市的室外空气气象参数

城市	纬度（北）	海拔/m	大气压力/kPa 冬	大气压力/kPa 夏	冬季室外计算干球温度/℃	冬季室外计算相对湿度/%	夏季室外计算干球温度/℃	夏季室外计算湿球温度/℃	夏季日平均干球温度/℃	夏季平均日较差/℃	室外平均风速/(m/s) 冬	室外平均风速/(m/s) 夏
北京	39°48′	31.2	102.04	99.86	−12	45	33.2	26.4	28.6	8.8	2.8	1.9
天津	39°06′	3.3	102.66	100.48	−11	53	33.4	26.9	29.2	8.1	3.1	2.6
石家庄	38°02′	80.5	101.69	99.56	−11	52	35.1	26.6	29.7	10.4	1.8	1.5
太原	37°47′	777.9	93.29	91.92	−15	51	31.2	23.4	26.1	9.8	2.6	2.1
呼和浩特	40°49′	1063.0	90.09	88.94	−22	56	29.9	20.8	25.0	9.4	1.6	1.5
沈阳	41°46′	41.6	102.08	100.07	−22	64	31.4	25.4	27.2	8.1	3.1	2.9
大连	38°54′	92.8	101.38	99.47	−14	58	28.4	25.0	25.5	5.6	5.8	4.3
长春	43°54′	236.8	99.40	97.79	−26	68	30.5	24.2	25.9	8.8	4.2	3.5
哈尔滨	45°41′	171.7	100.15	98.51	−29	74	30.3	23.4	26.0	8.8	3.8	3.5
上海	31°10′	4.5	102.51	100.53	−4	75	34.0	28.2	30.4	6.9	3.1	3.2
南京	32°00′	8.9	102.52	100.40	−6	73	35.0	28.3	31.4	6.9	2.6	2.6
杭州	30°14′	41.7	102.09	100.05	−4	77	35.7	28.5	31.5	8.3	2.3	2.2
合肥	31°52′	29.8	102.23	100.09	−7	75	35.0	28.2	31.7	6.3	2.5	2.6
福州	26°15′	84.0	101.26	99.64	4	74	35.2	28.0	30.4	9.2	2.7	2.9
厦门	24°27′	63.2	101.38	99.91	6	73	33.4	27.6	29.9	6.7	3.5	3.0
南昌	28°36′	46.7	101.88	99.91	−3	74	35.6	27.9	32.1	6.7	3.8	2.7
济南	36°41′	51.6	102.02	99.85	−10	54	34.8	26.7	31.3	6.7	3.2	2.8
青岛	36°04′	76.0	101.69	99.72	−9	64	29.0	26.0	27.2	3.5	5.7	4.9
郑州	34°43′	110.4	101.28	99.17	−7	60	35.6	27.4	30.8	9.2	3.4	2.6
洛阳	34°40′	154.5	100.88	98.76	−7	57	35.9	27.5	30.9	9.6	2.5	2.1

续表

城市	纬度(北)	海拔/m	大气压力/kPa 冬	大气压力/kPa 夏	冬季室外计算干球温度/℃	冬季室外计算相对湿度/%	夏季室外计算干球温度/℃	夏季室外计算湿球温度/℃	夏季日平均干球温度/℃	夏季平均日较差/℃	室外平均风速/(m/s) 冬	室外平均风速/(m/s) 夏
武汉	30°37′	23.3	102.33	100.17	−5	76	35.2	28.2	31.9	6.3	2.7	2.6
长沙	28°12′	44.9	101.99	99.94	−3	81	35.8	27.7	32.0	7.3	2.8	2.6
广州	23°08′	6.6	101.95	100.45	5	70	33.5	27.7	30.1	6.5	2.4	1.8
海口	20°02′	14.1	101.60	100.24	10	85	34.5	27.9	29.9	8.8	3.4	2.8
南宁	22°49′	72.2	101.14	99.60	5	75	34.2	27.5	30.3	7.5	1.8	1.6
桂林	25°20′	161.8	100.29	98.61	0	71	33.9	27.0	30.5	6.5	3.2	1.5
成都	30°40′	505.9	96.32	94.77	1	80	31.6	26.7	28.0	6.9	0.9	1.1
重庆	29°35′	259.1	99.12	97.32	2	82	36.5	27.3	32.5	2.7	1.2	1.4
贵阳	26°35′	1071.2	89.75	88.79	−4	78	30.0	23.0	26.3	7.1	2.2	2.0
昆明	25°01′	1891.4	81.15	80.80	1	68	25.8	19.9	22.2	6.9	2.5	1.8
拉萨	29°40′	3658.0	65.00	65.23	−8	28	22.8	13.5	18.1	9.0	2.2	1.8
西安	34°18′	396.6	97.87	95.92	−8	67	35.2	26.0	30.7	8.7	1.8	2.2
兰州	36°07′	1517.2	85.14	84.31	−13	58	30.5	20.2	25.8	9.0	0.5	1.3
西宁	36°37′	2261.2	77.51	77.35	−15	48	25.9	16.4	20.7	10.0	1.7	1.9
银川	38°29′	1111.5	89.57	88.35	−18	58	30.6	22.0	25.9	9.0	1.7	1.7
乌鲁木齐	43°47′	917.9	91.99	90.67	−27	80	34.1	18.5	29.0	9.8	1.7	3.1
台北	25°02′	9.0	101.97	100.53	9	82	33.6	27.3	30.5	6.9	3.7	2.8
香港	22°18′	32.0	101.95	100.56	8	71	32.4	27.3	30.0	4.6	6.5	5.3
汕头	23°24′	1.2	101.98	100.55	6	79	32.8	27.7	29.8	5.8	2.9	2.5

附录 4 外墙结构类型

序号	构造	壁厚 δ/mm	保温厚度 /mm	导热热阻 /[(m²·K) / W]	传热系数 /[W/ (m²·K)]	单位面积质量 /(kg/m²)	热容量 /[kJ/ (m²·K)]	类型
1	①砖墙 ②白灰粉刷	240		0.32	2.05	464	406	III
		370		0.48	1.55	698	612	II
		490		0.63	1.26	914	804	I
2	①水泥砂浆 ②砖墙 ③白灰粉刷	240		0.34	1.97	500	436	III
		370		0.50	1.50	734	645	II
		490		0.65	1.22	950	834	I
3	①砖墙 ②泡沫混凝土 ③木丝板 ④白灰粉刷	240		0.95	0.90	534	478	II
		370		1.11	0.78	768	683	I
		490		1.26	0.70	984	876	0
4	①水泥砂浆 ②砖墙 ③木丝板	240		0.47	1.57	478	432	III
		370		0.63	1.26	712	608	II

注：类型栏内标 0 者，按稳定传热计算，也即以日平均综合温度作为室外计算温度。

附录5 屋面构造类型

序号	构 造	壁厚 δ/mm	保温层 材料	厚度 l /mm	导热热阻 /[(m²·K)/W]	传热系数 /[W/(m²·K)]	单位面积质量 /(kg/m²)	热容量 /[kJ/(m²·K)]	类型
1	①预制细石混凝土板25mm,表面喷白色水泥浆 ②通风层≥200mm ③卷材防水层 ④水泥砂浆找平层20mm ⑤保温层 ⑥隔气层 ⑦找平层20mm ⑧预制钢筋混凝土板 ⑨内粉刷	35	水泥膨胀珍珠岩	25	0.77	1.07	292	247	IV
				50	0.98	0.87	301	251	IV
				75	1.20	0.73	310	260	III
				100	1.41	0.64	318	264	III
				125	1.63	0.56	327	272	III
				150	1.84	0.50	336	277	III
				175	2.06	0.45	345	281	II
				200	2.27	0.41	353	289	II
			沥青膨胀珍珠岩	25	0.82	1.01	292	247	IV
				50	1.09	0.79	301	251	IV
				75	1.36	0.65	310	260	III
				100	1.63	0.56	318	264	III
				125	1.89	0.49	327	272	III
				150	2.17	0.43	336	277	III
				175	2.43	0.38	345	281	II
				200	2.70	0.35	353	289	II
			泡沫混凝土 加气混凝土	25	0.67	1.20	298	256	IV
				50	0.79	1.05	313	268	IV
				75	0.90	0.93	328	281	III
				100	1.02	0.84	343	293	III
				125	1.14	0.76	358	306	III
				150	1.26	0.70	373	318	III
				175	1.38	0.64	388	331	III
				200	1.50	0.59	403	344	II
2	①预制细石混凝土板25mm,表面喷白色水泥浆 ②通风层≥200mm ③卷材防水层 ④水泥砂浆找平层20mm ⑤保温层 ⑥隔气层 ⑦现浇钢筋混凝土板 ⑧内粉刷	70	水泥膨胀珍珠岩	25	0.78	1.05	376	318	III
				50	1.00	0.86	385	323	III
				75	1.21	0.72	394	331	III
				100	1.43	0.63	402	335	II
				125	1.64	0.55	411	339	II
				150	1.86	0.49	420	348	II
				175	2.07	0.44	429	352	II
				200	2.29	0.41	437	360	I
			沥青膨胀珍珠岩	25	0.83	1.00	376	318	III
				50	1.11	0.78	385	323	III
				75	1.38	0.65	394	331	III
				100	1.64	0.55	402	335	II
				125	1.91	0.48	411	339	II
				150	2.18	0.43	420	348	II
				175	2.45	0.38	429	352	II
				200	2.72	0.35	437	360	I
			泡沫混凝土 加气混凝土	25	0.69	1.16	382	323	III
				50	0.81	1.02	397	335	III
				75	0.93	0.91	412	348	III
				100	1.05	0.83	427	360	II
				125	1.17	0.74	442	373	II
				150	1.29	0.69	457	385	I
				175	1.41	0.64	472	398	I
				200	1.53	0.59	487	411	I

附录 6　外墙冷负荷计算温度逐时值 $t_{c(\tau)}$　　　　℃

时间 \ 朝向	Ⅰ型外墙				Ⅱ型外墙			
	S	W	N	E	S	W	N	E
0	34.7	36.6	32.2	37.5	36.1	38.5	33.1	38.5
1	34.9	36.9	32.3	37.6	36.2	38.9	33.2	38.4
2	35.1	37.2	32.4	37.7	36.2	39.1	33.2	38.2
3	35.2	37.4	32.5	39.2	36.1	38.0	33.2	38.0
4	35.3	37.6	32.6	37.7	35.9	39.1	33.1	37.6
5	35.3	37.8	32.6	37.6	35.6	38.9	33.0	37.3
6	35.3	37.9	32.7	37.5	35.3	33.6	32.8	36.9
7	35.3	37.9	32.6	37.4	35.0	38.2	32.6	36.4
8	35.2	37.9	32.6	37.3	34.6	37.8	32.3	36.0
9	35.1	37.8	32.5	37.1	34.2	37.3	32.1	35.5
10	34.9	37.7	32.5	36.8	33.9	36.8	31.8	35.2
11	34.8	37.5	32.4	36.6	33.5	36.3	31.0	35.0
12	34.6	37.3	32.2	36.9	33.2	35.9	31.4	35.0
13	34.4	37.1	32.1	36.2	32.9	35.5	31.3	35.2
14	34.2	36.9	32.0	36.1	32.8	35.2	31.2	35.6
15	34.0	36.6	31.9	36.1	32.9	34.9	31.2	36.1
16	33.9	36.4	31.8	36.2	33.1	34.8	31.3	36.6
17	33.8	36.2	31.8	36.3	33.4	34.8	31.4	37.1
18	33.9	36.1	31.8	36.4	33.9	34.9	31.6	37.5
19	33.9	36.0	31.8	36.6	34.4	35.3	31.8	37.9
20	34.0	35.9	31.8	36.8	34.9	35.8	32.1	38.2
21	34.1	36.0	31.9	37.0	35.3	36.5	32.4	38.4
22	34.3	36.1	32.0	37.2	35.7	37.3	32.6	38.5
23	34.5	36.3	32.1	37.3	36.0	38.0	32.9	38.6
最大值	35.5	37.9	32.7	37.7	36.2	37.9	33.2	38.8
最小值	33.8	35.1	31.8	36.1	32.8	34.8	31.2	35.0

附录 7　屋面冷负荷计算温度逐时值 $t_{c(\tau)}$　　　℃

时间 \ 屋面类型	Ⅰ	Ⅱ	Ⅲ	Ⅳ	Ⅴ	Ⅵ
0	43.7	47.2	47.7	46.1	41.6	38.1
1	44.3	46.4	46.0	43.7	39.0	35.5
2	44.8	45.4	44.2	41.4	36.7	33.3
3	45.0	44.3	42.4	39.3	34.6	31.4
4	45.0	43.1	40.6	37.3	32.8	29.8
5	44.9	41.8	38.8	35.5	31.2	28.4
6	44.5	40.6	37.1	33.9	29.8	27.2
7	44.0	39.3	35.5	32.4	28.7	26.5
8	43.4	38.1	34.1	31.2	28.4	26.8
9	42.7	37.0	33.1	30.7	29.2	28.6
10	41.9	36.1	32.7	31.0	31.4	32.0
11	41.1	35.6	33.0	32.3	34.7	36.7
12	40.2	35.6	34.0	34.5	38.9	42.2
13	39.5	36.0	35.8	37.5	43.4	47.8
14	38.9	37.0	38.1	41.0	47.9	52.9
15	38.5	38.4	40.7	44.6	51.9	57.1
16	38.3	40.1	43.5	47.9	54.9	59.8
17	38.4	41.9	46.1	50.7	56.8	60.9
18	38.8	43.7	48.3	52.7	57.2	60.2
19	39.4	45.4	49.9	53.7	56.3	57.8
20	40.2	46.7	50.8	53.6	54.0	54.0
21	41.1	47.5	50.9	52.5	51.0	49.4
22	42.0	47.8	50.3	50.7	47.7	45.1
23	42.9	47.7	49.2	48.4	44.5	41.3
最大值	45.0	47.8	50.9	53.7	57.2	60.9
最小值	38.3	35.6	32.7	30.7	28.4	26.5

附录 8　Ⅰ～Ⅳ型结构地点修正值 t_d　　　℃

编号	城市	S	SW	W	NW	N	NE	E	SE	水平
1	北京	0.0	0.0	0.0	0.0	0.0	0.0	0.0	0.0	0.0
2	天津	−0.4	−0.3	−0.1	−0.1	−0.2	−0.3	−0.1	−0.3	−0.5
3	沈阳	−1.4	−1.7	−1.9	−1.9	−1.6	−2.0	−1.9	−1.7	−2.7
4	哈尔滨	−2.2	−2.8	−3.4	−3.7	−3.4	−3.8	−3.4	−2.8	−4.1
5	上海	−0.8	−0.2	0.5	1.2	1.2	1.0	0.5	−0.2	0.1
6	南京	1.0	1.5	2.1	2.7	2.7	2.5	2.1	1.5	2.0
7	武汉	0.4	1.0	1.7	2.4	2.2	2.3	1.7	1.0	1.3
8	广州	−1.9	−1.2	0.0	1.3	1.7	1.2	0.0	−1.2	−0.5
9	昆明	−8.5	−7.8	−6.7	−5.5	−5.2	−5.7	−6.7	−7.8	−7.2
10	西安	0.5	0.5	0.9	1.5	1.8	1.4	0.9	0.5	0.4
11	兰州	−4.8	−4.4	−4.0	−3.8	−3.9	−4.0	−4.0	−4.4	−0.4
12	呼和浩特	0.7	0.5	0.2	−0.3	−0.4	−0.4	0.2	0.5	0.1
13	重庆	0.4	1.1	2.0	2.7	2.8	2.6	2.0	1.1	1.7

附录 9 单层玻璃窗的传热系数 *K* 值   W/(m²·K)

α_w ＼ σ_n	5.8	6.4	7.0	7.6	8.1	8.7	9.3	9.9	10.5	11
11.6	3.87	4.13	4.36	4.58	4.79	4.99	5.16	5.34	5.56	5.66
12.8	4.00	4.27	4.51	4.76	4.98	5.19	5.38	5.57	5.76	5.93
14.0	4.11	4.38	4.65	4.91	5.14	5.37	5.58	5.79	5.81	6.16
15.1	4.20	4.49	4.78	5.04	5.29	5.54	5.76	5.98	6.19	6.38
16.3	4.28	4.60	4.88	5.16	5.43	5.68	5.92	6.15	6.37	6.58
17.5	4.37	4.68	4.99	5.27	5.55	5.82	6.07	6.32	6.55	6.77
18.6	4.43	4.76	5.07	5.61	5.66	5.94	6.20	6.45	6.70	6.93
19.8	4.49	4.84	5.15	5.47	5.77	6.05	6.33	6.59	6.34	7.08
20.9	4.55	4.90	5.23	5.59	5.86	6.15	6.44	6.71	6.98	7.23
22.1	4.61	4.97	5.30	5.63	5.95	6.26	6.55	6.83	7.11	7.36
23.3	4.65	5.01	5.37	5.71	6.04	6.34	6.64	6.93	7.22	7.49
24.4	4.70	5.07	5.43	5.77	6.11	6.43	6.73	7.04	7.33	7.61
25.6	4.73	5.12	5.48	5.84	6.18	6.50	6.83	7.13	7.43	7.69
26.7	4.78	5.16	5.54	5.90	6.25	6.58	6.91	7.22	7.52	7.82
27.9	4.81	5.20	5.58	5.94	6.30	6.64	6.98	7.30	7.62	7.92
29.1	4.85	5.25	5.63	6.00	6.36	6.71	7.05	7.37	7.70	8.00

附录 10 双层玻璃窗的传热系数 *K* 值   W/(m²·K)

α_w ＼ σ_n	5.8	6.4	7.0	7.6	8.1	8.7	9.3	9.9	10.5	11
11.6	2.37	2.47	2.55	2.62	2.69	2.74	2.80	2.85	2.90	2.73
12.8	2.42	2.51	2.59	2.67	2.74	2.80	2.86	2.92	2.97	3.01
14.0	2.45	2.56	2.64	2.72	2.79	2.86	2.92	2.98	3.02	3.07
15.1	2.49	2.59	2.69	2.77	2.84	2.91	2.97	3.02	3.08	3.13
16.3	2.52	2.63	2.72	2.80	2.87	2.94	3.01	3.07	3.12	3.17
17.5	2.55	2.65	2.74	2.84	2.91	2.98	3.05	3.11	3.16	3.21
18.6	2.57	2.67	2.78	2.86	2.94	3.01	3.08	3.14	3.20	3.25
19.8	2.59	2.70	2.80	2.88	2.97	3.05	3.12	3.17	3.23	3.28
20.9	2.61	2.72	2.83	2.91	2.99	3.07	3.14	3.20	3.26	3.31
22.1	2.63	2.74	2.84	2.93	3.01	3.09	3.16	3.23	3.29	3.34
23.3	2.64	2.76	2.86	2.95	3.04	3.12	3.19	3.25	3.31	3.37
24.4	2.66	2.77	2.87	2.97	3.06	3.14	3.21	3.27	3.34	3.40
25.6	2.67	2.79	2.90	2.99	3.07	3.15	3.20	3.29	3.36	3.41
26.7	2.69	2.80	2.91	3.00	3.09	3.17	3.24	3.31	3.37	3.43
27.9	2.70	2.81	2.92	3.01	3.11	3.19	3.25	3.33	3.40	3.45
29.1	2.71	2.83	2.93	3.04	3.12	3.20	3.28	3.35	3.41	3.47

附录 11　玻璃窗的地点修正值 t_d　　　　℃

编号	城市	t_d	编号	城市	t_d
1	北京	0	21	成都	−1
2	天津	0	22	贵阳	−3
3	石家庄	1	23	昆明	−6
4	太原	−2	24	拉萨	−11
5	呼和浩特	−4	25	西安	2
6	沈阳	−1	26	兰州	−3
7	长春	−3	27	西宁	−8
8	哈尔滨	−3	28	银川	−3
9	上海	1	29	乌鲁木齐	1
10	南京	3	30	台北	1
11	杭州	3	31	二连浩特	−2
12	合肥	3	32	汕头	1
13	福州	2	33	海口	1
14	南昌	3	34	桂林	1
15	济南	3	35	重庆	3
16	郑州	2	36	敦煌	−1
17	武汉	3	37	格尔木	−9
18	长沙	3	38	和田	−1
19	广州	1	39	喀什	0
20	南宁	1	40	库车	0

附录 12　夏季各纬度带的日射得热因数最大值 $D_{j,max}$　　　　W/m²

纬度带 \ 朝向	S	SE	E	NE	N	NW	W	SW	水平
20°	130	311	541	465	130	465	541	311	876
25°	146	332	509	421	134	321	509	332	834
30°	174	374	539	415	115	415	539	374	833
35°	251	436	575	430	122	430	575	436	844
40°	302	477	599	442	114	442	599	477	842
45°	368	508	598	432	109	432	598	508	811
拉萨	174	462	727	592	133	593	727	462	991

注：每一纬度带包括的宽度为±2°30′纬度。

附录 13 北区无内遮阳窗玻璃冷负荷系数

时间 朝向	0	1	2	3	4	5	6	7	8	9	10	11	12	13	14	15	16	17	18	19	20	21	22	23
S	0.16	0.15	0.14	0.13	0.12	0.11	0.13	0.17	0.21	0.28	0.39	0.49	0.54	0.65	0.60	0.42	0.36	0.32	0.27	0.23	0.21	0.20	0.18	0.17
SE	0.14	0.13	0.12	0.11	0.10	0.09	0.22	0.34	0.45	0.51	0.62	0.58	0.41	0.34	0.32	0.31	0.28	0.26	0.22	0.19	0.18	0.17	0.16	0.15
E	0.12	0.11	0.10	0.09	0.09	0.08	0.29	0.41	0.49	0.60	0.56	0.37	0.29	0.29	0.28	0.26	0.24	0.22	0.19	0.17	0.16	0.15	0.14	0.13
NE	0.12	0.11	0.10	0.09	0.09	0.08	0.35	0.45	0.53	0.54	0.38	0.30	0.30	0.30	0.29	0.27	0.26	0.23	0.20	0.17	0.16	0.15	0.14	0.13
N	0.26	0.24	0.23	0.21	0.19	0.18	0.44	0.42	0.43	0.49	0.56	0.61	0.64	0.66	0.66	0.63	0.59	0.64	0.64	0.38	0.35	0.32	0.30	0.28
NW	0.17	0.15	0.14	0.13	0.12	0.12	0.13	0.15	0.17	0.18	0.20	0.21	0.22	0.22	0.28	0.39	0.50	0.56	0.59	0.31	0.22	0.21	0.19	0.18
W	0.17	0.16	0.15	0.13	0.13	0.12	0.12	0.14	0.15	0.16	0.17	0.17	0.18	0.25	0.37	0.47	0.52	0.62	0.55	0.24	0.23	0.21	0.20	0.18
SW	0.18	0.16	0.15	0.14	0.13	0.12	0.13	0.15	0.17	0.18	0.20	0.21	0.29	0.40	0.49	0.54	0.64	0.59	0.39	0.25	0.24	0.22	0.20	0.18
水平	0.20	0.18	0.17	0.16	0.15	0.14	0.16	0.22	0.31	0.39	0.47	0.53	0.57	0.69	0.68	0.55	0.49	0.41	0.33	0.28	0.26	0.25	0.23	0.21

附录 14 北区有内遮阳窗玻璃冷负荷系数

时间 朝向	0	1	2	3	4	5	6	7	8	9	10	11	12	13	14	15	16	17	18	19	20	21	22	23
S	0.07	0.07	0.06	0.06	0.06	0.05	0.11	0.18	0.26	0.40	0.58	0.72	0.84	0.80	0.62	0.45	0.32	0.24	0.16	0.10	0.09	0.09	0.08	0.08
SE	0.06	0.06	0.06	0.05	0.05	0.05	0.30	0.54	0.71	0.83	0.80	0.62	0.43	0.30	0.28	0.25	0.22	0.17	0.13	0.09	0.08	0.08	0.07	0.07
E	0.06	0.05	0.05	0.04	0.04	0.04	0.47	0.68	0.82	0.79	0.59	0.38	0.24	0.24	0.23	0.21	0.18	0.15	0.11	0.08	0.07	0.07	0.06	0.06
NE	0.06	0.05	0.05	0.04	0.04	0.04	0.54	0.79	0.79	0.60	0.38	0.29	0.29	0.29	0.27	0.25	0.21	0.16	0.12	0.08	0.07	0.07	0.06	0.06
N	0.12	0.11	0.11	0.10	0.09	0.09	0.59	0.54	0.54	0.65	0.75	0.81	0.83	0.83	0.79	0.71	0.60	0.61	0.68	0.17	0.16	0.15	0.14	0.13
NW	0.08	0.07	0.07	0.06	0.06	0.06	0.09	0.13	0.17	0.21	0.23	0.25	0.26	0.26	0.35	0.57	0.76	0.83	0.67	0.13	0.10	0.09	0.09	0.08
W	0.08	0.07	0.07	0.06	0.06	0.06	0.08	0.11	0.14	0.17	0.18	0.19	0.20	0.34	0.56	0.72	0.83	0.77	0.53	0.11	0.10	0.09	0.09	0.08
SW	0.08	0.08	0.07	0.07	0.06	0.06	0.08	0.13	0.17	0.20	0.23	0.23	0.38	0.58	0.73	0.63	0.79	0.59	0.37	0.13	0.10	0.10	0.09	0.09
水平	0.09	0.09	0.08	0.08	0.07	0.07	0.13	0.26	0.42	0.57	0.69	0.77	0.58	0.84	0.73	0.84	0.49	0.33	0.19	0.13	0.12	0.11	0.10	0.09

附录 15 南区无内遮阳窗玻璃冷负荷系数

时间 朝向	0	1	2	3	4	5	6	7	8	9	10	11	12	13	14	15	16	17	18	19	20	21	22	23
S	0.21	0.19	0.18	0.17	0.16	0.14	0.17	0.25	0.33	0.42	0.48	0.54	0.59	0.70	0.70	0.57	0.52	0.44	0.35	0.30	0.28	0.26	0.24	0.22
SE	0.14	0.13	0.12	0.11	0.11	0.10	0.20	0.36	0.47	0.52	0.61	0.54	0.39	0.37	0.36	0.35	0.32	0.28	0.23	0.20	0.19	0.18	0.16	0.15
E	0.13	0.11	0.10	0.09	0.09	0.08	0.24	0.39	0.48	0.61	0.57	0.38	0.31	0.30	0.29	0.28	0.27	0.23	0.21	0.18	0.17	0.15	0.14	0.13
NE	0.12	0.12	0.11	0.10	0.09	0.09	0.26	0.41	0.49	0.59	0.54	0.36	0.32	0.32	0.31	0.29	0.27	0.24	0.20	0.18	0.17	0.16	0.14	0.13
N	0.28	0.25	0.24	0.22	0.21	0.19	0.38	0.49	0.52	0.55	0.59	0.63	0.66	0.68	0.68	0.68	0.69	0.69	0.60	0.40	0.37	0.35	0.32	0.30
NW	0.17	0.16	0.15	0.14	0.13	0.12	0.12	0.15	0.17	0.19	0.20	0.21	0.22	0.27	0.38	0.48	0.54	0.63	0.52	0.25	0.23	0.21	0.20	0.18
W	0.17	0.16	0.15	0.14	0.13	0.12	0.12	0.14	0.16	0.17	0.18	0.19	0.20	0.28	0.40	0.50	0.54	0.61	0.50	0.24	0.23	0.21	0.20	0.18
SW	0.18	0.17	0.15	0.14	0.13	0.12	0.13	0.16	0.19	0.23	0.25	0.27	0.29	0.37	0.48	0.55	0.67	0.60	0.38	0.26	0.24	0.22	0.21	0.19
水平	0.19	0.17	0.16	0.15	0.14	0.13	0.14	0.19	0.28	0.37	0.45	0.52	0.56	0.68	0.67	0.53	0.46	0.38	0.30	0.27	0.25	0.23	0.22	0.20

附录 16 南区有内遮阳窗玻璃冷负荷系数

时间 朝向	0	1	2	3	4	5	6	7	8	9	10	11	12	13	14	15	16	17	18	19	20	21	22	23
S	0.10	0.09	0.09	0.08	0.08	0.07	0.14	0.31	0.47	0.60	0.69	0.77	0.87	0.84	0.74	0.66	0.54	0.38	0.20	0.13	0.12	0.12	0.11	0.10
SE	0.07	0.06	0.06	0.05	0.05	0.05	0.27	0.55	0.74	0.83	0.75	0.52	0.40	0.39	0.36	0.33	0.27	0.20	0.13	0.09	0.09	0.08	0.08	0.07
E	0.06	0.05	0.05	0.05	0.04	0.04	0.36	0.63	0.81	0.81	0.63	0.41	0.27	0.27	0.25	0.23	0.20	0.15	0.10	0.08	0.07	0.07	0.08	0.06
NE	0.06	0.06	0.05	0.05	0.05	0.04	0.40	0.67	0.82	0.76	0.56	0.38	0.31	0.30	0.28	0.25	0.21	0.17	0.11	0.08	0.08	0.07	0.07	0.06
N	0.13	0.12	0.12	0.11	0.10	0.10	0.47	0.67	0.70	0.72	0.77	0.82	0.85	0.84	0.81	0.78	0.77	0.75	0.56	0.18	0.17	0.16	0.15	0.14
NW	0.08	0.07	0.07	0.06	0.06	0.06	0.08	0.13	0.17	0.21	0.24	0.26	0.27	0.34	0.54	0.71	0.84	0.77	0.46	0.11	0.10	0.09	0.09	0.08
W	0.08	0.07	0.07	0.06	0.06	0.06	0.07	0.12	0.16	0.19	0.21	0.22	0.23	0.37	0.60	0.75	0.84	0.73	0.42	0.10	0.10	0.09	0.09	0.08
SW	0.08	0.08	0.07	0.07	0.06	0.06	0.09	0.16	0.22	0.28	0.32	0.35	0.36	0.50	0.69	0.84	0.83	0.61	0.34	0.11	0.10	0.10	0.09	0.09
水平	0.09	0.08	0.08	0.07	0.07	0.06	0.09	0.21	0.38	0.54	0.67	0.76	0.85	0.83	0.72	0.61	0.45	0.28	0.16	0.12	0.11	0.10	0.10	0.09

附录 17　有罩设备和用具显热散热冷负荷系数

连续使用小时数	开始使用小时数																							
	1	2	3	4	5	6	7	8	9	10	11	12	13	14	15	16	17	18	19	20	21	22	23	24
2	0.27	0.40	0.25	0.18	0.14	0.11	0.09	0.08	0.07	0.06	0.05	0.04	0.04	0.03	0.03	0.30	0.02	0.02	0.02	0.02	0.01	0.01	0.01	0.01
4	0.28	0.41	0.51	0.59	0.39	0.30	0.24	0.19	0.16	0.14	0.12	0.10	0.09	0.08	0.07	0.06	0.05	0.05	0.04	0.04	0.03	0.03	0.02	0.02
6	0.29	0.42	0.52	0.59	0.65	0.70	0.48	0.37	0.30	0.25	0.21	0.18	0.16	0.14	0.12	0.11	0.09	0.08	0.07	0.06	0.05	0.05	0.04	0.04
8	0.31	0.44	0.54	0.61	0.66	0.71	0.75	0.78	0.55	0.43	0.35	0.30	0.25	0.22	0.19	0.16	0.14	0.13	0.11	0.10	0.08	0.07	0.06	0.06
10	0.33	0.46	0.55	0.62	0.68	0.72	0.76	0.79	0.81	0.84	0.60	0.48	0.39	0.33	0.28	0.24	0.21	0.18	0.16	0.14	0.12	0.11	0.09	0.08
12	0.36	0.49	0.58	0.64	0.69	0.74	0.77	0.80	0.82	0.85	0.87	0.88	0.64	0.51	0.42	0.36	0.31	0.26	0.23	0.20	0.18	0.15	0.13	0.12
14	0.40	0.52	0.61	0.67	0.72	0.76	0.79	0.82	0.84	0.86	0.88	0.89	0.91	0.92	0.67	0.54	0.45	0.38	0.32	0.28	0.24	0.21	0.19	0.16
16	0.45	0.57	0.65	0.70	0.75	0.78	0.81	0.84	0.86	0.87	0.89	0.90	0.92	0.93	0.94	0.94	0.69	0.56	0.46	0.39	0.34	0.29	0.25	0.22
18	0.52	0.63	0.70	0.75	0.79	0.82	0.84	0.86	0.88	0.89	0.91	0.92	0.93	0.94	0.95	0.95	0.96	0.96	0.71	0.58	0.48	0.41	0.35	0.30

附录 18　无罩设备和用具显热散热冷负荷系数

连续使用小时数	开始使用小时数																							
	1	2	3	4	5	6	7	8	9	10	11	12	13	14	15	16	17	18	19	20	21	22	23	24
2	0.56	0.64	0.15	0.11	0.08	0.07	0.06	0.05	0.04	0.04	0.03	0.03	0.02	0.02	0.02	0.02	0.01	0.01	0.01	0.01	0.01	0.01	0.01	0.01
4	0.57	0.65	0.71	0.75	0.23	0.18	0.14	0.12	0.10	0.08	0.07	0.06	0.05	0.05	0.04	0.04	0.03	0.03	0.02	0.02	0.02	0.02	0.01	0.01
6	0.57	0.65	0.71	0.76	0.79	0.82	0.29	0.22	0.18	0.15	0.13	0.11	0.10	0.08	0.07	0.06	0.06	0.05	0.04	0.04	0.03	0.03	0.03	0.01
8	0.58	0.66	0.72	0.76	0.80	0.82	0.85	0.87	0.33	0.26	0.21	0.18	0.15	0.13	0.11	0.10	0.09	0.08	0.07	0.06	0.05	0.04	0.04	0.02
10	0.60	0.68	0.73	0.77	0.81	0.83	0.85	0.87	0.89	0.90	0.36	0.29	0.24	0.20	0.17	0.15	0.13	0.11	0.10	0.08	0.07	0.07	0.06	0.03
12	0.62	0.69	0.75	0.79	0.82	0.84	0.86	0.88	0.90	0.91	0.92	0.93	0.38	0.31	0.25	0.21	0.18	0.16	0.14	0.12	0.11	0.09	0.08	0.05
14	0.64	0.71	0.76	0.80	0.83	0.85	0.87	0.89	0.91	0.92	0.93	0.93	0.94	0.95	0.40	0.32	0.27	0.23	0.19	0.17	0.15	0.13	0.11	0.07
16	0.67	0.74	0.79	0.82	0.85	0.87	0.89	0.90	0.92	0.92	0.93	0.94	0.95	0.96	0.96	0.97	0.42	0.34	0.28	0.24	0.20	0.18	0.15	0.10
18	0.71	0.78	0.82	0.85	0.87	0.99	0.90	0.92	0.93	0.94	0.94	0.95	0.96	0.96	0.97	0.97	0.97	0.98	0.43	0.35	0.29	0.24	0.21	0.18

附录 19 照明散热冷负荷系数

灯具类型	空调设备运行时数/h	开灯时数/h	开灯后的小时数											
			0	1	2	3	4	5	6	7	8	9	10	11
明装荧光灯	24	13	0.37	0.67	0.71	0.74	0.76	0.79	0.81	0.83	0.84	0.86	0.87	0.89
	24	10	0.37	0.67	0.71	0.74	0.76	0.79	0.81	0.83	0.84	0.86	0.87	0.29
	24	8	0.37	0.67	0.71	0.74	0.76	0.79	0.81	0.83	0.84	0.26	0.26	0.23
	16	13	0.60	0.87	0.90	0.91	0.91	0.93	0.93	0.94	0.94	0.95	0.95	0.96
	16	10	0.60	0.82	0.83	0.84	0.84	0.84	0.85	0.85	0.86	0.88	0.90	0.32
	16	8	0.51	0.79	0.82	0.84	0.85	0.87	0.88	0.89	0.90	0.29	0.26	0.23
	12	10	0.63	0.90	0.91	0.93	0.93	0.94	0.95	0.95	0.95	0.96	0.96	0.37
暗装荧光灯或明装白炽灯	24	10	0.34	0.55	0.61	0.65	0.68	0.71	0.74	0.77	0.79	0.81	0.83	0.39
	16	10	0.58	0.75	0.79	0.80	0.80	0.81	0.82	0.83	0.84	0.86	0.87	0.39
	12	10	0.69	0.86	0.89	0.90	0.91	0.91	0.92	0.93	0.94	0.95	0.95	0.50

灯具类型	空调设备运行时数/h	开灯时数/h	开灯后的小时数											
			12	13	14	15	16	17	18	19	20	21	22	23
明装荧光灯	24	13	0.90	0.92	0.29	0.26	0.23	0.20	0.19	0.17	0.15	0.14	0.12	0.11
	24	10	0.26	0.23	0.20	0.19	0.17	0.15	0.14	0.12	0.11	0.10	0.09	0.08
	24	8	0.20	0.19	0.17	0.15	0.14	0.12	0.11	0.10	0.09	0.08	0.07	0.06
	16	13	0.96	0.97	0.29	0.26								
	16	10	0.28	0.25	0.23	0.19								
	16	8	0.20	0.19	0.17	0.15								
	12	10												
暗装荧光灯或明装白炽灯	24	10	0.35	0.31	0.28	0.25	0.23	0.20	0.18	0.16	0.15	0.14	0.12	0.11
	16	10	0.35	0.31	0.28	0.25								
	12	10												

附录 20 不同室温和劳动性质的成年男子显热散热量、潜热散热量、全热散热量和散湿量

体力活动性质		热量/W 湿量/(g/h)	室温/℃										
			20	21	22	23	24	25	26	27	28	29	30
静坐	影剧院会堂阅览室	显热	84	81	78	74	71	67	63	58	54	48	43
		潜热	26	27	30	34	37	41	45	50	54	60	65
		全热	110	108	108	108	108	108	108	108	108	108	108
		湿量	38	40	45	50	56	61	68	75	82	90	97

续表

体力活动性质		热量/W 湿量/(g/h)	室温/℃										
			20	21	22	23	24	25	26	27	28	29	30
极轻劳动	旅馆体育馆 手表装配 电子元件	显热	90	85	79	75	70	65	61	57	51	45	41
		潜热	47	51	56	59	64	69	73	77	83	89	93
		全热	137	136	135	134	134	134	134	134	134	134	134
		湿量	69	76	83	89	96	102	109	115	123	132	139
轻度劳动	百货商店 化学试验室 计算机房	显热	93	87	81	76	70	64	58	51	47	40	35
		潜热	90	94	100	106	112	117	123	130	135	142	147
		全热	183	181	181	182	182	181	181	181	182	182	182
		湿量	134	140	150	158	167	175	184	194	203	212	220
中等劳动	纺织车间 印刷车间 机加工车间	显热	117	112	104	97	88	83	74	67	61	52	45
		潜热	118	123	131	138	147	152	161	168	174	183	190
		全热	235	235	235	235	235	235	235	235	235	235	235
		湿量	175	184	196	207	219	227	240	250	260	273	283
重度劳动	炼钢车间 铸造车间 排练厅 室内运动场	显热	169	163	157	151	145	140	134	128	122	116	110
		潜热	238	244	250	256	262	267	273	279	285	291	297
		全热	407	407	407	407	407	407	407	407	407	407	407
		湿量	356	365	373	382	391	400	408	417	425	434	443

附录 21　人体显热散热冷负荷系数

在室内的总 小时数/h	每个人进入室内后的小时数/h											
	1	2	3	4	5	6	7	8	9	10	11	12
2	0.49	0.58	0.17	0.13	0.10	0.08	0.07	0.06	0.05	0.04	0.04	0.03
4	0.49	0.59	0.66	0.71	0.27	0.21	0.16	0.14	0.11	0.10	0.08	0.07
6	0.50	0.60	0.67	0.72	0.76	0.79	0.34	0.26	0.21	0.18	0.15	0.13
8	0.51	0.61	0.67	0.72	0.76	0.80	0.82	0.84	0.38	0.30	0.25	0.21
10	0.53	0.62	0.69	0.74	0.77	0.80	0.83	0.85	0.87	0.89	0.42	0.34
12	0.55	0.64	0.70	0.75	0.79	0.81	0.84	0.86	0.88	0.89	0.91	0.92
14	0.58	0.66	0.72	0.77	0.80	0.83	0.85	0.87	0.89	0.90	0.91	0.92
16	0.62	0.70	0.75	0.79	0.82	0.85	0.87	0.88	0.90	0.91	0.92	0.93
18	0.66	0.74	0.79	0.82	0.85	0.87	0.89	0.90	0.92	0.93	0.94	0.94

续表

在室内的总小时数/h	每个人进入室内后的小时数/h											
	13	14	15	16	17	18	19	20	21	22	23	24
2	0.03	0.02	0.02	0.02	0.02	0.01	0.01	0.01	0.01	0.01	0.01	0.01
4	0.06	0.06	0.05	0.04	0.04	0.03	0.03	0.03	0.02	0.02	0.02	0.01
6	0.11	0.10	0.08	0.07	0.06	0.06	0.05	0.04	0.04	0.03	0.03	0.03
8	0.18	0.15	0.13	0.12	0.10	0.09	0.08	0.07	0.06	0.05	0.05	0.04
10	0.28	0.23	0.20	0.17	0.15	0.13	0.11	0.10	0.09	0.08	0.07	0.06
12	0.45	0.36	0.30	0.25	0.21	0.19	0.16	0.14	0.12	0.11	0.09	0.08
14	0.93	0.94	0.47	0.38	0.31	0.26	0.23	0.20	0.17	0.15	0.13	0.11
16	0.94	0.95	0.95	0.96	0.49	0.39	0.33	0.28	0.24	0.20	0.18	0.16
18	0.95	0.96	0.96	0.97	0.97	0.97	0.50	0.40	0.33	0.28	0.24	0.21

附录22 敞开水表面单位蒸发量 W kg/(m² · h)

室温/℃	室内相对湿度/%	水温/℃								
		20	30	40	50	60	70	80	90	100
20	40	0.286	0.676	1.610	3.270	6.020	10.48	17.80	29.20	49.10
	45	0.262	0.654	1.570	3.240	5.970	10.42	17.80	29.10	49.00
	50	0.238	0.627	1.550	3.200	5.940	10.40	17.70	29.00	49.00
	55	0.214	0.603	1.520	3.170	5.900	10.35	17.70	29.00	48.90
	60	0.190	0.580	1.490	3.140	5.860	10.30	17.70	29.00	48.80
	65	0.167	0.556	1.460	3.100	5.820	10.27	17.60	28.90	48.70
24	40	0.232	0.622	1.540	3.200	5.930	10.40	17.70	28.20	49.00
	45	0.203	0.581	1.500	3.150	5.890	10.32	17.70	28.00	48.90
	50	0.172	0.561	1.460	3.110	5.860	10.30	17.60	28.90	48.80
	55	0.142	0.532	1.430	3.070	5.780	10.22	17.60	28.80	48.70
	60	0.112	0.501	1.390	3.020	5.730	10.22	17.50	28.80	48.60
	65	0.083	0.472	1.360	3.020	5.680	10.12	17.40	28.80	48.50
28	40	0.168	0.557	1.460	3.110	5.840	10.30	17.60	28.90	48.90
	45	0.130	0.518	1.410	3.050	5.770	10.21	17.60	28.80	48.80
	50	0.091	0.480	1.370	2.990	5.710	10.12	17.50	28.75	48.70
	55	0.053	0.442	1.320	2.940	5.650	10.00	17.40	28.70	48.60
	60	0.015	0.404	1.270	2.890	5.600	10.00	17.30	28.60	48.50
	65	−0.033	0.364	1.230	2.830	5.540	9.950	17.30	28.50	48.40
汽化潜热/(kJ/kg)		2458	2435	2414	2394	2380	2363	2336	2303	2265

注：指标条件规定水面风速 $v=0.3\text{m/s}$；大气压力 $B=101325\text{Pa}$；当所在地点大气压力为 b 时，表中所列数据应乘以修正系数 B/b。

附录 23　圆形通风管道单位长度摩擦阻力线算图

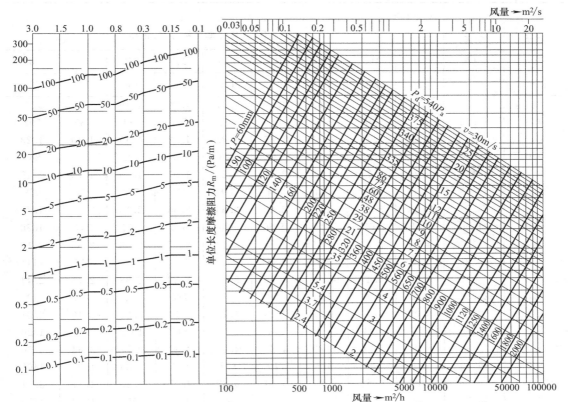

附录 24　钢板矩形通风管道计算表

速度 /(m/s)	动压 /Pa	风管断面宽×高/(mm×mm)　上行:风量/(m³/h) 下行:单位摩擦阻力/(Pa/m)								
		120	160	200	160	250	200	250	200	250
		120	120	120	160	120	160	160	200	200
1.0	0.60	50	67	84	90	105	113	140	141	176
		0.18	0.15	0.13	0.12	0.12	0.11	0.09	0.09	0.08
1.5	1.35	75	101	126	135	157	169	210	212	264
		0.36	0.30	0.27	0.25	0.25	0.22	0.19	0.19	0.16
2.0	2.40	100	134	168	180	209	225	281	282	352
		0.61	0.51	0.46	0.42	0.41	0.37	0.33	0.32	0.28
2.5	3.75	125	168	210	225	262	282	351	353	440
		0.91	0.77	0.68	0.63	0.62	0.55	0.49	0.47	0.42
3.0	5.40	150	201	252	270	314	338	421	423	528
		1.27	1.07	0.95	0.88	0.87	0.77	0.68	0.66	0.58
3.5	7.35	175	235	294	315	366	394	491	494	616
		1.68	1.42	1.26	1.16	1.15	1.02	0.91	0.88	0.77
4.0	9.60	201	268	336	359	419	450	561	565	704

续表

速度/(m/s)	动压/Pa	风管断面宽×高/(mm×mm) 上行:风量/(m³/h) 下行:单位摩擦阻力/(Pa/m)								
		120	160	200	160	250	200	250	200	250
		120	120	120	160	120	160	160	200	200
		2.15	1.81	1.62	1.49	1.47	1.30	1.16	1.12	0.99
4.5	12.15	226	302	378	404	471	507	631	635	792
		2.67	2.25	2.01	1.85	1.83	1.62	1.45	1.40	1.23
5.0	15.00	251	336	421	449	523	563	702	706	880
		3.25	2.74	2.45	2.25	2.23	1.97	1.76	1.70	1.49
5.5	18.15	276	369	463	494	576	619	772	776	968
		3.88	3.27	2.92	2.69	2.66	2.36	2.10	2.03	1.79
6.0	21.60	301	403	505	539	628	676	842	847	1056
		4.56	3.85	3.44	3.17	3.13	2.77	2.48	2.39	2.10
6.5	25.35	326	436	547	584	681	732	912	917	1144
		5.30	4.47	4.00	3.68	3.64	3.22	2.88	2.78	2.44
7.0	29.40	351	470	589	629	733	788	982	988	1232
		6.09	5.14	4.59	4.23	4.18	3.70	3.31	3.19	2.81
7.5	33.75	376	503	631	674	785	845	1052	1059	1320
		6.94	5.86	5.23	4.82	4.77	4.22	3.77	3.64	3.20
8.0	38.40	401	537	673	719	838	901	1123	1129	1408
		7.84	6.62	5.91	5.44	5.39	4.77	4.26	4.11	3.61
8.5	43.35	426	571	715	764	890	957	1193	1200	1496
		8.79	7.42	6.63	6.10	6.04	5.35	4.78	4.61	4.06
9.0	48.60	451	604	757	809	942	1014	1263	1270	1584
		9.80	8.27	7.39	6.80	6.73	5.96	5.32	5.14	4.52

速度/(m/s)	动压/Pa	风管断面宽×高/(mm×mm) 上行:风量/(m³/h) 下行:单位摩擦阻力/(Pa/m)								
		320	250	320	400	320	500	400	320	500
		160	250	200	200	250	200	250	320	250
1.0	0.60	180	221	226	283	283	354	354	363	443
		0.08	0.07	0.07	0.06	0.06	0.06	0.05	0.05	0.05
1.5	1.35	270	331	339	424	424	531	531	544	665
		0.17	0.14	0.14	0.13	0.12	0.12	0.11	0.10	0.10
2.0	2.40	360	441	451	565	566	707	708	726	887
		0.29	0.24	0.24	0.22	0.21	0.20	0.18	0.18	0.17
2.5	3.75	450	551	564	707	707	884	885	907	1108
		0.44	0.36	0.37	0.33	0.31	0.30	0.28	0.26	0.25
3.0	5.40	540	662	677	848	849	1061	1063	1089	1330
		0.61	0.50	0.51	0.46	0.43	0.42	0.39	0.37	0.35
3.5	7.35	630	772	790	989	990	1238	1240	1270	1551
		0.81	0.66	0.68	0.61	0.58	0.56	0.51	0.49	0.46
4.0	9.60	720	882	903	1130	1132	1415	1417	1452	1773

续表

速度/(m/s)	动压/Pa	风管断面宽×高/(mm×mm)　上行:风量/(m³/h)　下行:单位摩擦阻力/(Pa/m)								
		320	250	320	400	320	500	400	320	500
		160	250	200	200	250	200	250	320	250
		1.04	0.85	0.87	0.79	0.74	0.72	0.66	0.63	0.60
4.5	12.15	810	992	1016	1272	1273	1592	1594	1633	1995
		1.29	1.06	1.08	0.98	0.92	0.90	0.82	0.78	0.74
5.0	15.00	900	1103	1129	1413	1414	1769	1771	1815	2216
		1.57	1.29	1.32	1.19	1.12	1.09	1.00	0.95	0.90
5.5	18.15	990	1213	1242	1554	1556	1945	1948	1996	2438
		1.88	1.54	1.57	1.42	1.33	1.31	1.19	1.13	1.08
6.0	21.60	1080	1323	1354	1696	1697	2122	2125	2177	2660
		2.22	1.81	1.85	1.68	1.57	1.54	1.40	1.33	1.27
6.5	25.35	1170	1433	1467	1837	1839	2299	2302	2399	2881
		2.57	2.11	2.15	1.95	1.83	1.79	1.63	1.55	1.48
7.0	29.40	1260	1544	1580	1978	1980	2476	2479	2540	3103
		2.96	2.42	2.47	2.24	2.10	2.06	1.87	1.78	1.70
7.5	33.75	1350	1654	1693	2120	2122	2653	2656	2722	3325
		3.37	2.76	2.82	2.55	2.39	2.34	2.13	2.03	1.93
8.0	38.40	1440	1764	1806	2261	2263	2830	2833	2900	3546
		3.81	3.12	3.18	2.88	2.70	2.65	2.41	2.30	2.19
8.5	43.35	1530	1874	1919	2420	2405	3007	3010	3085	3768
		4.27	3.50	3.57	3.23	3.03	2.97	2.71	2.58	2.45
9.0	48.60	1620	1985	2032	2544	2546	3184	3188	3266	3989
		4.76	3.90	3.98	3.61	3.38	3.31	3.02	2.87	2.73

速度/(m/s)	动压/Pa	风管断面宽×高/(mm×mm)　上行:风量/(m³/h)　下行:单位摩擦阻力/(Pa/m)								
		400	630	500	400	500	630	500	630	800
		320	250	320	400	400	320	500	400	320
1.0	0.60	454	558	569	569	712	716	891	896	910
		0.04	0.04	0.04	0.04	0.03	0.04	0.03	0.03	0.03
1.5	1.35	682	836	853	853	1068	1073	1337	1344	1363
		0.09	0.09	0.08	0.08	0.07	0.07	0.06	0.06	0.07
2.0	2.40	909	1115	1137	1138	1424	1431	1782	1792	1819
		0.15	0.15	0.14	0.13	0.12	0.12	0.10	0.10	0.11
2.5	3.75	1136	1394	1422	1422	1780	1789	2228	2240	2274
		0.23	0.23	0.21	0.20	0.17	0.19	0.15	0.16	0.17
3.0	5.40	1363	1673	1706	1706	2136	2147	2673	2688	2729
		0.32	0.32	0.29	0.28	0.24	0.26	0.21	0.22	0.24
3.5	7.35	1590	1951	1990	1991	2492	2504	3119	3136	3183
		0.43	0.43	0.38	0.37	0.33	0.35	0.28	0.29	0.32
4.0	9.60	1817	2230	2275	2275	2848	2862	3564	3584	3638
		0.55	0.55	0.49	0.47	0.42	0.44	0.36	0.37	0.40
4.5	12.15	2045	2509	2559	2560	3204	3220	4010	4032	4093
		0.68	0.68	0.61	0.59	0.52	0.55	0.45	0.46	0.50

续表

速度/(m/s)	动压/Pa	风管断面宽×高/(mm×mm) 上行:风量/(m³/h) 下行:单位摩擦阻力/(Pa/m)								
		400 320	630 250	500 320	400 400	500 400	630 320	500 500	630 400	800 320
5.0	15.00	2272 0.83	2788 0.83	2843 0.74	2844 0.72	3560 0.63	3578 0.67	4455 0.55	4481 0.56	4548 0.61
5.5	18.15	2499 0.99	3066 0.99	3128 0.89	3129 0.86	3916 0.76	3935 0.80	4901 0.65	4929 0.67	5002 0.73
6.0	21.60	2726 1.17	3345 1.17	3412 1.04	3413 1.01	4272 0.89	4293 0.94	5346 0.77	5377 0.79	5457 0.86
6.5	25.35	2935 1.36	3624 1.36	3696 1.21	3697 1.18	4627 1.03	4651 1.10	5792 0.90	5825 0.92	5912 1.00
7.0	29.40	3180 4.57	3903 1.56	3980 1.40	3982 1.35	4983 1.19	5009 1.26	6237 1.03	6273 1.06	6367 1.15
7.5	33.75	3405 1.78	4148 1.78	4265 1.59	4266 1.54	5339 1.36	5366 1.44	6683 1.17	6721 1.21	6822 1.31
8.0	38.40	3635 2.02	4460 2.01	4549 1.80	4551 1.74	5695 1.53	5724 1.63	7158 1.33	7169 1.36	7276 1.48
8.5	43.35	3862 2.26	4739 2.25	4833 2.02	4835 1.96	6051 1.72	6082 1.82	7574 1.49	7617 1.53	7731 1.67
9.0	48.60	4089 2.52	5018 2.51	5118 2.25	5119 2.18	6407 1.92	6440 2.03	8019 1.66	8065 1.71	8186 1.86

附录 25 局部阻力系数

<table>
<tr><th>序号</th><th>名称</th><th>图形和断面</th><th colspan="11">局部阻力系数 ζ(ζ 值以图内所示速度 v 计算)</th></tr>
<tr><td rowspan="8">1</td><td rowspan="8">渐扩管</td><td rowspan="8">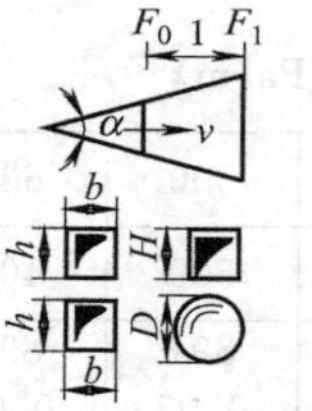</td><td rowspan="2">F1/F0</td><td colspan="10">α</td></tr>
<tr><td colspan="2">10°</td><td colspan="2">15°</td><td colspan="2">20°</td><td colspan="2">25°</td><td colspan="2">30°</td></tr>
<tr><td>1.25</td><td colspan="2">0.02</td><td colspan="2">0.03</td><td colspan="2">0.06</td><td colspan="2">0.06</td><td colspan="2">0.07</td></tr>
<tr><td>1.50</td><td colspan="2">0.03</td><td colspan="2">0.06</td><td colspan="2">0.10</td><td colspan="2">0.12</td><td colspan="2">0.13</td></tr>
<tr><td>1.75</td><td colspan="2">0.05</td><td colspan="2">0.09</td><td colspan="2">0.14</td><td colspan="2">0.17</td><td colspan="2">0.19</td></tr>
<tr><td>2.00</td><td colspan="2">0.06</td><td colspan="2">0.13</td><td colspan="2">0.20</td><td colspan="2">0.23</td><td colspan="2">0.26</td></tr>
<tr><td>2.25</td><td colspan="2">0.08</td><td colspan="2">0.16</td><td colspan="2">0.26</td><td colspan="2">0.38</td><td colspan="2">0.33</td></tr>
<tr><td>3.50</td><td colspan="2">0.09</td><td colspan="2">0.19</td><td colspan="2">0.30</td><td colspan="2">0.36</td><td colspan="2">0.39</td></tr>
<tr><td rowspan="2">2</td><td rowspan="2">渐扩管</td><td rowspan="2">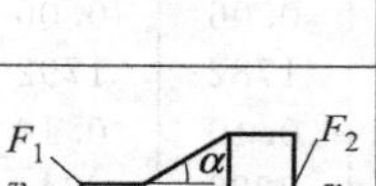</td><td colspan="3">α</td><td colspan="2">22.5°</td><td colspan="2">30°</td><td colspan="2">45°</td><td colspan="2">90°</td></tr>
<tr><td colspan="3">ζ</td><td colspan="2">0.6</td><td colspan="2">0.8</td><td colspan="2">0.9</td><td colspan="2">1.0</td></tr>
<tr><td rowspan="2">3</td><td rowspan="2">突扩</td><td rowspan="2">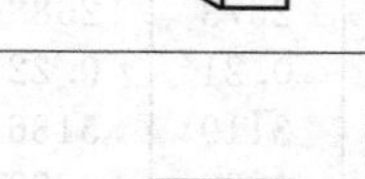</td><td>F1/F2</td><td>0</td><td>0.1</td><td>0.2</td><td>0.3</td><td>0.4</td><td>0.5</td><td>0.6</td><td>0.7</td><td>0.9</td><td>1.0</td></tr>
<tr><td>ζ2</td><td>1.0</td><td>0.81</td><td>0.64</td><td>0.49</td><td>0.36</td><td>0.25</td><td>0.16</td><td>0.09</td><td>0.01</td><td>0</td></tr>
</table>

续表

序号	名称	图形和断面	局部阻力系数 ζ（ζ值以图内所示速度 v 计算）

4　突缩

$\dfrac{F_1}{F_2}$	0	0.1	0.2	0.3	0.4	0.5	0.6	0.7	0.9	1.0
ζ_1	0.5	0.47	0.42	0.38	0.34	0.30	0.25	0.20	0.09	0

5　矩形弯头

r/b	\multicolumn{11}{c}{a/b}

r/b	0.25	0.5	0.75	1.0	1.5	2.0	3.0	4.0	5.0	6.0	8.0
0.5	1.5	1.4	1.3	1.2	1.1	1.0	1.0	1.1	1.1	1.2	1.2
0.75	0.57	0.52	0.48	0.44	0.40	0.39	0.39	0.40	0.42	0.43	0.44
1.0	0.27	0.25	0.23	0.21	0.19	0.18	0.18	0.19	0.20	0.27	0.21
1.5	0.22	0.20	0.19	0.17	0.15	0.14	0.14	0.15	0.16	0.17	0.17
2.0	0.20	0.18	0.16	0.15	0.14	0.13	0.13	0.14	0.14	0.15	0.15

6　圆方弯管

7　合流三通　$F_1+F_2=F_3$　$\alpha=30°$

局部阻力系数 ζ $\left(\begin{array}{l}\zeta_1 \\ \zeta_2\end{array}\text{值以图内所示速度}\begin{array}{l}v_1 \\ v_2\end{array}\text{计算}\right)$

$\dfrac{F_2}{F_3}$	\multicolumn{12}{c}{L_2/L_3}

ζ_2

$\dfrac{F_2}{F_3}$	0.00	0.03	0.05	0.1	0.2	0.3	0.4	0.5	0.6	0.7	0.8	1.0
0.06	−0.13	−0.07	−0.30	1.82	10.1	23.3	41.5	65.2	—	—	—	—
0.10	−1.22	−1.00	−0.76	0.02	2.88	7.34	13.4	21.1	29.4	—	—	—
0.20	−1.50	−1.35	−1.22	−0.84	0.05	1.4	2.70	4.46	6.48	8.70	11.4	17.3
0.33	−2.00	−1.80	−1.70	−1.40	−0.72	−0.12	0.52	1.20	1.89	2.56	3.30	4.80
0.50	−3.00	−2.80	−2.6	−2.24	−1.44	−0.91	−0.36	−0.14	0.56	0.84	1.18	1.53

ζ_1

$\dfrac{F_2}{F_3}$	0.00	0.03	0.05	0.1	0.2	0.3	0.4	0.5	0.6	0.7	0.8	1.0
0.01	0	0.06	0.04	−0.10	−0.81	−2.10	−4.07	−6.60	—	—	—	—
0.10	0.01	0.10	0.08	0.04	−0.33	−1.05	−2.14	−3.60	5.40	—	—	—
0.20	0.06	0.10	0.13	0.16	0.06	−0.24	−0.73	−1.40	−2.30	−3.34	−3.59	−8.64
0.33	0.42	0.45	0.48	0.51	0.52	0.32	0.07	−0.32	−0.83	−1.49	−2.19	−4.00
0.50	1.40	1.40	1.40	1.36	1.26	1.09	0.86	0.53	0.15	−0.52	−0.82	−2.07

| 序号 | 名称 | 图形和断面 | 局部阻力系数 ζ（ζ 值以图内所示速度 v 计算） | | | | | | |

序号 8 — 合流三通分支管

V_1F_1 —— α V_3F_3
V_2F_2
$F_1 + F_2 > F_3$
$F_1 = F_2$
$\alpha = 30°$

L_2/L_3	\multicolumn{7}{c}{F_2/F_3}
	0.1	0.2	0.3	0.4	0.6	0.8	1.0
	\multicolumn{7}{c}{ζ_2}
0	−1.00	−1.00	−1.00	−1.00	−1.00	−1.00	−1.00
0.1	0.21	−0.46	−0.57	−0.60	−0.62	−0.63	−0.63
0.2	3.1	0.37	−0.06	−0.20	−0.28	−0.30	−0.35
0.3	7.6	1.5	0.50	0.20	0.05	−0.08	−0.10
0.4	13.50	2.95	1.15	0.59	0.26	0.18	0.16
0.5	21.2	4.58	1.78	0.97	0.44	0.35	0.27
0.6	30.4	6.42	2.60	1.37	0.64	0.46	0.31
0.7	41.3	8.5	3.40	1.77	0.76	0.56	0.40
0.8	53.8	11.5	4.22	2.14	0.85	0.53	0.45
0.9	58.0	14.2	5.30	2.58	0.89	0.52	0.40
1.0	83.7	17.3	6.33	2.92	0.89	0.39	0.27

序号 9 — 合流三通分直管

V_1F_1 —— α V_3F_3
V_2F_2
$F_1 + F_2 > F_3$
$F_1 = F_3$
$\alpha = 30°$

L_2/L_3	\multicolumn{7}{c}{F_2/F_3}
	0.1	0.2	0.3	0.4	0.6	0.8	1.0
	\multicolumn{7}{c}{ζ_1}
0	0.00	0	0	0	0	0	0
0.1	0.02	0.11	0.13	0.15	0.16	0.17	0.17
0.2	−0.33	0.01	0.13	0.18	0.20	0.24	0.29
0.3	−1.10	−0.25	−0.01	0.10	0.22	0.30	0.35
0.4	−2.15	−0.75	−0.30	−0.05	0.17	0.26	0.36
0.5	−3.60	−1.43	−0.70	−0.35	0.00	0.21	0.32
0.6	−5.40	−2.35	−1.25	−0.70	−0.20	0.06	0.25
0.7	−7.60	−3.40	−1.95	−1.2	−0.50	−0.15	0.10
0.8	−10.1	−4.61	−2.74	−1.82	−0.90	−0.43	−0.15
0.9	−13.0	−6.02	−3.70	−2.55	−1.40	−0.80	−0.45
1.0	−16.30	−7.70	−4.75	−3.35	−1.90	−1.17	−0.75

序号 10 — 90° 矩形断面吸入三通

V_3F_3 ———— V_1F_1
V_2F_2

L_2/L_1	\multicolumn{3}{c}{F_2/F_3}	\multicolumn{2}{c}{F_2/F_3}
	0.25	0.50	1.00	0.50	1.00
	\multicolumn{3}{c}{ζ_2}	\multicolumn{2}{c}{ζ_3}
0.1	−0.6	−0.6	−0.6	0.20	0.20
0.2	0.0	−0.2	−0.3	0.20	0.22
0.3	0.4	0.0	−0.1	0.10	0.25
0.4	1.2	0.25	0.0	0.0	0.24
0.5	2.3	0.40	0.10	−0.1	0.20
0.6	3.6	0.70	0.2	−0.2	0.18
0.7	—	1.0	0.3	−0.3	0.15
0.8	—	1.5	0.4	−0.4	0.00

续表

序号	名称	图形和断面	局部阻力系数 ζ（ζ值以图内所示速度 v 计算）

11 矩形三通

F_2/F_1	0.50	1.00
分流	0.304	0.247
合流	0.233	0.072

12 直角三通

v_2/v_1	0.6	0.8	1.0	1.2	1.4	1.6
ζ_{12}	1.18	1.32	1.50	1.72	1.98	2.28
ζ_{21}	0.6	0.8	1.0	1.6	1.9	2.5

13 矩形送出三通

$v_1/v_2 < 1$ 时可不计，$v_1/v_2 \geqslant 1.0$ 时

χ	0.25	0.5	0.75	1.0	1.25
$\zeta_{直通}$	0.21	0.07	0.05	0.15	0.36
$\zeta_{分支}$	0.30	0.20	0.30	0.40	0.65

表中：$\chi = \left(\dfrac{v_3}{v_1}\right) \times \left(\dfrac{a}{b}\right)^{1/4}$

$$\Delta H = \zeta \frac{\rho v_1^2}{2}$$

14 矩形吸入三通

v_1/v_3	0.4	0.6	0.8	1.0	1.2	1.5
$F_1/F_3=0.75$	-1.2	-0.3	0.35	0.8	1.1	—
0.67	-1.7	-0.9	-0.3	-0.1	0.45	0.7
0.60	-2.1	-0.3	-0.8	0.4	0.1	0.2
$\zeta_{分支}$	-1.3	-0.9	-0.5	0.1	0.55	1.4

$$\Delta H = \zeta \frac{\rho v_3^2}{2} \zeta \quad 直通之值$$

$$\Delta H = \zeta \frac{\rho v_3^2}{2}$$

15 侧孔吸风

F_2/F_1	\multicolumn{5}{c}{L_2/L_0}
	0.1	0.2	0.3	0.4	0.5
	\multicolumn{5}{c}{ζ_0}
0.1	0.8	1.3	1.4	1.4	1.4
0.2	-1.4	0.9	1.3	1.4	1.4
0.4	-9.5	0.2	0.9	1.2	1.3
0.6	-21.2	-2.5	0.3	1.0	1.2

F_2/F_1	\multicolumn{4}{c}{L_2/L_0}
	0.1	0.2	0.3	0.4
	\multicolumn{4}{c}{ζ_1}
0.1	0.1	-0.1	-0.8	-2.6
0.2	0.1	0.2	-0.01	-0.6
0.4	0.2	0.3	0.3	0.2
0.6	0.2	0.3	0.4	0.4

续表

序号	名称	图形和断面	局部阻力系数 ζ（ζ 值以图内所示速度 υ 计算）											
16	侧面送风口							$\zeta=2.04$						

序号	名称	图形和断面												
17	墙孔		l/h	0.0	0.2	0.4	0.6	0.8	1.0	1.2	1.4	1.6	1.8	2.0	4.0
			ζ	2.83	2.72	2.60	2.34	1.95	1.76	1.67	1.62	1.6	1.6	1.55	1.55

序号	名称	图形和断面	α \ n	1	2	3	4	5
18	风量调节阀		0	0.4	0.35	0.25	—	—
			15°	0.6	1.1	0.7	0.5	0.4
			20°	3.5	3.3	2.8	2	1.8
			45°	17	10	6.5	6	5.2
			60°	95	30	20	15	13
			75°	800	90	60	—	—

序号	名称	图形和断面	v	开孔率					
				0.2	0.3	0.4	0.5	0.6	
19	孔板送风口		0.5	30	12	6.0	3.6	2.3	$\Delta H = \zeta \dfrac{v^2 \rho}{2}$ v 为面风速
			1.0	33	13	6.8	4.1	2.7	
			1.5	35	14.5	7.4	4.6	3.0	
			2.0	39	15.5	7.8	4.9	3.2	
			2.5	40	16.5	8.3	5.2	3.4	
			3.0	41	17.5	8.0	5.5	3.7	

附录26 冷冻水管道单位沿程阻力计算表

水流速 /(m/s)		DN15	DN20	DN25	DN32	DN40	DN50	DN65	DN80	DN100	DN125	DN150	DN200	DN250	DN300	DN350	DN400
0.2	W	0.14	0.26	0.41	0.72	0.95	1.59	2.61	3.66	6.35	8.84	12.72	24.23	37.93	53.99	72.07	92.30
	R_2	73.38	48.76	35.32	24.33	20.31	14.52	10.5	8.44	5.89	4.81	3.83	2.55	0.98	1.57	1.28	1.08
	R_5	88.49	57.98	41.5	28.25	23.45	16.58	11.87	9.52	6.67	5.4	4.22	2.75	2.06	1.67	1.37	1.18
0.3	W	0.21	0.38	0.62	1.08	1.43	2.38	3.92	5.50	9.53	13.25	19.09	36.35	56.90	80.99	108.11	138.45
	R_2	151.47	100.94	73.18	50.42	42.18	30.12	21.78	17.56	12.36	10.01	7.95	5.3	4.02	3.24	2.65	2.35
	R_5	189.04	123.9	88.88	60.63	50.23	35.51	25.51	20.4	14.22	11.48	9.12	5.98	4.51	3.63	3.04	2.55
0.4	W	0.28	0.51	0.82	1.45	1.90	3.18	5.23	7.33	12.71	17.67	25.45	48.46	75.87	107.99	144.14	184.59
	R_2	255.94	170.79	124	58.54	71.51	51.21	37.08	29.82	20.99	17.07	13.54	9.03	6.87	5.49	4.61	3.92
	R_5	326.77	214.25	153.62	104.57	86.92	61.51	44.15	35.32	24.62	19.91	15.7	10.4	7.85	6.28	5.2	4.51
0.5	W	0.35	0.64	1.03	1.81	2.38	3.97	6.54	9.16	15.88	22.09	31.81	60.58	94.83	134.98	180.18	230.74
	R_2	92.51	258.3	187.67	129.79	108.2	77.5	56.21	45.22	31.88	25.9	20.6	13.73	10.4	8.34	6.97	5.98
	R_5	501.68	329.03	236.03	160.69	133.42	97.57	67.89	54.35	37.87	30.61	24.23	15.99	12.07	9.61	8.04	6.87
0.6	W	0.42	0.77	1.24	2.17	2.85	4.77	7.84	10.99	19.06	26.51	38.17	72.69	113.80	161.98	216.21	276.89
	R_2	543.87	363.26	263.99	182.37	152.45	109.19	79.17	63.77	44.93	36.49	29.04	19.42	14.72	11.77	9.91	8.44
	R_5	713.68	468.04	335.8	228.67	189.92	134.5	96.63	77.3	53.96	43.56	34.43	22.86	17.17	13.73	11.48	9.81
0.7	W	0.49	0.89	1.44	2.53	3.33	5.56	9.15	12.83	22.24	30.13	44.53	84.81	132.77	188.98	252.25	323.04
	R_2	727.12	485.79	353.16	243.97	203.95	146.07	105.95	85.35	60.14	48.85	38.85	26.00	19.62	15.79	13.24	11.38
	R_5	962.85	631.57	453.03	308.52	256.24	181.58	130.37	104.38	72.89	58.86	46.50	30.80	22.56	18.54	15.50	13.24
0.8	W	0.56	1.02	1.65	2.89	3.80	6.35	10.46	14.66	25.42	35.34	50.89	96.92	151.73	215.97	288.28	369.19
	R_2	936.56	625.78	454.99	314.41	262.81	188.35	136.65	110.07	77.60	62.98	50.13	33.45	25.41	20.40	17.07	14.62
	R_5	1249.21	819.33	587.82	400.35	332.56	235.54	169.22	135.48	94.67	76.32	60.33	39.93	30.12	24.03	20.11	17.17

公 称 直 径

续表

水流速/(m/s)		DN15	DN20	DN25	DN32	DN40	DN50	DN65	DN80	DN100	DN125	DN150	DN200	DN250	DN300	DN350	DN400
0.9	W	0.63	1.15	1.86	3.25	4.28	7.15	11.77	16.49	28.59	39.76	57.26	109.04	170.70	242.97	324.32	415.34
	R_2	1172.1	783.33	569.67	393.58	329.03	235.83	171.09	137.93	97.22	78.97	62.78	41.99	31.78	25.51	21.39	18.34
	R_5	1572.64	1031.52	740.07	504.04	418.2	296.65	212.98	170.6	119.00	96.14	76.03	50.33	37.87	30.31	25.31	21.68
1.0	W	0.70	1.28	2.06	3.60	4.75	7.94	13.07	18.32	31.77	44.18	63.62	121.15	189.67	269.97	360.35	461.48
	R_2	1433.83	958.34	697.00	481.67	402.70	288.61	209.44	168.73	119.00	96.63	76.81	51.40	38.95	31.29	26.19	22.46
	R_5	1933.16	1268.14	909.78	619.70	514.73	364.64	261.93	209.64	146.37	118.21	93.39	61.90	46.6	37.28	31.10	26.59
1.1	W	0.77	1.40	2.27	3.98	5.23	8.74	14.38	20.15	34.95	48.60	69.98	133.27	208.63	296.96	396.39	507.63
	R_2	1721.66	1150.81	836.99	578.40	483.63	349.63	251.53	202.77	142.93	116.05	92.31	61.70	46.79	37.57	31.49	27.08
	R_5	2330.86	1528.99	1097.05	747.23	620.68	439.68	315.78	252.80	176.48	142.54	112.62	74.65	56.11	44.93	37.47	32.08
1.2	W	0.84	1.53	2.47	4.34	5.70	9.53	15.69	21.99	38.12	53.01	76.34	145.38	227.60	323.96	432.43	553.78
	R_2	2035.67	1360.84	989.73	684.05	571.92	409.96	297.54	239.76	169.03	137.34	109.19	73.08	55.33	44.44	37.28	31.98
	R_5	2765.73	1814.26	1301.69	886.63	736.44	521.79	374.74	299.99	209.44	169.12	133.71	88.58	66.61	53.37	44.44	38.06
1.3	W	0.91	1.66	2.68	4.70	6.18	10.32	17.00	23.82	41.30	57.43	82.70	157.5	246.57	350.96	468.46	599.93
	R_2	2375.79	1588.24	1155.23	798.44	667.67	478.53	347.27	279.98	197.38	160.3	127.53	85.25	64.55	51.89	43.46	37.38
	R_5	3237.69	2123.87	1523.89	1038.0	862.2	610.87	438.7	351.3	245.15	197.48	156.57	103.69	77.99	62.39	52.09	44.64
1.4	W	0.98	1.79	2.89	5.08	6.65	11.12	18.30	26.65	44.48	61.85	89.06	169.61	265.53	377.95	504.50	646.08
	R_2	2741.99	1833.1	1333.38	921.65	770.67	552.4	400.93	323.14	227.89	185.11	143.15	98.49	74.56	59.94	50.23	43.16
	R_5	3746.73	2457.9	1765.41	1201.14	997.78	706.91	507.67	406.53	283.71	229.16	181.19	119.98	90.25	72.3	60.23	51.6
1.5	W	1.0	1.92	3.09	5.42	7.13	11.91	19.61	27.48	47.65	66.27	95.43	181.73	284.50	404.95	540.53	692.23
	R_2	3134.3	2095.51	1524.28	1053.59	881.04	631.57	458.42	369.44	260.55	221.6	168.34	112.62	85.28	68.57	57.39	49.34
	R_5	4292.95	2816.25	2020.57	1376.34	1143.26	810.01	581.73	465.78	325.1	262.52	207.58	137.44	103.5	82.8	69.06	59.15

注：W 为流量（m^3/h）；R_2 为当量绝对粗糙度 $K=0.2mm$ 时的比摩阻值（Pa/m）；R_5 为当量绝对粗糙度 $K=0.5mm$ 时的比摩阻值（Pa/m）。

附录 27　冷却水管道单位沿程阻力计算表

流速/(m/s)	流量/(m³/h) 比摩阻/(Pa/m)	公称直径										
		DN50	DN70	DN80	DN100	DN125	DN150	DN200	DN250	DN300	DN350	DN400
0.8	G	6.35	10.46	14.66	25.42	38.82	55.05	96.92	149.20	215.97	291.52	376.53
	R	210.67	154.28	124.94	88.58	67.98	54.64	38.37	28.28	23.25	19.28	16.47
0.9	G	7.15	11.77	16.49	28.59	43.67	61.93	109.04	168.07	242.97	327.96	423.60
	R	266.63	195.26	158.13	112.10	86.03	69.16	48.56	37.05	29.43	24.40	20.79
1.0	G	7.94	13.07	18.32	31.77	48.52	68.81	121.15	186.75	269.97	364.40	470.67
	R	329.28	241.07	195.22	138.40	106.21	85.38	59.95	45.75	36.33	30.12	25.67
1.1	G	8.74	14.38	20.15	34.95	53.37	75.69	133.27	205.42	296.96	400.84	517.73
	R	398.30	292.69	236.22	167.47	128.52	103.31	72.54	55.35	43.97	36.45	31.06
1.2	G	9.53	15.69	21.99	38.12	58.23	82.57	145.38	225.00	323.96	437.28	564.80
	R	474.01	247.13	281.12	199.30	152.95	122.95	86.33	65.87	52.32	43.38	36.97
1.3	G	10.32	17.00	23.82	41.30	63.08	89.45	157.50	242.77	350.96	473.72	611.87
	R	556.31	407.40	329.94	233.90	179.50	144.30	101.32	77.31	61.41	50.91	43.38
1.4	G	11.12	18.30	25.65	44.48	67.93	96.33	169.61	261.45	377.95	510.16	658.93
	R	645.18	472.49	382.63	271.27	208.18	167.35	117.51	89.66	71.22	59.04	50.32
1.5	G	11.91	19.61	27.48	47.65	72.78	103.21	181.73	280.13	404.95	546.60	706.00
	R	740.64	542.40	439.25	311.40	238.98	192.11	134.89	102.93	81.76	67.78	57.76
1.6	G	12.71	20.92	29.32	50.83	77.63	110.09	193.84	298.80	431.96	593.04	753.09
	R	842.69	617.13	499.17	354.31	271.91	218.58	153.48	117.11	93.02	77.16	65.72
1.7	G	13.51	22.23	31.35	54.01	82.49	116.97	205.96	317.47	459.04	619.48	800.13
	R	951.32	696.68	564.19	399.98	306.96	246.75	173.26	132.21	105.01	87.06	74.19
1.8	G	14.30	23.53	82.98	57.18	87.34	123.86	218.07	336.15	458.94	655.92	847.20
	R	1066.53	781.05	632.52	448.42	344.13	276.64	194.25	148.22	117.73	97.90	83.17
1.9	G	15.09	24.84	34.81	60.36	92.19	130.74	230.19	354.82	512.94	692.36	8914.27
	R	1188.32	8710.25	704.75	499.63	383.43	308.23	216.43	165.14	131.17	108.75	92.67
2.0	G	15.88	26.15	36.64	63.54	97.04	137.62	242.31	379.33	539.93	728.81	941.33
	R	1316.70	964.26	780.89	553.60	424.86	341.53	239.81	181.22	145.34	120.49	102.69
2.1	G	16.68	27.46	38.48	66.71	101.90	144.50	254.42	398.30	566.93	765.25	988.40
	R	1451.66	1063.10	860.93	610.35	468.40	376.53	264.39	199.80	160.24	132.84	113.21
2.2	G	17.49	28.76	40.31	69.89	106.75	151.38	266.54	593.93	593.93	801.69	1035.47
	R	1593.21	1166.76	944.87	669.86	514.08	413.25	290.17	175.86	175.86	145.80	124.25

表27　冷冻水管单位比摩阻沿程阻力计算表　　　　　　　　　　续表

流速/(m/s)	流量/(m³/h)比摩阻/(Pa/m)	公称直径										
		DN50	DN70	DN80	DN100	DN125	DN150	DN200	DN250	DN300	DN350	DN400
2.3	G	18.27	30.07	42.14	73.07	111.60	158.26	278.65	436.23	620.92	838.13	1082.53
	R	1741.34	12175.24	1032.72	732.14	561.87	451.67	317.15	239.66	192.21	159.35	135.80
2.4	G	19.06	31.38	45.91	76.25	116.45	165.14	290.77	455.20	647.92	8714.57	1129.60
	R	1896.05	1388.54	1124.47	797.19	611.79	491.80	345.33	260.96	209.29	173.51	147.87
2.5	G	19.86	32.69	45.84	79.42	121.30	172.02	302.88	474.13	674.92	911.01	1176.67
	R	2057.34	1506.66	1220.13	865.01	663.84	533.64	347.70	283.15	227.09	188.27	160.44
2.6	G	20.65	33.99	47.64	82.60	126.16	178.90	315.00	493.13	701.91	947.45	1223.73
	R	2225.22	1290.60	1319.70	935.59	718.01	577.18	405.28	306.26	245.62	203.613	173.54
2.7	G	21.44	35.30	49.47	85.78	131.01	185.78	327.11	512.10	728.91	983.89	1270.80
	R	2399.69	1757.37	1423.16	1008.94	774.30	662.43	437.06	330.27	264.88	219.60	187.14
2.8	G	22.24	36.61	51.30	88.95	135.86	192.66	339.23	531.07	755.91	1020.33	1317.86
	R	2580.73	1889.96	1530.53	1085.06	832.72	669.39	47.03	355.19	284.87	236.17	201.26
2.9	G	23.03	37.91	53.14	92.13	140.71	199.54	351.34	550.03	782.90	1050.77	1364.93
	R	2768.36	2027.36	1641.81	1163.95	893.26	718.06	504.20	381.02	306.58	253.34	215.90
3.0	G	28.83	39.22	54.97	95.31	145.56	206.43	3163.46	569.00	809.90	1093.21	1412.00
	R	2968.57	2169.59	1759.99	1244.61	955.93	7168.44	539.57	407.75	327.01	271.11	231.04

参 考 文 献

[1]　徐勇. 通风与空气调节工程 [M]. 北京：机械工业出版社，2005. 1.

[2]　申小中. 空调技术 [M]. 北京：化学工业出版社，2006.

[3]　邢振禧. 空气调节技术 [M]. 北京：中国商业出版社，1997.

[4]　区正源. 实用中央空调设计指南 [M]. 北京：中国建筑工业出版社，2007.

[5]　张萍. 中央空调设计实训教程 [M]. 北京：中国商业出版社，2002.

[6]　戴路玲. 袁裕国. 某别墅地源热泵中央空调系统应用探讨，洁净与空调技术 [J]. 2014，(2)：66-68.

[7]　王强. 建筑工程制图与识图集 [M]. 北京：机械工业出版社，2003.

[8]　白丽红. 建筑识图与构造 [M]. 北京：机械工业出版社，2008.

[9]　中国建筑学会暖通空调分会. 暖通空调工程优秀设计图集 [M]. 北京：中国建筑工业出版社，2012.

[10]　李帼. 建筑识图一日通 [M]. 北京：机械工业出版社，2006.

[11]　余跃进. 中央空调系统设计 [M]. 南京：东南大学出版社，2007.

[12]　徐勇. 通风与空气调节工程 [M]. 北京：机械工业出版社，2005.

[13]　吴继红等. 中央空调工程设计与施工 [M]. 北京：高等教育出版社，2001.

[14]　马最良等. 民用建筑空调设计 [M]. 北京：化学工业出版社，2003.

[15]　陆耀庆. 暖通空调设计指南 [M]. 北京：中国建筑工业出版社，1996.

[16]　戴路玲. 某酒店中央空调系统改造分析，建筑热能通风空调 [J]. 2016，(1)：64-66.

[17]　戴路玲. 论高职课程标准的设计思路，九江职业技术学院 [J]. 2013，(2)：11-12.

[18]　李峥嵘等. 空调通风工程识图与施工 [M]. 合肥：安徽科学技术出版社，1999.

[19]　何耀东等. 中央空调 [M]. 北京：冶金工业出版社，1998.

[20]　杨长彬. 多联式空调机系统设计与施工安装. 中天建中工程设计有限责任公司，2007.

[21]　鸿业负荷计算软件 7.0 使用说明书，2014.

[22]　浩辰暖通工程设计软件 INtV7.0 操作指南，2009.

[23]　戴路玲，某发电厂厂前综合楼群供暖及生活热水系统改造分析，洁净与空调技术 [J]. 2015.(4)：101～103.

[24]　陈航. 中央空调工程通用图纸集萃 [M]. 北京：中国水利水电出版社，2005.

[25]　陈思荣. 建筑设备安装工艺与识图 [M]. 北京：机械工业出版社，2008.